电力系统继电保护原理及应用

张菁 主编

DIANLI XITONG JIDIAN BAOHU
YUANLI JI YINGYONG

化学工业出版社
·北京·

内容简介

本书结合当前广为应用的继电保护实现技术及其发展变化，全面阐述了电力系统继电保护涉及的相关原理与应用技术。全书重点说明了电力系统输电线保护、母线保护、变压器保护、电动机保护、发电机保护等的常见故障分析、作用原理、实现技术。书中对基础内容进行了精选、优化和整合，对各类型继电保护技术，按照“故障分析→基本原理→实现技术→相关知识”四个层次详细介绍，突出电力系统的基本理论知识、基本计算方法的实际应用；同时书中还提供了大量典型应用案例的分析与计算，帮助读者全面了解继电保护运行过程和保护装置的功能、特点，引导读者灵活应用继电保护相关原理和知识，全面分析和解决工作中遇到的问题。

本书可供从事继电保护运行管理、调试、设计、施工、制造等部门的专业人员学习，也可作为高等院校相关专业的教材。

图书在版编目（CIP）数据

电力系统继电保护原理及应用/张菁主编.—北京：化学工业出版社，2023.2

ISBN 978-7-122-42380-1

Ⅰ.①电… Ⅱ.①张… Ⅲ.①电力系统-继电保护-高等学校-教材 Ⅳ.①TM77

中国版本图书馆 CIP 数据核字（2022）第 195251 号

责任编辑：刘丽宏　　文字编辑：袁玉玉　陈小滔

责任校对：宋　玮　　装帧设计：刘丽华

出版发行：化学工业出版社（北京市东城区青年湖南街 13 号　邮政编码 100011）

印　　刷：三河市航远印刷有限公司

装　　订：三河市宇新装订厂

787mm×1092mm　1/16　印张 15¾　字数 408 千字　　2023 年 4 月北京第 1 版第 1 次印刷

购书咨询：010-64518888　　售后服务：010-64518899

网　　址：http://www.cip.com.cn

凡购买本书，如有缺损质量问题，本社销售中心负责调换。

定　　价：59.80 元

版权所有　违者必究

前言

继电保护是对电力系统中发生的故障或异常情况进行检测，从而发出报警信号，或直接将故障部分隔离、切除的一种重要安全措施。继电保护，一般使用在发、变、配电场所较多。最早的继电保护是熔断器，这种靠自身发热来使线路断开的保护器件至今仍经常见到。

为适应大电网发展的需要，相继出现的特高压、超高压电网和大容量机组，使电网结构日益复杂，确保电网安全稳定运行对电力系统继电保护技术和管理水平提出了更高的要求。特别是随着电力工业的迅猛发展，计算机技术、信息技术、电力电子技术在电力系统中日益得到广泛的应用，在电力系统中涌现出了大量新设备、新技术。为了帮助电气工作人员全面、系统掌握继电保护的基本原理，及时学习继电保护自动化、数字化相关的新技术、新知识及其操作与应用技术，编写了本书。

本书理论联系实际，既有继电保护基础理论，又结合继电保护规程和规定，讲解了电网继电保护运行与故障分析，同时，结合继电保护新技术，精选典型案例，帮助读者全面了解继电保护运行过程和保护装置的功能、特点，引导读者灵活应用继电保护相关原理和知识，全面分析和解决工作中遇到的问题。

全书内容具有如下内容特点：

(1) 继电保护原理涉及的内容多而杂，本书对基础内容进行了精选、优化和整合，对各类型继电保护技术，按照“故障分析→基本原理→实现技术→相关知识”四个层次详细介绍，突出电力系统的基本理论知识、基本计算方法的实际应用。

(2) 保持知识体系的完整性和系统性，并力求内容新颖，淘汰了陈旧过时的内容，增加了新型先进实用技术和知识的说明，如信息技术、自适应控制技术、人工神经网络的应用等。

(3) 注重工程设计及应用性知识的介绍，精选典型案例，力求理论知识与工程设计紧密联系。

全书可供从事继电保护运行管理、调试、设计、施工、制造等部门的专业人员学习，也可作为高等院校相关专业的教材。

本书由上海工程技术大学电气工程系张菁主编，由任丽佳、武鹏、章文俊副主编，参加编写的人员还有刘瑾、魏云冰，在本书的编写过程中，得到了国网四川省电力公司超高压分公司杨生兰、鲁力、莫凡、孙甘塬等专家和领导的支持与指导，在此表示诚挚的感谢！

由于时间仓促，书中不足之处难免，恳请广大读者批评指正。

编者

目录

第一章　电力系统继电保护的基础

第二章　继电保护的输入源

第三章　输电线路的电流保护

第四章　电网的距离保护

第五章 电网的差动保护和高频保护

第六章 自动重合闸

第七章 微机保护

第八章 输电线路保护配置原则与实例

第九章 电力变压器的继电保护

第十章　发电机的继电保护

第十一章　母线保护

第十二章　电动机保护

附　　录

参考文献

第一章

电力系统继电保护的基础

第一节　电力系统继电保护的任务

电力系统运行中，由于风、雨、雷电的影响，设备的缺陷和绝缘老化，运行维护不当和操作错误等，组成电力系统的电气元件（发电机、变压器、母线、输电线路、电动机等）可能发生各种故障和处于不正常运行状态。电力系统发生的故障主要是各种类型的短路，包括三相短路、两相短路、两相接地短路、单相接地短路，以及发电机、变压器同一相绕组的匝间短路。此外，还有输电线路的断线，以及短路与断线组合的复故障等。故障的危害是：

① 通过故障点的很大的短路电流和所燃起的电弧，使故障元件损坏。

② 短路电流通过非故障元件，由发热和电动力的作用，引起它们的损坏或缩短它们的使用寿命。

③ 电力系统中部分地区的电压大大降低，破坏用户工作的稳定性或影响工厂产品的质量。

④ 破坏电力系统并列运行的稳定性，引起系统振荡，甚至使整个系统瓦解。

电力系统中电气元件的正常工作遭到破坏，但没有发生故障，这种情况属于不正常运行状态。例如，因负荷超过电气设备的额定值而引起的电流升高（一般又称过负荷），就是一种常见的不正常运行状态。由于过负荷，元件载流部分和绝缘材料的温度不断升高，加速绝缘的老化和损坏，就可能发展成故障。此外，系统中出现由功率缺额而引起的频率降低，发电机突然甩负荷而产生的过电压，以及电力系统发生振荡等，都属于不正常运行状态。

故障和不正常运行状态，都可能在电力系统中引起事故。事故，是指系统或其中一部分的正常工作遭到破坏，并造成对用户少送电或电能质量变坏到不能容许的地步，甚至造成人身伤亡和电气设备损坏。

系统事故的发生，除了由自然条件的因素（如遭受雷击等）引起以外，一般都是由设备制造上的缺陷、设计和安装的错误、检修质量不高或运行维护不当而引起的。因此，只要充分发挥人的主观能动性，正确地掌握客观规律，加强对设备的维护和检修，就可以大大减少事故发生的概率，把事故消灭在发生之前。

在电力系统中，除应采取各项积极措施消除或减少发生故障的可能性以外，故障一旦发生，还必须迅速而有选择性地切除故障元件，这是保证电力系统安全运行的有效方法之一。

切除故障的时间常常要求小到十分之几甚至百分之几秒，实践证明只有装设在每个电气元件上的保护装置才有可能满足这个要求。这种保护装置直到目前为止，大多是由单个继电器或继电器与其附属设备的组合构成的，故称为继电保护装置。在电子式静态保护装置和数字式保护装置出现以后，虽然继电器已被电子元件或计算机所代替，但仍沿用此名称。在电力部门常用继电保护一词泛指继电保护技术或由各种继电保护装置组成的继电保护系统。继电保护装置一词则指各种具体的装置。

继电保护装置，是指能反应于电力系统中电气元件发生故障或处于不正常运行状态，并动作于断路器跳闸或发出信号的一种自动装置。它的基本任务是：

① 自动、迅速、有选择性地将故障元件从电力系统中切除，使故障元件免于继续遭到破坏，保证其他无故障部分迅速恢复正常运行。

② 反应于电气元件的不正常运行状态，并根据运行维护的条件（例如有无经常值班人员），而动作于发出信号、减负荷或跳闸。此时一般不要求保护迅速动作，而是根据对电力系统及其元件的危害程度规定一定的延时，避免不必要的动作和由干扰而引起的误动作。

第二节　继电保护的基本原理和保护装置的组成

继电保护装置必须具有正确区分被保护元件是处于正常运行状态还是发生故障，是保护区内故障还是区外故障的功能。保护装置要实现这一功能，需要以电力系统发生故障前后电气物理量变化的特征为基础来构成。

下面我们就以图 1-1 的单侧电源线路和图 1-2 的双侧电源网络接线为例分别来进行分析。如图 1-1（a）所示，在正常运行时，每条线路上都流过由它供电的负荷电流，越靠近电源端的线路上的负荷电流越大，同时，各变电所母线上的电压，一般都在额定电压±(5%～10%）的范围内变化，而且靠近电源端母线上的电压较高。线路始端电压与电流之间的相位角取决于由它供电的负荷的功率因数角和线路的参数。由电压与电流的比值所代表的“测量阻抗”，则是线路始端所感受到的、由负荷所反映出来的一个等效阻抗，其值一般很大。

当系统发生故障时，假定如图 1-1（b）中 k 点发生三相短路，则短路点的电压 $\dot{U}_k$ 降低到零，从电源到短路点之间均将流过很大的短路电流 $\dot{I}_k$。各变电所线上的电压也将在不同程度上有很大的降低，距短路点越近时降低得越多。设以 Z_k 表示短路点到变电所 B 母线之

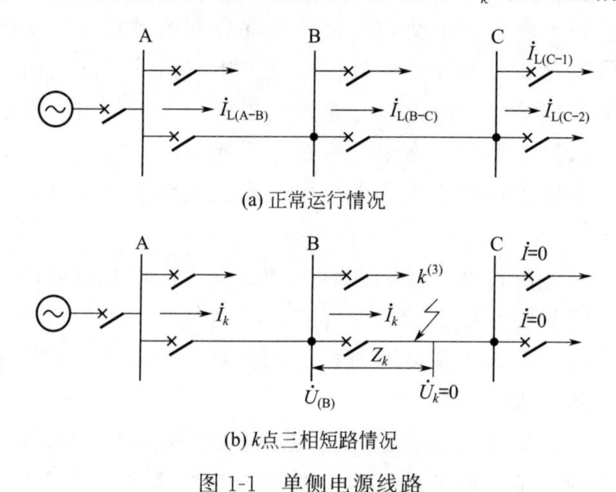

图 1-1　单侧电源线路

间的阻抗，则母线上的残余电压应为 $\dot{U}_{(B)}=\dot{I}_k Z_k$。此时，$\dot{U}_{(B)}$ 与 $\dot{I}_k$ 之间的相位角就是 Z_k 的阻抗角，在线路始端的测量阻抗就是 Z_k，此测量阻抗的大小正比于短路点到变电所 B 母线之间的距离。

就电力系统中的任一电气元件来看，如图 1-2 中的线路 A-B，正常运行时在某一瞬间，负荷电流总是从一侧流入而从另一侧流出，如图 1-2（a）所示。如果我们统一规定电流的正方向都是从母线流向线路，那么，按照规定的正方向，两侧电流的大小相等，而相位相差 180°。当在线路 A-B 的范围以外的 k_1 点短路时，如图 1-2（b）所示，由电源 Ⅰ 所供给的短路电流 $\dot{I}'_{k1}$ 将流过线路 A-B，此时 A-B 两侧的电流仍然是大小相等、相位相反，其特征与正常运行时一样。如果短路发生在线路 A-B 的范围以内（k_2），如图 1-2（c）所示，由于两侧电源均分别向短路点 k_2 供给短路电流 $\dot{I}'_{k2}$ 和 $\dot{I}''_{k2}$，因此，在线路 A-B 两侧的电流都是由母线流向线路，此时两个电流的大小一般都不相等，在理想情况下（两侧电势同相位且全系统的阻抗角相等），两个电流同相位。

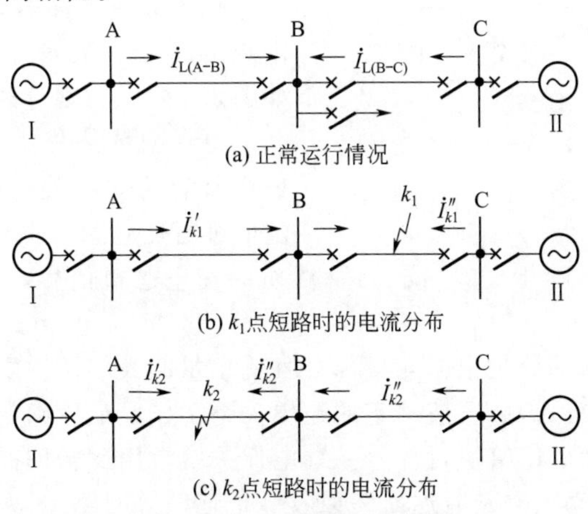

图 1-2　双侧电源网络接线

注：图中所示电流方向是实际的方向，不是假定的正方向

从以上分析看出，电力系统发生故障后，工频电气量变化的主要特征是：

① 电流增大。短路时故障点与电源之间的电气设备和输电线路上的电流将由负荷电流增大至远远超过负荷电流。

② 电压降低。当发生相间短路和接地短路故障时，系统各点的相间电压或相电压值下降，且越靠近短路点，电压越低。

③ 电流与电压之间的相位角改变。正常运行时电流与电压间的相位角是负荷的功率因数角，一般约为 20°。三相短路时，电流与电压之间的相位角是由线路的阻抗角决定的，一般为 60°～85°；而在保护反方向三相短路时，电流与电压之间的相位角则是 180°＋(60°～85°)。

④ 测量阻抗发生变化。测量阻抗即测量点（保护安装处）电压与电流的比值。正常运行时，测量阻抗为负荷阻抗；金属性短路时，测量阻抗转变为线路阻抗，故障后测量阻抗显著减小，而阻抗角增大。

⑤ 电气元件内部故障与外部故障（包括正常运行情况）时，两侧电流相位或功率方向有明显差别。

利用上述正常运行与故障时这些基本参数的区别，便可以构成不同原理的继电保护，例如：

① 反应于电流增大而动作的过电流保护。

② 反应于电压降低而动作的低电压保护。

③ 反应于电流与电压之间的相位角改变，构成功率方向保护。

④ 反应于测量阻抗的减小而动作的距离保护（或低阻抗保护）。

⑤ 利用每一个电气元件内部故障与外部故障（包括正常运行情况）时，两侧电流相位或功率方向的差别，构成各种差动原理的保护，如纵联差动保护、相位高频保护、方向高频保护等。

⑥ 利用不对称短路时出现相序分量，构成零序电流保护、负序电流保护和负序功率方向保护。

除上述反应于各种电气量的保护以外，还有根据电气设备的特点实现反应于非电气量的保护。例如，当变压器油箱内部的绕组短路时，反应于油被分解所产生的气体而构成的气体保护；反应于电动机绕组的温度升高而构成的过负荷或过热保护等。

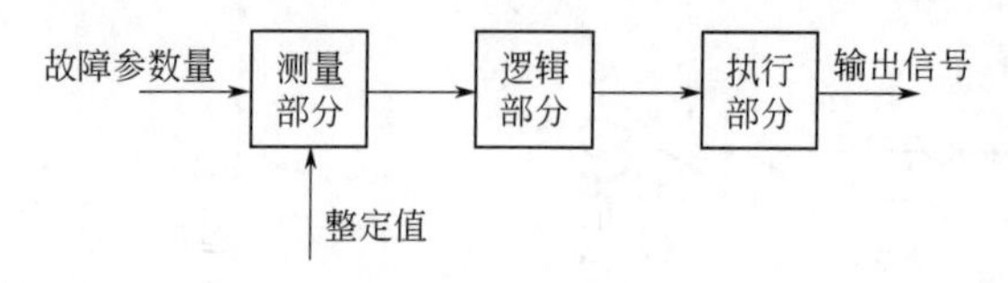

图 1-3　继电保护装置的原理结构图

就一般情况而言，整套继电保护装置是由测量部分、逻辑部分和执行部分组成的，如图 1-3 所示，现分述如下。

（1）测量部分　测量部分是测量从被保护对象输入的有关电气量，并与已给定的整定值进行比较，根据比较的结果，给出“是”“非”“大于”“不大于”等于“0”或“1”性质的一组逻辑信号，从而判断保护是否应该起动。

（2）逻辑部分　逻辑部分是根据测量部分各输出量的大小、性质、输出的逻辑状态、出现的顺序或它们组合，使保护装置按一定的逻辑关系工作，最后确定是否应该使断路器跳闸或发出信号，并将有关命令传给执行部分。继电保护中常用逻辑回路有“或”、“与”、“否”（闭锁）、“非”、“延时起动”、“延时返回”以及“记忆”等回路。

（3）执行部分　执行部分是根据逻辑部分传送的信号，最后完成保护装置所担负的任务。如故障时，动作于跳闸；不正常运行时，发出信号；正常运行时，不动作等。

第三节　对继电保护的基本要求

为了使继电保护装置（以下简称保护装置）能及时、正确地完成它所担负的任务，对反应于短路故障的保护装置有以下四个基本要求：选择性、快速性（速动性）、灵敏性和可靠性。

1. 选择性

选择性指的是保护装置选择故障元件的能力。当被保护的电气元件发生故障时，保护装置动作并通过断路器只将故障元件从系统中切除，以保证无故障部分继续运行，使故障影响限制在最小范围内。

以图 1-4 为例，在各个断路器处均装有保护装置。当线路 L_4 上 k_2 点发生故障时，因为短路电流将经过断路器 1、2、3、4、5、6 流至故障点 k_2，则相应的保护都有可能动作。但根据选择性的要求，应首先由保护 6 动作跳开断路器 QF_6，切除故障线路 L_4。若此时保护 5 首先动作跳开断路器 QF_5，则变电所 C 和 D 都将停电，这种情况称为无选择性动作。同理，

k_1 点故障时，保护 1 和保护 2 动作跳开断路器 QF_1 和 QF_2，将故障线路 L_1 切除，才是有选择性的。

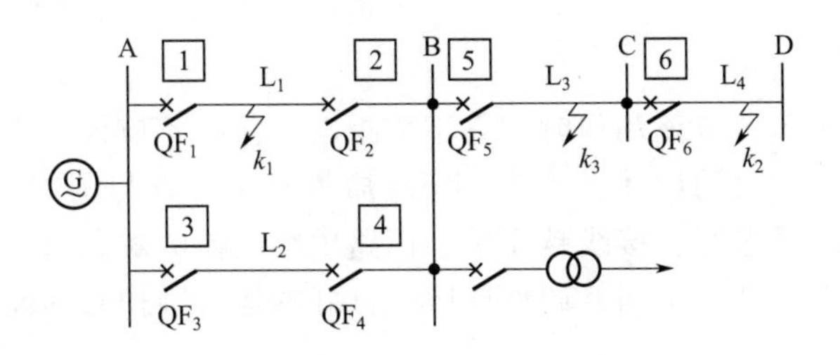

图 1-4　继电保护动作的选择性

应该指出，保护装置和断路器都可能因失灵而拒动，如在 k_3 点故障时，保护 5 或断路器 QF_5 拒动，保护 1 和保护 3 动作跳开 QF_1 和 QF_3 切除故障，保护这样动作也是有选择性的，保护 1 和保护 3 起了线路 L_3 的后备保护作用。由于这种后备作用是在远处实现的，称为远后备保护。后备保护也可采用近后备方式，即在被保护元件上装设两套保护，一套主保护拒动时，由另一套后备保护动作切除故障，但近后备方式不能在断路器失灵时起后备作用，故还必须装设断路器失灵保护。

远后备保护方式具有简单、经济，且对相邻元件的保护或断路器拒动均能起后备作用等优点。但应指出，对于后备保护的配置，应按《继电保护和安全自动装置技术规程》的要求来进行。3～10kV 和 35kV 及以上电压中性点非直接接地系统线路采用远后备方式，110kV 线路宜采用远后备方式，220kV 及以上电压线路则宜采用近后备方式等。

2. 快速性

快速切除故障可以减小故障元件的损坏程度，加快非故障部分电压的恢复，为电动机自起动创造有利条件，更重要的是可以提高超高压电网系统运行的稳定性。

保护切除故障的时间，等于保护装置动作时间与断路器跳闸时间之和。为了快速切除故障，应采用与快速断路器相配合的快速保护装置。

目前保护动作时间最快的约为 0.02～0.04s，包括快速断路器跳闸灭弧在内的切除故障时间，最快约为 0.1s。但是，应当指出，并不是任何情况下，均要求保护以此最快时间来切除故障，而应当根据系统及保护元件的不同情况，按技术经济条件，对保护的快速动作时间提出适当的要求。在许多情况下，电力系统允许保护装置带一定的延时切除故障。

3. 灵敏性

灵敏性是指保护装置对被保护电气元件可能发生的故障的反应能力。灵敏性通常用灵敏系数 K_{sen} 衡量，灵敏系数应根据对保护装置动作最不利的条件进行计算。

对于反应于故障时参数值增大（如过电流）而动作的保护装置，其灵敏系数为

$$K_{sen}=\frac{\text{保护区末端金属性短路时故障参数的最小计算值}}{\text{保护装置整定动作值}} \tag{1-1}$$

对于反应于故障时参数值减小（如低电压）而动作的保护装置。其灵敏系数为

$$K_{sen}=\frac{\text{保护装置整定动作值}}{\text{保护区末端金属性短路时故障参数的最大计算值}} \tag{1-2}$$

考虑到故障可能是由非金属性短路等因素造成的，因此要求 $K_{sen}>1$。在《继电保护和

安全自动装置技术规程》中，对各种保护装置的最小灵敏系数都有具体规定。一般对主保护要求灵敏系数不小于1.5～2，对后备保护则要求不小于1.2～1.5。

4. 可靠性

可靠性是指在保护装置应该动作时，它不应拒动；而在不应该动作时，它不应误动。

可靠性与保护装置本身的设计、制造、安装质量有关，也与调试、运行维护水平有关。保护装置组成元件的质量越好、接线越简单、回路中继电器的触点数和接插件数越少，保护装置的工作就越可靠。此外，正确的调整试验、良好的运行维护对提高保护装置工作的可靠性有着重要的作用。

上述四个基本要求是设计、配置和评价保护装置性能的基础。它们之间是相互联系的，既存在矛盾的一面，又有在一定条件下统一的一面。因此，必须正确地了解被保护对象，明确矛盾的主次，取得具体问题的矛盾统一。此外，在满足技术要求的前提下，尚需考虑经济性。

课堂讨论

何谓远后备保护和近后备保护？它们有何异同？

第四节　几种常用的电磁式继电器及其表示符号

一、电磁式继电器的工作原理

电磁式继电器的结构形式主要有三种：螺管线圈式、吸引衔铁式及转动舌片式，见图1-5。每种结构皆包括五个组成部分，即铁芯1、可动衔铁或舌片2、线圈3、触点4及反作用弹簧5和止挡6。

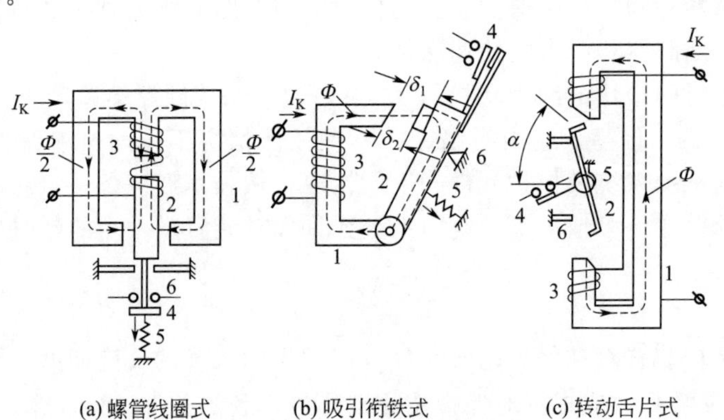

图1-5　电磁式继电器的结构形式

1—铁芯；2—可动衔铁或舌片；3—线圈；4—触点；5—反作用弹簧；6—止挡

其工作原理是：在线圈3中的电流 $\dot{I}_K$ 产生磁通 $\dot{\Phi}$，它将通过由铁芯、空气隙和可动舌片组成的磁路。舌片被磁化后，即与铁芯的磁极产生电磁吸力，企图向左转动，在它上面装有继电器的可动触点4，当电磁吸力足够大时，即可吸动舌片并使触点接通，称为继电器“动作”。

电磁吸力与 Φ^2 成正比。如果假定磁路的磁阻全部集中在空气隙中，设 δ 表示气隙的长度，则磁通 Φ 就与 I_K 成正比而与 δ 成反比。这样，由电磁吸力作用在舌片上的电磁转矩即可表示为

$$M_e = K_1\Phi^2 = K_2\frac{I_K^2}{\delta^2} \tag{1-3}$$

式中　K_1，K_2——比例常数。

二、几种常用的电磁式继电器

1. 电流继电器

DL-10 系列电流继电器的结构如图 1-6 所示。

（1）继电器的动作电流、返回电流和返回系数　为了弄清电流继电器的特性，取 DL-11/20 型电流继电器按图 1-7 的接线图做实验。

将继电器的动作电流调整把手对准 10A 处，继电器两线圈串联，调压器把手指在零处。合上开关 Q，慢慢旋转自耦调压器，然后减小可调电阻（细调），使通入继电器的电流 I_K 慢慢增大。当 I_K 小于 10A 时，继电器舌片不动。它的动合（常开）触点仍然断开，指示灯不亮。继续增加通入继电器的电流，当 I_K 增大到 10A 时，继电器的 Z 形舌片迅速吸向磁极，使触点接通，指示灯亮。再增加电流（大于 10A），继电器触点仍维持接通状态，灯仍然亮。以上过程叫做继电器的动作过程。能使继电器的 Z 形舌片由原始位置转向到被磁极吸引后的动作位置，即继电器刚好动作（动合触点由断开变为接通）时的最小电流，叫做继电器的动作电流。用 $I_{K.act}$ 表示。上述实验中 $I_{K.act}=10A$。

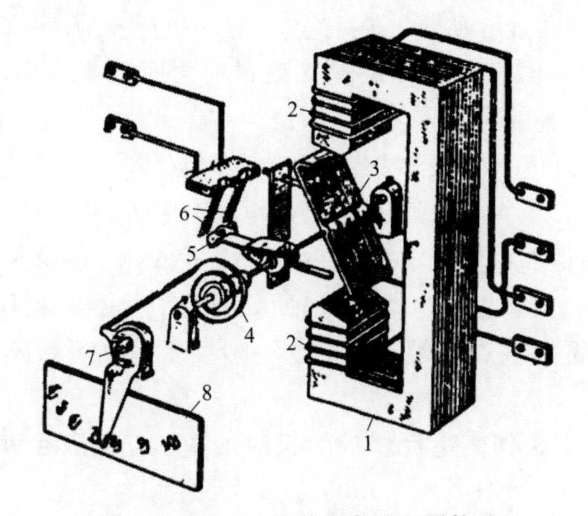

图 1-6　DL-10 系列电流继电器构造

1—铁芯；2—线圈；3—可动舌片；4—反作用弹簧；5—动触点；6—静触点；7—动作电流调整把手；8—刻度盘

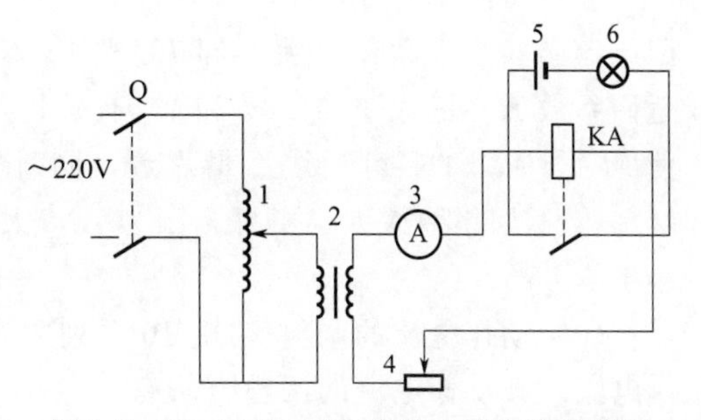

图 1-7　DL-11/20 型电流继电器实验接线图

1—自耦调压器；2—大电流发生器（行灯变压器代）；3—电流表；4—可调电阻；5—电池；6—指示灯

继续进行实验，将大于 10A 的电流慢慢减小，当电流减小到 10A 时，继电器仍处于动作状态，触点仍接通，指示灯仍然亮。再慢慢减小电流，当减小到 8.5A 时，Z 形舌片回到原始位置，触点断开，指示灯熄灭。以上过程叫做继电器的返回过程。能使继电器的 Z 形舌片由动作位置返回到原始位置，即继电器刚好返回（动合触点由接通变为断开）时的最大电流，叫做继电器的返回电流，用 $I_{K.re}$ 表示。上述实验 $I_{K.re}=8.5A$。

电流继电器的返回电流与动作电流的比值，叫做返回系数，用 K_{re} 表示。

$$K_{re}=\frac{I_{K.re}}{I_{K.act}} \tag{1-4}$$

对于反应参数增加而动作的继电器，K_{re} 恒小于 1。上述实验中 $K_{re}=8.5/10=0.85$。

（2）继电器动作电流与返回电流的分析　为什么对于反应参数增加而动作的继电器，返回电流一定小于动作电流，返回系数恒小于 1 呢？

由电磁式继电器的工作原理知道，电磁力矩 M_e 是继电器的动作力矩。对于转动舌片式继电器，在继电器动作和返回过程中，电磁力矩是随舌片与水平线之间的夹角 α 变化的。当继电器的电流达到 $I_{K.act}$ 时，即使电流保持不变，M_e 也会随 α 作如图 1-8 所示曲线 1 的变化。

作用在继电器上的反抗力矩有：弹簧的反作用力矩 M_L 和摩擦阻力矩 M_f。M_L 与 α 成正比，见曲线 2。M_f 是常数，与 α 无关，见曲线 3。反抗力矩的总和为 M_L+M_f，见曲线 4。继电器处于初始状态时，$\alpha=78°$；动作终了时，$\alpha=85°$。

当 $I_K=I_{K.act}$ 时，$M_e=M_L+M_f$（A 点），继电器起动，舌片顺时针方向转动。在 α 由 78°到 85°的整个过程中，由于电磁转矩 M_e 随舌片与磁极间的气隙 δ 减小而急剧增加，故始终是 $M_e>M_L+M_f$，使舌片的转动是由 M_e 曲线的 A 点加速进行到达 B 点，动合触点接通，继电器动作。一般舌片的行程很短，故动作时间也很短，所以可以认为继电器是瞬时动作的。在 $\alpha=85°$时，M_e 比 M_L+M_f 大一个 ΔM，ΔM 叫做剩余力矩。这个 ΔM 是必要的，它产生动触点对静触点的压力，使触点接触可靠，避免抖动。

在继电器的返回过程中，同样有三个力矩 M_e、M_L、M_f 存在，M_e、M_L 方向不变，而 M_f 则企图阻止 Z 形舌片向初始位置运动。要使继电器返回，只有减小 I_K 以减小电磁力矩，使之满足 $M_e\leqslant M_L-M_f$。

当电流 $I_K=I_{K.re}$ 时，M_e 随 α 变化的曲线如曲线 6 所示。在 C 点，$M_e=M_L-M_f$，继电器开始返回。在由 C 点到 D 点的整个行程中，由于电磁转矩随气隙 δ 增大而急速减小，故总是 $M_e<M_L-M_f$，使舌片的返回也是瞬时加速完成。

通过对图 1-8 的分析，可以看出：由于剩余力矩 ΔM 及摩擦力矩 M_f 的存在，决定了返回电流必然小于动作电流，即 $K_{re}<1$。K_{re} 不应太小，否则将降低过电流保护的灵敏性。返回系数 K_{re} 的大小与 ΔM 和 M_f 有关。要提高返回系数，必须减小剩余力矩 ΔM，也就是使 M_e 与 M_L 的特性曲线尽量靠近，同时尽量减小继电器转动系统轴承内的摩擦，以减小 M_f。但返回系数太大也不好，因为 ΔM 太小，将使触点接触不可靠。一般要求返回系数不小于 0.85。

（3）动作电流的调整　DL-10 系列电流继电器常作为电流保护的起动元件，需要整定动作电流。其动作电流的调整方法有二：

① 改变调整把手的位置。改变调整把手的位置，即改变弹簧的反作用力矩，可平滑地调整动作电流（最大刻度值为最小刻度值的 2 倍）。

② 改变两线圈的连接方式。如图 1-9 所示，用连接片可以将两个线圈串联［图 1-9（a）］或并联［图 1-9（b）］。当调整把手位置一定时，两个线圈并联时的动作电流为串联时动作电流的 2 倍。

上述两种方法同时使用，可调整的最大动作电流为最小动作电流的 4 倍。例如 DL-11/20 型电流继电器，分母的数字表示最大可整定的动作电流为 20A，则该继电器动作电流的可调范围为 5～20A。当调整把手放在最右边的 10A 刻度位置，且两个线圈并联时，动作电流为 20A；当调整把手放在最左端的 5A 刻度位置，且两个线圈串联时，动作电流为 5A。

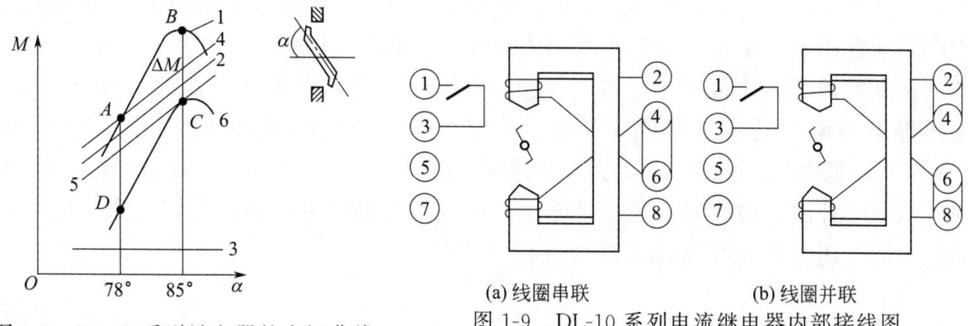

图 1-8　DL-10 系列继电器的力矩曲线

图 1-9　DL-10 系列电流继电器内部接线图

目前采用的电磁式电流继电器，除 DL-10 系列外，还有 DL-20C、DL-30 系列。这两种系列的继电器为组合式继电器，在成套保护屏上用得较多，其结构见图 1-10。它们的工作原理和 DL-10 系列相同，只是结构上用电工钢制成的铁芯代替了硅钢片制成的铁芯，并且触点系统也做了某些改进，使其体积比 DL-10 系列缩小了。

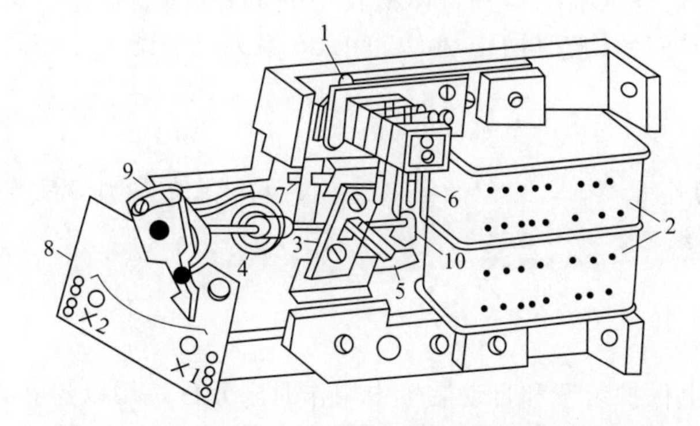

图 1-10　DL-20C、DL-30 系列电流继电器的结构图

1—电磁铁芯；2—线圈；3—Z 形舌片；4—弹簧；5—动触点；6—静触点；7—限制螺杆；8—刻度盘；9—定值调整把手；10—轴承

思考

同样大的电流流入电流继电器，线圈串联与并联时总的磁动势（电流乘以线圈匝数）一样大吗？

2. 电压继电器

DJ-100 系列电压继电器的构造和 DL-10 系列电流继电器的构造大致相同。不同之处是：

① 继电器线圈的匝数多，导线细。

② 刻度盘上标示出来的是继电器的动作电压而不是动作电流。

电压继电器分过电压继电器和低电压继电器两种。

DJ-111 型和 DJ-131 型为过电压继电器。前者有一对动合触点，后者有一对动合触点和一对动断（常闭）触点。过电压继电器动作和返回的定义与电流继电器一样，它的返回系数为

$$K_{re}=\frac{U_{K.re}}{U_{K.act}}<1 \tag{1-5}$$

DJ-122 型为低电压继电器，它的用途尤为广泛。它具有一对动断触点，当继电器线圈

两端加上正常工作电压时，Z形舌片处于被吸到磁极的位置，继电器触点处于断开状态。当电压下降到使电磁力矩小于弹簧的反作用力矩时，Z形舌片被释放，其触点接通。这个过程叫做低电压继电器的动作过程。它的“动作过程”相当于过电压继电器的“返回过程”。能使低电压继电器刚好动作（即舌片释放、动断触点接通）的最大电压称为动作电压，用 $U_{K.act}$ 表示。在低电压继电器动作以后，线圈电压增加到一定值时，舌片被吸起，称为继电器返回。能使舌片刚好被吸向磁极（动断触点断开）的最低电压称为返回电压，用 $U_{K.re}$ 表示。因此，低电压继电器的返回系数

$$K_{re}=\frac{U_{K.re}}{U_{K.act}}>1 \tag{1-6}$$

一般要求 K_{re} 不大于1.2。

电压继电器动作电压的调整方法与电流继电器相同。但两个线圈并联时的动作电压为串联时的$\frac{1}{2}$。

目前除DJ-100系列电压继电器外，体积较小的DY-20C、DY-30系列电压继电器已在不少保护屏上采用，它们的构造与DL-20C、DL-30系列电流继电器相同。

思考

测电流继电器动作电流时，为什么将电流由零加到继电器刚好动作时的电流记为动作电流？如何测低电压继电器动作电压？

3. 时间继电器

时间继电器在继电保护装置和自动装置中用作时限元件，用以建立必要的动作时限。图1-11为DS-110系列时间继电器的结构。它由螺管线圈式的电磁机构和一套钟表机构组成。它的动作过程是：当线圈1接入电压后，衔铁3即被瞬时吸入电磁线圈中，依附在衔铁上的杠杆9被释放；在主弹簧11的作用下扇形齿轮10顺时针方向转动，并带动齿轮13、动触点22及与它同轴的摩擦离合器14也开始逆时针方向转动，通过主齿轮15传动钟表机构，因此控制了动触点轴的旋转角速度，于是动触点经过一定行程去接通静触点23就需要一定的时间，从而起到了延时的作用。

当加在线圈上的电压消失后，在返回弹簧4的作用下，杠杆9立即使扇形齿轮恢复原位。因为返回时动触点轴是顺时针方向转动的，摩擦离合器与主齿轮脱开［见图1-11（c）］，这时钟表机构不参加工作，所以返回是瞬时的。

改变静触点的位置，也就是改变动触点的行程，即可调整时间继电器的动作时间。

为了缩小时间继电器的尺寸，它的线圈一般均按短时通过电流来设计。因此，当需要在时间继电器线圈上较长时间（大于30s）加电压时，例如作用于信号的保护所用的时间继电器，需选用带有附加电阻的时间继电器，并按图1-12接线。时间继电器线圈上没有加电压时，附加电阻 R_{ad} 被继电器的动断触点短接。因此当电压加入继电器线圈的最初瞬间，全部直流电压加到时间继电器的线圈上，保证继电器动作。一旦继电器动作后，其瞬动的动断触点断开，R_{ad} 串入线圈回路，使电流减小，保证继电器的热稳定。

4. 中间继电器

中间继电器作为辅助继电器，被广泛用于保护装置和自动装置中。它的特点是触点对数

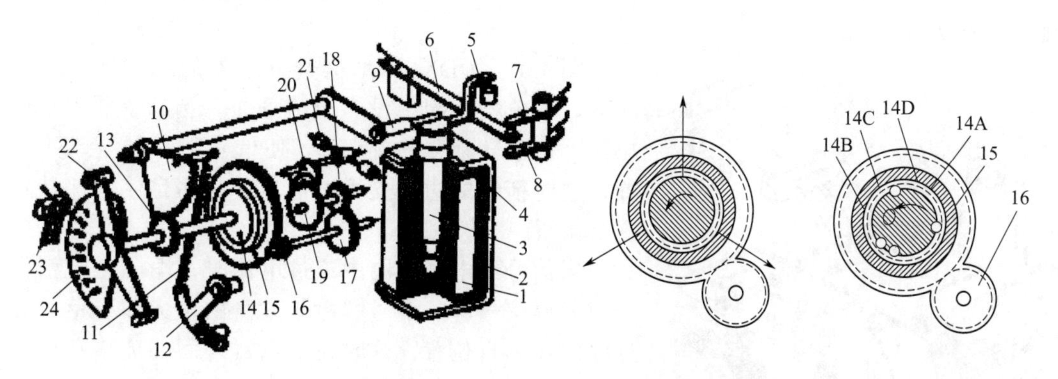

(a) 继电器的结构图 (b) 工作情况下的摩擦离合器 (c) 返回情况下的摩擦离合器

图 1-11 DS-110 系列时间继电器的结构

1—线圈；2—磁路；3—衔铁；4—返回弹簧；5—轧头；6—可动瞬时触点；7，8—固定瞬时触点；9—杠杆；10—扇形齿轮；11—主弹簧；12—改变弹簧拉力的卡板；13—齿轮；14—摩擦离合器（14A—凸齿枪；14B—钢球；14C—弹簧；14D—套环）；15—主齿轮；16—钟表机构的齿轮；17，18—钟表机构的中间齿轮；19—摆轮；20—摆卡；21—重锤；22—动触点；23—静触点；24—标度盘

多，触点容量大。因此常用来扩展前级继电器的触点对数或触点容量。

图 1-13 示出了 DZ-10 系列中间继电器的结构。当线圈 2 加上 70%以上额定电压时，衔铁 3 就会被吸到电磁铁的磁极，其上的动触点 5 与静触点 4 接通。失电后，衔铁受反作用弹簧 6 的拉力而返回原位。中间继电器的动作和返回都是瞬时的，在额定电压下，动作时间不应大于 0.05s。若在铁芯顶部套上铜质短路环，继电器的动作和返回都将具有延时。若短路环置于根部，继电器起动时，气隙大，短路环产生的磁通都成为漏磁通，因此对继电器的动作时间几乎没有影响。但是失电后，继电器的返回是在衔铁被吸持、磁路无气隙的情况下开始的，因此短路环产生的磁通将通过衔铁而闭合，使通过衔铁的磁通延缓减小，继电器延时返回。

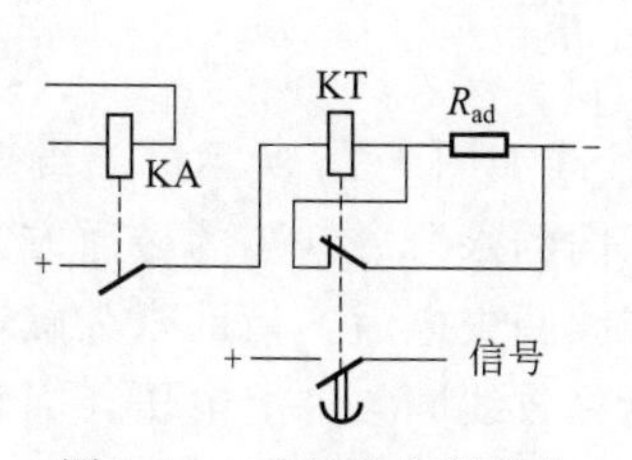

图 1-12 时间继电器接入附加电阻的电路图

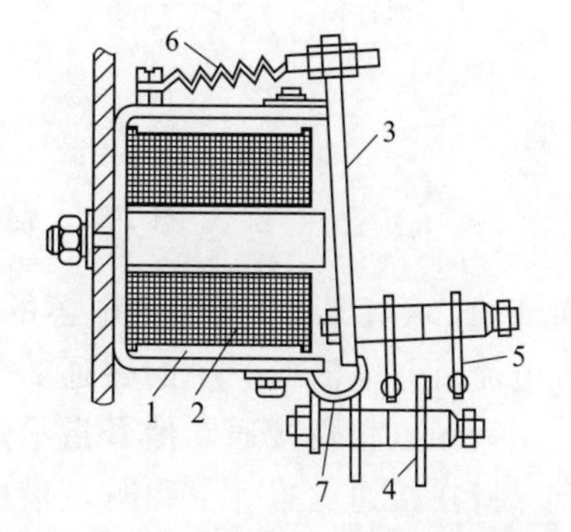

图 1-13 DZ-10 系列中间继电器的结构

1—电磁铁；2—线圈；3—衔铁；4—静触点；5—动触点；6—反作用弹簧；7—衔铁行程限制器

5. 信号继电器

信号继电器在继电保护和自动装置中用来作动作指示器，每种保护都需装一个信号继电器，以指示该保护的动作。当信号继电器动作后，一方面继电器本身有掉牌指示，从而知道是哪种保护动作，便于进行事故分析；另一方面动合触点接通灯光信号回路或音响信号回路，引起值班人员注意。任务完成后，需由值班人员转动信号继电器上的复归旋钮，信号牌

和触点才能复归原位。

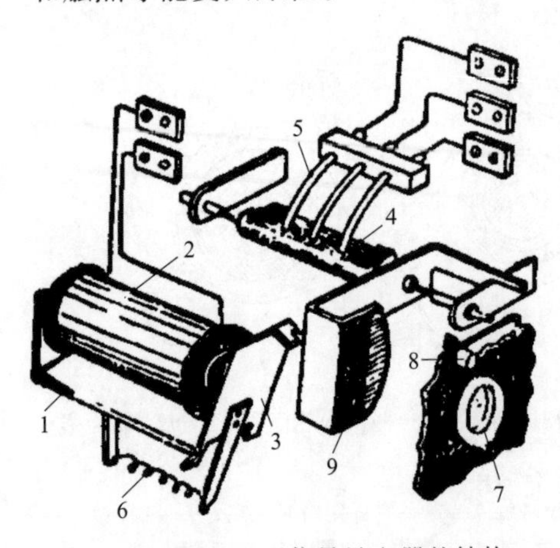

图 1-14　DX-11 型信号继电器的结构
1—电磁铁；2—线圈；3—衔铁；
4—动触点；5—静触点；6—弹簧；
7—显示信号牌窗口；8—复归旋钮；
9—信号牌

图 1-14 为 DX-11 型信号继电器的结构。正常情况下，继电器线圈中没有电流通过，衔铁 3 被弹簧 6 拉住，用手转动复归旋钮 8，使信号牌 9 转至水平位置，这时衔铁的边缘支撑着信号牌，并且使它保持在这个位置。

当信号继电器线圈中流过电流时，电磁力吸引衔铁而释放信号牌，信号牌由于本身的重力而下落，并且停留在垂直位置。这时在继电器外面的玻璃孔上可以看见带颜色的标志。在信号牌下落时，固定信号牌的轴同时转动 90°，使动触点 4 与静触点 5 接通，从而接通灯光信号回路或者音响信号回路。

信号继电器通常可分为串联信号继电器（电流型信号继电器）和并联信号继电器（电压型信号继电器）两种。它们的接线见图 1-15。选用电流型信号继电器时，应注意它的额定电流，如 DX-11/0.025、DX-11/1 型等的信号继电器，分母数字为其额定电流；选用电压型信号继电器时，应注意它的额定电压，如 DX-11/110、DX-11/220 型等的信号继电器，分母数字为其额定电压。

目前有些保护屏上采用 DXM-2A 型信号继电器代替 DX-11 型信号继电器。DXM-2A 型信号继电器采用干簧触点，用磁力自保持代替机械自保持，用灯光指示代替信号掉牌，可以远方复归。

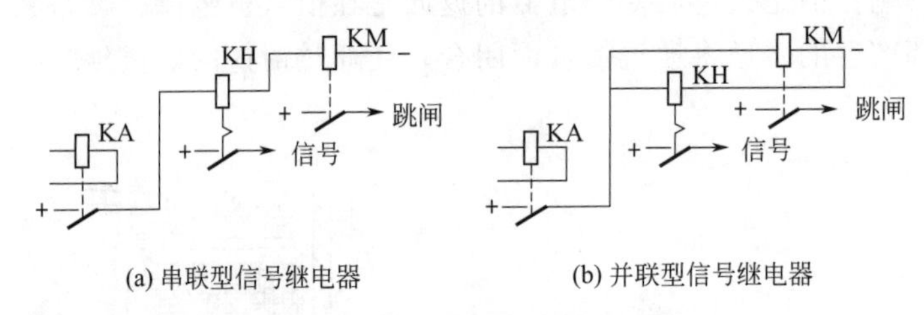

图 1-15　信号继电器的接线方式

电流起动的 DXM-2A 型信号继电器的结构和内部接线如图 1-16 所示。当继电器的工作线圈 6 通过电流时，电流所产生的磁通 2 与放置在线圈内的永久磁铁 5 的磁通方向相同，两磁通相加，干簧触点相吸接通，信号指示灯亮。在工作线圈失电后，借助永久磁铁的作用可使干簧触点保持在接通位置。复归时，借助复归按钮给释放线圈 4 加上电压，因其所产生的磁通 3 与永久磁铁的磁通方向相反而互相抵消，使触点返回原位，指示灯灭，并准备下次动作。

6. 极化继电器

极化继电器是一种以磁电原理为基础、具有方向性的小型直流磁电式继电器。在整流型保护装置中，广泛用作执行元件。

极化继电器的结构如图 1-17 所示。当工作线圈 2 通入电流 I_W 时，产生工作磁通 Φ_W 从左向右穿过气隙 δ_1 和 δ_2。永久磁铁 3 产生的极化磁通 Φ_{P1}、Φ_{P2} 由 N 极出发，经衔铁 4 和气隙 δ_1、δ_2 构成通路。δ_1 中的磁场因 Φ_W 与 Φ_{P1} 相减而较弱，δ_2 中的磁场因 Φ_W 与 Φ_{P2} 相

加而较强，因此吸力 $F_2>F_1$，衔铁被吸向右侧，动触点与左侧的静触点接通。当电流 I_W 的方向改变时，动触点即与右侧的静触点接通。因此极化继电器的动作具有方向性。

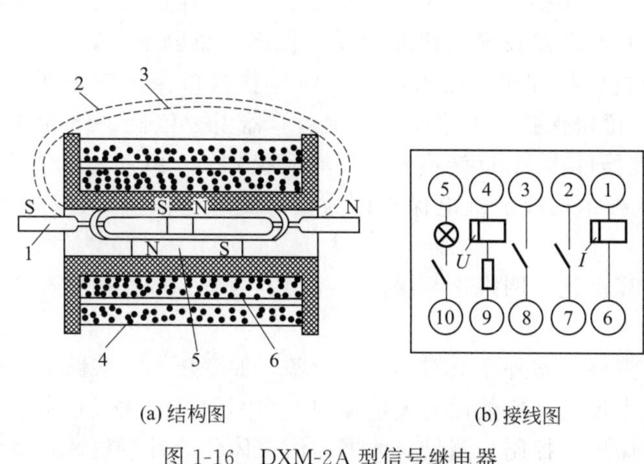

(a) 结构图　(b) 接线图

图 1-16　DXM-2A 型信号继电器

1—干簧触点；2—工作线圈磁通；3—释放线圈磁通；4—释放线圈；5—永久磁铁；6—工作线圈

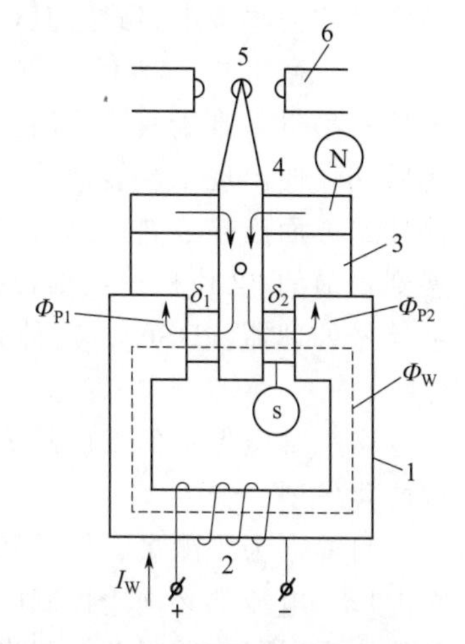

图 1-17　极化继电器的结构

1—铁芯；2—线圈；3—永久磁铁；4—衔铁；5—动触点；6—静触点

提示

各类电磁型继电器工作原理可在实验时观察到，实验时请注意观察电磁型继电器动作、返回过程中的机械运动及触点的通断情况。

第五节　继电保护技术的历史现状及发展趋势

与当代新兴科学技术相比，继电保护技术已经是相当古老了，然而电力系统继电保护作为一门综合性科学又总是充满青春活力，处于蓬勃发展中。之所以如此，是因为它是一门理论和实践并重的科学技术，又与电力系统的发展息息相关。电力系统在飞速发展的同时，也对继电保护装置不断提出新的要求。电子技术、计算机技术与通信技术的快速发展又为继电保护技术不断地注入了新的活力。继电保护技术以电力系统的需要作为发展的源泉，同时又不断地吸取相关的科学技术中出现的新成就作为发展的手段。电力系统继电保护技术的发展过程充分地说明了这一点。到现在，继电保护技术经过了机电式、半导体式、微机式等发展阶段。

（1）机电式　19 世纪末人类已开始利用熔断器防止在发生短路时损坏设备，建立了过电流保护原理。20 世纪初，随着电力系统的发展，继电器被广泛应用于电力系统的保护。这个时期被认为是继电器保护技术发展的开端。1905～1908 年研制出电流差动保护，1910 年起开始采用方向性电流保护，于 1920 年初生产出距离保护，在 30 年代初已出现了快速动作的高频保护。由此可见，从继电保护的基本原理上看，到 20 世纪 20 年代末普遍应用的继电保护原理基本上都已建立。

（2）半导体式　20 世纪 50 年代后，随着晶体管的发展，出现了晶体管保护装置。这种保护装置体积小、动作速度快、无机械转动部分，经过 20 余年的研究与实践，晶体管式保护装置的抗干扰问题从理论和实际上都得到了满意的解决。

在20世纪70年代，晶体管保护被大量采用。到了80年代后期，静态继电保护装置由晶体管式向集成电路式过渡，成为静态继电保护的主要形式。

(3) 微机式　20世纪60年代末，科学家提出了小型计算机实现继电保护的设想，但由于价格昂贵，难于实际采用。但随着微处理器技术的快速发展和价格的急剧下降，在70年代后期，便出现了性能比较完善的微机保护样机并投入运行。80年代微机保护在硬件和软件技术方面已趋成熟；进入90年代，微机保护已大量应用，主运算器由8位机、16位机发展到目前的32位机，数据转换与处理器件由A/D转换器、压频转换器（VFC），发展到数字信号处理器（DSP）。这种由计算机技术构成的继电保护称为数字式继电保护，也称微机保护。

未来继电保护的发展趋势是向计算机化，网络化及保护、控制、测量、数据通信一体化智能化发展。

目前，为了测量、保护和控制的需要，室外变电站的所有设备，如变压器、线路等的二次电压、电流都必须用控制电缆引到主控室。所敷设的大量控制电缆不但需要大量投资，而且使二次回路非常复杂。若将上述的保护、控制、测量、数据通信一体化的计算机装置就地安装在室外变电站的被保护设备旁，将被保护设备的电压、电流量在此装置内转换成数字量后，通过计算机网络送到主控室，则可免除大量的控制电缆。如果用光纤作为网络的传输介质，还可免除电磁干扰。在采用光电流互感器（OTA）和光电压互感器（OTV）的情况下，保护装置应放在距OTA和OTV最近的地方，亦即应放在被保护设备的附近。OTA和OTV的光电信号输入到此一体化装置中并转换成电信号后，一方面用作保护的计算判断，另一方面作为测量的量，通过网络送主控室。从主控室通过网络可将对被保护设备的操作控制命令送到此一体化装置，由此一体化装置执行断路器的操作。

实现微机保护装置的网络化，继电保护装置能够得到的系统故障信息愈多，对故障性质、故障位置的判断和故障距离的检测愈准确，大大提高保护性能和可靠性。

20世纪90年代以来，人工智能技术如神经网络、遗传算法、进化规划、模糊逻辑区块链技术等在电力系统各个领域都得到了应用，电力系统保护领域内的一些研究工作也转向人工智能的研究。专家系统、人工神经网络（ANN）和模糊控制理论逐步应用于电力系统继电保护中，为继电保护的发展注入了活力。人工神经网络具有分布式存储信息、并行处理、自组织、自学习等特点，其应用研究发展十分迅速，目前主要集中在人工智能、信息处理、自动控制和非线性优化等方面。近年来，电力系统继电保护领域内出现了用人工神经网络来实现故障类型的判别、故障距离的测定、方向保护、主设备保护等。例如在输电线两侧系统电势角度摆开情况下发生过渡电阻的短路就是一个非线性问题，距离保护很难正确做出故障位置的判别，从而造成误动或拒动；如果用神经网络方法，经过大量故障样本的训练，只要样本集中充分考虑各种情况，则在发生任何故障时都可正确判别。其他如遗传算法、进化规划等也都有其独特的求解复杂问题的能力。将这些人工智能方法适当结合，可使求解速度更快。可以预见，人工智能技术在继电保护领域必会得到应用，以解决用常规方法难以解决的问题。

自适应继电保护的概念始于20世纪80年代，它可定义为能根据电力系统运行方式和故障状态的变化而实时改变保护性能、特性或定值的新型继电保护。自适应继电保护的基本思想是使保护能尽可能地适应电力系统的各种变化，进一步改善保护的性能。这种新型保护原理的出现引起了人们的极大关注，是微机保护具有生命力和不断发展的重要内容。自适应继电保护具有改善系统的响应、增强可靠性和提高经济效益等优点，在输电线路的距离保护、变压器保护、发电机保护、自动重合闸等领域内有着广泛的应用前景。针对电力系统频率变化的影响、单相接地短路时过渡电阻的影响、电力系统振荡的影响以及故障发展问题，采用自适应控制技术，从而提高保护的性能。对自适应保护原理的研究已经有很长的时间，也取得了一定的成果，但要真正实现保护对系统运行方式和故障状态的自适应，必须获得更多的系统运行和故障信息，只有实现保护的计算机网络化，才能做到这一点。由此可见，继电保护技术必将向着自动化、智能化、网络化的方向发展。

随着电力系统的高速发展和计算机技术、通信技术的进步，继电保护技术面临着进一步发展的趋势。其发展将出现原理突破和应用革命，发展到一个新的水平。这给继电保护工作者带来了艰巨的任务，也开辟了活动的广阔天地。

小结

本章是继电保护原理课程的入门，通过本章的学习初步了解什么是继电保护和继电保护装置，它的基本任务（或作用）是什么？继电保护的基本原理有哪些？继电保护原理提出的依据是什么？在回答上述问题后要深刻理解对继电保护的“四性”要求。这“四性”要求贯穿全书，不断推动继电保护原理和继电保护技术的发展。

另外，在学习本章时还要掌握继电保护的主保护、后备保护的概念，了解继电保护发展史和目前继电保护的现状。

学习指导

1. 要求

熟悉继电保护的任务及“四性”基本要求。

2. 知识点

继电保护的构成原理及保护的判据；电力系统的故障及不正常方式；继电保护的发展和继电保护目前的技术现状；继电保护的任务；电力系统对继电保护的“四性”要求。

3. 重点和难点

继电保护的构成原理；继电保护的“四性”要求。

复习思考题

（1）在电力系统中继电保护的任务是什么？

（2）继电保护的基本原理有哪些？都是怎样构成的？

（3）电力系统对继电保护的基本要求是什么？什么叫选择性、速动性、灵敏性和可靠性？

（4）继电保护装置由哪几部分组成？各部分的作用是什么？

第二章

继电保护的输入源

第一节　电压互感器

电压互感器（TV）是隔离高电压，供继电保护、自动装置和测量仪表获取一次电压信息的传感器。

电压互感器也是一种特殊形式的变换器，其二次电压正比于一次电压，近似为一个电压源，正常使用时电压互感器的二次负载阻抗一般较大。在二次电压一定的情况下，阻抗越小则电流越大，当电压互感器二次回路短路时，二次回路的阻抗接近于零，二次电流将变得非常大，如果没有保护措施，将会烧坏电压互感器。所以电压互感器的二次回路不能短路。

重要提示

TV 二次回路严禁短路！

正确地选择和配置电压互感器型号及参数，严格按技术规程与保护原理连接电压互感器二次回路，对降低计量误差，确保继电保护等设备的正常运行，确保电网的安全运行具有重要意义。

一、电压互感器的类型

电压互感器的类型多种多样，按工作原理分有电磁式电压互感器、电容式电压互感器、新型的光电式电压互感器。其中电磁式电压互感器在结构上又有三相式和单相式两种。在三相式电压互感器中又有三相三柱式和三相五柱式两种。从使用绝缘介质上又可分为干式、油浸式及六氟化硫式等多种。

1. 电磁式电压互感器

电磁式电压互感器的优点是结构简单，对其有长时间的制造和运行经验，产品成熟，暂态响应特性较好。其缺点是因铁芯的非线性特性，容易产生铁磁谐振，引起测量不准确和造成电压互感器的损坏。

2. 电容式电压互感器（CVT）

电容式电压互感器的优点是没有谐振问题，装在线路上时可以兼作高频通道的结合电容器。其主要缺点是暂态响应特性较电磁式差。带载波附件的电容式电压互感器原理接线如图 2-1 所示，电容分压后的电压经 T 变换输出，外形结构如图 2-2 所示。

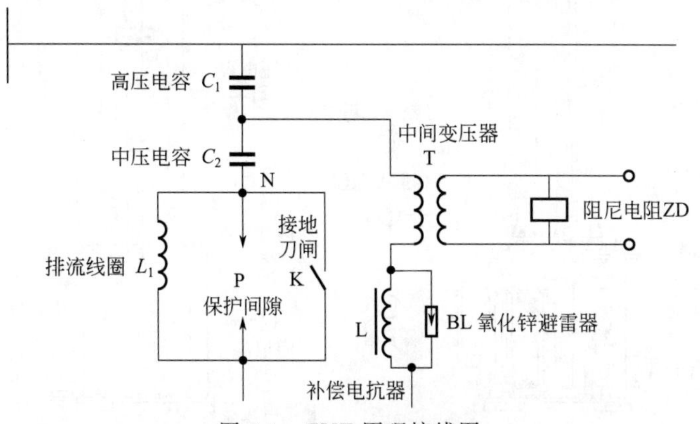

图 2-1 CVT 原理接线图

CVT 包括电容分压器①和电磁装置②两部分，电容分压器的作用就是电容分压，如图 2-1 所示，它又包括高压电容 C_1（主电容器）和串联电容 C_2（分压电容器）。电容器组由 3 节瓷套耦合电容器及电容分压器重叠而成，每节耦合电容器或电容分压器单元装有数十只串联而成的膜纸复合介质组成的电容元件，并充以十二烷基苯绝缘油密封，高压电容 C_1 的全部电容元件和中压电容 C_2 被装在 1～3 节瓷套内，由于它们保持相同的温度，所以温度引起的分压比的变化可被忽略。电容元件置于瓷套内经真空处理、热处理后已彻底脱水、脱气，注入已脱水脱气的绝缘油并密封于瓷套内。每节电容器单元顶部有一个可调节油量的金属膨胀器，以便在运行温度范围内使油压总是保持正常。

在图 2-1 中，电磁装置由中间变压器 T 和补偿电抗器 L 组成，电磁装置是将分压电容器上的电压降低到所需的二次电压值，由于分压电容器上的电压会随负荷变化，在分压回路串入电感（补偿电抗器），用以补偿电容器的内阻抗，可使电压稳定。分压电容器经过一个电磁式电压互感器隔离后再接仪表、保护装置。

另外，电容式电压互感器还设有过压保护装置和载波耦合装置。保护装置包括保护间隙 P 和氧化锌避雷器 BL，用来限制补偿电抗器和电磁式电压互感器与分压器的过电压。阻尼电阻 ZD 是用来防止持续的铁磁谐振的。载波耦合装置是一种能接收载波信号的线路元件，把它接到开关 K 两端，其阻抗在工频电压下很小，完全可以忽略，但在载波频率下其数值却很可观，若不接载波耦合装置，接地开关 K 应合上。L_1 是排流线圈，将电容分压器的工频电流引入大地。其工频阻抗很小，如小于 10Ω，且电容电流亦很小，小于 0.5A，所以排流线圈两端的工频压降很小，小于 5V；又由于排流线圈的一端接地，所以在工频电压下，电容分压器低压端 N 对地电位就被限制得很低。另外，排流线圈两端的保护间隙可抑制 N 点出现的冲击过电压。N 点处于低电位，具有以下功能：

① 保证电容分压器低压引出套管、引出端子板免受过电压而损坏。当 CVT 不带有载波附件时，如果电容分压器低压端 N 接地不可靠，则 N 点会出现高压而损坏绝缘件。

② 由于电容分压器低压端 N 直接与结合滤波器的高压端相连，N 点的低电位能保证结合滤波器始终处于低电位，即使结合滤波器内部出现故障，亦能保证结合滤波器及后置载波机免受过电压之害，保证设备和人身安全。

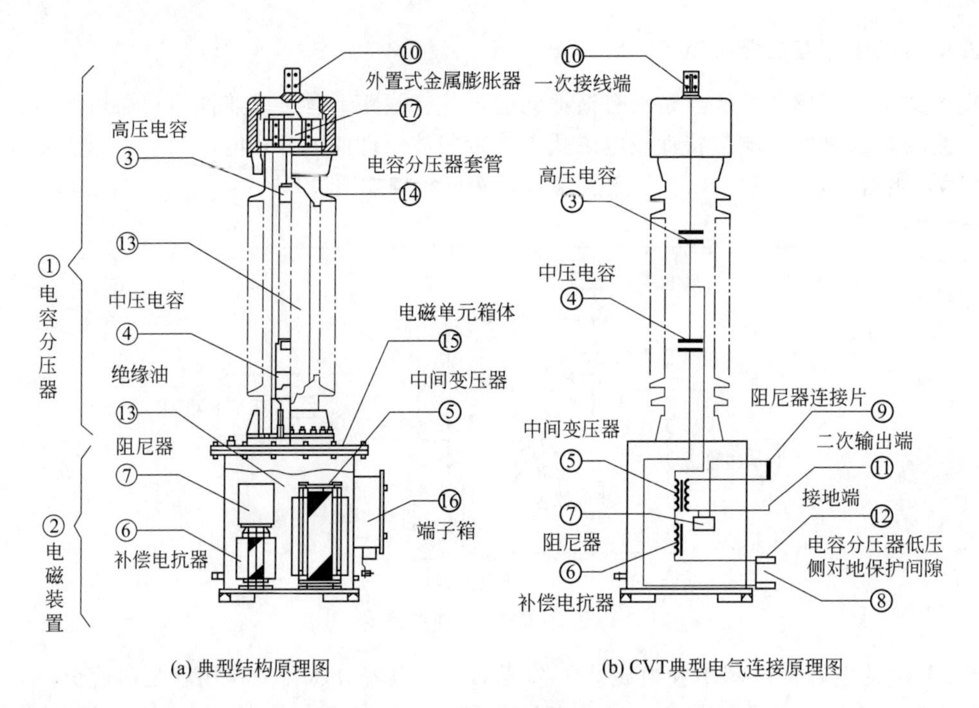

(a) 典型结构原理图　　(b) CVT典型电气连接原理图

图 2-2　CVT 结构示意图

提示

载波耦合设备的作用详见本书第五章高频通道部分。

3. 光电式互感器

数字式光电电流电压互感器是一种混合式光电电流电压互感器，包括罗戈夫斯基线圈实现的大电流（或高电压）变送、高电位取能、远距离激光供能、光纤数据传输、变电站自动化信息接口等多项技术，具有无饱和、高精度、线性度好、安全性高等特点。光电互感器的采集器单元（包括电流传变、电压传变和信号处理等）与电力设备的高电压部分等电位，高低压之间连接全部使用光纤，将一次电流、电压转变为小电压信号，就地转换为数字量，通过光纤传输给保护、测量和监控等设备使用，减少体积和重量，提高可靠性。

光电互感器可作为数据服务器使用，向实现保护测量等具体功能的装置提供数据，也可以根据需要集成继电保护和测控等功能。光电互感器原理见图 2-3。

二、电压互感器的基本参数

1. 一次参数

电压互感器的一次参数主要是额定电压。其一次额定电压的选择主要是满足相应电网电压的要求，其绝缘水平能够承受电网电压长期运行，并承受可能出现的雷电过电压、操作过电压及异常运行方式下的电压，如小接地电流方式下的单相接地。

对于两相电压互感器和用于单相系统或三相系统间的单相互感器，其额定一次电压应符合 GB/T 156—2017《标准电压》所规定的某一标称电压，即 6kV、10kV、15kV、20kV、35kV、60kV、110kV、220kV、330kV、500kV。对于接在三相系统相与地之间或中性点与

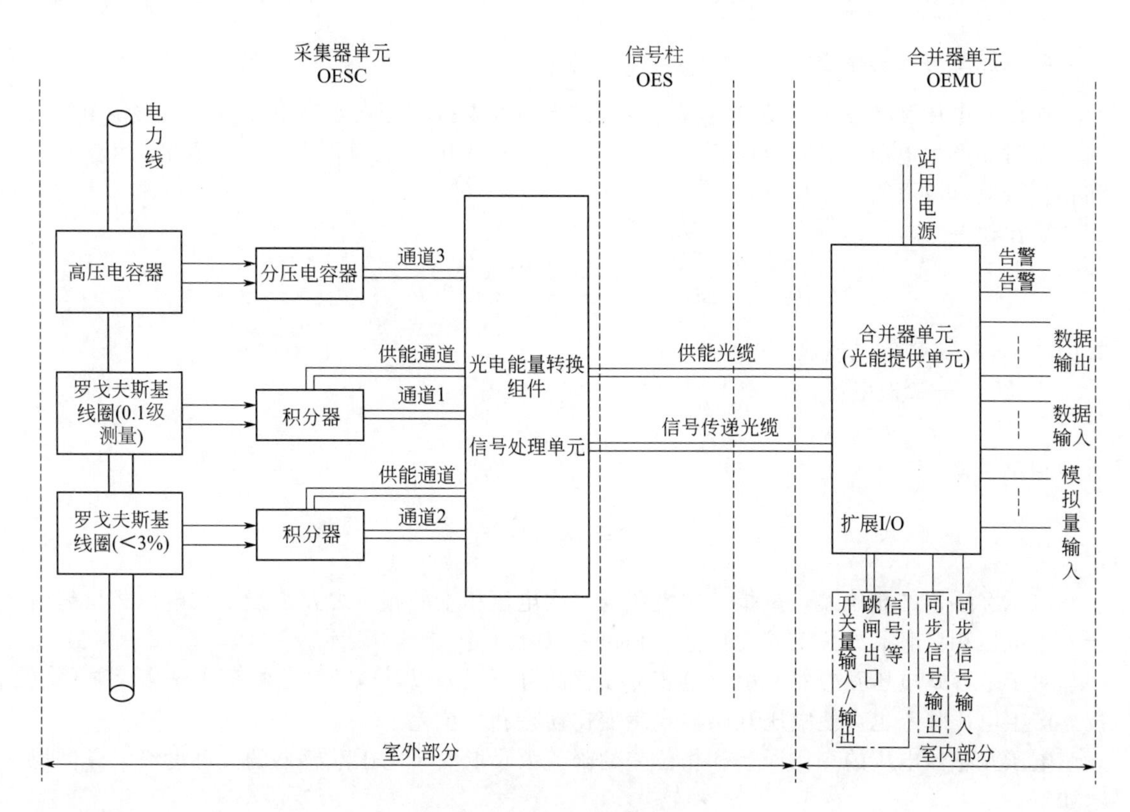

图 2-3　光电互感器原理

地之间的单相电压互感器，其额定一次电压为上述额定电压的 $1/\sqrt{3}$。

2. 二次额定电压

电压互感器的二次电压标准值，对接于三相系统相间电压的单相电压互感器，二次额定电压为 100V。即系统正常运行时电压互感器二次线电压为 100V，相电压为 57.7V。

接成开口三角形的电压绕组额定电压与系统中性点接地方式有关。大接地电流系统的接地电压互感器额定二次电压为 100V，小接地电流系统的接地电压互感器额定二次电压为 100/3V。

3. 二次额定输出容量

电压互感器额定的容量输出标准值是 10VA、15VA、25VA、30VA、50VA、75VA、100VA、150VA、200VA、250VA、300VA、400VA、500VA。对于三相式电压互感器，其额定输出容量是指每相的额定输出，电压互感器二次承受负载功率因数为 0.8（滞后），负载容量不大于额定容量时，互感器能在规定的幅值与相位的精度情况下保证输出容量。

除额定输出外，电压互感器还有一个极限输出值。其含义是在 1.2 倍额定一次电压下，互感器各部位温升不超过规定值，二次绕组能连续输出的视在功率值（此时互感器的误差通常超过限值）。

在选择电压互感器的二次输出时，首先要进行电压互感器所接的二次负荷统计。计算出各台电压互感器的实际负荷，然后再选出与之相近并大于实际负荷的标准的输出容量，并留有一定的裕度。

4. 电压互感器的误差

电磁式电压互感器由于励磁电流、绕组的电阻及电抗的存在，当电流流过一次绕组及二次绕组时要产生电压降和相位偏移，使电压互感器产生电压比值误差（以下简称变比误差）和相位误差（以下简称相位差）。

变比误差

$$\Delta U=\frac{n_{TV}U_2-U_1}{U_1}\times 100\% \tag{2-1}$$

式中 n_{TV}——额定电压比；

U_2——二次电压；

U_1——一次电压。

相位误差

$$\delta=\arg\frac{\dot{U}_2}{\dot{U}_1} \tag{2-2}$$

电压互感器的相位差，是指一次电压与二次电压相量的相位之差。当二次电压相量超前于一次电压相量时，相位误差为正值。相位差以分（′）或 rad 表示。

对于电容式电压互感器，由于电容分压器的分压误差以及电流流过中间变压器，补偿电抗器产生电压降等也会使电压互感器产生变比误差和相位差。

电压互感器电压的变比误差和相位差的限值大小取决于电压互感器的准确度级，具体规定如下：

① 对于测量用电压互感器的标准准确度级有：0.1、0.2、0.5、1.0、3.0 五个等级。各等级的误差限值如表 2-1 所示。满足测量用电压互感器变比误差和相位误差有一定的条件，即在额定频率下，其一次电压为 80%～120%额定电压的任一电压值，二次负载的功率因数为 0.8（滞后），二次负载的容量在 25%～100%。

表 2-1 测量用电压互感器的误差限值

准确级	变比误差±/%	相位差	
		±/(′)	±/($\times10^{-2}$rad)
0.1	0.1	5	0.15
0.2	0.2	10	0.3
0.5	0.5	20	0.6
1.0	1.0	40	1.2
3.0	3.0	不规定	不规定

② 继电保护用电压互感器的标准准确度级有 3P 和 6P 两个等级。保护用电压互感器的误差限值如表 2-2 所示。

表 2-2 保护用电压互感器的误差限值

准确度级	电压误差±/%	相位差	
		±/(′)	±/($\times10^{-2}$rad)
3P	3.0	120	3.5
6P	6.0	240	7.0

三、电压互感器的二次回路接线

为了满足不同的测量要求，以及继电保护及安全自动装置的使用，电压互感器有多种配置与接线方式。

1. 电压互感器的配置

电压互感器一般按以下原则配置：

① 对于主接线为单母线、单母线分段、双母线等，在母线上安装三相式电压互感器；当其出线上有电源，需要重合闸检同期或检无压，需要同期并列时，应在线路侧安装单相或两相电压互感器。

② 对于 3/2 主接线，常常在线路或变压器侧安装三相电压互感器，而在母线上安装单相互感器以供同期并联和重合闸检无压、检同期使用。

③ 内桥接线的电压互感器可以安装在线路侧，也可以安装在母线上，一般不同时安装。安装地点的不同对保护功能有所影响。

④ 对 220kV 及以下的电压等级，电压互感器的二次侧一般有两个绕组：一组接为星形，一组接为开口三角形。在 500kV 系统中，为了实现继电保护的完全双重化，一般选用二次侧为 3 个绕组的电压互感器，其中两组接为星形，一组接为开口三角形。

⑤ 当计量回路有特殊需要时，可增加专供计量的电压互感器二次侧绕组个数或安装计量专用的电压互感器组。

⑥ 在小接地电流系统中，需要检查线路电压或同期时，应在线路侧装设两相式电压互感器或装一台电压互感器接线间电压。在大接地电流系统中，线路有检查线路电压或同期要求时，应首先选用电压抽取装置。500kV 线路一般都装设三只电容式线路电压互感器，作为保护、测量和载波通信公用。

2. 继电保护和测量用电压二次回路接线

电压互感器的二次接线主要有：单相接线、单线电压接线、V/V 接线、星形连接、开口三角形连接、中性点接有消弧电压互感器的星形连接。各接线的连接方式如图 2-4 所示。

① 图 2-4（a）所示单相接线常用于大接地电流系统判线路无压或同期，可以接于任何一相。

② 图 2-4（b）所示单线电压接线中一只电压互感器接于两相电压间，主要用于小接地电流系统判线路无压或同期。

③ 图 2-4（c）所示 V/V 接线主要用于小接地电流系统的母线电压测量，它只要两只接于线电压的电压互感器就能完成三相电压的测量，能节约投资。但是在二次回路无法测量系统的零序电压而实际需要测量零序电压时，不能使用该接线。

④ 图 2-4 所示星形连接与开口三角形连接应用最多，常用于母线测量三相电压及零序电压。接线见图 2-4（d）（e），星形连接可以获得三相对地电压，开口三角形绕组输出电压为两相电压之和，即 3 倍零序电压。

⑤ 图 2-4（f）所示为中性点接有消弧电压互感器的星形连接。在小接地电流系统中，当单相接地时允许继续运行 2h，由于非接地相的电压上升到线电压，是正常运行时的$\sqrt{3}$倍，特别是间隙性接地还要产生暂态过电压，这将可能造成电压互感器铁芯饱和，引起铁磁谐振，使系统产生谐振过电压。所以使用在小接地电流系统的电压互感器均要考虑消弧问题。

消弧措施有多种，例如在开口三角形绕组输出端子上接电阻性负载或电子型、微机型消弧器，图 2-4（f）中在星形连接的中性点接一只电压互感器也能起到消弧的作用。所以该电压互感器也称为消弧电压互感器。

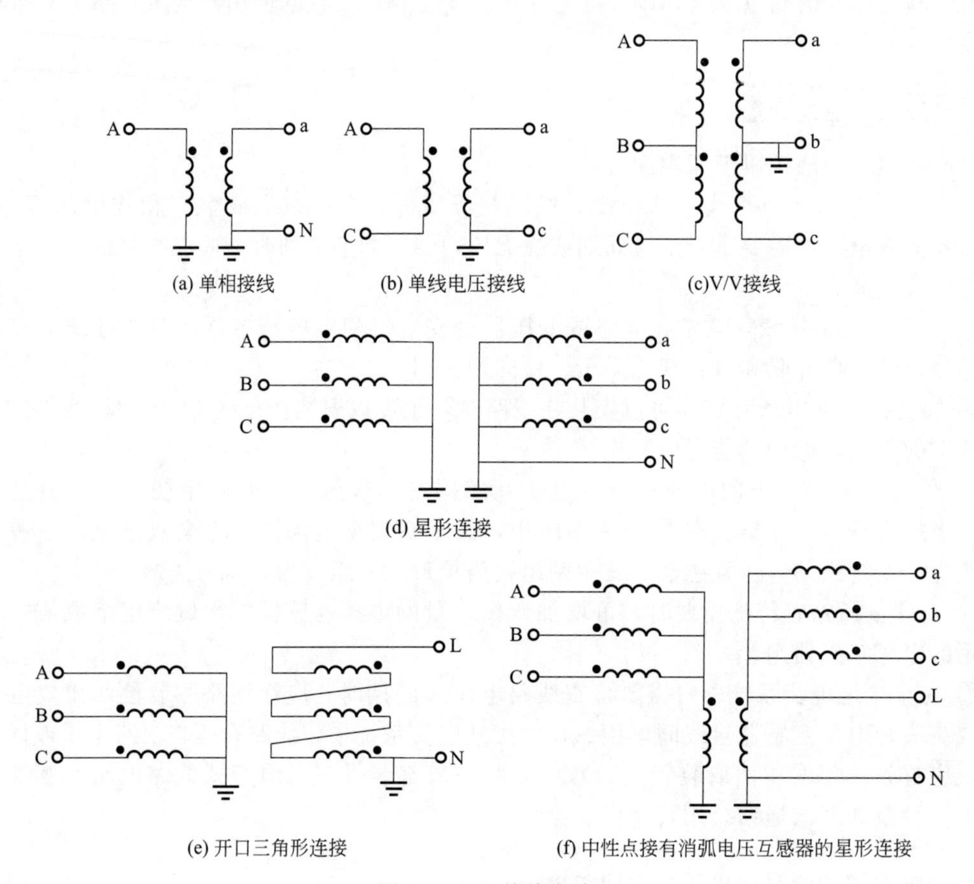

图 2-4 TV 接线方式

3. 电压互感器二次回路的保护

电压互感器相当于一个电压源，当二次回路发生短路时将会出现很大的短路电流，如果没有合适的保护装置将故障切除，将会使电压互感器及其二次绕组烧坏。

电压互感器二次回路的保护设备应满足：在电压回路最大负荷时，保护设备不应动作；而电压回路发生单相接地或相间短路时，保护设备应能可靠地切除短路；在保护设备切除电压回路的短路过程中和切除短路之后，反应于电压下降的继电保护装置不应误动作，即保护装置的动作速度要足够快；电压回路短路保护动作后出现电压回路断线应有预告信号。

电压互感器二次回路保护设备，一般采用快速熔断器或自动空气开关。采用熔断器作为保护设备，接线简单、能满足上述选择性及快速性要求，报警信号需要在继电保护回路中实现。采用自动空气开关作为保护设备时，除能切除短路故障外，还能保证三相同时切除，防止缺相运行，并可利用自动开关的辅助触点，在断开电压回路的同时也切断有关继电保护的正电源，防止保护装置误动作，或由辅助触点发出断线信号。

电压互感器二次侧应在各相回路和开口三角形绕组的试验芯上配置保护用的熔断器或自动开关。开口三角形绕组回路正常情况下无电压，故可不装设保护设备。熔断器或自动开关应尽可能靠近二次绕组的出口处装设，以减小保护死区。保护设备通常安装在电压互感器端子箱内，端子箱应尽可能靠近电压互感器布置。

4. 电压互感器二次回路的接地

电压互感器二次回路的接地，主要是防止一次高压串至二次侧时，可能对人身及二次设备造成威胁。其接地点与二次侧中性点接地方式、测量和保护电压回路供电方式以及电压互感器二次绕组的个数有关。

电压互感器二次回路只能有一点接地。如果有两点接地或多点接地，当系统发生故障，地电网各点间有电压差时，将会有电流从两个接地点间流过，在电压互感器二次回路产生压降，该压降将使电压互感器二次电压的准确性受到影响，严重时将影响保护装置动作的选择性。

线路电压互感器可以在配电装置处一点直接接地，也可以通过小母线（YMN）接地。当在配电装置处一点接地时，线路电压互感器的二次回路与母线电压互感器的二次回路不能有电的联系，否则会使电压互感器二次回路出现两点接地或多点接地。如果通过小母线（YMN）接地，则应在配电装置处加装放电间隙或氧化锌避雷器，并且注意，在线路保护停用校验时，线路可能仍有旁路代路运行，不能因拆开至小母线的 N600 连线而使线路电压互感器二次侧失去接地点。

第二节　电流互感器

一、电流互感器的工作原理

电流互感器（TA）就是把大电流按比例降到可以用仪表直接测量的数值，以便用仪表直接测量，并作为各种继电保护的信号源。电流互感器的一次绕组串联在电力线路中，线路电流就是互感器的一次电流，二次绕组外部接有测量仪表和保护装置作为二次绕组的负荷。

电流互感器的一、二次绕组之间有足够的绝缘，从而保证所有低压设备与高电压相隔离。电力线路中的电流各不相同，通过电流互感器一、二次绕组不同匝数比的配置，可以将大小悬殊的线路电流变换成大小相当、便于测量的电流值（二次电流额定值一般为 5A 或 1A）。电流互感器相当于一个工作在短路状态下的变压器。若不计一次电流中的励磁分量，其一、二次电流之比等于匝数比。电流互感器就是利用这一点来测量一次侧的大电流。

运行中的电流互感器，二次回路必须接有负荷或直接短路，如果在一次绕组有电流的情况下，二次绕组开路，则二次反磁势不再存在，一次电流全部用来励磁，铁芯中的磁感应强度急剧增加，二次感应电势急剧上升。此时因铁芯饱和，磁通波形将变成平顶波，二次电压很高，当出现很高的开路电压时，会对二次绕组的绝缘和测量及继电保护装置构成威胁，所以电流互感器运行时，应特别注意防止二次绕组开路。

重要提示

TA 二次回路严禁开路！

二、电流互感器极性

电流互感器极性：电流互感器一次侧“·”端与二次侧“·”端为同极性端。如电流互感器一、二次侧的始端 L_1 和 K_1、末端 L_2 和 K_2 分别为同极性端。参考方向采用减极性，如图 2-5 所示。

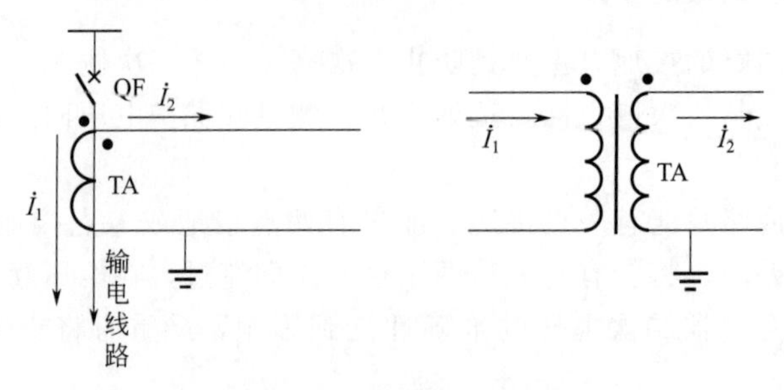

图 2-5 TA 参考方向示意图

提示

TA 参考方向规定与电机学课程中变压器参考方向正好相反，因为按照 TA 参考方向，$\dot{I}_1$ 与 $\dot{I}_2$ 同相；而在变压器参考方向下，$\dot{I}_1$ 与 $\dot{I}_2$ 反相。

三、电流互感器接线方式

电流互感器主要接线方式如图 2-6 所示。

① 图 2-6（a）所示两相不完全星形连接用于 35kV 及以下电压等级小电流接地系统，可以获得 A、C 相电流。图中 KA 为电流继电器或继电保护电流测量元件。

② 图 2-6（b）所示三相完全星形连接用于 110kV 及以上电压等级大电流接地系统，可以获得三相相电流。

③ 图 2-6（c）所示三相完全星形连接的中线上可以获得三相电流之和，即 3 倍的零序

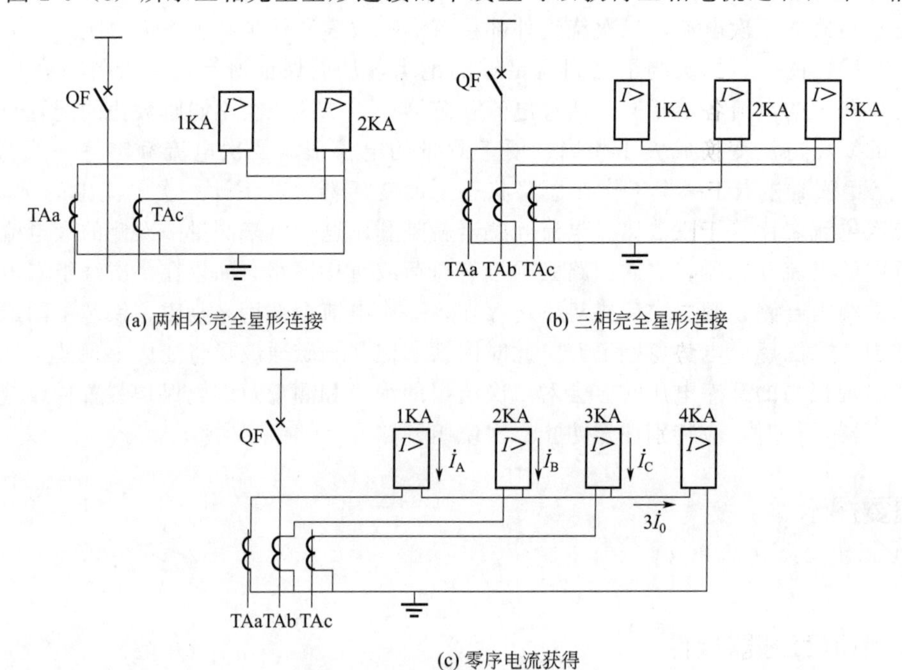

(a) 两相不完全星形连接 (b) 三相完全星形连接

(c) 零序电流获得

图 2-6 电流互感器接线方式

电流，如图 2-6（c）中 4KA 上流过 $3\dot{I}_0$，为反应于接地故障时产生的零序电流。

四、电流互感器的误差

电流互感器符号、等值电路及相量图如图 2-7 所示。

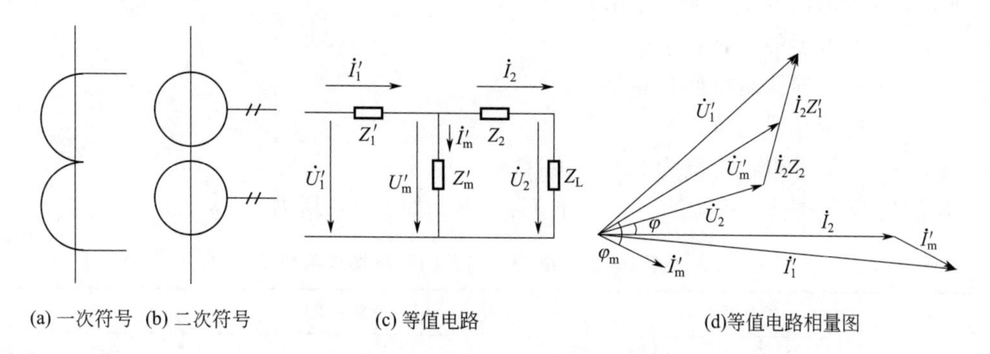

图 2-7　TA 符号、等值电路及相量图

不难看出，TA 产生误差的根本原因来自于励磁电流，一次电流中有一部分流入励磁支路而不变换至二次侧。影响 TA 误差的主要因素是二次负载及一次电流大小。

二次负载越大，分流到励磁回路的励磁电流也越大，造成 TA 误差增大。一次电流增大时，TA 铁芯趋向饱和，励磁阻抗下降也会导致励磁电流增大，TA 误差增大。

继电保护使用的 TA 误差极限多为 10%，在误差为 10%情况下二次阻抗与一次电流的关系曲线称为 10%误差曲线，如图 2-8 所示，图中 m 为一次电流倍数，$Z_{L.max}$ 为允许的最大二次负荷阻抗。

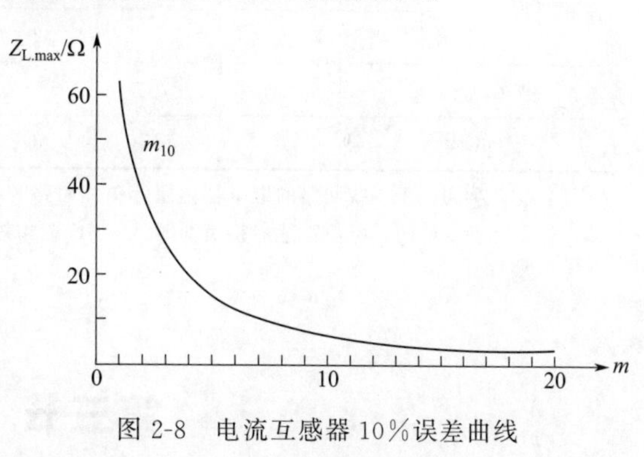

图 2-8　电流互感器 10%误差曲线

电流互感器的准确度分为测量用电流互感器的准确度级和保护用电流互感器的准确度级。测量用电流互感器的准确度级分为 0.1、0.2、0.5、1、3、5 六个标准。一般的测量用电流互感器的准确度采用 0.5 级，计量回路可采用 0.2 级的电流互感器。

电流互感器由于存在电流波形畸变，需采用复合误差来规定其误差特性。GB/T 20840.2—2014 规定标准的保护用电流互感器有 5P 和 10P 两个准确度级，如表 2-3 所示。在表示保护用 TA 准确度级时，通常也将准确限值系数一并写出，例如某保护用电流互感器的准确度级为 5P20，其中 20 即为准确限值系数。整个含义是：P 表示该互感器是供保护用的，在一次侧流过的最大电流为其一次额定电流 20 倍时，该互感器的综合误差不大于 5%。

表 2-3　IEC 规定 5P、10P 的误差极限

准确度级	比值误差±/% （额定一次电流下）	复合误差±/% （额定准确限值的一次电流下）	额定一次电流下相位差	
			±/(′)	±/($\times10^{-2}$rad)
5P	1	5	60	1.8
10P	3	10	—	—

电流互感器二次负载由二次电缆阻抗，保护、测量设备负载，接触电阻组成，保护用电流互感器的二次全负载 Z_2 的计算公式如下：

$$Z_2=K_K Z_K+K_L Z_L+Z_C \tag{2-3}$$

式中 Z_2——电流互感器的全部二次负载；

K_K——继电器的阻抗换算系数；

Z_K——继电器的内阻；

K_L——连接导线阻抗换算系数；

Z_L——连接导线阻抗；

Z_C——接触电阻，一般为 0.05～0.1Ω。

不同的接线方式以及系统运行情况下 K_K、K_L 如表 2-4 所列。

表 2-4 保护用电流互感器的阻抗换算系数

电流互感器接线方式		阻抗换算系数							
		三相短路		两相短路		单相短路		经 Y,d 变压器两相短路	
		K_K	K_L	K_K	K_L	K_K	K_L	K_K	K_L
单相		2	1	2	1	2	1		
三相星形		1	1	1	1	2	1	1	1
两相星形	$Z_{K0}=Z_K$	$\sqrt{3}$	$\sqrt{3}$	2	2	2	2	3	3
	$Z_{K0}=0$	$\sqrt{3}$	1	2	1	2	1	3	1
两相差接		$2\sqrt{3}$	$\sqrt{3}$	4	2				
三角形		3	3	3	3	2	2	3	3

注：① Z_{K0} 为接于零线回路的继电器内阻，单相短路时三相星形连接的继电器内阻为 Z_K+Z_{K0}。

②当 A、C 两相电流互感器接负荷时，A、C 两相短路时有 $K_K=1$，$K_L=1$；A、B 或 B、C 短路时有 $K_K=2$，$K_L=1$。

第三节 变换器

一、变换器的作用

保护装置动作判据主要为母线电压（线路电压）、线路电流，因此需要将母线（线路）电压互感器、电流互感器输出的二次电压、电流送入继电保护装置。若测量继电器为机电型继电器，电流或电压互感器二次侧一般直接接到电流继电器、电压继电器的线圈。若保护装置为整流型、晶体管型、微机型的继电器，电流、电压互感器输出的二次电流、电压需要经变换器进行线性变换后，再接入测量电路。变换器的基本作用如下：

① 电量变换：将互感器二次电压（额定 100V）、二次电流（额定 5A 或 1A），转换成弱电压（数伏），以适应弱电元件的要求。

② 电气隔离：电流、电压互感器二次侧的保安、工作接地，是用于保证人身和设备安全的，而弱电元件往往与直流电源连接，直流回路不允许直接接地，故需要经变换器实现电气隔离，如图 2-9 所示。

③ 调节定值：整流型、晶体管型继电保护可以通过改变变换器一次或二次绕组抽头来改变测量继电器的动作值。

继电保护中常用的变换器有电压变换器（UV）、电流变换器（UA)和电抗变压器（UX)，UV 作用是电压变换，UA、UX 作用是将电流变换成与之成正比的电压。

二、电压变换器（UV)

电压变换器原理接线如图 2-10 所示，UV 一次侧与电压互感器相连，TV 二次侧有工作接地，UV 二次侧的直流地为保护电源的 0V，电容 C 容量很小，起抗干扰作用。

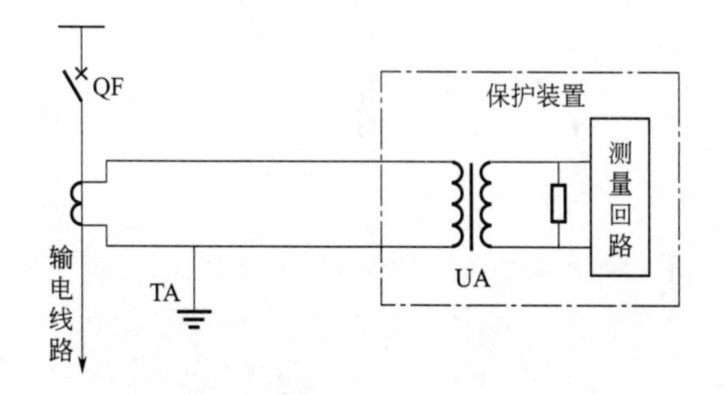

图 2-9　变换器的电气隔离作用

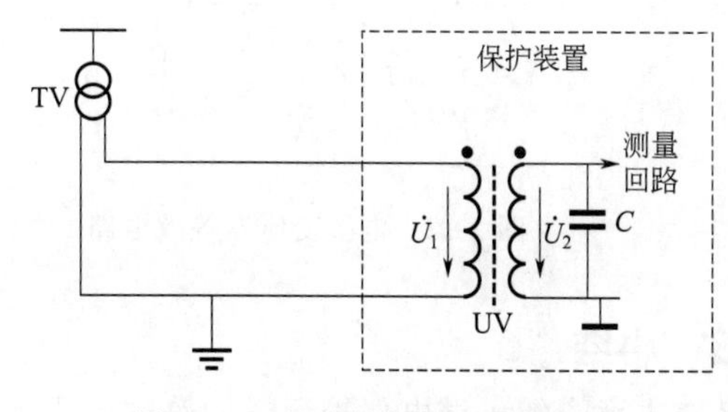

图 2-10　电压变换器原理接线图

从 UV 一次侧看进去，输入阻抗很大，对于负载而言，UV 可以看成一个电压源，UV 两侧电压成正比，即 $\dot{U}_2=K_U\dot{U}_1$。

三、电流变换器（UA）

电流变换器与电压变换器不同，从 UA 一次侧看进去，输入阻抗很小，对于负载而言，UA 可以看成一个电流源。

电流变换器应用接线如图 2-11 所示。UA 二次电流（一般为 mA 级）与一次电流成正比，二次电流在电阻上形成二次电压，即 $\dot{U}_2=\mathrm{R}K_I\dot{I}_2$。

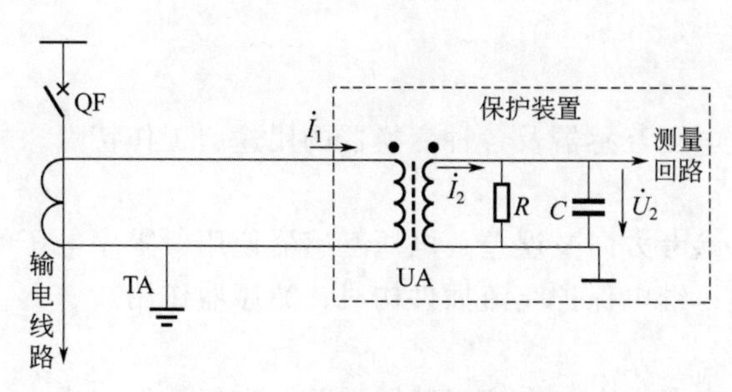

图 2-11　电流变换器应用接线

四、电抗变压器（UX）

将 TA 输出的二次电流变换为电压还可以采用电抗变压器（UX)，UX 等效电路如图 2-12 所示，UX 输入阻抗很小，串联于 TA 二次回路；对于负载，UX 近似为电压源。UX 励磁阻抗相对于负载来说很小，可以认为一次电流全部用于励磁，这样二次电压 $\dot{U}_2'$ 归算到一次

侧的输出 $\dot{U}_2'=\dot{I}Z_m$，不经归算的 $\dot{U}_2'=\dot{I}K_I$，K_I 称为 UX 的转移阻抗。

与 UA 的电压变换电路不同，UX 输出电压超前输入电流一定相位角，具有电抗特性。由于 UX 励磁阻抗较小，其铁芯一般带有气隙。

UX 转移阻抗的 K_I 大小可通过调整铁芯气隙及一、二次绕组匝数来改变；转移阻抗的角度通过并联于辅助绕组的电阻 R_φ 调整。R_φ 越大，转移阻抗角越接近 90°；R_φ 越小，则转移阻抗角越小，如图 2-13 所示。

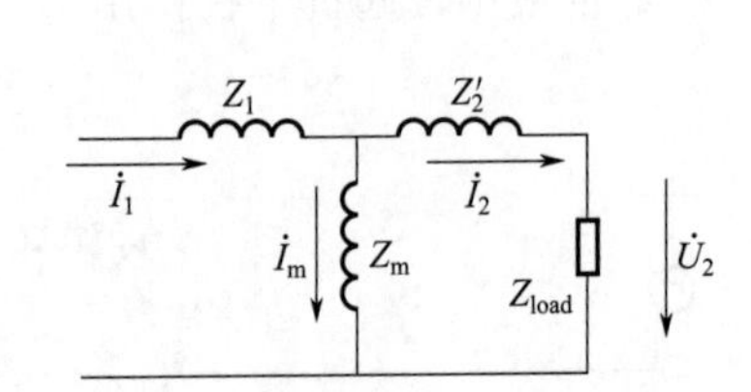

图 2-12 电抗变压器等效电路

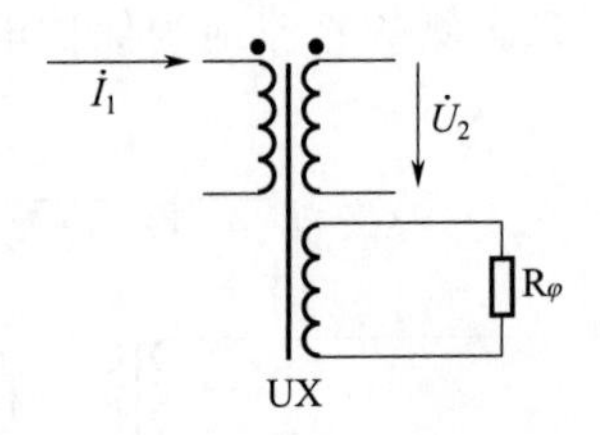

图 2-13 UX 转移阻抗角调整

小结

本章介绍了继电保护测量回路的基本元件：电压互感器、电流互感器、各种变换器。电流互感器、电压互感器对于继电保护装置至关重要，接线、试验方法不当将直接威胁电力系统安全运行。

- 电压互感器（TV）将一次电压变为额定 100V（线电压）的二次电压。
- 电流互感器（TA）将一次电流变为额定 5A 或 1A 的二次电流。

电压变换器（UX）、电流变换器（UA）、电抗变压器（UX）装于继电保护装置内。将二次电压、二次电流按一定比例变为电压（数伏）供保护测量回路使用，同时实现保护装置与 TV、TA 二次回路的电气隔离。

TV、TA 采用不同的接线方式可以获得相电压、线电压、线电流以及零序电压、零序电流。

学习指导

1. 要求

掌握电流互感器、电压互感器及各种变换器的用途、工作特点。

2. 知识点

电流互感器极性、参考方向及误差；电压互感器使用、零序电压的获得；零序电流的获得；变换器种类及用途；继电保护交流插件构成；滤序器作用。

3. 重点和难点

电流互感器极性与参考方向；电流互感器误差；交流插件构成。

本章学习时首先明确 TV、TA 及各种变换器的用途、工作原理；牢记 TV 二次回路严禁短路、TA 二次回路严禁开路的规定。以后各章内容学习时应注意复习本章相关内容，以加深理解。

复习思考题

（1）为什么 TV 二次回路严禁短路？

（2）为什么 TA 二次回路严禁开路？

（3）TA 电流参考方向是如何规定的？规定参考方向下一次电流与二次电流相位关系如何？

（4）画出分别采用电流变换器与电抗变压器将保护输入电流变为电压的原理接线图，比较两种方法获得的电压与输入电流相位关系的不同。

（5）电抗变压器如何调整转移阻抗角？

（6）如何获得零序电压？

（7）如何获得零序电流？

第三章

输电线路的电流保护

第一节　单侧电源电网相间短路的电流保护

在电力系统中，输电线路发生相间短路故障时，线路中的电流增大，母线电压降低。利用电流增大这一特征，构成当电流超过某一预定值使电流继电器动作的保护，称为线路的电流保护。根据保护的工作原理，电流保护又分为无时限电流速断保护、限时电流速断保护、定时限过电流保护、反时限过电流保护及电流电压联锁速断保护等。

一、瞬时电流速断保护（电流Ⅰ段）

根据对继电保护速动性的要求，保护装置动作切除故障的时间，必须满足系统稳定和保证重要用户供电可靠性。在简单、可靠和保证选择性的前提下，原则上总是越快越好。因此，在各种电气元件上，应力求装设快速动作的继电保护。对于反应于电流增大而能瞬时动作切除故障的电流保护，称为电流速断保护，也称为瞬时电流速断保护。

1. 工作原理

瞬时电流速断保护为了保证其保护的选择性，一般情况下速断保护只保护被保护线路的一部分，具体工作原理如图 3-1 所示。

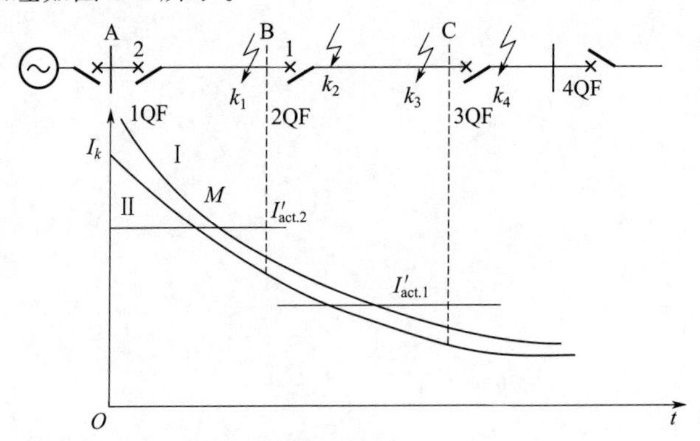

图 3-1　电流速断保护动作特性分析

对于单侧电源供电线路，在每回线路的电源侧均装有电流速断保护，在输电线路上发生短路时，流过保护安装地点的短路电流可用下式计算

$$I_{k.\max}^{(3)}=\frac{E_{\varphi}}{X_{s.\min}+X_l l} \tag{3-1}$$

$$I_{k.\min}^{(2)}=\frac{\sqrt{3}}{2}\times\frac{E_{\varphi}}{X_{s.\max}+X_l l} \tag{3-2}$$

式中　$I_{k.\max}^{(3)}$——最大三相短路电流；

$I_{k.\min}^{(2)}$——最小两相短路电流；

E_{φ}——电源等值计算相电势；

$X_{s.\min}$——从保护安装地点到电源的最小等值电抗；

$X_{s.\max}$——从保护安装地点到电源的最大等值电抗；

X_l——输电线路单位长度的正序电抗；

l——短路点至保护安装地点的距离。

由式（3-1）和式（3-2）可看出，流过保护安装地点的短路电流值随短路点的位置变化而变化，且与系统的运行方式和短路类型有关，$I_{k.\max}^{(3)}$ 和 $I_{k.\min}^{(2)}$ 与 l 的关系如图 3-1 中的曲线Ⅰ和Ⅱ所示，从图可看出，短路点距保护安装地点愈远，流过保护安装地点的短路电流愈小。

2. 整定计算

（1）动作电流。为保证选择性，保护装置的起动电流应按躲开下一条线路出口处（如 k_2 点即 B 变电所）短路时，通过保护的最大短路电流（最大运行方式下的三相短路电流）来整定。即

$$I_{act}>I_{k.k2.\max}=K_{rel}I_{k.B.\max}$$

从而保证了在 k_2 点发生各种短路时，保护 2 都不动作。引入可靠系数 $K'_{rel}=1.2\sim1.3$，目的是：

① 考虑存在的各种误差；

② 实际短路电流要大于理论计算值；

③ 考虑必要的裕度。

所以对保护 2 来讲，起动电流 $I'_{act.2}=K'_{rel}I_{k.B.\max}^{(3)}$，同理对保护 1 有

$$I'_{act.1}=K'_{rel}I_{k.C.\max}^{(3)} \tag{3-3}$$

把起动电流标于图 3-1 中，可见在交点 M 至保护 2 安装处的一段线路上，短路使保护 2 能够动作。在交点 M 以后的线路上短路时，保护 2 不动作。因此，一般情况下，电流速断保护只能保护本条线路的一部分，而不能保护全线路，其最大和最小保护范围为 $L_{\max}$ 和 $L_{\min}$。

（2）保护范围（灵敏度 K_{sen}）计算（校验）。有关规程规定，在最小运行方式下，速断保护范围的相对值 L_b（%）>（15%～20%）时，为合乎要求。即

$$L_b(\%)=\frac{L_{\min}}{L_{AB}}\times100\%\geqslant(15\%\sim20\%)$$

当系统为最大运行方式三相短路时保护范围最大，当系统为最小运行方式两相短路时保护范围最小，求保护范围时考虑后者。由图 3-1 可知

$$I'_{act}=\frac{\sqrt{3}}{2}\times\frac{E_{\varphi}}{X_{s.\max}+X_k} \tag{3-4}$$

其中 $X_k = X_1 L_{\min}$ 代入式（3-4）整理得

$$L_{\min}=\frac{1}{X_1}\left(\frac{\sqrt{3}}{2}\times\frac{E_\varphi}{I'_{act}}-X_{s.max}\right)=\frac{1}{X_1}\left(\frac{U_N}{2I'_{act}}-X_{s.max}\right) \tag{3-5}$$

式中 U_N——输电线路的额定线电压；

L_{AB}——被保护线路的总长度。

（3）动作时限。瞬时电流速断保护没有人为延时，只考虑继电保护固有动作时间。考虑到线路中管型避雷器放电时间为 0.04～0.06s，在避雷器放电时速断保护不应该动作，为此在速断保护装置中加装一个保护出口中间继电器。一方面扩大接点的容量和数量，另一方面躲过管型避雷器的放电时间，防止误动作。由于动作时间较小，可认为 $t=0$s。

3. 电流速断保护的接线图

电流速断保护的单相原理接线如图 3-2 所示，电流继电器接于电流互感器 TA 的二次侧。它动作后起动中间继电器，其触点闭合后，经信号继电器发出信号和接通断路器跳闸线圈跳闸。

4. 对电流速断保护的评价

优点：简单可靠，动作迅速。

缺点：①不能保护线路全长。②运行方式变化较大时，可能无保护范围。如图 3-3 所示，在最大运行方式下整定后，在最小运行方式下无保护范围。③在线路较短时，可能无保护范围。如图 3-4 所示，线路短则 I_k 变化平缓，整定时考虑可靠系数后，在最小运行方式下保护范围小甚至等于零。

在特殊情况下，电流速断可以保护线路全长。在采用线路-变压器组接线方式的电网中，把线路和变压器可以看成是一个元件，如图 3-5 所示。速断保护按躲开变压器低压侧短路出口处 k_1 点短路来整定，由于变压器的阻抗一般较大，因此，保护的起动电流大为减小，从而保护线路的全长。

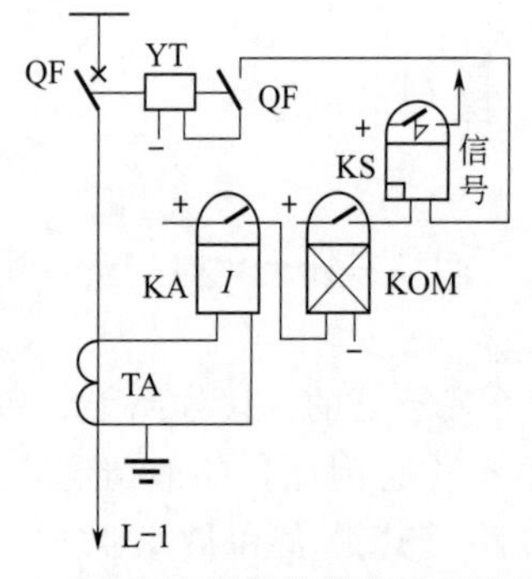

图 3-2 电流速断保护单相原理接线图

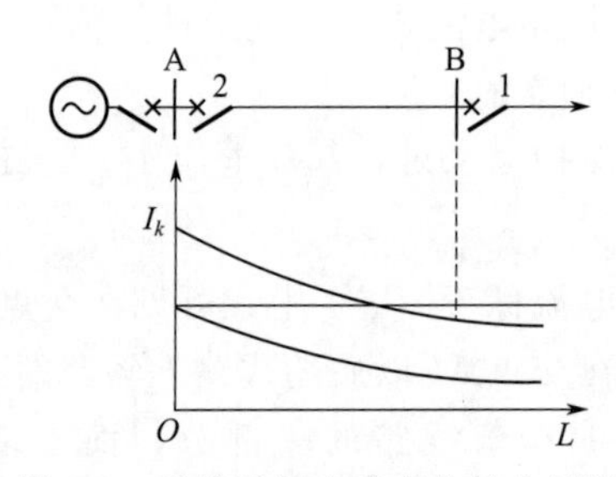

图 3-3 系统运行方式变化较大情况

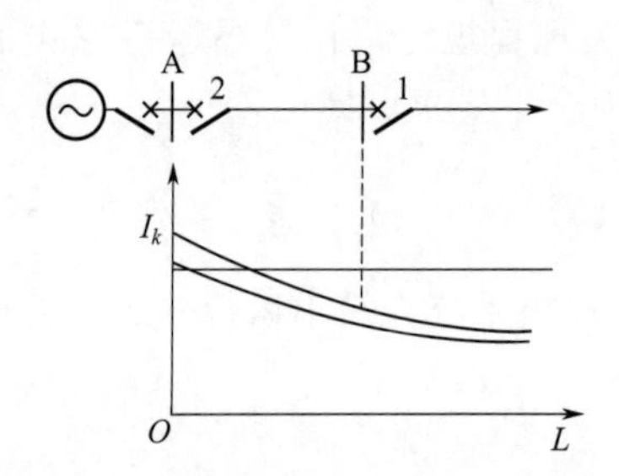

图 3-4 短路时保护范围较小的情况

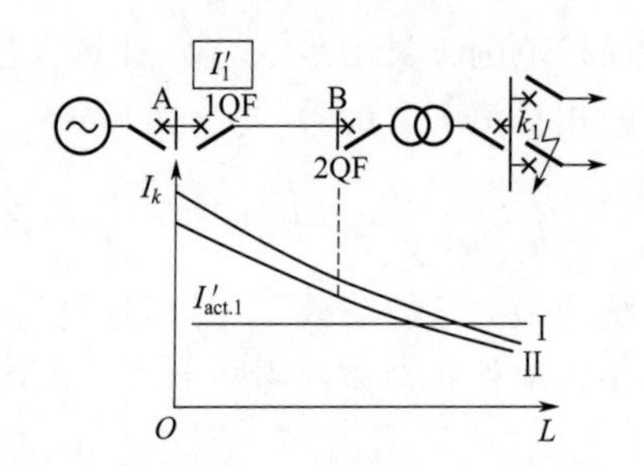

图 3-5 用于线路-变压器组的电流速断保护

二、限时电流速断保护（电流Ⅱ段）

无时限电流速断保护在许多情况下用于任何复杂网络均能保证选择性，且接线简单，动作迅速可靠。但是电流速断保护不能保护本线路的全长，因此必须增设一套新的保护，用来切除本线路上电流速断保护范围以外的故障。作为无时限电流速断保护的后备保护，这就是限时电流速断保护。

1. 工作原理

① 为了保护本条线路全长，限时电流速断保护的保护范围必须延伸到下一条线路中去，这样当下一条线路出口处短路时，它就能切除故障。如图 3-6 所示。

② 为了保证选择性，就必须使限时电流速断保护的动作带有一定的时限。如图 3-6，k_2 点处于保护 2 的电流速断和保护 1 的限时电流速断保护范围以内，当 k_2 点短路时，为了先让保护 2 去动作，就必须让保护 1 的限时电流速断保护延时动作，以防保护 1 拒动时保护 2 动作。

③ 为了保证速动性，时限应尽量缩短。时限的大小与延伸的范围有关，为使时限最小，使限时电流速断的保护范围不超出下一条线路无时限电流速断保护的范围。因而动作时限 t'' 比下一条线路的速断保护时限 t' 高出一个时间阶段 Δt。即限时电流速断在时间上躲过电流速断的动作。

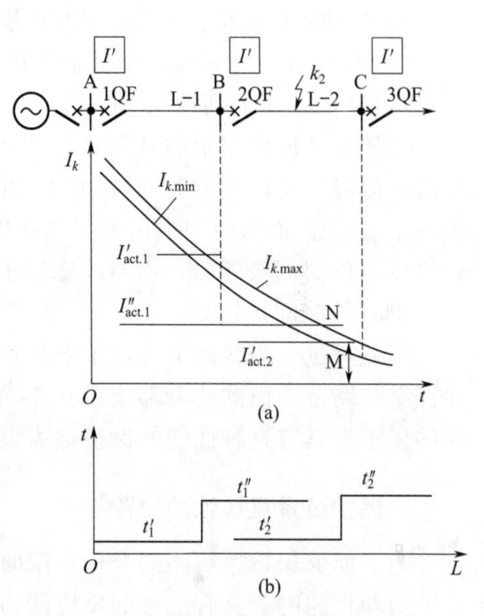

图 3-6 限时电流速断动作特性分析

2. 整定计算

(1) 动作电流。动作电流 I''_{act} 躲开下一条线路无时限电流速断保护的动作电流进行整定。

$$I''_{act}=K''_{rel}I'_{act下一线} \tag{3-6}$$

式中 $I'_{act下一线}$——下一条相邻线路无时限电流速断保护的动作电流；

K''_{rel}——可靠系数，一般取 1.1～1.2；

I''_{act}——本条线路限时电流速断保护的动作电流。

(2) 动作时限。从以上分析中已经得出，为了保证选择性，限时速断的动作时限 t''_2，应选择得比下一条线路速断保护的动作时限 t''_1 高出一个时间阶段 Δt，即

$$t''_2=t''_1+\Delta t \tag{3-7}$$

从尽快切除故障的观点来看，Δt 应越小越好，但是为了保证两个保护之间动作的选择性，其值又不能选择得太小。现以线路 B-C 上发生故障时，保护 2 与保护 1 的配合关系为例，说明确定 Δt 的原则如下：

① Δt 应包括故障线路断路器 QF 的跳闸时间 $t_{QF,1}$（从操作电流送入跳闸线圈 Y 的瞬间算起，直到电弧熄灭的瞬间为止），因为在这一段时间里，故障并未消除，所以保护 2 在故障电流的作用下仍处于起动状态。

② Δt 应包括故障线路保护 1 中时间继电器的实际动作时间比整定值 t_1' 提早动作的时间 $t_{t.1}$（当保护 1 为速断保护时，保护装置中不用时间继电器，即可以不考虑这一项的影响）。

③ Δt 应包括保护 2 中时间继电器可能比预定的时间提早动作闭合它的接点的时间 $t_{t.2}$。

④ 如果保护 2 中的测量元件（电流继电器）在外部故障切除后，由于惯性的影响而不能立即返回时，则 Δt 中还应包括测量元件延迟返回的惯性时间 $t_{in.2}$。

⑤ 考虑一定的裕度，再增加一个裕度时间 t_r，就得到 t_2'' 和 t_1' 之间的关系为

$$t_2''=t_1'+t_{QF.1}+t_{t.1}+t_{t.2}+t_{in.2}+t_r \tag{3-8}$$

或

$$\Delta t=t_{QF.1}+t_{t.1}+t_{t.2}+t_{in.2}+t_r \tag{3-9}$$

对已广泛应用了半个多世纪的钟表结构的机电式时间继电器而言，由于其误差较大，因此 Δt 应选用 0.5～0.6s；而对于采用数字电路构成的静态型时间继电器，由于精度极高，因而可以将 Δt 压缩到约 0.35s。

按照上述原则整定的时限特性如图 3-6（b）所示。由图可见，在保护 1 电流速断范围以内的故障，将以 t_1' 的时间被切除，此时保护 2 的限时速断虽然可能起动，但由于 t_2'' 较 t_1'，大一个 Δt，因而从时间上保证了选择性。又如当故障发生在保护 2 电流速断的范围以内时，则将以 t_2' 的时间被切除，而当故障发生在速断的范围以外同时又在线路 A-B 的范围以内时，则将以 t_2'' 的时间被切除。

由此可见，当线路上装设了电流速断和限时电流速断保护以后，它们的联合工作就可以保证全线路范围内的故障都能在 0.5s 的时间以内予以切除，在一般情况下都能够满足速动性的要求。具有这种性能的保护称为该线路的“主保护”。

3. 保护装置灵敏性的校验

为了能够保护本线路的全长，限时电流速断保护必须在系统最小运行方式下，线路末端发生两相短路时，具有足够的反应能力，这个能力通常用灵敏系数 K_{sen} 来衡量。对反应于数值上升而动作的过量保护装置，灵敏系数的含义是

$$K_{sen}=\frac{\text{保护区末端金属性短路时故障参数的最小值}}{\text{保护装置动作参数的整定值}} \tag{3-10}$$

式中，故障参数（如电流、电压等）的计算值，应根据实际情况合理地采用不利于保护动作的正常（含正常检修）运行方式和不利的故障类型来选定。但不必考虑可能性很小的特殊情况。

对保护 2 的限时电流速断而言，即应采用系统最小运行方式下线路 A-B 末端发生两相短路时的短路电流作为故障参数的计算值。设此电流为 $I_{k.B.min}$，代入上式中则灵敏系数为

$$K_{sen}=\frac{I_{k.B.min}}{I''_{act.2}} \tag{3-11}$$

为了保证在线路末端短路时，保护装置一定能够动作，对限时电流速断保护应要求 $K_{sen}\geqslant 1.3\sim 1.5$。

为什么在进行校验时必须满足以上要求？这是因为考虑到当线路末端短路时，可能会出现一些不利于保护起动的因素，而在实际中存在这些因素时，为使保护仍然能够动作，就必须留一定的裕度。不利于保护起动的因素如下：

① 故障点一般都不是金属性短路，而是存在有过渡电阻，它将使短路电流减小，因而不利于保护装置动作；

② 实际的短路电流由于计算误差或其他原因而小于计算值；

③ 保护装置所使用的电流互感器，在短路电流通过的情况下，一般都具有负误差，因

此使实际流入保护装置的电流小于按额定变比折合的数值；

④ 保护装置中的继电器，其实际起动数值可能具有正误差；

⑤ 考虑一定的裕度。

当校验灵敏系数不能满足要求时，那就意味着将来真正发生内部故障时，由于上述不利因素的影响保护可能起动不了，也就是达不到保护线路全长的目的，这是不允许的。为了解决这个问题，通常都是考虑进一步延伸限时电流速断的保护范围，使之与下一条线路的限时电流速断相配合，这样其动作时限就应该选择得比下一条线路限时速断的时限再高一个 Δt，一般取为 0.7～1.2s，此时

$$t_2'' = t_1'' + \Delta t \tag{3-12}$$

因此，保护范围的延伸，必然导致动作时限的升高，这是我们所不希望的。

4. 限时电流速断保护的单相原理接线图

限时电流速断保护的单相原理接线如图 3-7 所示，它和电流速断保护接线的主要区别是用时间继电器代替了原来的中间继电器，这样当电流继电器动作后，还必须经过时间继电器的延时 t_2'' 才能动作于跳闸。而如果在 t_2'' 前故障已经切除，则电流继电器立即返回，整个保护随即复归原状，而不会形成误动作。

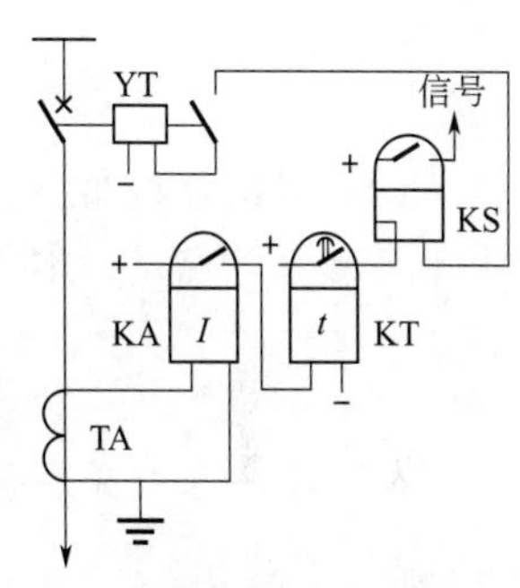

图 3-7 限时电流速断保护的单相原理接线图

三、定时限过电流保护

过电流保护通常是指其起动电流按照躲开最大负荷电流来整定的一种保护装置。它在正常运行时不应该起动，而在电网发生故障时，则能反应于电流的增大而动作，在一般情况下，它不仅能够保护本线路的全长，而且也能保护相邻线路的全长，以起到后备保护的作用。

1. 工作原理

为保证在正常运行情况下过电流保护绝不动作，显然保护装置的起动电流必须整定得大于该线路上可能出现的最大负荷电流 $I_{\mathrm{L.max}}$。然而，在实际上确定保护装置的起动电流时，还必须考虑在外部故障切除后，保护装置是否能够返回的问题。如图 3-8 所示的网络，其保护范围应包括下条线路或设备的末端。过电流保护在最大负荷时，保护不应该动作。在 k 点发生故障时，1QF、2QF 的电流Ⅲ段保护都应该动作。在满足选择性的前提下，2QF 应以较短的时限切除故障。故障切除后，变电站 B 母线电压恢复，变电站 B 母线负荷中的电动机自起动，流过 1QF 的电流为自起动电流，要求 1QF 的过电流保护能返回。

2. 整定计算

（1）动作电流。按躲开被保护线路的最大负荷电流 $I_{\mathrm{L.max}}$，且在自起动电流下继电器可靠返回进行整定。

$$I_{\mathrm{act}}''' = \frac{1}{K_{\mathrm{re}}} \times I_{\mathrm{re}} = \frac{K_{\mathrm{rel}}''' K_{\mathrm{Ms}}}{K_{\mathrm{re}}} \times I_{\mathrm{L.max}} \tag{3-13}$$

式中 K_{rel}'''——可靠系数，一般采用 1.5～1.25；

K_{Ms}——自起动系数，数值大于 1，应由网络具体接线和负荷性质确定；

K_{re}——电流继电器的返回系数，对机电型继电器一般采用0.85，而对静态型继电器则可采用0.9～0.95。

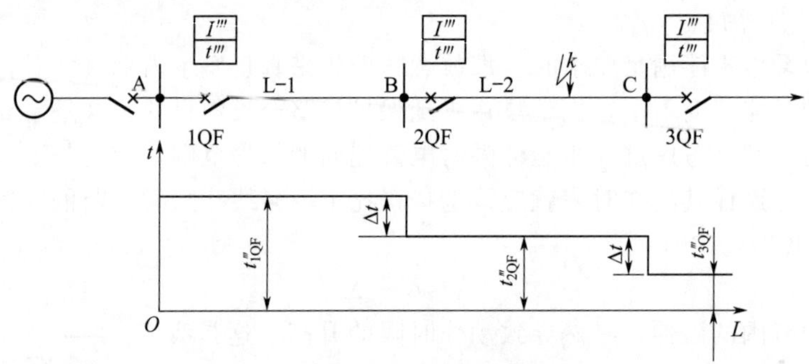

图3-8 定时限过电流保护原理分析图

(2) 灵敏度校验。要求对本条线路及下一条线路或设备相间故障都有反应能力，反应能力用灵敏系数衡量。本条线路后备保护（近后备）的灵敏系数有关规程中规定

$$K_{sen(近)}=\frac{I_{k.\min末}}{I'''_{act}}\geqslant 1.5 \tag{3-14}$$

作为下一条线路后备保护的灵敏系数（远后备），有关规程中规定

$$K_{sen(远)}=\frac{I_{k.\min下一条末}}{I'''_{act}}\geqslant 1.2 \tag{3-15}$$

当灵敏度不满足要求时，可以采用低电压闭锁的过电流保护，这时过电流保护的自起动系数可以取1。

(3) 时间整定。由于电流Ⅲ段保护的范围很大，为保证保护动作的选择性，其保护动作延时应比下一条线路的电流Ⅲ段的动作时间长一个时限阶段Δt，为

$$t'''_{1QF}=t'''_{2QF}+\Delta t \tag{3-16}$$

式中，t'''_{2QF}为下一条线路电流Ⅲ段的动作延时。

3. 接线图

电流Ⅲ段保护的原理接线与电流Ⅱ段保护相同。

4. 对定时限过电流保护的评价

定时限过电流保护结构简单、工作可靠，对单侧电源的放射形电网能保证有选择性的动作。不仅能作本线路的近后备（有时作为主保护），而且能作为下一条线路的远后备。在放射形电网中获得广泛应用，一般在35kV及以下网络中作为主保护。定时限过电流保护的主要缺点是越靠近电源端其动作时限越大，对靠近电源端的故障不能快速切除。

重要提示

后备保护与主保护相对独立，如果主保护正确动作、断路器不拒动，后备保护将不会动作。学习本节时应注意讨论后备保护动作情况时，不要考虑主保护（Ⅰ、Ⅱ段）动作情况，可以看作主保护拒动的情况。

【例3-1】 如图3-9所示网络，试对保护1进行电流速断、限时电流速断和定时限过电流保护整定计算（起动电流、动作时限和灵敏系数），并画出时限特性曲线（计算电压取115kV）。

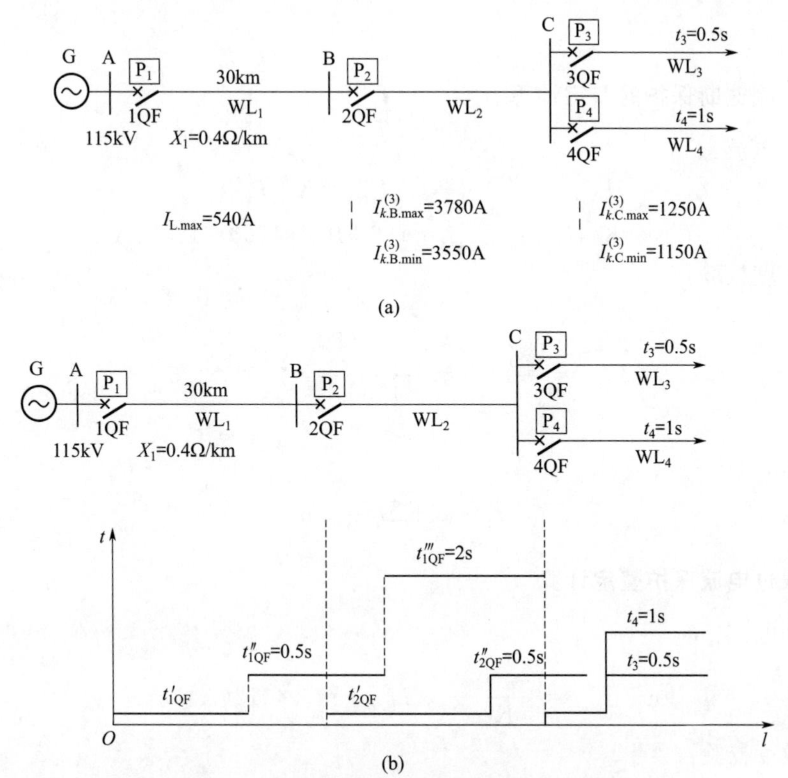

图 3-9　例 3-1 网络图和求取的时限特性曲线

解：

1. 对保护 1 进行电流速断保护的整定计算

（1）起动电流为

$$I'_{\mathrm{act1}}=K'_{\mathrm{rel}}\cdot I^{(3)}_{k.\mathrm{B.max}}=1.3\times 3780=4914\ (\mathrm{A})\qquad (K'_{\mathrm{rel}}\text{取 }1.3)$$

（2）动作时限：　$t=0\mathrm{s}$

（3）灵敏度校验

$$I^{(3)}_{k.\mathrm{B.min}}=\frac{U_{\mathrm{c}}/\sqrt{3}}{X_{\mathrm{s.max}}+X_{\mathrm{AB}}}$$

$$X_{\mathrm{s.max}}=\frac{U_{\mathrm{c}}/\sqrt{3}}{I^{(3)}_{k.\mathrm{B.min}}}-X_{\mathrm{AB}}=\frac{115\times 10^3/\sqrt{3}}{3550}-0.4\times 30=6.7(\Omega)$$

$$I^{(3)}_{k.\mathrm{B.max}}=\frac{U_{\mathrm{c}}/\sqrt{3}}{X_{\mathrm{B.min}}+X_{\mathrm{AB}}}$$

$$X_{\mathrm{s.min}}=\frac{U_{\mathrm{c}}/\sqrt{3}}{I^{(3)}_{k.\mathrm{B.max}}}-X_{\mathrm{AB}}=\frac{115\times 10^3/\sqrt{3}}{3780}-0.4\times 30=5.56(\Omega)$$

$$I'_{\mathrm{act}}=\frac{\sqrt{3}}{2}\times\frac{U_{\mathrm{c}}/\sqrt{3}}{X_{\mathrm{s.max}}+X_1L_{\mathrm{min}}}$$

$$L_{\mathrm{min}}=\frac{1}{X_1}\left(\frac{\sqrt{3}}{2}\times\frac{U_{\mathrm{c}}/\sqrt{3}}{I'_{\mathrm{act}}}-X_{\mathrm{s.max}}\right)=12.5(\mathrm{km})$$

$$L_{\mathrm{b}}(\%)=\frac{L_{\mathrm{min}}}{L_{\mathrm{AB}}}\times 100\%=41.67\%>15\%$$

符合要求。

2. 限时电流速断保护的整定计算

（1）起动电流：

$$I''_{\mathrm{act1}}=K''_{\mathrm{rel}}I'_{\mathrm{act2}} \qquad I'_{\mathrm{act2}}=K'_{\mathrm{rel}}I^{(3)}_{k.\mathrm{C.max}}$$

$$I''_{\mathrm{act1}}=K''_{\mathrm{rel}}K'_{\mathrm{rel}}I^{(3)}_{k.\mathrm{C.max}}=1.2\times1.3\times1250=1950(\mathrm{A})$$

（2）灵敏度校验：

$$K_{\mathrm{sen}}=\frac{I^{(2)}_{k.\mathrm{B.min}}}{I''_{\mathrm{act}}}=\frac{\frac{\sqrt{3}}{2}\times3550}{1950}=1.58>1.5$$

符合要求。

（3）动作时限

$$t''_1=t'_2+\Delta t=0.5\mathrm{s}$$

3. 定时限过电流保护整定计算

（1）起动电流：

$$I'''_{\mathrm{act}}=\frac{K'''_{\mathrm{rel}}K'_{\mathrm{Ms}}}{K_{\mathrm{re}}}\times I_{\mathrm{L.max}}=794.12(\mathrm{A})$$

（2）灵敏度校验：

① 近后备保护：

$$K_{\mathrm{sen}}=\frac{I^{(2)}_{k.\mathrm{B.min}}}{I''_{\mathrm{act}}}=1.26>1.2$$

符合要求。

② 远后备保护：

$$K_{\mathrm{sen}}=\frac{I^{(2)}_{k.\mathrm{C.min}}}{I'''_{\mathrm{act}}}=3.87>1.5$$

符合要求。

③ 动作时限：

$$t'''_1=t_4+\Delta t+\Delta t=2\mathrm{s}$$

四、反时限电流保护

电流Ⅲ段保护为定时限过电流保护，即保护的动作时限按阶梯特性整定后是固定不变的，电流Ⅲ段保护的一个缺点是故障点距离电源越近，短路电流越大，动作时限却较长。

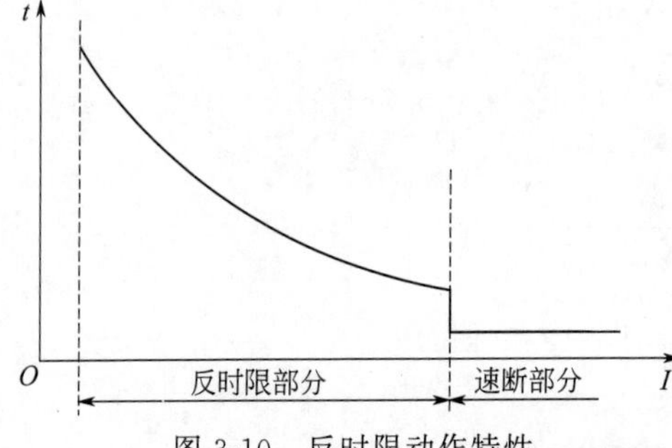

图 3-10 反时限动作特性

反时限电流保护的动作时限则是随短路电流大小而改变的，电流越大，动作时间越短，其动作特性如图 3-10 所示。

传统的反时限电流继电器有感应型 GL-10 系列继电器等，微机保护则以更为方便的程序精确地实现反时限动作特性。

反时限动作特性由两部分组成，电流较小时

为反时限，动作时间随电流增大而缩短；电流较大时为速断部分，继电器快速动作。

IEC 推荐的反时限特性有 3 种：

① IEC A（一般反时限）：

$$t=\frac{0.14}{\left(\frac{I}{I_{act}}\right)^{0.02}-1}\times\frac{T_{set}}{10} \tag{3-17}$$

式中 t——动作时间；

I——加入保护的电流；

I_{act}——电流整定值；

T_{set}——动作时间常数整定值。

② IEC B（非常反时限）：

$$t=\frac{13.5}{\frac{I}{I_{act}}-1}\times\frac{T_{set}}{10} \tag{3-18}$$

③ IEC C（极度反时限）：

$$t=\frac{80}{\left(\frac{I}{I_{act}}\right)^{2}-1}\times\frac{T_{set}}{10} \tag{3-19}$$

启动定值 I_{act} 为 $1.1I_N$；如果电流小于 $1.1I_N$ 且持续 1 个周期以上，保护返回。当 $\frac{I}{I_{set}}\geqslant 20$ 时，保护按定时限动作（进入速断段）。

反时限电流保护的优点是短路电流较大时动作时间缩短，减小短路故障对设备的损坏；缺点是相邻线路上的反时限保护之间配合计算较为复杂，当短路点存在较大的过渡电阻时，或在最小运行方式下远处短路时，由于短路电流较小，保护的动作时限可能较长。因此，反时限过电流保护主要用在 6～10kV 的网络中，作为馈线和电动机的保护。对 10kV 以上的网络，由于上述缺点，一般不采用。

五、保护的接线方式

电流保护的接线方式，是指保护中电流继电器与电流互感器二次线圈之间连接方式。对相间短路的电流保护，目前广泛使用的是三相星形接线和两相星形接线这两种方式。

① 三相星形接线。如图 3-11 所示，将三个电流互感器与三个电流继电器分别按相连接

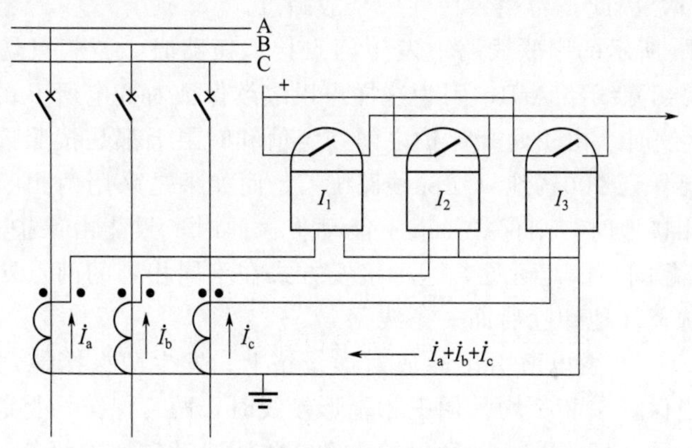

图 3-11 三相星形接线方式的原理接线图

在一起，互感器和继电器均接成星形，在中线上流回的电流为 $\dot{I}_a+\dot{I}_b+\dot{I}_c$，正常时此电流约为零，在发生接地短路时则为 3 倍零序电流 $3\dot{I}_0$。三个继电器的触点是并联连接的，相当于“或”回路，当其中任一触点闭合后均可动作于跳闸或起动时间继电器等。由于在每相上均装有电流继电器，因此，它可以反应于各种相间短路和中性点直接接地电网中的单相接地短路。

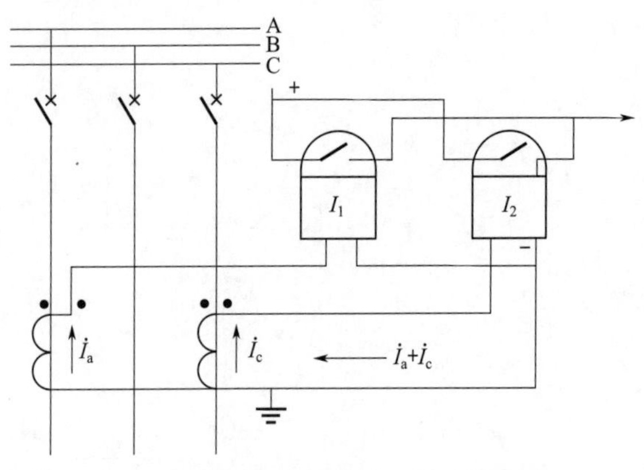

图 3-12　两相星形接线方式的原理接线图

② 两相星形接线。如图 3-12 所示，用装设在 A、C 相上的两个电流互感器与两个电流继电器分别按相连接在一起，它和三相星形接线的主要区别在于 B 相上不装设电流互感器和相应的继电器，因此，它不能反应于 B 相中所流过的电流。在这种接线中，中线上流回的电流是 $\dot{I}_a+\dot{I}_c$。

当采用以上两种接线方式时，流入继电器的电流 I_K 就是互感器的二次电流 I_2，设电流互感器的变比为 $n_1=\frac{I_1}{I_2}$，则 $I_K=I_2=\frac{I_1}{n_1}$。因此，当保护装置的起动电流整定为 I_{act} 时，则反映到继电器上的起动电流即应为

$$I_{K.act}=\frac{I_{act}}{n_1} \tag{3-20}$$

现对上述两种接线方式在各种故障时的性能分析比较如下。

1. 对中性点直接接地电网和非直接接地电网中的各种相间短路

前面所述两种接线方式均能正确反应于这些故障，不同之处仅在于动作的继电器数目不一样，三相星形接线方式在各种两相短路时，均有两个继电器动作，而两相星形接线方式在 AB 和 BC 相间短路时只有一个继电器动作。

2. 对中性点非直接接地电网中的两点接地短路

由于中性点非直接接地电网中（不包括中性点经小电阻接地的电网，下同），允许单相接地时继续短时运行，因此，希望只切除一个故障点。

例如，在图 3-13 所示的串联线路上发生两点接地短路时，希望只切除距电源较远的那条线路 B-C，而不要切除线路 A-B，因为这样可以继续保证对变电所 B 的供电。当保护 1 和 2 均采用三相星形接线时，由于两个保护之间在定值和时限上都是按照选择性的要求配合整定的，因此，就能够保证 100%地只切除线路 B-C。而如果是采用两相星形接线，则当线路 B-C 上有一点是 B 相接地时，则保护 1 就不能动作，此时，只能由保护 2 动作切除线路 A-B，因而扩大了停电范围，由此可见，这种接线方式在不同相别的两点接地组合中，只能保证有 2/3 的机会有选择性地切除后面一条线路。

又如图 3-14 所示，在变电所引出的放射形线路上，发生两点接地短路时，希望任意切除一条线路即可。当保护 1 和 2 均采用三相星形接线时，两套保护均将起动，如保护 1 和保护 2 的时限整定得相同，即 $t_1=t_2$，则保护 1 和 2 将同时动作切除两条线路，因此不必要的

切除两条线路的机会就比较多了。如果采用两相星形接线，即使是出现 $t_1=t_2$ 的情况，它也能保证有2/3的机会只切除任一条线路，这是因为只要某一条线路上具有B相一点接地，由于B相未装保护，因此该线路就不被切除。表3-1说明了在两条线路上两相两点接地的各种组合时，保护的动作情况。

表3-1 在图3-14中不同线路上两点接地时，两相式保护动作情况的分析

线路Ⅰ故障相别	A	A	B	B	C	C
线路Ⅱ故障相别	B	C	A	C	A	B
保护1动作情况	+	+	−	−	+	+
保护2动作情况	−	+	+	+	+	−
$t_1=t_2$ 时，停电线路数	1	2	1	1	2	1

注："+"表示动作，"−"表示不动作。

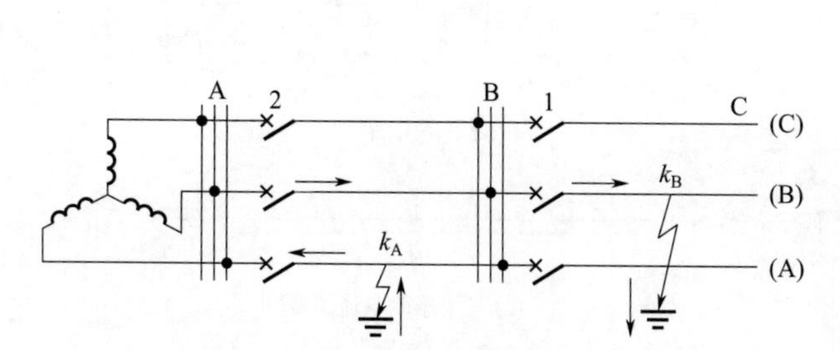

图3-13 串联线路上两点接地的示意图

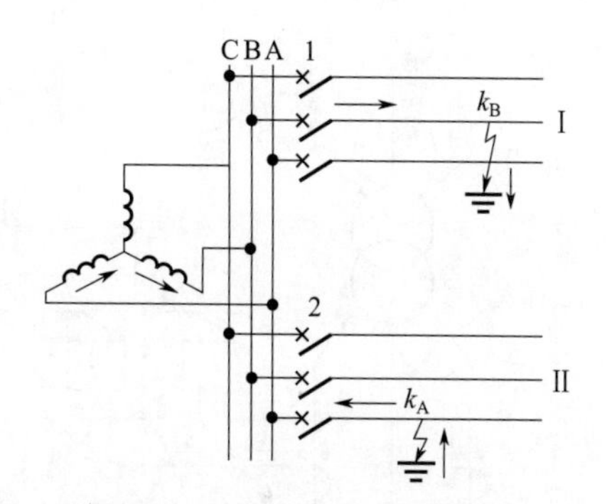

图3-14 自同一变电所引出的放射形线路上两点接地的示意图

3. 对Y，d11接线变压器后面的两相短路

当Y，d11接线的升压变压器高压（Y）侧B-C两相短路时，在低压（△）侧各相的电流为 $\dot{I}_A^{\triangle}=\dot{I}_C^{\triangle}$ 和 $\dot{I}_B^{\triangle}=-2\dot{I}_A^{\triangle}$；当Y，d11接线的降压变压器低压（△）侧A-B两相短路时，在高压（Y）侧各相的电流也具有同样的关系，即 $\dot{I}_A^{Y}=\dot{I}_C^{Y}$ 和 $\dot{I}_B^{Y}=-2\dot{I}_A^{Y}$。

现以如图3-15（a）所示的Y，d11接线的降压变压器为例，分析三角形侧发生A-B两相短路时的电流关系。在故障点，$\dot{I}_A^{\triangle}=-\dot{I}_B^{\triangle}$，$\dot{I}_C^{\triangle}=0$，设△侧各相绕组中的电流分别 $\dot{I}_a$、$\dot{I}_b$ 和 $\dot{I}_c$，则

$$\begin{cases}\dot{I}_a-\dot{I}_b=\dot{I}_A^{\triangle}\\ \dot{I}_b-\dot{I}_c=\dot{I}_B^{\triangle}\\ \dot{I}_c-\dot{I}_a=\dot{I}_C^{\triangle}\end{cases} \tag{3-21}$$

由于 $\dot{I}_a+\dot{I}_b+\dot{I}_c=0$，可求出

$$\begin{cases}\dot{I}_a=\dot{I}_c=\dfrac{1}{3}\dot{I}_A^{\triangle}\\ \dot{I}_b=-\dfrac{2}{3}\dot{I}_A^{\triangle}=\dfrac{2}{3}I_B^{\triangle}\end{cases} \tag{3-22}$$

根据变压器的工作原理，即可求得星形侧电流的关系为

$$\begin{cases}\dot{I}_{A}^{Y}=\dot{I}_{C}^{Y}\\ \dot{I}_{B}^{Y}=-2\dot{I}_{A}^{Y}\end{cases} \tag{3-23}$$

图 3-15（b）为按规定的电流正方向画出的电流分布图，图 3-15（c）为三角形侧的电流矢量图，图 3-15（d）为星形侧的电流矢量。

当过电流保护接于降压变压器的高压侧以作为低压侧线路故障的后备保护时，如果保护采用三相星形接线，则接于 B 相上的继电器由于流有较其他两相大一倍的电流，因此灵敏系数增大一倍，这是十分有利的。如果保护采用的是两相星形接线，则由于 B 相上没有装设继电器，因此灵敏系数只能由 A 相和 C 相的电流决定，在同样的情况下，其数值要比采用三相星形接线时降低一半。为了克服这个缺点，可以在两相星形接线的中线上再接入一个继电器，如图 3-15（a）所示，其中流过的电流为 $(\dot{I}_{A}^{Y}+\dot{I}_{C}^{Y})/n_1$，即为电流 $\dot{I}_{B}^{Y}/n_1$，因此利用这个继电器就能提高灵敏系数。

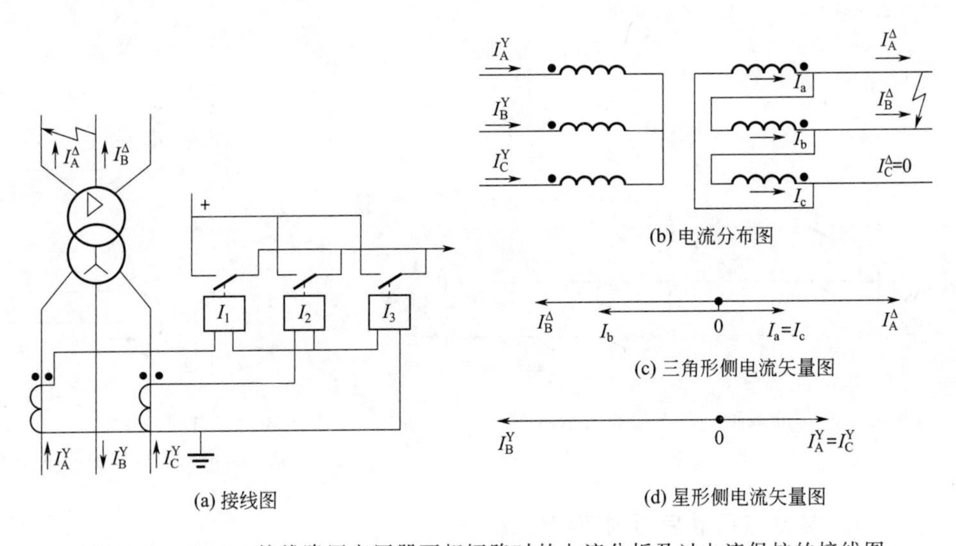

图 3-15　Y，d11 接线降压变压器两相短路时的电流分析及过电流保护的接线图

4. 两种接线方式的经济性

三相星形接线需要三个电流互感器、三个电流继电器和四根二次电缆，相对来讲是复杂和不经济的。

根据以上的分析和比较，两种接线方式的使用情况如下。

三相星形接线广泛应用于发电机、变压器等大型贵重电气设备的保护中，因为它能提高保护动作的可靠性和灵敏性。此外，它也可以用在中性点直接接地电网中，作为相间短路和单相接地短路的保护。但是实际上，由于单相接地短路照例都是采用专门的零序电流保护，因此，为了上述目的而采用三相星形接线方式的并不多。

由于两相星形接线（包括图 3-15 的情况）较为简单经济，因此在中性点直接接地电网和非直接接地电网中，都是广泛地采用它作为相间短路的保护。此外在分布很广的中性点非直接接地电网中，两点接地短路发生在图 3-14 所示线路上的可能性，要比图 3-13 的可能性大得多。在这种情况下，采用两相星形接线就可以保证有 2/3 的机会只切除一条线路，这一点比用三相星形接线是有优越性的。当电网中的电流保护采用两相星形接线方式时，应在所有的线路上将保护装置安装在相同的两相上（一般都装于 A、C 相上），以保证在不同线路上发生两点及多点接地时，能切除故障。

六、三段式电流保护评价

1. 三段式电流保护的构成及功用

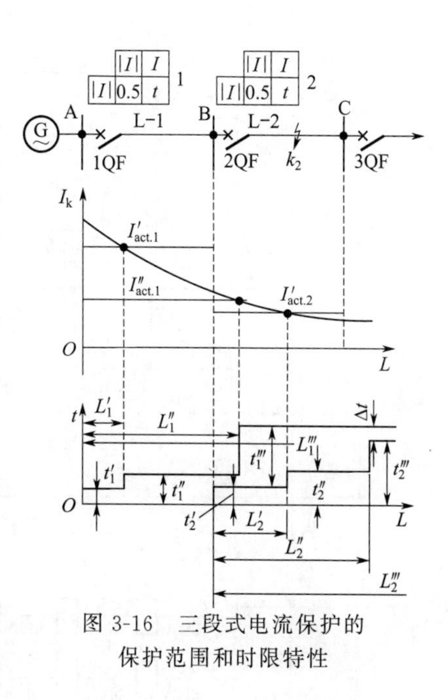

图 3-16　三段式电流保护的保护范围和时限特性

35kV及以下的单侧电源供电线路常采用三段式电流保护装置，见图3-16。线路L-1的保护装置1的第Ⅰ段为瞬时电流速断保护，它的保护范围为线路L-1首端一部分，动作时限为t_1'，它由电流继电器和中间继电器的固有动作时间决定。第Ⅱ段为限时电流速断保护，它的保护范围为线路L-1的全部并延伸至线路L-2的一部分，其动作时限为$t_1'=t_2'+\Delta t$。Ⅰ、Ⅱ段共同构成线路L-1的主保护。第Ⅲ段为定时限过电流保护，保护范围包括线路L-1及L-2全部，甚至更远，动作时限为t_1''，并且$t_1''=t_2''+\Delta t$。第Ⅱ段作后备保护。当线路L-2的保护拒动或断路器2QF失灵时，线路L-1的过电流保护均可起后备保护作用，这就是远后备；线路L-1的主保护即瞬时电流速断保护与限时电流速断保护拒动时，线路L-1的过电流保护也起后备保护作用，这就是近后备。

2. 三段式电流保护的原理图与展开图

继电保护的接线图一般可以用原理图和展开图两种形式来表示。

原理接线图包括保护装置的所有元件，如图3-17（a）所示，每个继电器的线圈和触点都画在一个图形内，所有元件都有符号标注，如图中KA表示电流继电器，KM表示中间继电器，KTM表示时间继电器，KS表示信号继电器，XB为连接片，等。原理图对整个保护的工作原理能给出一个完整的概念，使初学者比较容易理解，但是交、直流回路合在一张图上，接线较复杂，有时难以进行回路的分析和检查。

展开图中交流回路和直流回路是分开表示的，如图3-17（b）和（c）所示。其特点是每个继电器的线圈和触点都不是紧靠着画在一个图形里，而是根据实际动作的情况分别画在图中不同的位置上，但仍然用同一个符号来标注，以便查对。在展开图中，继电器线圈和触点的连接尽量按照故障后动作的顺序，自左而右、自上而下地依次排列。

展开图接线简单、层次清楚，在掌握其构成的原则以后，更便于阅读和检查，因此，在生产中得到了广泛的应用。

作为一个例子，图3-17给出了一个三段式电流保护的原理接线图和相应的展开图，以便于对照学习。图中电流速断和限时电流速断采用两相星形的接线方式，而过电流保护则采用图3-15所示的接线，以提高在Y，d11接线变压器后面两相短路时的灵敏性。每段保护动作后，都有自己的信号继电器掉牌给出信号。在每段保护动作跳闸的回路中分别设有连接片XB，以便根据运行的需要临时停用任一段的保护。

图中继电器触点的位置，对应于被保护线路的正常工作状态。

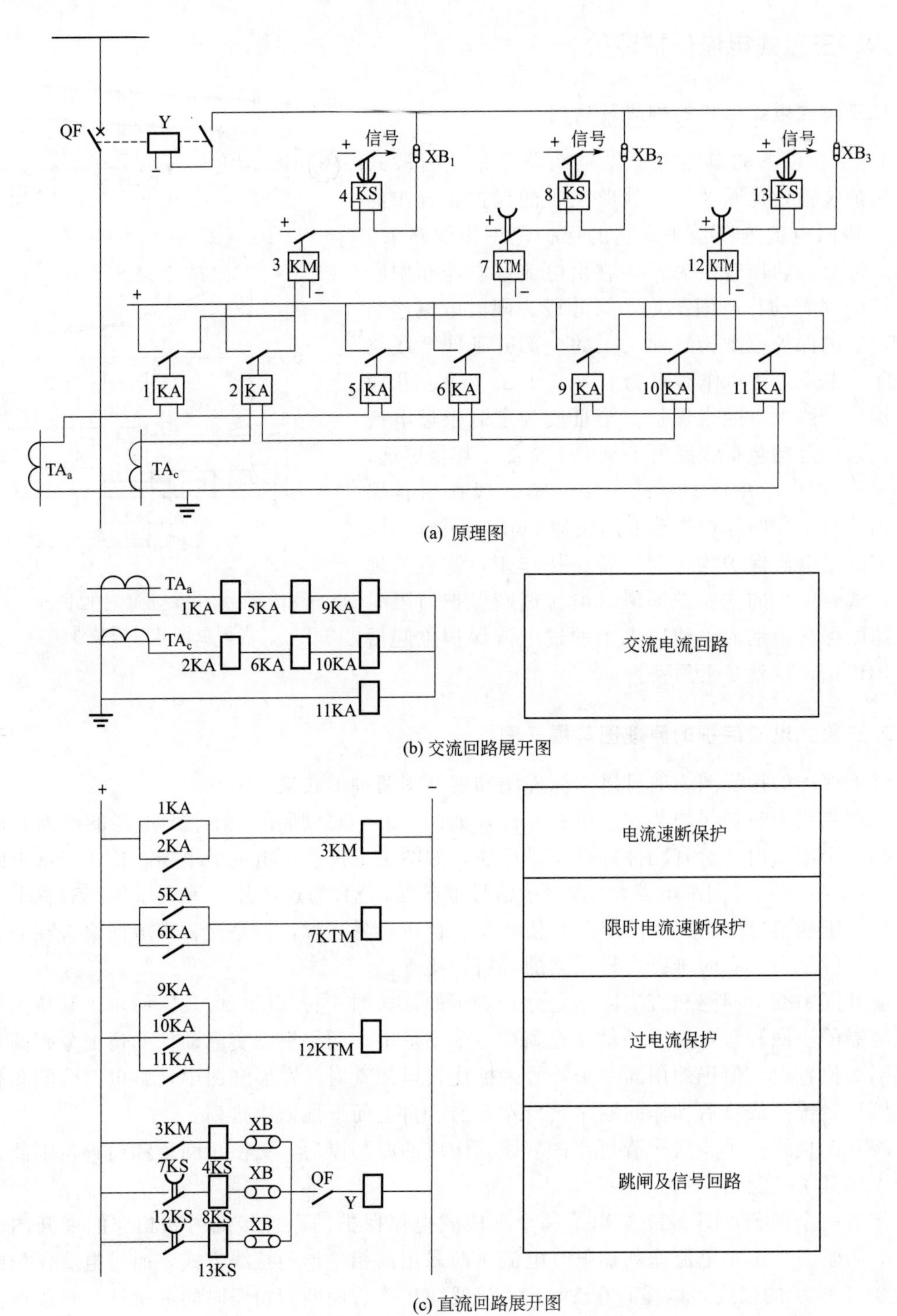

图 3-17 三段式电流保护的接线图

小结

一、电流保护评价

1. 选择性

电流保护在单电源线路上具有选择性。

① 电流Ⅰ段由整定动作电流保证选择性。

② 电流Ⅱ段由整定动作电流及动作时间保证选择性。

③ 电流Ⅲ段由整定动作时间阶梯特性保证选择性。

2. 快速性

① 电流Ⅰ段快速性最好，动作时间仅为毫秒级的继电器固有动作时间。

② 电流Ⅱ段快速性次之，动作时间为0.5s左右。

③ 电流Ⅲ段快速性最差，特别是在靠近电源首端动作时间长。

3. 灵敏性

① 电流Ⅰ段灵敏性最差，不能保护本线路全长（除线路-变压器组情况外）。

② 电流Ⅱ段灵敏性较好，能保护本线路全长。

③ 电流Ⅲ段灵敏性最好，除能保护本线路外还能保护下一线路全长。

4. 可靠性

电流保护构成简单，可靠性较高。

二、电流保护应用范围

电流保护简单可靠，但是保护区随系统运行方式及短路类型变化。电流保护主要用于单电源的10～35kV馈电线路作为相间短路的保护。

学习指导

1. 要求

掌握单侧电源线路上反应于电网相间短路的电流、电压保护工作原理图。

2. 知识点

电磁型继电器工作原理、作用、参数；三段式电流保护配合原则、整定计算；电流保护接线方式，掌握一定识图能力；电流、电压联锁速动保护特点；反时限电流保护特点。

3. 重点和难点

正确理解动作电流、返回电流、保护区、灵敏度等基本概念；三段式电流保护配合原则；电流保护、电压保护以故障时线路电流增大以及母线电压下降作为故障判据，实现简单，应用广泛。

本节主要知识点以结构图形式总结如下。

电流、电压联锁速断保护：提高常见系统运行方式下灵敏性。

反时限电流保护：克服电流Ⅲ段保护近处故障短路电流大但切除时间长的缺点。

电流继电器参数、动作条件及三段式保护整定原则应重点掌握，特别是三段式整定原则在后面的零序电流保护、距离保护中均有应用，要特别注意三段保护之间的保护区配合，整定公式是为了实现保护区的配合。

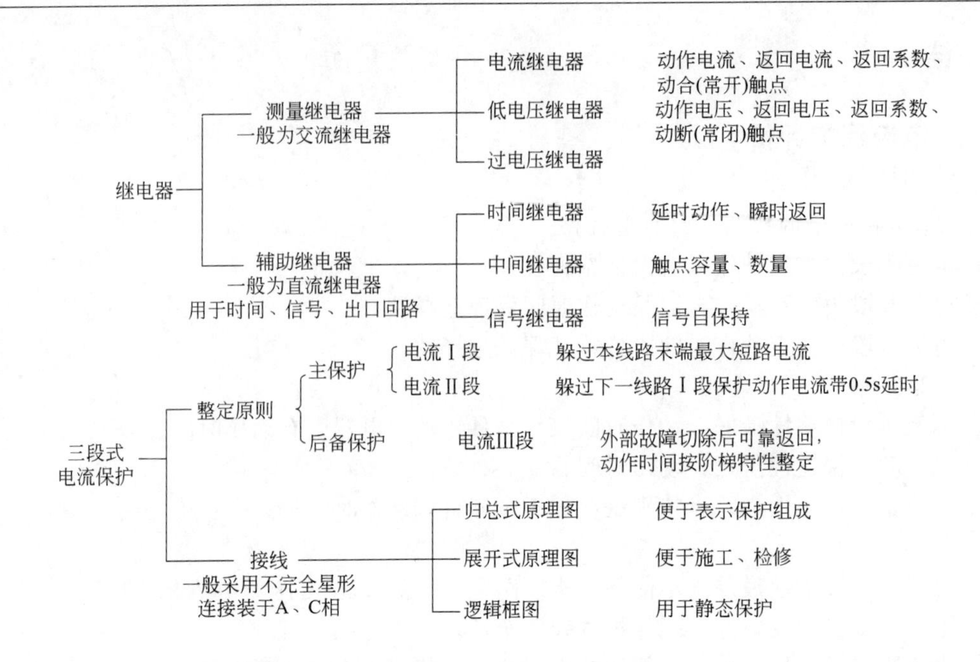

第二节　多侧电源电网相间短路的方向性过电流保护

一、方向性问题的提出

上一节所讲的三段式电流保护是以单侧电源网络为基础进行分析的，各保护都安装在被保护线路靠近电源的一侧，在发生故障时，它们都是在短路功率（一般指短路时某点电压与电流相乘所得的感性功率，在无串联电容也不考虑分布电容的线路上短路时，认为短路功率从电源流向短路点）从母线流向被保护线路的情况下，按照选择性的条件和灵敏性的配合来协调工作的。

随着电力工业的发展和用户对供电可靠性要求的提高，现代的电力系统实际上都是由很多电源组成的复杂网络，此时，上述简单的保护方式已不能满足系统运行的要求。

例如在图 3-18 所示的双侧电源网络接线中，由于两侧都有电源，因此，在每条线路的两侧均需装设断路器和保护装置。假设断路器 8 断开，电源 E_{II} 不存在，则发生短路时，保护 1、2、3、4 的动作情况和由电源 E_{I} 单独供电时一样，它们之间的选择性是能够保证的。如果电源 E_{I} 不存在，则保护 5、6、7、8 由电源 E_{II} 单独供电，此时它们之间也同样能够保证动作的选择性。如果两个电源同时存在，如图 3-18（a）所示，当 k_1 点短路时，按照选择性的要求，应该由距故障点最近的保护 2 和 6 动作切除故障。然而，由电源 E_{II} 供给的短路电流 I''_{k1} 也将通过保护 1，如果保护 1 采用电流速断且 I''_{k1} 大于保护装置的起动电流 $I'_{\mathrm{set.1}}$，则保护 1 的电流速断就要误动作；如果保护 1 采用过电流保护且其动作时限 $t_1 \leqslant t_6$，则保护 1 的过电流保护也将误动作。同理当图 3-18（b）中 k_2 点短路时，本应由保护 1 和 7 动作切除故障，但是由电源 E_{I} 供给的短路电流 I'_{k2} 将通过保护 6，如果 $I'_{k2} > I'_{\mathrm{act.6}}$，则保护 6 的电流速断要误动作；如果过电流保护的动作时限 $t_6 \leqslant t_1$，则保护 6 的过电流保护也要误动作。同样地分析其他地点短路时，对有关的保护装置也能得出相应的结论。

分析双侧电源供电情况下所出现的这一新矛盾，可以发现，误动作的保护都是在自己所保护的线路反方向发生故障时，由对侧电源供给的短路电流所引起的。对误动作的保护而言，实际短路功率的方向照例都是由被保护线路流向母线。显然与其所应保护的线路故障时的短路功率方向相反。因此，为了消除这种无选择的动作，就需要在可能误动作的保护上增设一个功率方向闭锁元件，该元件只当短路功率方向由母线流向线路时动作，而当短路功率方向由线路流向母线时不动作，从而使继电保护的动作具有一定的方向性。按照这个要求配置的功率方向元件及其规定的动作方向如图 3-18（c）所示。

当双侧电源网络上的电流保护装设方向元件以后，就可以把它们拆开看成两个单侧电源网络的保护，其中保护 1～4 反应于电源 E_{I} 供给的短路电流而动作，保护 5～8 反应于电源 E_{II} 供给的短路电流而动作，两组方向保护之间不要求有配合关系，因此上一节所讲的三段式电流保护的工作原理和整定计算原则就仍然可以应用。例如在图 3-18（d）中示出了方向过电流保护的阶梯型时限特性，它与图 3-16 所示的选择原则是相同的。由此可见，方向性继电保护的主要特点就是在原有保护的基础上增加一个功率方向判别元件，在反方向发生故障时保证保护不致误动作。

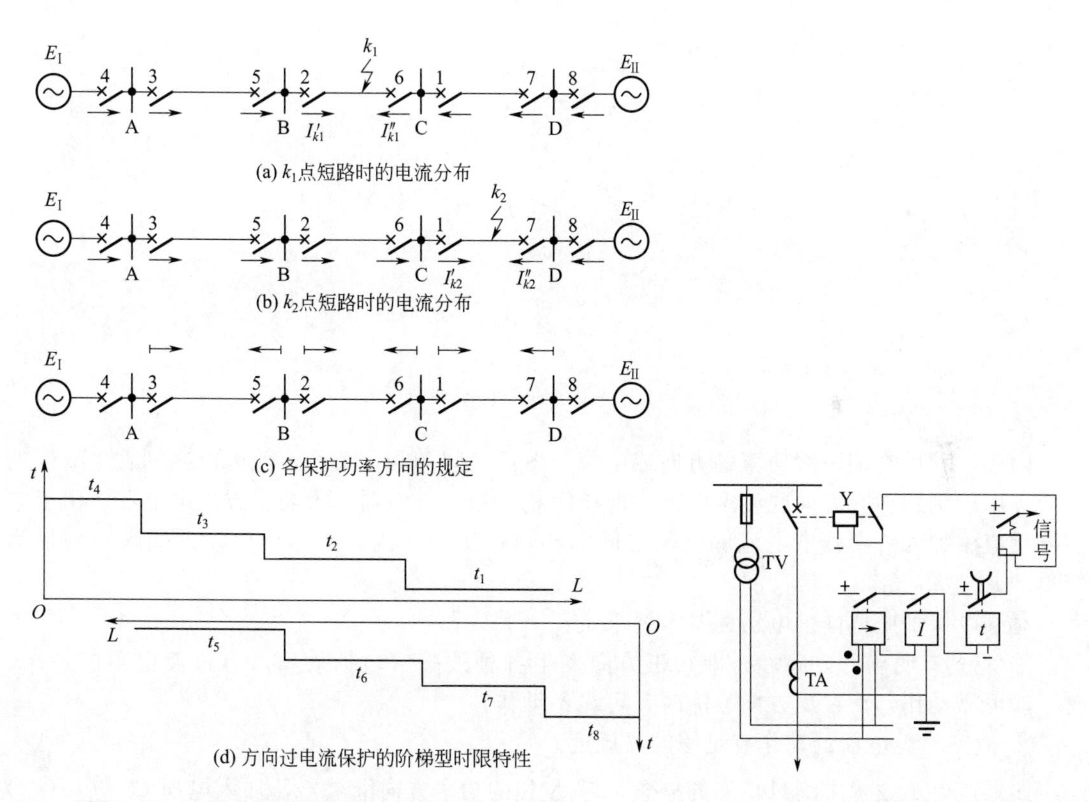

图 3-18　双侧电源网络接线及保护动作方向的规定　　　图 3-19　方向过电流保护的原理接线图

具有方向性的过电流保护，其单相原理接线如图 3-19 所示，主要由方向元件、电流元件和时间元件组成，由图可见，只有在方向元件和电流元件必须都动作以后，才能起动时间元件，再经过预定的延时后动作于跳闸。

二、功率方向继电器的工作原理

在图 3-20（a）所示的网络接线中，对保护 1 而言，当正方向点 k_1 三相短路时，如果短路电流 $\dot{I}_{k1}$ 的规定正方向是从保护安装处母线流向线路，则它滞后于该母线电压 $\dot{U}$ 一个相角 φ_{k1}（φ_{k1} 为从母线至 k_1 点之间的线路阻抗角），其值为 $0° < \varphi_{k1} < 90°$，如图 3-20（b）所

示。当反方向 k_2 点短路时，通过保护 1 的短路电流是由电源 $\dot{E}_{\mathrm{II}}$ 供给的。此时如果对保护 1 仍按规定的电流正方向观察，则 $\dot{I}_{k2}$ 滞后于母线电压 $\dot{U}$ 的相角将是 $180°+\varphi_{k2}$（φ_{k2} 为从该母线至 k_2 点之间的线路阻抗角），其值为 $180°<(180°+\varphi_{k2})<270°$，如图 3-20（c）所示。如以母线电压 $\dot{U}$ 作为参考矢量，并设 $\varphi_{k1}=\varphi_{k2}=\varphi_k$，则 $\dot{I}_{k1}$ 和 $\dot{I}_{k2}$ 的相位相差 180°。

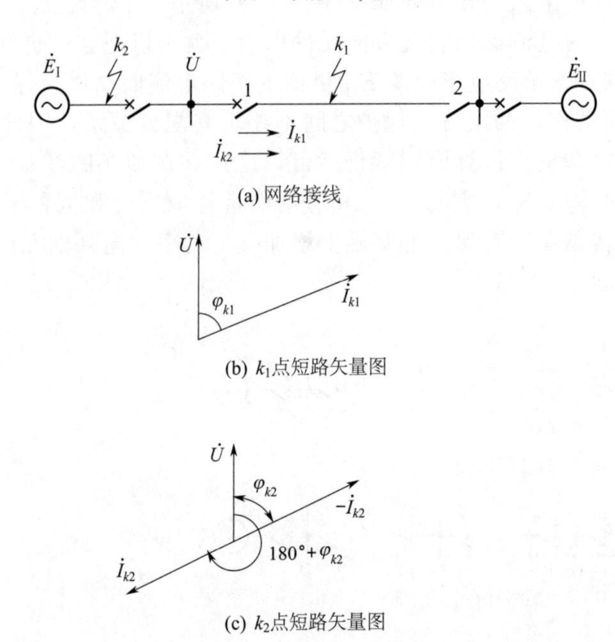

图 3-20 方向继电器工作原理的分析

因此，利用判别短路功率的方向或电流、电压之间的相位关系，就可以判别发生故障的方向。用以判别功率方向或测定电流、电压间相位角的继电器称为功率方向继电器。由于它主要反应于加入继电器中电流和电压之间的相位而工作，因此用相位比较方式来实现最为简单。

对继电保护中方向继电器的基本要求是：

① 应具有明确的方向性，即在正方向发生各种故障（包括故障点有过渡电阻的情况）时，能可靠动作，而在反方向故障时，可靠不动作；

② 故障时继电器的动作有足够的灵敏度。

如果按电工技术中测量功率的概念，对 A 相的功率方向继电器，加入电压 $\dot{U}_k$（$=\dot{U}_{\mathrm{A}}$）和电流 $\dot{I}_k$（$=\dot{I}_{\mathrm{A}}$），则当正方向短路时，如图 3-20（b）所示，A 相继电器中电压、电流之间的相角为

$$\varphi_{\mathrm{A}}=\arg\frac{\dot{U}_{\mathrm{A}}}{\dot{I}_{k1\mathrm{A}}}=\varphi_{k1} \tag{3-24}$$

反方向短路时，如图 3-20（c）所示，为

$$\varphi_{\mathrm{A}}=\arg\frac{\dot{U}_{\mathrm{A}}}{\dot{I}_{k2\mathrm{A}}}=180°+\varphi_{k2} \tag{3-25}$$

式中，符号 arg 表示矢量 $\dot{U}_{\mathrm{A}}/\dot{I}_{k2\mathrm{A}}$ 的幅角，亦即分子的矢量超前于分母矢量的角度，如取 $\varphi_k=60°$，可画出矢量关系如图 3-21 所示。一般的功率方向继电器当输入电压和电流的

幅值不变时，其输出值（对模拟式保护的转矩或电压，对微机保护的计算值或判断结果，随所用的算法不同而不同）随两者间相位差的大小而改变，输出为最大时的相位差称为继电器的最大灵敏角。为了在最常见的短路情况下使继电器动作最灵敏，采用上述接线的功率方向继电器应做成最大灵敏角$\varphi_{sen.max}=\varphi_k=60°$。又为了保证正方向故障，而$\varphi_k$在$0°\sim90°$范围内变化时，继电器都能可靠动作，继电器动作的角度范围通常取为（电压超前电流）$\varphi_{sen.max}\pm90°$。此动作特性在复数平面上是一条直线，如图3-22（a）所示，阴影部分为动作区。其动作方程可表示为

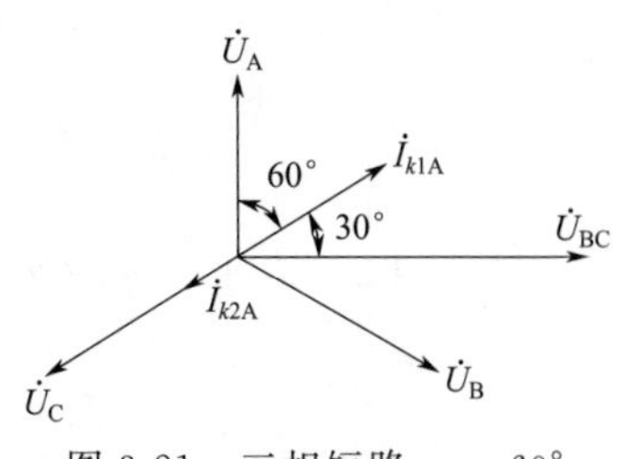

图 3-21　三相短路$\varphi_k=60°$时的矢量图

$$90°\geqslant\arg\frac{\dot{U}_K e^{-j\varphi_{sen.max}}}{\dot{I}_K}\geqslant-90° \tag{3-26}$$

$$\text{或}\ \varphi_{sen.max}+90°\geqslant\arg\frac{\dot{U}_K}{\dot{I}_K}\geqslant\varphi_{sen.max}-90° \tag{3-27}$$

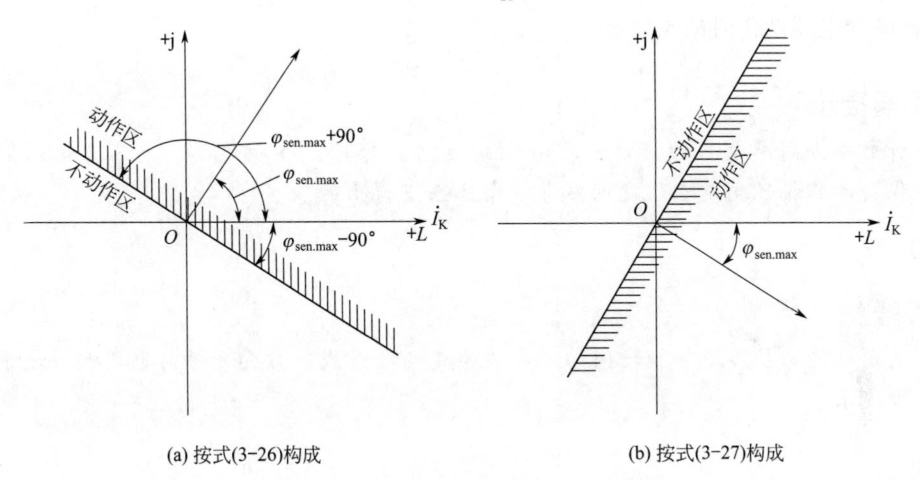

图 3-22　功率方向继电器的动作特性

此式表明，当选取$\varphi_{sen.max}=\varphi_k=60°$时以继电器电流$\dot{I}_K$为参考矢量（$\dot{I}_K$与横轴一致），在继电器中电压$\dot{U}_K$超前其150°至滞后其30°的范围内，继电器均能动作。如用φ表示$\dot{U}_K$超前于$\dot{I}_K$的角度，并用功率的形式表示动作条件，则式（3-26）可写成

$$U_K I_K\cos(\varphi-\varphi_{sen.max})>0 \tag{3-28}$$

当余弦项和U_K、I_K越大时，其值也越大，继电器动作的灵敏度越高，而任一项等于零或余弦项为负时，继电器将不能动作。

采用这种接线和特性的继电器时，在其正方向出口附近发生三相短路、A-B或C-A两相接地短路，以及A相接地短路时，由于$U_A\approx0$或数值很小，继电器不能动作，这称为继电器的“电压死区”。当上述故障发生在死区范围以内时，整套保护将要拒动，这是一个很大的缺点，因此实际上这种接线方式很少采用。

为了减小和消除死区，在实际上广泛采用非故障的相间电压作为参考量去判别电流的相位。例如对A相的方向继电器加入电流$\dot{I}_A$和电压$\dot{U}_{BC}$，此时，$\varphi=\arg(\dot{U}_{BC}/\dot{I}_A)$，当正方向短路时，$\varphi=\varphi_k-90°=-30°$，反方向短路时，$\varphi=-30°+180°=150°$，矢量关系亦示于图3-21中。在这种情况下，继电器的最大灵敏角应设计为$\varphi_{sen.max}=\varphi_k-90°=-30°$，动作

特性如图 3-22（b）所示，动作方程为

$$90^\circ \geqslant \arg \frac{\dot{U}_K e^{-j(90^\circ-\varphi_k)}}{\dot{I}_K} \geqslant -90^\circ \tag{3-29}$$

习惯上采用 $90^\circ-\varphi_k=\alpha$，$\alpha$ 称为功率方向继电器的内角，则上式可变为

$$90^\circ-\alpha \geqslant \arg \frac{\dot{U}_K}{\dot{I}_K} \geqslant -90^\circ-\alpha \tag{3-30}$$

如用功率的形式表示，则为

$$U_K I_K \cos(\varphi+\alpha) > 0 \tag{3-31}$$

对 A 相的功率方向继电器而言，可具体表示为

$$U_{BC} I_A \cos(\varphi+\alpha) > 0 \tag{3-32}$$

除正方向出口附近发生三相短路时，$U_{BC}\approx 0$，继电器具有很小的电压死区以外，在其他任何包含 A 相的不对称短路时，I_A 的电流很大，U_{BC} 的电压很高，因此继电器不仅没有死区，而且动作灵敏度很高。为了减小和消除三相短路时的死区，可以采用电压记忆回路，并尽量提高继电器动作时的灵敏度。

重要提示

分析功率方向继电器时应注意参考方向（电流为母线指向线路，电压为母线对地），动作方程、动作特性均是在规定的参考方向体系下得出的。

思考

三段式电流保护各段保护之间的逻辑关系是与还是或？方向元件与电流元件之间又是什么逻辑关系？

小结

① 电流保护用于双电源线路时不能保证灵敏性、选择性。

② 电流元件与方向元件构成了方向电流保护，可以用于双电源线路，两个元件构成与逻辑。

③ 方向元件利用电流、电压相位关系判别故障方向。

④ 在保护出口短路时要采取措施消除方向元件的死区，消除死区的方法是采用经过“记忆”的电压进行比相。

⑤ 功率方向继电器接线应重视极性问题，电流参考方向为从标记端流入，电压参考方向由标记端指向非标记端，极性接反将导致方向电流保护正向故障时拒动而反向故障时误动。

⑥ 反映相间短路的功率方向继电器采用 90°接线，电流继电器与功率方向继电器之间接线满足“按相起动”原则。

⑦ 可以用于单电源环网与双电源辐射线路，方向电流保护的性能与电流保护一样，保护区仍受系统运行方式、故障类型影响，主要应用于 10kV、35kV 线路。

学习指导

1. 要求

掌握双侧电源线路上方向电流保护工作原理。

2.知识点

双侧电源线路保护特点；方向电流保护构成；方向元件判据；方向元件接线方式；方向电流保护整定计算方法。

3.重点和难点

正确区分正方向故障与反方向故障；方向元件判据，死区问题与解决方法；正确区分正方向故障与反方向故障。

学习时要建立故障方向的概念，从方向电流保护的构成入手理解方向性保护的原理。比相式保护分析时要重视参考方向，动作方程、动作特性均是在规定的参考方向体系下得出的，实际工作中接线极性的正确性直接关系到保护能否正确动作。除了本节介绍的反应于相间短路的功率方向继电器，第三节还会接触到用于接地故障判别的零序功率方向继电器，第四章有方向阻抗继电器，第五章有基于工频变化量的新型方向元件。本节是学习比相式保护的基础，在今后的学习中应注意相互比较，温故而知新，融会贯通。

第三节　中性点直接接地电网中接地短路的零序电流保护

一、中性点直接接地电网的接地保护

在我国，110kV及以上电压等级的电网均为中性点直接接地电网。在中性点直接接地电网中，发生一点接地故障即构成单相接地短路，将产生很大的故障相电流，从对称分量角度分析，则出现了很大的零序电流，故中性点直接接地电网又称为大接地电流电网。

在中性点直接接地电网中，线路发生接地短路故障次数占所有故障次数中的大多数，约占80%，采用专用的零序电流保护，可以提高保护的灵敏性和快速性。因此，在中性点直接接地电网中除装设反映相间故障的保护外，还装设反映接地故障的零序保护装置。

接地故障时零序电流、零序电压及零序功率的特点如下。

中性点直接接地系统发生单相接地故障时，接地短路电流很大。如图3-23（a）所示，当k_1点发生接地短路时。短路计算的零序等效网络如图3-23（b）所示，零序电流可以看成是在故障点出现一个零序电压U_{k0}而产生的，它经变压器接地的中性点构成回路。对零序电流的方向仍规定由母线流向故障点为正。而零序电压的电位，是线路高于大地为正。

由上述等效网络可知，接地故障具有如下特点：

① 故障点的零序电压最高，离故障点越远，零序电压越低。如图3-23（c）所示。

② 零序电流的分布，取决于线路的零序阻抗和中性点接地变压器的零序阻抗及变压器接地中性点的数目和位置，而与电源的数量和位置无关。

③ 故障线路零序功率的方向与正序功率的方向相反，是由线路流向母线的。

④ 某一保护（如保护1）安装地点处的零序电压与零序电流之间（如$\dot{U}_{A0}$与$\dot{I}'_0$）的相位差取决于背后元件（如变压器1）的阻抗角，而与被保护线路的零序阻抗及故障点的位置无关。

⑤ 在系统运行方式变化时，正、负序阻抗的变化，引起$\dot{U}_{k1}$、$\dot{U}_{k2}$、$\dot{U}_{k0}$之间电压分配的改变，而间接地影响零序分量的大小。

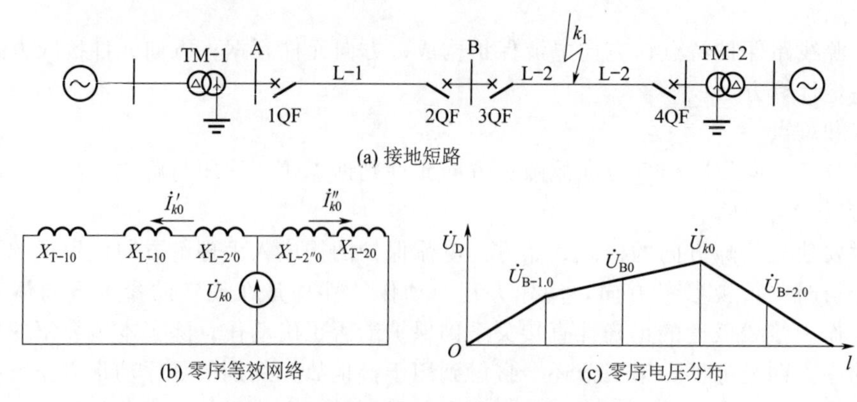

(a) 接地短路

(b) 零序等效网络　　(c) 零序电压分布

图 3-23　接地短路时的零序等效网络

二、中性点直接接地电网的零序过电流保护

为取得零序电流，可以采用三个电流互感器按图 3-24（a）的方式连接，三相电流互感器二次侧此时流入继电器中的电流为

$$\dot{I}=\dot{I}_a+\dot{I}_b+\dot{I}_c$$

这种过滤器的连线实际上就是三相星形连线方式中，在中线上所流过的电流。因此实际使用中，零序电流过滤器只要接入相间短路保护用电流互感器的中线上就可以。

接地故障时流入继电器的电流为零序电流，即

$$\dot{I}=\dot{I}_a+\dot{I}_b+\dot{I}_c=3\dot{I}_0$$

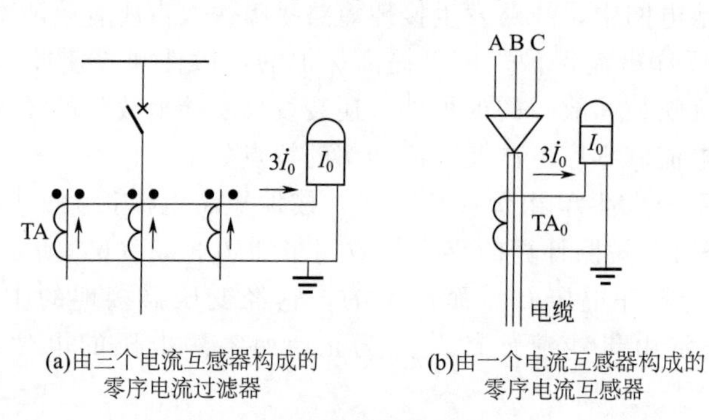

(a)由三个电流互感器构成的零序电流过滤器　　(b)由一个电流互感器构成的零序电流互感器

图 3-24　取得零序电流的方式

在正常运行和相间短路时，零序电流过滤器也存在一个不平衡电流 I_{ub}。即

$$\dot{I}=\dot{I}_{ub}$$

它是由三个互感器铁芯的饱和程度不同，以及制造过程中的某些差别而引起的。当发生相间短路时，由于短路电流较大，铁芯饱和的程度最严重，因此不平衡电流也达到最大值，以 I_{ubmax} 表示。

此外，对于采用电缆引出的送电线路，还广泛采用零序电流互感器接线以获得 $3I_0$，如图 3-23（b）所示。它和零序电流过滤器相比，没有不平衡电流，同时接线也更简单。

三、零序电流速断保护（零序Ⅰ段）

相似于相间短路电流保护，零序电流速断保护起动值的整定原则如下。

① 躲开下一条线路出口处单相接地或两相接地短路时可能出现的最大零序电流 $3I_{0.max}$，即

$$I'_{act}=K'_{rel}3\dot{I}_{0.max} \tag{3-33}$$

式中　K'_{rel}——可靠系数，K'_{rel}取 1.2～1.3；

$I_{0.max}$——单相接地短路时的零序电流 $I_0^{(1)}$ 和两相接地短路时的零序电流 $I_0^{(1.1)}$ 最大值。

如果网络总的正序阻抗和负序阻抗分别为 Z_1 和 Z_0，当 $Z_1<Z_0$ 时，$I_0^{(1)}>I_0^{(1.1)}$，取 $I_{0.max}$ 为 $I_0^{(1)}$；当 $Z_1>Z_0$ 时，$I_0^{(1)}<I_0^{(1.1)}$，取 $I_{0.max}$ 为 $I_0^{(1.1)}$。

② 躲过断路器三相触头不同期合闸时出现的零序电流 $3I_{0.ut}$，即

$$I'_{act}=K'_{rel}3I_{0.ut} \tag{3-34}$$

式中　K'_{rel}——可靠系数，K'_{rel}取 1.1～1.2；

$I_{0.ut}$——断路器不同期接通所引起的最大零序电流。

先合一相，相当于断开两相，最严重情况下（系统两侧电源电势相差 180°）流过断路器的零序电流

$$3I_{0.ut}=3\times\frac{2E}{2Z_1+Z_0} \tag{3-35}$$

先合两相，相当于断开一相，最严重情况下流过断路器的零序电流

$$3I_{0.ut}=3\times\frac{2E}{Z_1+2Z_0} \tag{3-36}$$

根据式（3-35）、式（3-36）计算的 $3I_{0.ut}$ 取大值。

与根据式（3-33）和式（3-34）计算结果进行比较，选取其中较大值作为保护装置的整定值。

如果保护装置的动作时间大于断路器三相不同期合闸的时间，则可不考虑这个条件。

③ 如果线路上采用单相自动重合闸时，零序电流速断应躲过非全相运行又产生振荡时出现的最大零序电流。

四、限时零序电流速断保护（零序Ⅱ段）

零序Ⅱ段的起动电流应与下一段线路的零序Ⅰ段保护相配合。

① 当该保护与下一段线路保护之间无中性点接地变压器时，该保护的起动电流 I''_{act} 为

$$I''_{act}=K''_{rel}I'_{act下一线} \tag{3-37}$$

式中　K''_{rel}——可靠系数，K''_{rel}取 1.1～1.2；

$I'_{act下一线}$——下一段线路零序Ⅰ段保护的起动值。

② 当该保护与下一段线路保护之间有中性点接地变压器时，该保护的起动电流 I''_{act} 为

$$I''_{act}=K''_{rel}I_{k0.c} \tag{3-38}$$

式中　K''_{rel}——可靠系数，K''_{rel}取 1.1～1.2；

$I_{k0.c}$——在下一段相邻线路保护零序Ⅰ段保护范围末端发生接地短路时，流过该保护装置的零序电流计算值。

零序Ⅱ段的动作时限与相邻线路零序Ⅰ段相配合，一般取 0.5s。零序Ⅱ段的灵敏系数，应按照本线路末端接地短路时的最小零序电流来校验，并满足 $K_{sen}\geqslant1.5$ 的要求，即

$$K_{sen}=\frac{3I_{0.min}}{I''_{act}}\geqslant1.5 \tag{3-39}$$

式中 $I_{0.\min}$——本线路末端接地短路时的最小零序电流。

五、定时限零序过电流保护（零序Ⅲ段）

零序Ⅲ段的作用相当于相间短路的过电流保护，一般作为后备保护，在中性点直接接地电网中的终端线路上也可作为主保护。

其起动电流的整定值选择：

① 躲开在下一条线路出口处相间短路时所出现的最大不平衡电流 I_{ubmax}，即

$$I'''_{\text{act}}=K'''_{\text{rel}}I_{\text{ubmax}} \tag{3-40}$$

式中 K'''_{rel}——可靠系数，K'''_{rel} 取 1.1～1.2；

I_{ubmax}——下一条线路出口处相间短路时的最大不平衡电流。

② 与下一线路零序Ⅱ段相配合就是本保护零序Ⅲ段的保护范围，不能超出相邻线路上零序Ⅲ段的保护范围。当两个保护之间具有分支电路时（有中性点接地变压器时），起动电流整定为

$$I'''_{\text{act}}=K'''_{\text{rel}}I_{k0.\text{c}} \tag{3-41}$$

式中 K'''_{rel}——可靠系数，K'''_{rel} 取 1.1～1.2；

$I_{k0.\text{c}}$——在相邻线路的零序Ⅲ段保护范围末端发生接地短路时，流过本保护范围的最大零序电流计算值。如与相邻线路保护间有分支电路时，则 $I_{k0.\text{c}}$ 取下一条相邻线路零序Ⅲ段的起动值。起动值取①、②中最大者。

灵敏度校验：

① 作为本条线路近后备保护时，按本线路末端发生接地故障时的最小零序电流 $3I_{0.\min}$ 来校验，要求 $K_{\text{sen}}\geqslant 2$，即

$$K_{\text{sen}}=\frac{3I_{0.\min}}{I'''_{\text{act}}}\geqslant 2 \tag{3-42}$$

② 作为相邻线路的远后备保护时，按相邻线路保护范围末端发生接地故障时，流过本保护的最小零序电流 $3I_{0.\min}$ 来校验，要求 $K_{\text{sen}}\geqslant 1.5$，即

$$K_{\text{sen}}=\frac{3I_{0.\min}}{I'''_{\text{act}}}\geqslant 1.5 \tag{3-43}$$

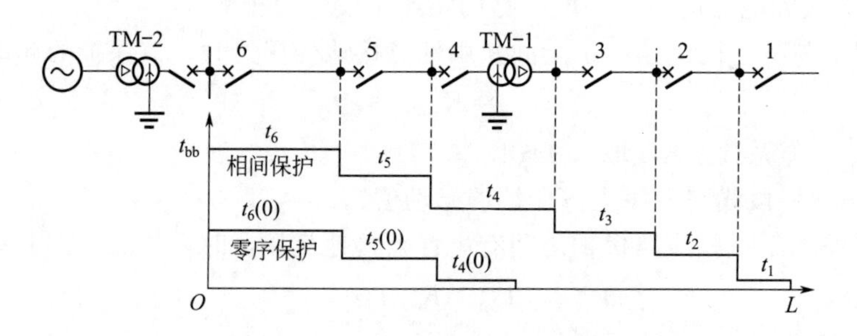

图 3-25 零序过电流保护的动作时限

零序Ⅲ段电流保护的起动值一般很小，在同电压级网络中发生接地短路时，都可能动作。为保证选择性，各保护的动作时限也按阶梯原则来选择。如图 3-25 所示只有在两个变压器间发生接地故障时，才能引起零序电流，所以只有保护 4、5、6 才能采用零序保护。图 3-25 中同时示出了零序过电流保护和相间短路的过电流保护的动作时限，相比可知前者具有较小的动作时限，这是它的优点之一。

六、零序电流方向保护

在多电源大接地电流系统中，每个变电站至少有一台变压器中性点直接接地，以防止单相接地短路时，非故障相产生危险的过电压。图 3-26 为双侧电源供电系统接线图，它的两侧电源处的变压器中性点均直接接地。在 k_1 点接地短路时，一部分零序电流要经过 TM-2 变压器构成回路，一部分零序电流要经过 TM-1 变压器构成回路。断路器 1QF-4QF 处的零序电流保护均可能动作，为保证动作的选择性，2QF、3QF 的动作时间应为 $t_{02}<t_{03}$。同理，在 k_2 点发生接地故障时，要求 $t_{02}>t_{03}$。

显然，零序电流保护的动作时限同时满足这两个条件是不可能的，必须加装功率方向元件，假设母线零序电压为正，零序电流由母线流向线路方向为正。故障线路两侧零序电流的实际方向为负，零序功率为负，非故障线路远离短路点侧的零序电流也为负，近短路点侧零序电流的方向为正。这时须加装反应于零序功率而动作的继电器以保证选择性。在 k_2 点接地，只需满足 $t_{01}>t_{03}$；在 k_1 点接地，只需满足 $t_{02}<t_{04}$；即可保证选择性。

流经接地故障线路两侧的零序功率为负功率，功率继电器应该动作。以 $3U_0$ 为基准电压，零序电流 $-3I_0$ 落后于零序电压短路阻抗角 φ_k，如图 3-27 所示。因实际电流方向与假设方向相反，则 I_0 超前为 $180°-\varphi_k$。

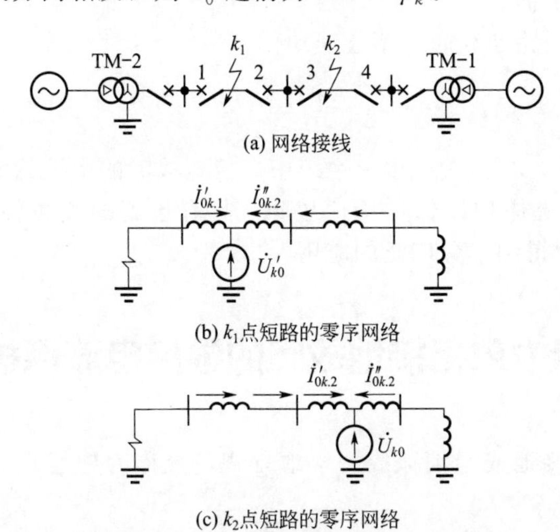

图 3-26 零序方向保护工作原理分析

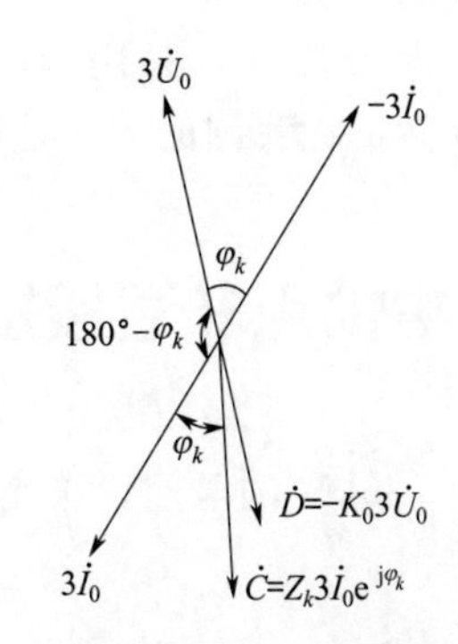

图 3-27 零序电流在保护安装地点的相量图

具有方向性零序电流三段保护的原理接线如图 3-28 所示。KPR 为零序功率方向继电器，由它的接点闭锁零序电流三段保护的直流电源，只有当反应于零序功率方向的 KPR 和零序电流继电器同时动作，零序电流三段保护才能起动，发出跳闸脉冲。

七、对零序电流保护和零序方向保护的评价

相间短路电流保护的三相星形接线方式，可以保护单相接地短路。由于零序电流保护有许多独特的优点，所以常常用于专门的零序保护。零序电流保护主要优点如下：

① 零序电流保护与相间短路的电流保护相比有较高的灵敏度。对零序Ⅰ段，线路的零序阻抗大于正序阻抗，使线路始末两端电流变化较大，因此使零序Ⅰ段的保护范围增大，即提高了灵敏度；对零序Ⅱ段，由于起动值是按不平衡电流来整定的，所以比相间短路的电流保护的起动值小，即灵敏度高。

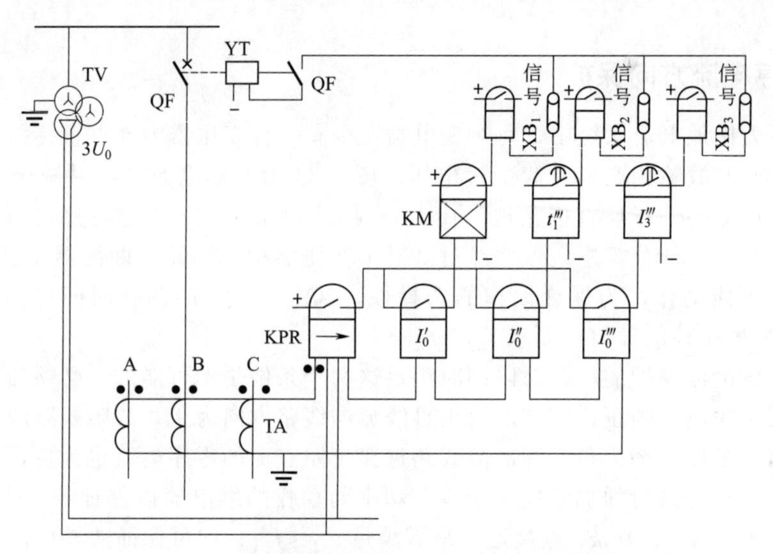

图 3-28 方向性零序电流三段保护的原理接线图

② 零序过电流保护的动作时限较相间保护短，如图 3-25 所示。

③ 零序电流保护不反应于系统振荡和过负荷。

④ 零序功率方向元件无死区，副方电压回路断线时，不会误动作。

⑤ 接线简单可靠。

零序保护的缺点是不能反应于相间短路。

根据我国电力系统几十年的故障情况统计，在大接地电流系统中，接地故障的次数约为所有故障的 90%。因此，采用专门的零序电流保护以保护接地故障，具有显著的优越性。所以零序电流保护在我国的大接地电流系统中得到十分广泛的应用。

第四节　中性点非直接接地电网中单相接地故障的零序电流保护

电压为 3～35kV 的电网，采用中性点不接地或经消弧线圈接地方式，统称为中性点非直接接地电网。

一、中性点不接地电网单相接地时的零序电压和零序电容电流

如图 3-29 所示的最简单的网络接线，在正常运行情况下，三相对地有相同的电容 C_0，在相电压的作用下，每相都有一个超前于相电压 90°的电容电流流入地中，而三相电流之和等于零。假设在 A 相发生了单相接地，则 A 相对地电压变为零，对地电容被短接，而其他两相的对地电压升高$\sqrt{3}$倍，对地电容电流也相应地增大$\sqrt{3}$倍，矢量关系如图 3-30 所示。在单相接地时，由于三相中的负荷电流和线电压仍然是对称的，因此，下面不予考虑，只分析对地关系的变化。

在 A 相接地以后，各相对地的电压为

$$\begin{cases}\dot{U}_{AD}=0\\ \dot{U}_{BD}=\dot{E}_B-\dot{E}_A=\sqrt{3}\dot{E}_A e^{-j150^\circ}\\ \dot{U}_{CD}=\dot{E}_C-\dot{E}_A=\sqrt{3}\dot{E}_A e^{+j150^\circ}\end{cases} \tag{3-44}$$

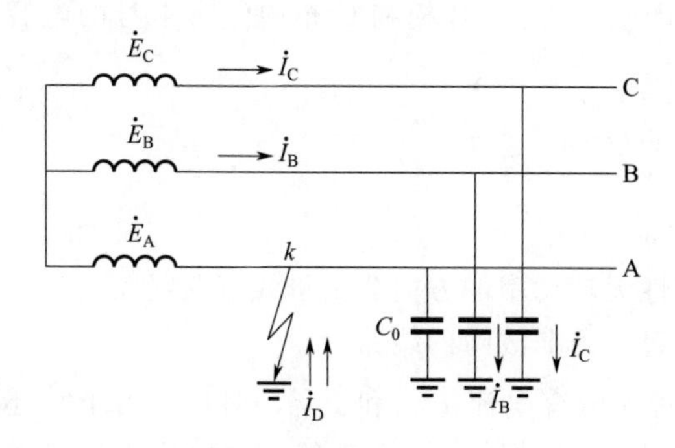

图 3-29 简单网络接线示意图

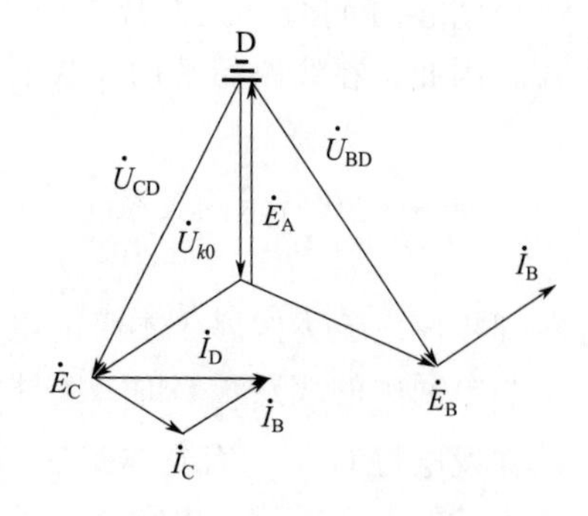

图 3-30 A 相接地时的矢量图

故障点 k 的零序电压为

$$\dot{U}_{k0}=\frac{1}{3}(\dot{U}_{AD}+\dot{U}_{BD}+\dot{U}_{CD})=-\dot{E}_A \tag{3-45}$$

在非故障相中流向故障点的电容电流为

$$\begin{cases}\dot{I}_B=\dot{U}_{BD}j\omega C_0\\ \dot{I}_C=\dot{U}_{CD}j\omega C_0\end{cases} \tag{3-46}$$

其有效值为 $I_B=I_C=\sqrt{3}U_\varphi\omega C_0$，式中，$U_\varphi$ 为相电压的有效值。

此时，从接地点流回的电流为 $\dot{I}_D=\dot{I}_B+\dot{I}_C$，由图 3-30 可见，其有效值为 $I_D=3U_\varphi\omega C_0$，即正常运行时，三相对地电容电流的算术和。

当网络中有发电机（G）和多条线路存在时，如图 3-31 所示，每台发电机和每条线路对地均有电容存在，设以 C_{0G}、$C_{0\text{I}}$、$C_{0\text{II}}$ 等集中的电容来表示，当线路Ⅱ发生 A 相接地后，如果忽略负荷电流和电容电流在线路阻抗上的电压降，则全系统 A 相对地的电压均等于零，因而各元件 A 相对地的电容电流也等于零，同时 B 相和 C 相的对地电压和电容电流也都升高$\sqrt{3}$倍，仍可用式（3-44）～式（3-46）的关系来表示，这种情况下的电容电流分布，在图 3-31 中用“→”表示。

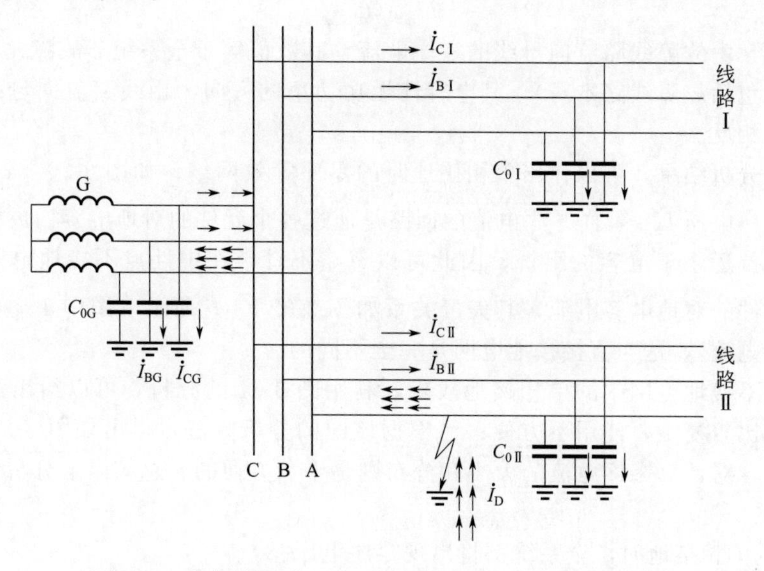

图 3-31 单相接地时，用三相系统表示的电容电流分布图

由图 3-31 可见，在非故障的线路Ⅰ上，A 相电流为零，B 相和 C 相中流有本身的电容电流，因此，在线路始端所反映的零序电流为

$$3\dot{I}_{0\mathrm{I}}=\dot{I}_{\mathrm{BI}}+\dot{I}_{\mathrm{CI}}$$

参照图 3-30 所示的关系，其有效值为

$$3I_{0\mathrm{I}}=3U_{\varphi}\omega C_{0\mathrm{I}} \tag{3-47}$$

即零序电流为线路Ⅰ本身的电容电流，电容性无功功率的方向为由母线流向线路。

当电网中的线路很多时，上述结论可适用于每一条非故障的线路。

在发电机 G 上，有它本身的 B 相和 C 相的对地电容电流 $\dot{I}_{\mathrm{BG}}$ 和 $\dot{I}_{\mathrm{CG}}$，但是，由于它还是产生其他电容电流的电源，因此，从 A 相中要流回从故障点流上来的全部电容电流，而在 B 相和 C 相中又要分别流出各线路上同名相的对地电容电流。此时从发电机出线端所反映的零序电流仍应为三相电流之和。由图可见，各线路的电容电流由于从 A 相流入后又分别从 B 相和 C 相流出，相加后互相抵消，而只剩下发电机本身的电容电流，故

$$3\dot{I}_{0\mathrm{G}}=\dot{I}_{\mathrm{BG}}+\dot{I}_{\mathrm{CG}}$$

有效值为 $3I_{0\mathrm{G}}=3U_{\varphi}\omega C_{0\mathrm{G}}$，即零序电流为发电机本身的电容电流，其电容性无功功率的方向是由母线流向发电机，这个特点与非故障线路是一样的。

现在再来看发生故障的线路Ⅱ，在 B 相和 C 相上，与非故障的线路一样，流有它本身的电容电流 $\dot{I}_{\mathrm{B}\mathrm{II}}$ 和 $\dot{I}_{\mathrm{C}\mathrm{II}}$，而不同之处是在接地点要流回全系统 B 相和 C 相对地电容电流之和，其值为

$$\dot{I}_{\mathrm{D}}=(\dot{I}_{\mathrm{BI}}+\dot{I}_{\mathrm{CI}})+(\dot{I}_{\mathrm{B}\mathrm{II}}+\dot{I}_{\mathrm{C}\mathrm{II}})+(\dot{I}_{\mathrm{BG}}+\dot{I}_{\mathrm{CG}})$$

有效值

$$I_{\mathrm{D}}=3U_{\varphi}\omega(C_{0\mathrm{I}}+C_{0\mathrm{II}}+C_{0\mathrm{G}})=3U_{\varphi}\omega C_{0\Sigma} \tag{3-48}$$

式中，$C_{0\Sigma}$ 为全系统每相对地电容的总和。此电流要从 A 相流回去，因此从 A 相流出的电流可表示为 $\dot{I}_{\mathrm{A}\mathrm{II}}=-\dot{I}_{\mathrm{D}}$，这样在线路Ⅱ始端所流过的零序电流则为

$$3\dot{I}_{0\mathrm{II}}=\dot{I}_{\mathrm{A}\mathrm{II}}+\dot{I}_{\mathrm{B}\mathrm{II}}+\dot{I}_{\mathrm{C}\mathrm{II}}=-(\dot{I}_{\mathrm{BI}}+\dot{I}_{\mathrm{CI}}+\dot{I}_{\mathrm{BG}}+\dot{I}_{\mathrm{CG}})$$

其有效值为

$$3I_{0\mathrm{II}}=3U_{\varphi}\omega(C_{0\Sigma}-C_{0\mathrm{II}}) \tag{3-49}$$

由此可见，由故障线路流向母线的零序电流，其数值等于全系统非故障元件对地电容电流之和（但不包括故障线路本身），其电容性无功功率的方向为由线路流向母线，恰好与非故障线路上的相反。

根据上述分析结果，可以作出单相接地时的零序等效网络，如图 3-32（a）所示。在接地点有一个零序电压 $\dot{U}_{k0}$，而零序电流的回路是通过各个元件的对地电容构成的，由于送电线路的零序阻抗远小于电容的阻抗，因此可以忽略不计，在中性点不接地电网中的零序电流，就是各元件的对地电容电流，其矢量关系如图 3-32（b）所示（图中 $\dot{I}'_{0\mathrm{II}}$ 表示线路Ⅱ本身的零序电容电流），这与直接接地电网是完全不同的。

对中性点不接地电网中的单相接地故障，利用图 3-31 的分析，可以给出清晰的物理概念，但是计算比较复杂，使用不方便；而根据该图的分析方法，得出如图 3-32 所示的零序等效网络以后，对计算零序电流的大小和分布则是十分方便的。总结以上分析的结果，可以得出如下结论：

① 在发生单相接地时，全系统都将出现零序电压。

② 在非故障的元件上有零序电流时，其数值等于本身的对地电容电流，电容性无功功

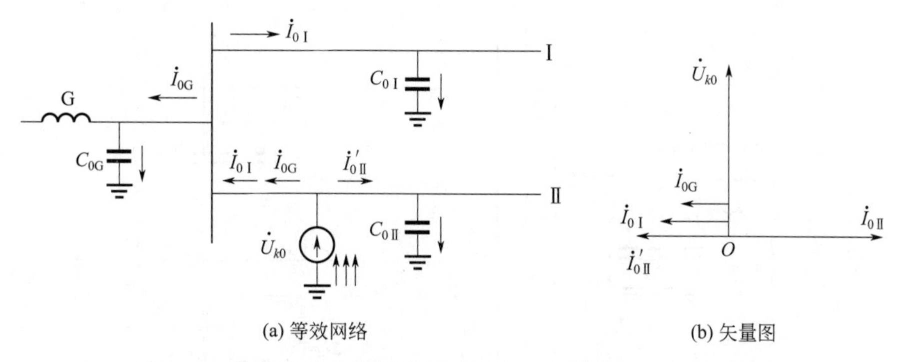

图 3-32 单相接地时的零序等效网络（对应图 3-31）及矢量图

率的实际方向为由母线流向线路。

③ 在故障线路上，零序电流为除本线路外全系统非故障元件对地电容电流之和，数值一般较大，电容性无功功率的实际方向为由线路流向母线。

这些特点和区别，是考虑保护方式的依据。

二、中性点经消弧线圈接地电网中单相接地故障的特点

根据以上的分析，当中性点不接地电网中发生单相接地时，在接地点要流过全系统的对地电容电流，如果此电流比较大，就会在接地点燃起电弧，引起弧光过电压，从而使非故障相的对地电压进一步升高，因此，绝缘损坏，形成两点或多点的接地短路，造成停电事故。为了解决这个问题，通常在中性点接入一个电感线圈。如图 3-33 所示，这样当单相接地时，在接地点就有一个电感分量的电流通过，此电流和原系统中的电容电流相抵消，就可以减少流经故障点的电流，因此，称它为消弧线圈。

在各级电压网络中，当全系统的电容电流超过下列数值时，即应装设消弧线圈：3～6kV 电网——30A，10kV 电网——20A，22～66kV 电网——10A。

当采用消弧线圈以后，单相接地时的电流分布将发生重大的变化。兹假定在图 3-31 所示的网络中，在电源的中性点接入了消弧线圈，如图 3-33（a）所示，当线路Ⅱ上 A 相接地以后，电容电流的大小和分布与不接消弧线圈时是一样的，不同之处是在接地点又增加了一个电感分量的电流 $\dot{I}_L$，因此，从接地点流回的总电流为

$$\dot{I}_{\mathrm{D}}=\dot{I}_L+\dot{I}_{C\Sigma} \tag{3-50}$$

式中 $\dot{I}_{C\Sigma}$——全系统的对地电容电流，可用式（3-48）计算；

$\dot{I}_L$——消弧线圈的电流，设用 L 表示它的电感，则 $\dot{I}_L=\dfrac{-\dot{E}_{\mathrm{A}}}{\mathrm{j}\omega L}$。

由于 $\dot{I}_{C\Sigma}$ 和 $\dot{I}_L$ 的相位大约相差 180°，因此，$\dot{I}_{\mathrm{D}}$ 将因消弧线圈的补偿而减小。相似地，可以作出它的零序等效网络，如图 3-33（b）所示。

根据对电容电流补偿程度的不同，消弧线圈可以有完全补偿、欠补偿及过补偿三种补偿方式。

① 完全补偿就是使 $I_L=I_{C\Sigma}$，接地点的电流近似为 0，从消除故障点的电弧，避免出现弧光过电压的角度来看，这种补偿方式是最好的，但是从其他方面来看，则又存在严重的缺点。因为完全补偿时，$\omega L=\dfrac{1}{3\omega C_\Sigma}$，正是电感 L 和三相对地电容 $3C_\Sigma$ 对 50Hz 交流串联

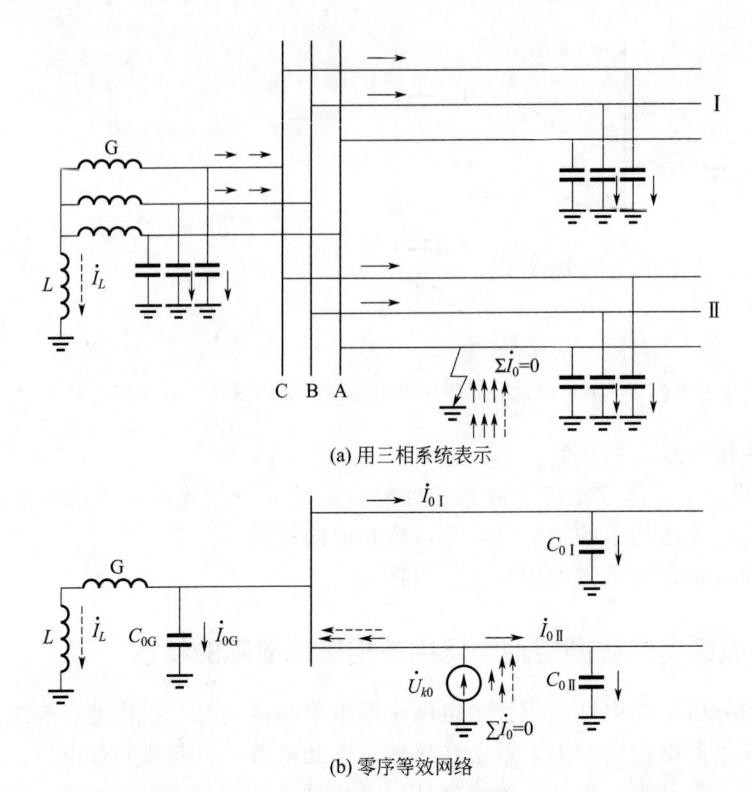

图 3-33 消弧线圈接地电网中，单相接地时的电流分布

谐振的条件，所以，在正常情况下，如果架空线路三相的对地电容不完全相等，则电源中性点对地之间就产生电压偏移。根据相关电路原理课程的分析，应用戴维南定理，当 L 断开时中性点的电压为

$$\dot{U}_{\text{N}}=\frac{\dot{E}_{\text{A}}\cdot \text{j}\omega C_{\text{A}}+\dot{E}_{\text{B}}\cdot \text{j}\omega C_{\text{B}}+\dot{E}_{\text{C}}\cdot \text{j}\omega C_{\text{C}}}{\text{j}\omega C_{\text{A}}+\text{j}\omega C_{\text{B}}+\text{j}\omega C_{\text{C}}}=\frac{\dot{E}_{\text{A}}C_{\text{A}}+\dot{E}_{\text{B}}C_{\text{B}}+\dot{E}_{\text{C}}C_{\text{C}}}{C_{\text{A}}+C_{\text{B}}+C_{\text{C}}} \tag{3-51}$$

式中 $\dot{E}_{\text{A}}$，$\dot{E}_{\text{B}}$，$\dot{E}_{\text{C}}$——三相电源电动势；

C_{A}，C_{B}，C_{C}——相对地电容。

此外，在断路器合闸三相触头不同时闭合时，也将短时出现一个数值更大的零序分量电压。

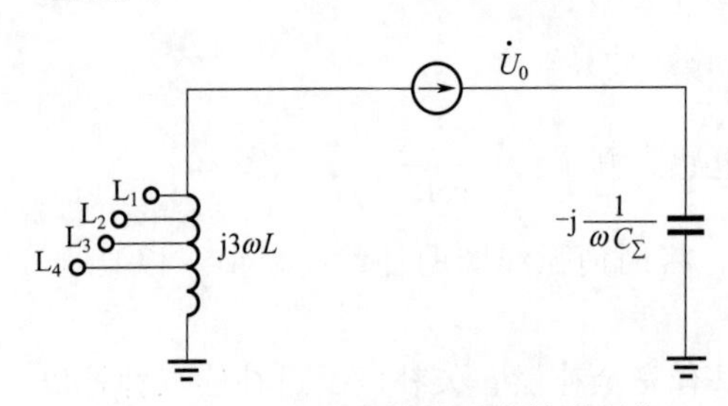

图 3-34 产生串联谐振的零序等效网络

在上述两种情况下所出现的零序电压，都是串联接于 L 和 $3C_\Sigma$ 之间的，其零序等效网络如图 3-34 所示。此电压将在串联谐振的回路中产生很大的电压降，从而使电源中性点对地电压严重升高，这是不能允许的，因此在实际中不宜采用这种方式。

② 欠补偿就是使 $I_L<L_{C\Sigma}$，补偿后的接地点电流仍然是电容性的。采用这种方式时，仍然不能避免上述问题的发生，因为当系统运行方式变化时，例如某个元件被切除或因发生故障而跳闸，则电容电流将减小，这时很可能又出现 I_L 和 $I_{C\Sigma}$ 两个电流相等的情况，而又引起过电压，所以，欠补偿的方式一般也是不采用的。

③ 过补偿就是使 $I_L>I_{C\Sigma}$，补偿后的残余电流是电感性的。采用这种方法不可能发生

串联谐振的过电压问题，因此，在实际中获得了广泛的应用。

I_L 大于 $I_{C\Sigma}$ 的程度用过补偿度 P 来表示，其关系为

$$P=\frac{I_L-I_{C\Sigma}}{I_{C\Sigma}} \tag{3-52}$$

一般选择过补偿度 $P=5\%\sim10\%$，而不大于 10%。

总结以上分析的结果，可以得出如下结论：

① 当采用完全补偿方式时，流经故障线路和非故障线路的零序电流都是本身的电容电流，电容性无功功率的实际方向都是由母线流向线路（见图 3-32），因此，在这种情况下，利用稳态零序电流的大小和功率方向都无法判断出哪一条线路上发生了故障。

② 当采用过补偿方式时，流经故障线路的零序电流将大于本身的电容电流，而电容性无功功率的实际方向仍然是由母线流向线路，和非故障线路的方向一样，因此，在这种情况下，首先无法利用功率方向的差别来判别故障线路，其次由于过补偿度不大，也很难像中性点不接地电网那样，利用零序电流大小的不同来找出故障线路。

三、绝缘监视装置

在发电厂和变电所的母线上，一般装设网络单相接地的监视装置，它利用接地后出现的零序电压，带延时动作于信号。绝缘监视装置的原理接线图，如图 3-35 所示。三相五柱式电压互感器高压侧中性点经隔离开关接地。当系统中发生接地故障时将此隔离开关拉开，否则接地故障在 2h 内不能消除时，会把电压互感器烧毁。

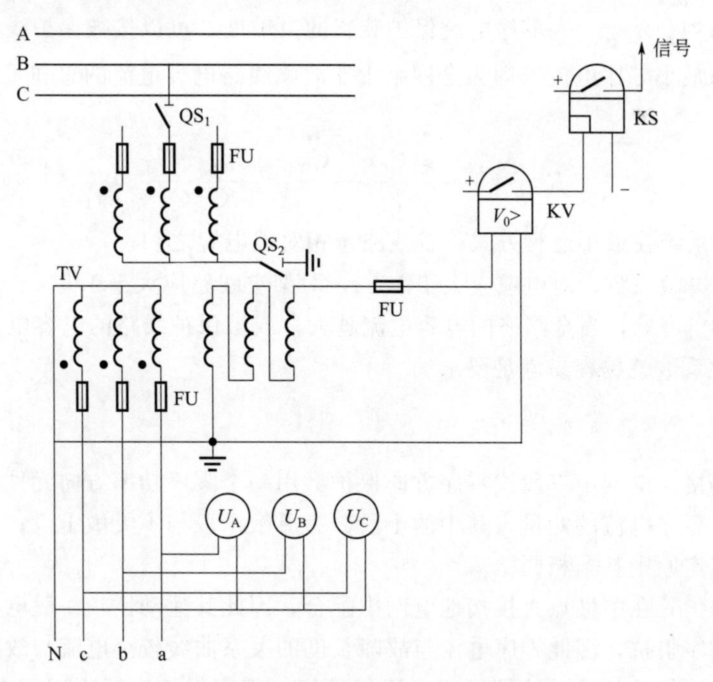

图 3-35　绝缘监视装置原理接线图

正常运行时，系统三相电压对称，没有零序电压，所以三只电压表读数相等，过电压继电器 KV 不动。当系统任一路出线发生接地故障时，接地相对地电压为零，而其他两相对地电压升高 3 倍，这可以从三只电压表上显示出来。同时在开口三角处出现零序电压，过电压继电器 KV 动作，给出接地信号。

发生金属接地故障时，开口三角处的零序电压约为100V；发生非金属性接地故障时，开口三角处的零序电压小于100V。为了保证过电压继电器的灵敏度，一般整定的起动电压是40V。

绝缘监视装置不能知道哪一路出线发生接地故障，要想知道是哪一条线路发生故障，需由运行人员顺次短时断开每条线路。当断开某条线路时，若零序电压信号消失，即表明接地故障是在这条线路上。

四、零序电流保护

零序电流保护是利用故障线路零序电流较非故障线路零序电流大的特点来实现有选择性地发出信号或动作于跳闸的保护装置。

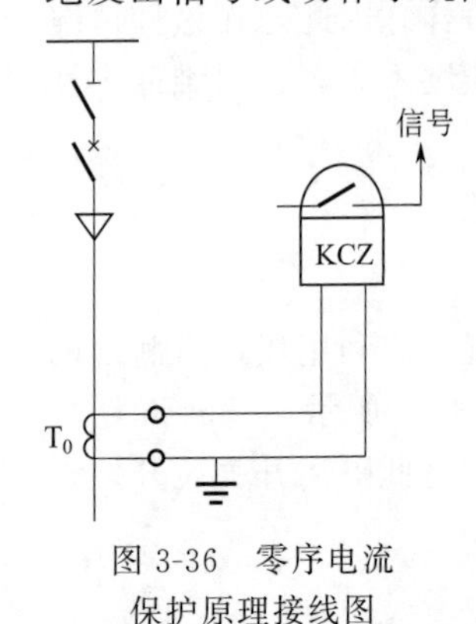

图3-36 零序电流保护原理接线图

零序电流保护的原理接线图如图3-36所示，保护装置由零序电流互感器T_0和零序电流继电器KCZ所组成。

零序电流保护装置的起动电流I_{act}必须大于本线路的零序电容电流（即非故障时本身的电容电流），即

$$I_{act}=K_{rel}3U_{\varphi}\omega C_0 \tag{3-53}$$

式中 U_{φ}——线路的对地电压；

C_0——本线路每相的对地电容；

K_{rel}——可靠系数，瞬时动作的零序电流保护时K_{rel}取4～5，延时动作的零序电流保护时K_{rel}取1.5～2.0。

零序电流保护装置的灵敏度，可以按被保护线路上发生接地故障时流经保护的最小零序电流（即为全网络中非故障线路电容电流的总和）来校验，灵敏系数为

$$K_{sen}=\frac{3U_{\varphi}\omega(C_{0\Sigma}-C_0)}{I_{act}}=\frac{C_{0\Sigma}-C_0}{K_{rel}C_0} \tag{3-54}$$

式中 $C_{0\Sigma}$——系统在最小运行方式下各线路每相对地电容之和；

K_{sen}——灵敏系数，对电缆应大于1.25，对架空线路应大于1.5。

自式（3-54）可见，当全网络的电容电流越大，或被保护线路的电容电流越小时，零序电流保护的灵敏系数就越容易满足要求。

小结

中性点直接接地电网中三段式零序方向保护共用一个零序功率方向元件，各段由一个零序电流元件完成零序电流的测量，其中的Ⅰ段分为灵敏Ⅰ段与不灵敏Ⅰ段；Ⅱ、Ⅲ段与一般相间电流保护整定原则基本相同。

由于零序保护只在中性点直接接地电网中配合，因此其速动性较一般电流保护好；零序阻抗一般大于正序阻抗，因此零序电流与故障长度的关系曲线较全电流与故障长度的关系曲线更陡，零序电流保护的灵敏性较一般电流保护好。零序保护广泛应用于110kV及以上电压等级的电网中，并且与纵联通道配合，可以构成全线速动的接地保护。以纵联零序保护作为主保护，三段式的零序保护作为接地后备保护，构成完善的线路接地保护。

中性点非直接接地电网中发生接地故障时由于零序电流由电容电流组成，导致零序电流很小，要构成有选择性的接地保护比较困难，因此目前一般采用绝缘监视，当有零序电压时利用轮流断开线路再合上线路的方法来选择故障线路。

学习指导

1. 要求

掌握电网接地保护工作原理。

2. 知识点

中性点直接接地电网接地时零序分量的特点；中性点不接地系统单相接地时的特点；三段式零序方向电流保护的逻辑框图；零序方向元件接线方式；零序电流保护整定计算方法。

3. 重点和难点

小电流接地选线的原理；零序方向继电器的原理和实现以及影响因素。

学习电网的接地配置原则。中性点接地方式的选择，需要综合考虑电网的绝缘水平、电压等级等因素。

要理解中性点直接接地电网中发生接地故障时零序分布特点，尤其是零序功率流向与相间方向电流保护中正序功率流向的不同。难点在于掌握零序电流保护Ⅰ段为何分为灵敏Ⅰ段与不灵敏Ⅰ段，以及零序功率方向继电器的接线极性。

要了解中性点非直接接地电网中发生接地故障时零序分布特点，并能由此想到中性点非直接接地电网中接地保护配置的困难。

这部分的学习是三段式保护的延续，是纵联保护的基础，在学习中要注意比较与电流保护的异同，突出接地保护的特殊处，并比较各种保护的适用范围。

复习思考题

(1) 什么是起动电流？什么是返回电流？

(2) 在什么条件下，要求电流保护的动作具有方向性？

(3) 中性点非直接接地电网中，接地短路的特点及保护方式是什么？

(4) 中性点经消弧线圈接地电网中，单相接地短路的特点及补偿方式是什么？

(5) 反时限保护动作时间是否为常数？

(6) 已知某一供电线路的最大负荷电流 $I_{L.max}=100A$，相间短路定时限过电流保护采用两相星形接线，电流互感器的变比 $K_{TA}=300/5$，当系统在最小运行方式时，线路末端的三相短路电流 $I_{k.min}=550A$，该线路定时限过电流保护作为近后备时，是否能满足灵敏度的要求（自起动系数 K_{Ms} 取 2）？

(7) 如图 3-37 所示，网络选择定时限过电流保护 1 的起动值，并校验其灵敏度和确定其动作时限。单位长度线路阻抗取 0.4Ω/km，计算电压 E 取 115kV。

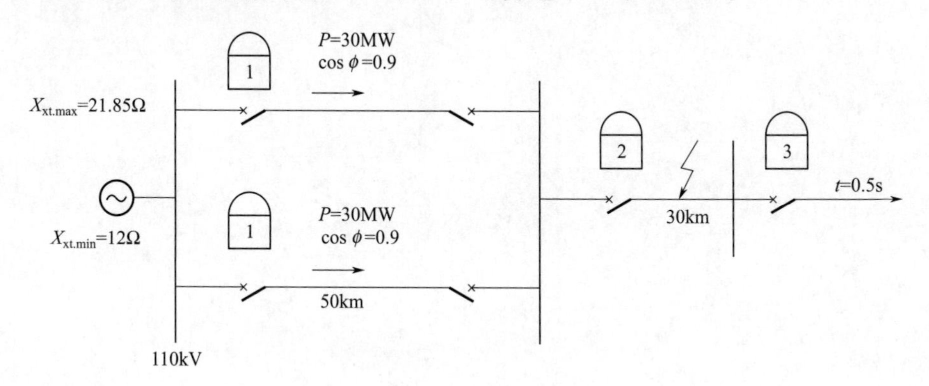

图 3-37　习题（7）图

(8) 配电网的接线及参数如图 3-38 所示。试对 1QF、4QF 的线路保护进行整定计算。已知线路 L-1 的负荷电流为 150A，电流互感器的变比 $K_{TA}=200/5$，自起动系数 $K_{Ms}=1.5$；线路 L-2 的负荷电流为 50A，电流互感器的变比 $K_{TA}=100/5$，自起动系数 $K_{Ms}=1.5$。

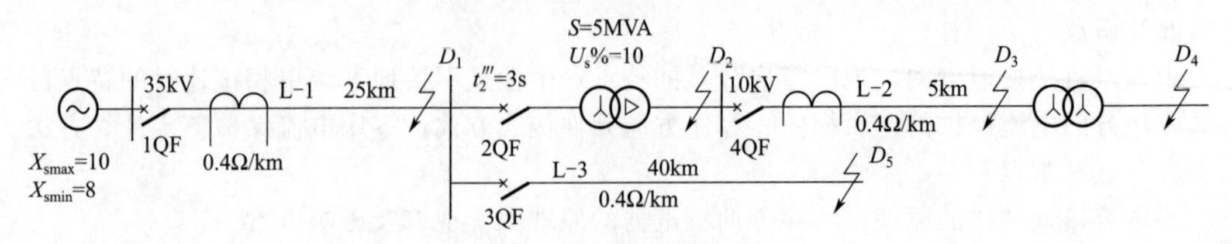

图 3-38　配电网接线图及参数

第四章

电网的距离保护

第一节　距离保护概述

一、距离保护的作用和工作原理

电流、电压保护的主要优点是简单、经济且工作可靠。但是由于这种保护整定值的选择、保护范围以及灵敏系数等方面都直接受电网接线方式及系统运行方式的影响，所以，在35kV以上电压的复杂网络中，它们都很难满足选择性、灵敏性以及快速切除故障的要求。为此，就必须采用性能更加完善的保护装置。距离保护就是适应这种要求的一种保护原理。

距离保护是反应于故障点至保护安装地点之间的距离（或阻抗），并根据距离的远近而确定动作时间的一种保护装置。该装置的主要元件为距离（阻抗）继电器，它可根据其端子上所加的电压和电流测知保护安装处至短路点间的阻抗值，此阻抗称为继电器的测量阻抗。当短路点距保护安装处近时，其测量阻抗小，动作时间短；当短路点距保护安装处远时，其测量阻抗增大，动作时间增长，这样就保证了保护有选择性地切除故障线路。如图4-1（a）所示，当k点短路时，保护1测量的阻抗是Z_k，保护2测量的阻抗是$Z_{AB}+Z_k$。由于保护1距短路点较近，保护2距短路点较远，所以保护1的动作时间可以做到比保护2的动作时间短。这样，故障将由保护1切除，而保护2不致误动作。这种选择性的配合，是靠适当地选择各个保护的整定值和动作时限来完成的。

距离保护的动作时间与保护安装地点至短路点之间距离的关系$t=f(L)$，称为距离保护的时限特性。为了满足速动性、选择性和灵敏性的要求，目前广泛应用具有三段动作范围的阶梯型时限特性，如图4-1（b）所示，并分别称为距离保护的Ⅰ、Ⅱ、Ⅲ段，和上一章所讲的电流速断、限时电流速断以及过电流保护相对应。

距离保护的第Ⅰ段是瞬时动作的，t_1是保护本身的固有动作时间。以保护2为例，其第Ⅰ段本应保护线路A-B的全长，即保护范围为全长的100%，然而实际上却是不可能的，因为当线路B-C出口处短路时，保护2第Ⅰ段不应动作，为此，其起动阻抗的整定值必须躲开这一点短路时所测量到的阻抗Z_{AB}，即$Z'_{set.2}<Z_{AB}$。考虑到阻抗继电器和电流互感器、电压互感器的误差，需引入可靠系数K_{rel}（一般取0.8～0.85），则

$$Z'_{set.2}=(0.8\sim0.85)Z_{AB} \tag{4-1}$$

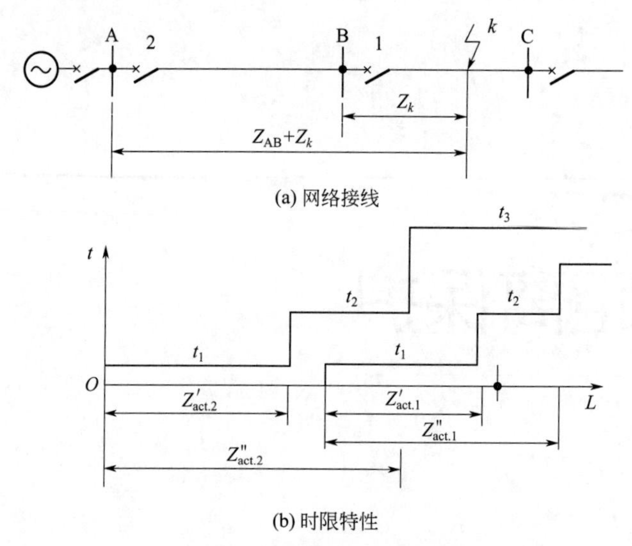

图 4-1 距离保护的作用原理

同理对保护 1 的第Ⅰ段整定值应为

$$Z'_{set.1}=(0.8\sim0.85)Z_{BC} \tag{4-2}$$

如此整定后，距离Ⅰ段就只能包括本线路全长的 80%～85 %，这是一个严重缺点。为了切除本线路末端 15%～20%的故障，就需设置距离保护第Ⅱ段。

距离Ⅱ段整定值的选择与限时电流速断的相似，即应使其不超出下一条线路距离Ⅰ段的保护范围，同时带有高出一个 Δt 的时限，以保证选择性。例如在图 4-1（a）单侧电源网络中，当保护 1 第Ⅰ段末端短路时，保护 2 的测量阻抗 Z_2 为

$$Z_2=Z_{AB}+Z'_{set.1}$$

引入可靠系数 K_{rel}，则保护 2 的起动阻抗为

$$Z''_{set.2}=K_{rel}(Z_{AB}+Z'_{set.1})=0.8[Z_{AB}+(0.8\sim0.85)Z_{BC}] \tag{4-3}$$

距离Ⅰ段与Ⅱ段的联合工作构成本线路的主保护。

为了作为相邻线路保护装置和断路器拒绝动作的后备保护，同时也作为本身距离Ⅰ、Ⅱ段的后备保护，还应该装设距离保护Ⅲ段。

对距离Ⅲ段整定值的考虑是与过电流保护相似的，其起动阻抗要按躲开正常运行时的最小负荷阻抗来选择，而动作时限则应根据图 4-1 的原则，使其比距离Ⅲ段保护范围内其他各保护的最大动作时限高出一个 Δt。

二、三段式距离保护的主要组成元件

三段式距离保护装置一般由以下四种元件组成，其逻辑关系如图 4-2 所示。

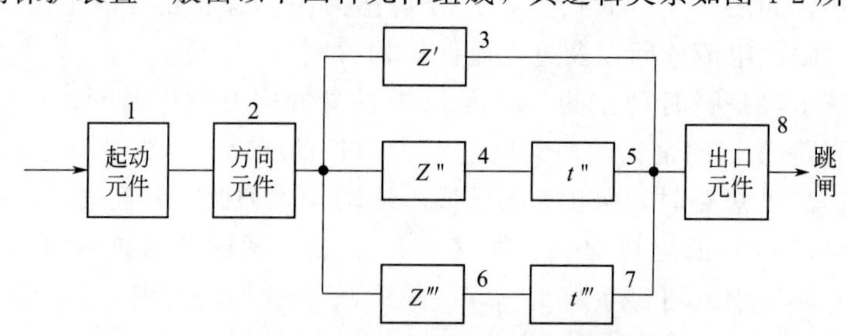

图 4-2 距离保护原理的组成元件框图

1. 起动元件

起动元件的主要作用是在发生故障的瞬间起动整套保护，早期的距离保护，起动元件采用的是过电流继电器或者阻抗继电器。近年来，为了提高起动元件的灵敏度，多采用反应于负序电流或负序电流与零序电流的复合电流，或其增量的元件作为起动元件。

2. 方向元件

方向元件的作用是保证保护动作的方向性，防止反方向故障时，保护误动作。方向元件可采用单独的方向继电器，但更多的是采用方向元件和阻抗元件相结合而构成的方向阻抗继电器。

3. 距离元件

距离元件（Z'、Z''、Z'''）的主要作用是测量短路点到保护安装处之间的距离（即测量阻抗）。一般采用阻抗继电器。

4. 时间元件

时间元件（t''、t'''）的主要作用是按照故障点到保护安装处的远近，根据预定的时限特性确定动作的时限，以保证保护动作的选择性。一般采用时间继电器。

正常运行时，起动元件 1 不起动。保护装置处于被闭锁状态。当正方向发生故障时，起动元件 1 和方向元件 2 动作，距离保护投入工作。如果故障点位于第Ⅰ段保护范围内，则 Z'动作直接起动出口元件 8，瞬时动作于跳闸。如果故障点位于距离Ⅰ段之外的距离Ⅱ段保护范围内，则 Z'不动作，而 Z''动作，起动距离Ⅱ段时间继电器 5，经 t''时限，出口元件 8 动作，使断路器跳闸，切除故障。如果故障点位于距离Ⅱ段之外的距离Ⅲ段保护范围内，则 Z'、Z''不动作，而 Z'''动作，起动距离Ⅲ段时间继电器 7，经 t'''时限，出口元件 8 动作，使断路器跳闸，切除故障。

第二节　阻抗继电器动作原理及动作特性

一、阻抗继电器的动作原理

阻抗继电器是距离保护的测量元件。被保护线路发生故障时，阻抗继电器输入故障电流的二次值及保护安装处母线残余电压的二次值，见图 4-3。根据所测电压与电流比值的不同，决定继电器动作与否。

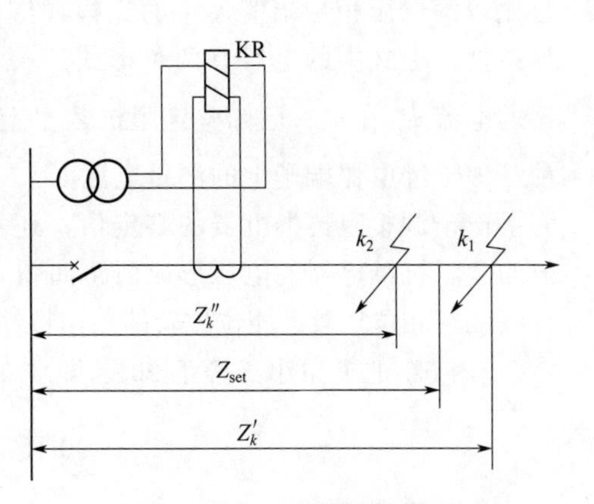

图 4-3　阻抗继电器的动作原理

正常运行时，变电所母线上的电压为额定电压 U_N，线路上流过的电流为负荷电流 I_L，阻抗继电器上所感受的阻抗 Z_K 为

$$Z_K=\frac{\dot{U}_K}{\dot{I}_K}=\frac{\dot{U}_N/K_U}{\dot{I}_L/K_I}=Z_L\times\frac{K_I}{K_U}=Z_{LK}$$

当短路发生在保护范围外的 k_1 点时，阻抗继电器所感受的阻抗为

$$Z_K=\frac{\dot{U}_K}{\dot{I}_K}=\frac{\dot{U}_{rem.k1}/K_U}{\dot{I}_{k1}/K_I}=Z'_k$$

当短路发生在保护范围内的 k_2 点时，阻抗继电器所感受的阻抗为

$$Z_K=\frac{\dot{U}_K}{\dot{I}_K}=\frac{\dot{U}_{rem.k2}/K_U}{\dot{I}_{k2}/K_I}=Z''_k$$

若阻抗继电器的整定阻抗为 Z_{set}（等于被保护范围的线路阻抗乘以$\frac{K_I}{K_U}$）。由图 4-3 分析，阻抗继电器应能做到：正常运行时，$Z_{LK}>Z_{set}$ 继电器不动作；外部故障时，$Z'_k>Z_{set}$ 继电器不动作；内部故障时，$Z''_k<Z_{set}$ 继电器动作。

为了使阻抗继电器具有上述功能，在构成阻抗继电器时，可以设想是对两个电压进行比较，一个是由电压互感器来的电压 $\dot{U}_L$，一个是由电流互感器来的电流 $\dot{I}_k$ 在整定阻抗 Z_{set} 上的压降 $\dot{I}_k Z_{set}$。实现两个电压比较的方法，从原理上分不外乎两种，即比较两个电压的绝对值和比较两个电压的相位。

二、阻抗继电器的动作特性

（一）各种类型的阻抗继电器

1. 全阻抗继电器

（1）幅值比较。全阻抗继电器的动作特性如图 4-4 所示，它是以整定阻抗 Z_{set} 为半径，以坐标原点为圆心的一个圆，动作区在圆内。测量阻抗在圆内任何象限时，阻抗继电器都能动作，即它没有方向性，全阻抗继电器的动作与边界条件为

$$|Z_{set}|\geqslant|Z_l| \tag{4-4}$$

或

$$|Z_{set}\dot{I}_l|\geqslant|Z_l\dot{I}_l| \tag{4-5}$$

令 $\dot{A}=\dot{I}_l Z_{set}$，$\dot{B}=\dot{I}_l Z_l$，上式变为$|\dot{A}|\geqslant|\dot{B}|$，这是比较两电压相量幅值大小的比幅式继电器的动作与边界条件。上式中的电压有两种形式。一种等于输入继电器的电流 $\dot{I}_l$ 在某一已知整定阻抗 Z_{set} 上的电压降 $\dot{U}_k$，可以采用电抗变压器 TX 获得。另一种是加于继电器端子上的测量电压 $\dot{U}_l$，可以直接从母线电压互感器 TV 的二次侧取得，但为了便于调整阻抗继电器的整定值，还需经一个电压变换器 TM 接入。比较两电压相量幅值的全阻抗继电器的电压形成回路如图 4-5 所示。

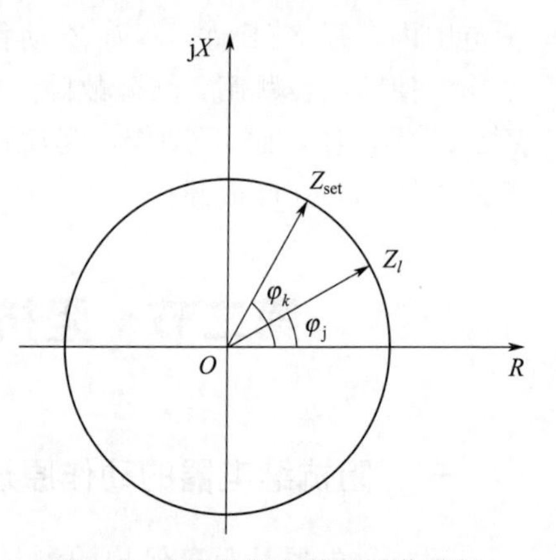

图 4-4 全阻抗继电器的动作特性

（2）相位比较。相位比较的动作特性如图 4-6 所示。继电器的动作与边界条件为 $Z_{set}-Z_l$ 与 $Z_{set}+Z_l$ 的夹角小于等于 90°，即

$$-90°\leqslant\arg\frac{Z_{set}-Z_l}{Z_{set}+Z_l}=\theta\leqslant 90° \tag{4-6}$$

分子分母同乘以电流量得

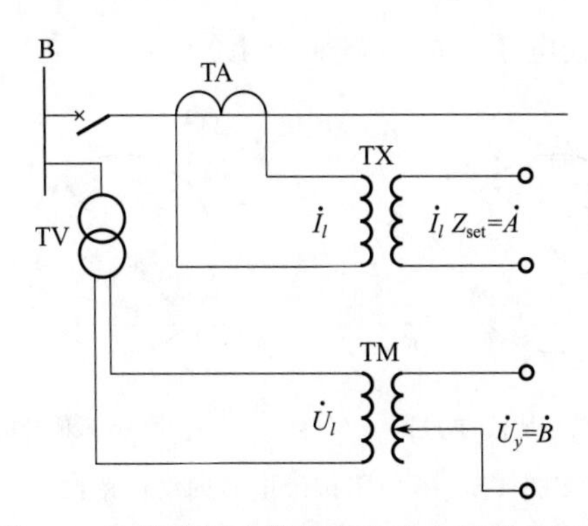

图 4-5　全阻抗继电器幅值比较电压形成回路

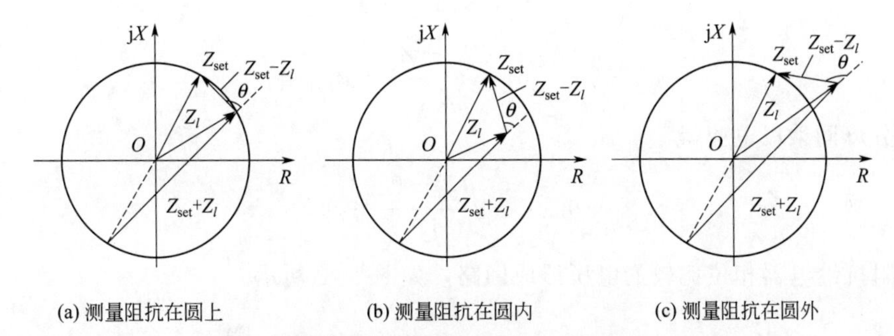

图 4-6　相位比较方式分析全阻抗继电器的动作特性

$$-90° \leqslant \arg \frac{\dot{U}_k - \dot{U}_y}{\dot{U}_k + \dot{U}_y} = \arg \frac{\dot{D}}{\dot{C}} = \theta \leqslant 90° \tag{4-7}$$

式中，D 超前于 C 时 θ 为正，反之为负。构成相位比较的电压形成回路如图 4-7 所示。

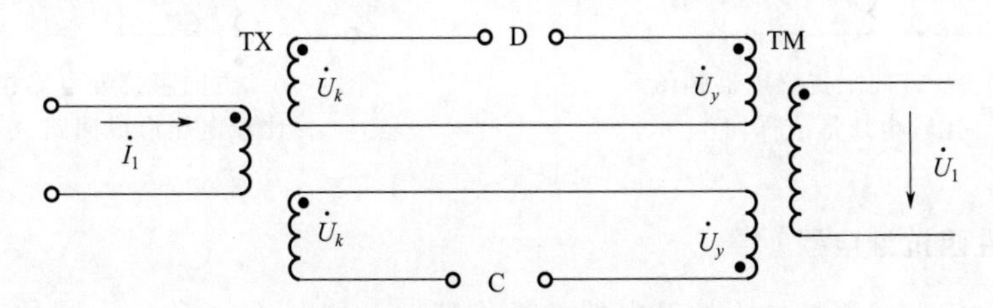

图 4-7　全阻抗继电器相位比较电压形成回路

2. 方向阻抗继电器

（1）幅值比较。方向阻抗继电器的动作特性为一个圆。如图 4-8(a) 所示，圆的直径为整定阻抗 Z_{set}，圆周通过坐标原点，动作区在圆内。当正方向短路时，若故障在保护范围内部，继电器动作。当反方向短路时，测量阻抗在第三象限，继电器不动。因此，这种继电器的动作具有方向性，幅值比较的动作与边界条件为

$$\left| \frac{1}{2} Z_{set} \right| \geqslant \left| Z_l - \frac{1}{2} Z_{set} \right| \tag{4-8}$$

两边同乘以电流得

$$|\dot{A}| = \left| \frac{1}{2} \dot{U}_k \right| \geqslant \left| \dot{U}_y - \frac{1}{2} \dot{U}_k \right| = |\dot{B}| \tag{4-9}$$

方向阻抗继电器幅值比较电压形成回路如图 4-9 所示。

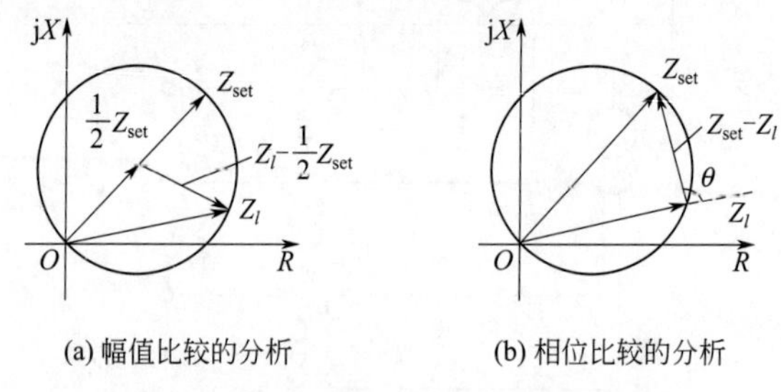

图 4-8 方向阻抗继电器的动作特性

（2）相位比较。相位比较的方向阻抗继电器动作特性如图 4-8(b) 所示，其动作与边界条件为

$$-90^\circ \leqslant \arg \frac{Z_{set}-Z_l}{Z_l}=\theta \leqslant 90^\circ \tag{4-10}$$

分子分母同乘以电流得

$$-90^\circ \leqslant \arg \frac{\dot{U}_k-\dot{U}_y}{\dot{U}_y} \leqslant 90^\circ \tag{4-11}$$

方向阻抗继电器相位比较的电压形成回路，如图 4-10 所示。

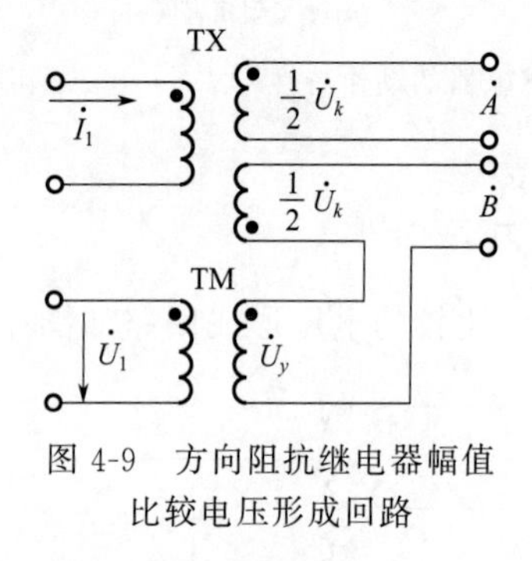

图 4-9 方向阻抗继电器幅值比较电压形成回路

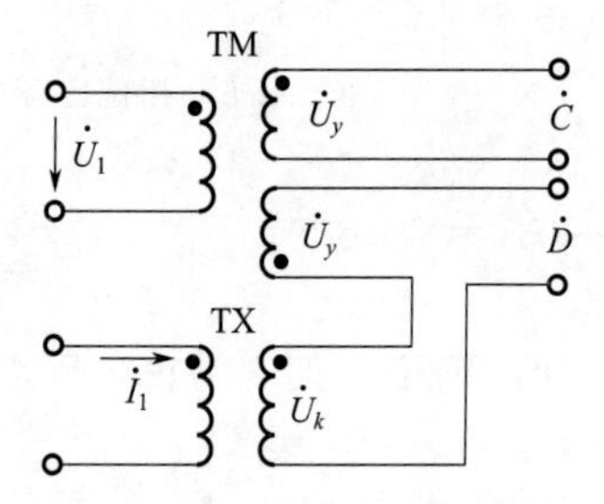

图 4-10 方向阻抗继电器相位比较电压形成回路

3. 偏移特性阻抗继电器

（1）幅值比较。偏移特性阻抗继电器的动作特性，如图 4-11 所示，圆的直径为 Z_{set} 与 $\dot{\alpha}Z_{set}$ 之差。其中 $\alpha=(-0.1\sim-0.2)$，$Z_{OO'}=\frac{1}{2}(Z_{set}+\dot{\alpha}Z_{set})$，圆的半径为 $\frac{1}{2}(Z_{set}-\dot{\alpha}Z_{set})$，其动作与边界条件为

$$\left|\frac{1}{2}(Z_{set}-\dot{\alpha}Z_{set})\right| \geqslant |Z_l-Z_{OO'}| \tag{4-12}$$

即

$$\left|\frac{1}{2}(Z_{set}-\dot{\alpha}Z_{set})\right| \geqslant \left|Z_l-\frac{1}{2}(Z_{set}+\dot{\alpha}Z_{set})\right| \tag{4-13}$$

两边同时乘以电流得

$$|\dot{A}|=\left|\frac{1}{2}(1-\dot{\alpha})\dot{U}_k\right| \geqslant \left|\dot{U}_y-\frac{1}{2}(1+\dot{\alpha})\dot{U}_k\right| \tag{4-14}$$

（2）相位比较。偏移特性阻抗继电器相位比较分析，如图 4-12 所示，其相位比较的动

作与边界条件为

$$-90^\circ \leqslant \arg \frac{Z_{set}-Z_l}{Z_l-\dot{\alpha}Z_{set}}=\theta \leqslant 90^\circ$$

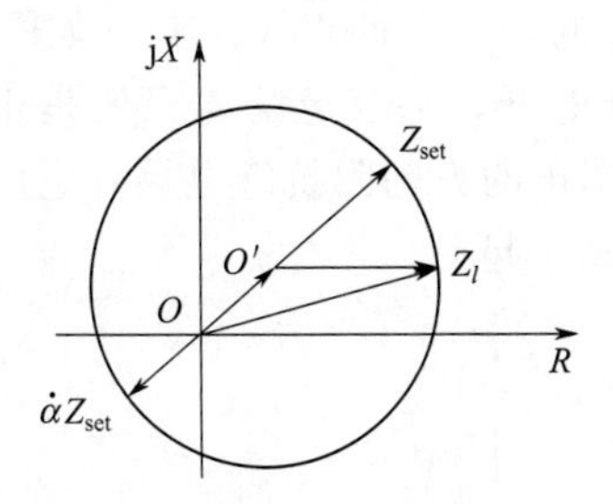

图 4-11　偏移特性阻抗继电器偏移特性

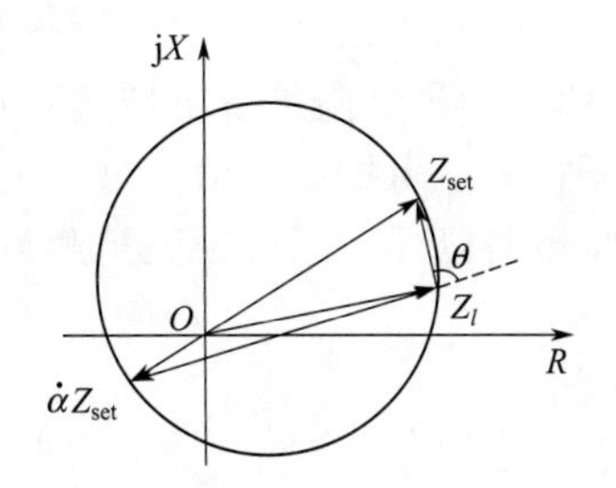

图 4-12　偏移特性阻抗继电器相位比较分析

分子分母同乘以电流量得

$$-90^\circ \leqslant \arg \frac{\dot{U}_k-\dot{U}_y}{\dot{U}_y-\dot{\alpha}\dot{U}_k}=\arg \frac{\dot{D}}{\dot{C}} \leqslant 90^\circ \tag{4-15}$$

偏移特性阻抗继电器幅值比较和相位比较的电压形式回路与方向阻抗继电器的类似，这里从略。

4. 直线特性阻抗继电器

阻抗圆的半径为无穷大时，圆特性变为直线特性，如图 4-13 所示，AA'为动作特性边界直线，其一侧为动作区（如上侧），另一侧为不动作区。其整定阻抗 Z_{set} 为垂直于边界线 AA'的有向线段 OC，延长 Z_{set} 的二倍便得 $2Z_{set}$，则幅值比较的动作与边界条件为

$$|Z_l| \leqslant |2Z_{set}-Z_l| \tag{4-16}$$

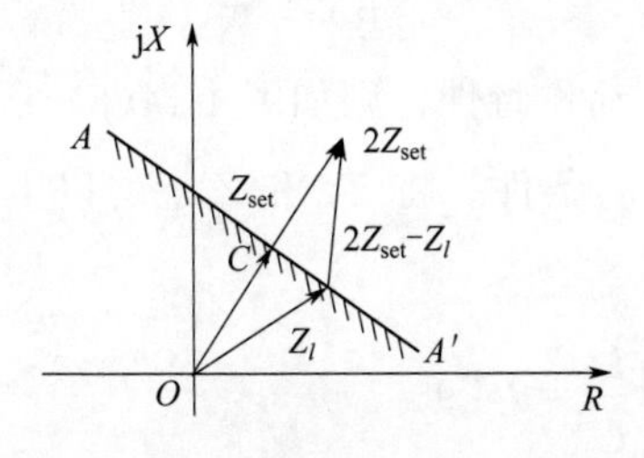

(a) 幅值比较式的分析

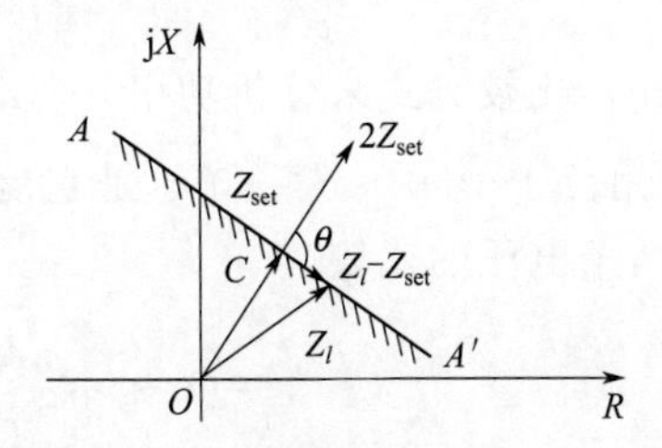

(b) 相位比较式的分析

图 4-13　直线特性阻抗继电器动作特性

两边同乘以电流 $\dot{I}_l$ 得

$$|\dot{A}|=|\dot{U}_y| \geqslant |2\dot{U}_k-\dot{U}_y|=|\dot{B}| \tag{4-17}$$

相位比较的动作与边界条件为

$$-90^\circ \leqslant \arg \frac{Z_l-Z_{set}}{Z_{set}}=\theta \leqslant 90^\circ \tag{4-18}$$

分子分母同乘以电流 $\dot{I}_l$ 则得

$$-90^\circ \leqslant \arg \frac{\dot{U}_y-\dot{U}_k}{\dot{U}_k} \leqslant 90^\circ \tag{4-19}$$

幅值比较和相位比较的电压形成回路留给读者去画，这里从略。

当 $Z_{set}=jx$ 时，动作特性直线与 R 轴平行，称为电抗继电器，该继电器的动作行为与 R 值的大小无关，因而有较好的避越电弧电阻的能力。

功率方向继电器可看成方向阻抗继电器的一个特例，即整定阻抗 Z_{set} 趋向于无穷大的特性圆就趋于和直径 Z_{set}（如图 4-8 所示）垂直的一条圆的切线，即直线 AA'（如图 4-14 所示）。因此，如果从阻抗继电器的观点来理解功率方向继电器，那就意味着只要是正方向短路，而不管测量阻抗的数值多大，继电器都能起动，而真正的方向阻抗继电器，它除了必须是正方向短路以外，还必须满足测量阻抗小于一定的数值才起动。

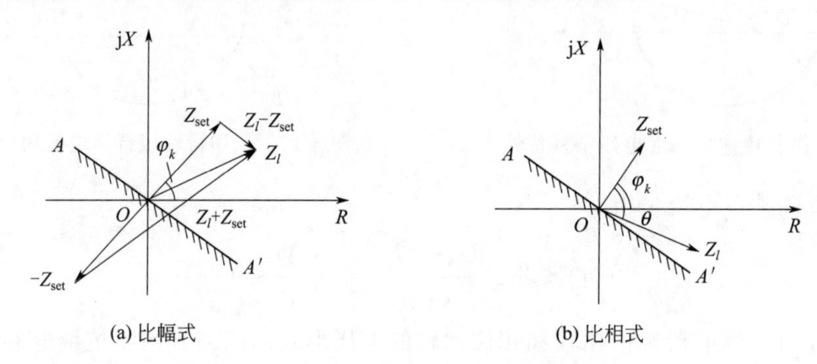

图 4-14　功率方向阻抗继电器的阻抗动作特性

在最大灵敏角的方向上任取两个量 Z_{set} 和 $-Z_{set}$，如图 4-14(a) 所示，当测量阻抗 Z_l 位于直线 AA' 上方时，继电器动作。作 Z_l-Z_{set} 和 Z_l+Z_{set}，则幅值比较的功率方向继电器的动作与边界条件为

$$|Z_l+Z_{set}|\geqslant|Z_l-Z_{set}| \tag{4-20}$$

上式两边均以电流 $\dot{I}_l$ 乘之，则变为如下两个电压的比较。

$$|\dot{A}|=|\dot{U}_y+\dot{U}_k|\geqslant|\dot{U}_y-\dot{U}_k|=|\dot{B}| \tag{4-21}$$

如果用相位比较方式来分析功率方向继电器的动作特性，则如图 4-14(b) 所示，Z_{set} 和 Z_l 之间的夹角位于 $-90°\leqslant\theta\leqslant 90°$，是它能够动作的条件。将 Z_l 和 Z_{set} 均以电流 $\dot{I}_l$ 乘之，则变为如下两个电压的比较。

$$-90°\leqslant\arg\frac{\dot{U}_k}{\dot{U}_y}=\arg\frac{\dot{D}}{\dot{C}}=\theta\leqslant 90° \tag{4-22}$$

前面所介绍的全阻抗继电器、方向阻抗继电器、偏移特性阻抗继电器和直线动作特性的阻抗继电器幅值比较的 $\dot{A}$、$\dot{B}$ 与相位比较的 $\dot{C}$、$\dot{D}$ 之间在忽略 $\frac{1}{2}$ 或 2 倍关系时，满足下列关系

$$\dot{C}=\dot{A}+\dot{B}$$
$$\dot{D}=\dot{A}-\dot{B}$$

或者说，满足

$$\dot{A}=\dot{C}+\dot{D}$$
$$\dot{B}=\dot{C}-\dot{D}$$

应该说明的是，$\arg\frac{\dot{D}}{\dot{C}}$ 表示相量 $\dot{C}$ 和 $\dot{D}$ 之间的夹角，$\dot{C}$ 作参考相量，$\dot{D}$ 超前 $\dot{C}$ 时角度为正。若以 $\dot{D}$ 作参考相量，并设 $\dot{C}$ 超前 $\dot{D}$ 时角度为正，则相位比较的动作与边界条件为

$$90° \leqslant \arg \frac{\dot{C}}{\dot{D}} \leqslant 270°$$

课堂讨论

整定阻抗、起动阻抗、测量阻抗、短路阻抗有何区别？

(二) 阻抗继电器的比较回路

具有圆或直线特性阻抗继电器可以用比较两个电气量幅值的方法来构成，也可以用比较两个电气量相位的方法来实现，被比较的无非是 $\dot{A}$、$\dot{B}$ 或 $\dot{C}$、$\dot{D}$，至于每个电气量应包括哪些组成分量，应由欲构成的阻抗继电器的动作特性而定。所有继电器都可以认为是由图 4-15 所示的两个基本部分组成，即由电压形成回路和幅值比较或相位比较回路组成。

比较回路（比幅回路、比相回路）的组成和工作原理有多种，下面我们仅以方向阻抗继电器中常用的二极管环形比较回路为例进行说明。

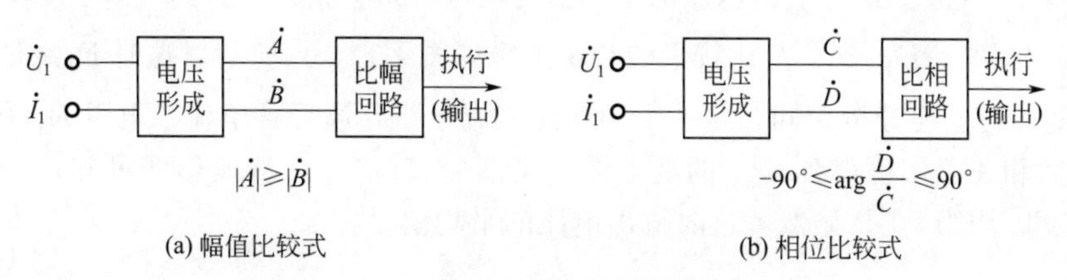

(a) 幅值比较式　　(b) 相位比较式

图 4-15　阻抗继电器的构成原理方框图

1. 二极管环形相位比较回路

二极管环形相位比较回路基于把两个进行比较的电气量的相位变化关系转换为直流输出脉动电压的极性变化，它对相位变化的反应比较灵敏，且有整流功能，故又称为相敏整流比较回路。图 4-16 为这种比相电路的原理图和其等效电路图。加于图中的比较量（输入）是同频率的电压量 $\dot{D}$ 和 $\dot{C}$，电压变换器 TM_1 二次侧电压 $\dot{U}_1$ 与 $\dot{D}$ 相同，TM_2 二次电压 $\dot{U}_2$ 和 $\dot{C}$ 相同，并假定 $\dot{U}_1 > \dot{U}_2$，两者相位角 $\theta = \arg(\dot{U}_1/\dot{U}_2) = \arg(\dot{D}/\dot{C})$，负载电阻 $R_1 = R_2$。根据等效电路所示极性，$\dot{E}_1 = \dot{U}_1 + \dot{U}_2$，$\dot{E}_2 = \dot{U}_1 - \dot{U}_2$，当相位角 θ 变化时，比相回路的输出电压 $\dot{U}_{mn}$ 脉冲宽度及极性相应产生变化，现分析如下。

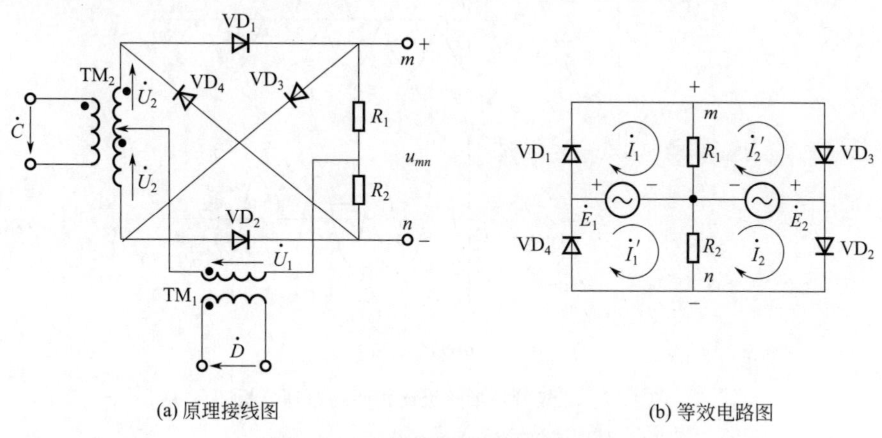

(a) 原理接线图　　(b) 等效电路图

图 4-16　二极管环形整流比相电路

① 当$\theta=0°$时，$\dot{E}_1$、$\dot{E}_2$及比较量$\dot{U}_1$、$\dot{U}_2$的相量关系如图4-17(a)所示。当交流比较量为正半周时，$\dot{E}_1$和$\dot{E}_2$的极性已在图4-17(b)中标注，在$\dot{E}_1$和$\dot{E}_2$作用下分别使二极管VD_1、VD_2导通，VD_3、VD_4截止，在相应回路中产生电流i_1和i_2，i_1在R_1上产生正向压降i_1R_1，i_2在R_2上同样形成反向压降，且$i_1R_1>i_2R_2$。在比较量为负半周时，$\dot{E}_1$、$\dot{E}_2$变为反极性，VD_4、VD_3导通，VD_1和VD_2截止。$\dot{E}_1$产生的电流i_1'在R_2上形成正向压降$i_1'R_2$，$\dot{E}_2$产生的电流i_2'在R_1上形成正向压降$i_2'R_1$，且$i_1'R_2>i_2'R_1$。输出电压u_{mn}等于在一周期内电阻R_1、R_2上电压降的代数和，即$u_{mn}=(i_1'+i_2)R_2+(i_1+i_2')R_1$。由于$E_1>E_2$，在整流电路导通的任一半周期（π）内，$u_{mn}$为正脉冲，且宽度为π，如图4-17(a)所示。这时输出电压的平均值$u_{mn.av}$为正极性最大值。

② 当$\theta=180°$时，$\dot{E}_1$、$\dot{E}_2$与比较量的相量关系如图4-17(b)所示。此时，在比较量分别为正、负半周情况下，整流电路导通和$\dot{E}_1$、$\dot{E}_2$分别在R_1和R_2上产生电压降的正反向极性都与上述$\theta=0°$时相同，但因$E_1<E_2$，故在任一半周期π内，u_{mn}为负脉冲，$\dot{E}_1$、$\dot{E}_2$脉冲宽度为π，见图4-17(b)。这时输出电压的平均值为负极性最大值。

③ 当$\theta=90°$时，$\dot{E}_1$、$\dot{E}_2$及比较量的相量关系如图4-17(c)所示。这时$E_1=E_2$，且$\dot{E}_2$超前$\dot{E}_1$为φ角。与上述分析相同，从一个周期内整流电路导通后各电流在电阻R_1和R_2上产生的电压降代数和关系，可得到u_{mn}的波形图［见图4-17(c)］。从波形图可知，u_{mn}为正负脉冲，其脉冲宽度均为90°。显然，这时输出电压的平均值是零。

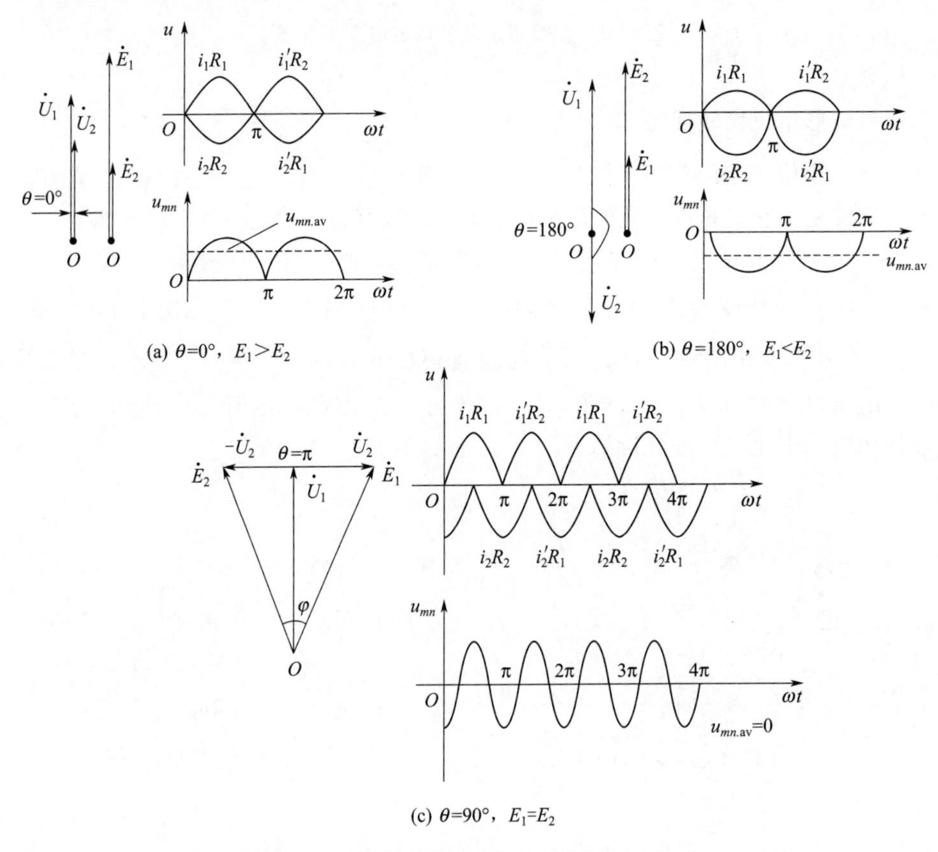

(a) $\theta=0°$，$E_1>E_2$

(b) $\theta=180°$，$E_1<E_2$

(c) $\theta=90°$，$E_1=E_2$

图4-17　二极管环形整流比相回路原理分析图

当 θ 为其他任意角度时，同样可得到相应的输出电压 u_{mn} 的正、负脉冲的宽度及其幅值，从而可绘出如图 4-18 所示的 $u_{mn.\text{av}}=f(\theta)$ 关系曲线。由图可知，仅当相位角的变化在 $-90°\leqslant\theta\leqslant90°$ 的条件下，输出电压平均值为正值，保证阻抗继电器动作条件。在二极管环形整流比相电路后接入滤波电路，取出电压中的平均值 $u_{mn.\text{av}}$，然后用高灵敏的零指示器来鉴别，便构成了满足相位比较条件的测定平均值正极性的相位比较回路，从而实现相位比较式阻抗继电器的功能。

在 $U_1<U_2$ 情况下同样可得到上述相同的结论。

2. 二极管环形幅值比较回路

图 4-19 是 ZJL-31 型方向阻抗继电器采用的二极管环形幅值比较回路的简化示意图。设幅值比较的动作方程为 $|\dot{A}|\geqslant|\dot{B}|$，当 $\dot{A}$ 加入时，利用 VD_1、VD_3 进行单相全波整流，整流电流都从极化继电器线圈的星标流入，使继电器动作，故 $\dot{A}$ 是动作量。当 $\dot{B}$ 加入时，利用 VD_2、VD_4 进行单相全波整流，整流电流都从极化继电器非星标流入使继电器制动，故 $\dot{B}$ 是制动量。当 $\dot{A}$ 和 $\dot{B}$ 都存在时，极化继电器的动作情况取决于 $\dot{A}$ 和 $\dot{B}$ 的大小，当 $|\dot{A}|>|\dot{B}|$ 时继电器动作。

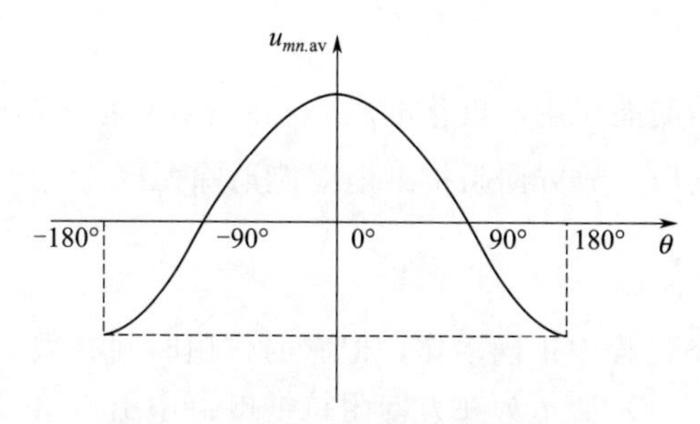

图 4-18　环形整流比相电路输出电压平均值 $u_{mn.\text{av}}$ 与比相角 θ 的关系曲线

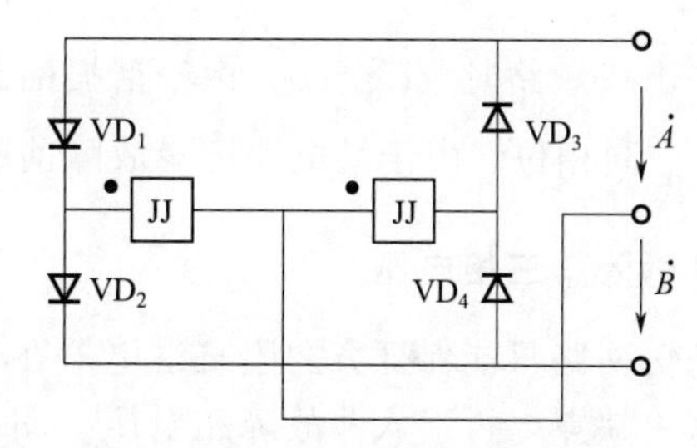

图 4-19　二极管环形幅值比较回路

(三) 方向阻抗继电器的死区及死区的消除方法

对于方向阻抗继电器，当保护出口短路时，故障母线上的残余电压将降低到零，即 $\dot{U}_y=0$。对幅值比较的方向阻抗继电器，其动作条件为 $\left|\frac{1}{2}\dot{U}_k\right|\geqslant\left|\dot{U}_y-\frac{1}{2}\dot{U}_k\right|$，当 $\dot{U}_y=0$ 时，该式变为 $\left|\frac{1}{2}\dot{U}_k\right|\geqslant\left|-\frac{1}{2}\dot{U}_k\right|$。此时被比较的两个电压变为相等，理论上处于动作边界，实际上，由于继电器的执行元件动作需要消耗一定的功率，因此在这种情况下继电器不动作。对于相位比较的方向阻抗继电器，其动作条件为 $-90°\leqslant\arg\dfrac{\dot{U}_k-\dot{U}_y}{\dot{U}_y}\leqslant90°$，当 $\dot{U}_y=0$ 时，无法进行比相，因而继电器也不动作。这种不动作的范围，称为保护装置的死区。为了减小和消除死区，常用采用记忆回路的接线和引入第三相电压两种措施。

1. 采用记忆回路的接线

对瞬时动作的距离Ⅰ段方向阻抗继电器，在电压 $\dot{U}_y$ 的回路中广泛采用记忆回路的接线，即将电压回路做成一个对 50Hz 工频交流的串联谐振回路。图 4-20 所示是常用的接线之一。图 4-20 中，R_j、C_j、L_j 是在原幅值比较的测量电压 $\dot{U}_l$ 回路中接入一个串联谐振回路。取 $j\omega L=\frac{1}{j\omega C}$，则谐振回路中的电流 $\dot{I}_j$ 与外加测量电压 $\dot{U}_l$ 同相位，所以在电阻 R_j 上的压降 $\dot{U}_R$ 也与外加电压 $\dot{U}_l$ 同相位，记忆电压 $\dot{U}_j$ 通过记忆变压器 T 与 $\dot{U}_y$ 同相位。

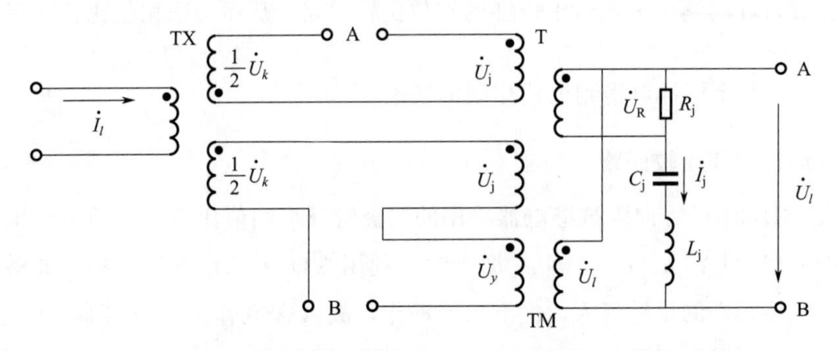

图 4-20　具有记忆的幅值比较的方向阻抗继电器电压形成回路

引入记忆电压以后，幅值比较的动作条件为

$$\left|\frac{1}{2}\dot{U}_k+\dot{U}_j\right| \geqslant \left|\dot{U}_y-\frac{1}{2}\dot{U}_k+\dot{U}_j\right| \tag{4-23}$$

在出口短路时，$\dot{U}_y=0$，由于谐振回路的储能作用，极化电压 $\dot{U}_j$ 在衰减到零之前存在，且与 $\dot{U}_y$ 同相位。由于继电器记录故障前的电压，故方向阻抗继电器能消除死区。

2. 引入第三相电压

记忆回路只能保证方向阻抗继电器在暂态过程中正确动作，但它的作用时间有限。为了克服这一缺点，再引入非故障相电压。图 4-21(a) 所示为在方向阻抗继电器中引入第三相电压，并将第三相电压和记忆回路并用的方案。

由图 4-21(a) 可见，第三相电压为 C 相，它通过高阻值的电阻 R 接到记忆回路中 C_j 和 L_j 的连接点上。正常时，由于 $\dot{U}_{AB}$ 电压较高且 L_j、C_j 处于工频谐振状态，而 R 值又很大，作用在 R_j 上的电流主要来自 $\dot{U}_{AB}$ 且是电阻性的，第三相电压 $\dot{U}_C$ 基本上不起作用。当系统中 AB 相发生突然短路时，$\dot{U}_{AB}$ 突然为零。此时记忆回路发挥了作用，使继电器得到一个和故障前 $\dot{U}_y$ 相位相同的极化电压 $\dot{U}_j$，但它将逐渐衰减到零，这时第三相电压的作用表现出来，图 4-21(b) 为图 4-21(a) 在保护出口 AB 两相短路时，记忆电压消失后的等值电路。电阻 R 中的电流 $\dot{I}_R$ 与 $\dot{U}_{AC}$ 同相位，因为电阻 R 的数值远大于 $\left(R_j+\frac{1}{j\omega C_j}\right)//j\omega L_j$ 值，而 $\dot{I}_R$ 在 R_j、C_j 支路中的分流为

$$\dot{I}_{Cj}=\dot{I}_R\times\frac{jX_{Lj}}{R_j-jX_{Cj}+jX_{Lj}}\approx\dot{I}_R\times\frac{jX_{Lj}}{R_j}$$

在电阻 R_j 上的压降

$$\dot{U}_R=\dot{I}_{Cj}R_j=j\dot{I}_R X_{Lj}$$

从相量图 4-21(c) 中可以看出，$\dot{I}_{Cj}$ 超前电流 $\dot{I}_R$ 近 90°，电阻 R_j 上电压降 $\dot{U}_R$ 超前 $\dot{U}_{AC}$90°，即极化电压与故障前电压 $\dot{U}_{AB}$ 同相位。因此，当出口两相短路时，第三相电压可以在继电器中产生和故障前电压 $\dot{U}_{AB}$（即 $\dot{U}_y$）同相的而且不衰减的极化电压 $\dot{U}_j$，以保证方

向阻抗继电器正确动作，即能消除死区。

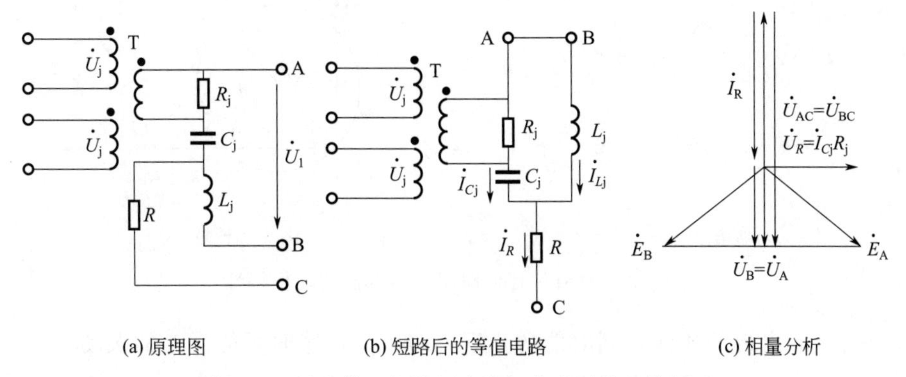

(a) 原理图　(b) 短路后的等值电路　(c) 相量分析

图 4-21　引入第三相电压产生极化电压的工作原理

3. 记忆电压对方向阻抗继电器动作特性的影响

（1）方向阻抗继电器的稳态特性。对幅值比较的方向阻抗继电器引入记忆电压 $\dot{U}_{\mathrm{j}}$ 后，幅值比较的动作条件为

$$\left|\frac{1}{2}\dot{U}_{k}+\dot{U}_{\mathrm{j}}\right| \geqslant \left|\dot{U}_{y}-\frac{1}{2}\dot{U}_{k}+\dot{U}_{\mathrm{j}}\right| \tag{4-24}$$

此时的动作特性如图 4-22(a) 所示。

继电器未引入记忆电压 $\dot{U}_{\mathrm{j}}$ 时的边界条件为 $\left|\frac{1}{2}\dot{U}_{k}\right|=\left|\dot{U}_{y}-\frac{1}{2}\dot{U}_{k}\right|$，$\triangle OO'C$ 为等腰三角形。在$\triangle OO'C$ 上加入记忆电压 $\dot{U}_{\mathrm{j}}$ 使 $OO'AB$ 成为等腰梯形，其对角线相等，满足引入记忆电压 $\dot{U}_{\mathrm{j}}$ 后的边界条件。因此记忆电压的引入并不改变阻抗继电器的稳态特性。当保护安装处出口短路时，$\dot{U}_{y}=0$，引入 $\dot{U}_{\mathrm{j}}$ 后继电器的动作条件为

$$\left|\frac{1}{2}\dot{U}_{k}+\dot{U}_{\mathrm{j}}\right| \geqslant \left|\dot{U}_{y}-\frac{1}{2}\dot{U}_{k}+\dot{U}_{\mathrm{j}}\right| \tag{4-25}$$

只要 $\dot{U}_{\mathrm{j}}$ 存在并能维持短路前 $\dot{U}_{y}$ 电压相位时，这一条件就一定能得到满足，所以继电器此时能正确动作。

引入记忆电压 $\dot{U}_{\mathrm{j}}$ 前相位比较的方向阻抗继电器动作与边界条件为

$$-90^{\circ} \leqslant \arg\frac{\dot{D}}{\dot{C}}=\arg\frac{\dot{U}_{k}-\dot{U}_{y}}{\dot{U}_{y}}=\theta \leqslant 90^{\circ}$$

既然记忆电压 $\dot{U}_{\mathrm{j}}$ 能记住短路前 $\dot{U}_{y}$ 的相位，即 $\dot{U}_{\mathrm{j}}$ 与 $\dot{U}_{y}$ 同相位，那么将上式分母中的 $\dot{U}_{y}$ 改成 $\dot{U}_{\mathrm{j}}$，方向阻抗继电器的动作边界条件也应成立，即下式成立。

$$-90^{\circ} \leqslant \arg\frac{\dot{U}_{k}-\dot{U}_{y}}{\dot{U}_{\mathrm{j}}} \leqslant 90^{\circ} \tag{4-26}$$

我们以图 4-22(b) 来证明上式成立。若 $\dot{U}_{\mathrm{j}}$ 与 $\dot{U}_{y}$ 同方向，当 $\dot{U}_{y}$ 落在圆周上时，$\dot{U}_{k}-\dot{U}_{y}$ 与 $\dot{U}_{y}$ 的夹角 θ 为直角，是继电器动作的边界条件；当 $\dot{U}_{y}$ 落在圆内，则 $\dot{U}_{k}-\dot{U}_{y}$ 与 $\dot{U}_{\mathrm{j}}$ 的夹角小于 90°，继电器动作；同样，当 $\dot{U}_{y}$ 落在圆外时，θ 角大于 90°，继电器不动作。

以上分析表明，方向阻抗继电器在引入记忆电压以后，不论它是基于比相原理还是基于比幅原理构成的，在稳态情况下，都能保证动作特性和未引入记忆电压前一样，并能消除正

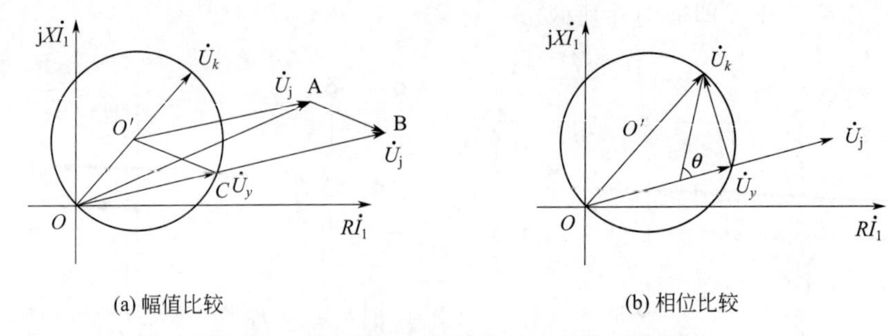

图 4-22 具有记忆回路阻抗继电器的动作特性

方向出口短路可能出现的死区，同时能防止反方向出口短路时可能发生的误动。

（2）方向阻抗继电器的初态特性。相位比较的方向阻抗继电器在引入记忆电压 $\dot{U}_j$ 以后，其动作与外界条件已变为

$$-90°\leqslant\arg\frac{\dot{U}_k-\dot{U}_y}{\dot{U}_j}\leqslant 90° \tag{4-27}$$

在正常运行和短路后达到稳态时，记忆电压 $\dot{U}_j$ 与测量电压 $\dot{U}_y$ 是同相的，上式所表达的动作特性成为稳态特性，它与未引入极化电压时完全相同。但在发生短路最初的瞬间，依靠记忆回路所能“记住”的记忆电压 $\dot{U}_j$ 实际为故障前负荷状态下的母线电压 $\dot{U}_L$ 的相位，即 $\dot{U}_j$ 与 $\dot{U}_L$ 同相，因此继电器的动作条件应为

$$-90°\leqslant\arg\frac{\dot{U}_k-\dot{U}_y}{\dot{U}_L}\leqslant 90°$$

而 $\dot{U}_y$ 是故障后的母线电压，它与故障前的母线电压 $\dot{U}_L$ 不可能同相，显然上式所表示继电器的动作特性与稳态时不相同，称它为初态特性。短路发生以后，记忆电压 $\dot{U}_j$ 将由短路前的母线负荷电压 $\dot{U}_L$ 逐渐向短路后母线电压 $\dot{U}_y$ 过渡，即由初态特性逐步向稳态特性过渡。

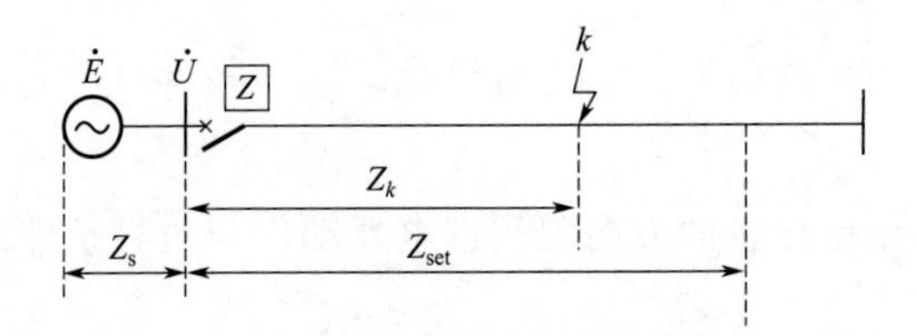

图 4-23 正方向短路时系统接线图

① 保护正方向短路。系统的接线及其有关参数如图 4-23 所示，由图可见

$$\dot{I}=\frac{\dot{E}}{Z_s+Z_l}$$

此处 Z_l 为 Z_k 和短路点过渡阻抗之和，$\dot{U}_y=\dot{I}Z_l$，$\dot{U}_k=\dot{I}Z_{set}$，从而有

$$\dot{U}_k-\dot{U}_y=\dot{I}(Z_{set}-Z_l)=\frac{Z_{set}-Z_l}{Z_s+Z_l}\times\dot{E}$$

继电器动作条件为

$$-90°\leqslant\arg\frac{Z_{set}-Z_l}{Z_s+Z_l}\times\frac{\dot{E}}{\dot{U}_j}\leqslant 90° \tag{4-28}$$

如果短路前为空载，$\dot{U}_j=\dot{E}$，从而有

$$-90^\circ \leqslant \arg \frac{Z_{\text{set}} - Z_l}{Z_s + Z_l} \leqslant 90^\circ \tag{4-29}$$

此时继电器的动作特性为以相量 Z_{set}、$-Z_s$ 末端的连线为直径所作的圆，圆内为动作区，如图 4-24 所示。Z_l 是保护正方向短路时的测量阻抗，即使考虑过渡电阻，其值也不能出现负电阻值，因此，动作圆有效区只是图 4-24 中绘有阴影的部分。动作特性圆虽然包括坐标原点，但并不意味着失去方向性，因为上述特性是在保护正方向短路的前提下导出的，不适用于保护反方向短路的情况。

由以上分析可见，在记忆回路作用下的动态特性圆扩大了动作范围，而又不失去方向性，因此，对消除死区和减小过渡电阻的影响都是有利的。

② 保护反方向短路。系统的接线及参数如图 4-25 所示，此时短路电流由 E'供给，但仍假定电流的正方向由母线流向被保护线路，且 $Z'_s > Z_{\text{set}}$，因 $\dot{U}_y = \dot{I}Z_l$，$\dot{U}_k = \dot{I}Z_{\text{set}}$，$-\dot{I} = \dfrac{\dot{E}' - \dot{U}_l}{Z'_s}$，$(\dot{U}_l - \dot{I}Z'_s) = \dot{E}'$，$(\dot{I}Z_l - \dot{I}Z'_s) = \dot{E}'$，$\dot{I} = \dfrac{\dot{E}'}{Z_l - Z'_s}$，若短路前是空载，则在记忆作用消失前，记忆电压 $\dot{U}_j = \dot{E}$，继电器的动作条件为

$$-90^\circ \leqslant \arg \frac{\dot{I}Z_{\text{set}} - \dot{I}Z_l}{\dot{E}'} \leqslant 90^\circ \tag{4-30}$$

将 $\dot{E}'$代入上式，得

$$-90^\circ \leqslant \arg \frac{Z_l - Z_{\text{set}}}{Z'_s - Z_l} \leqslant 90^\circ$$

此时继电器的动作特性是以 $Z'_s - Z_{\text{set}}$ 为直径所作的圆，如图 4-26 所示，圆内为动作区。

此结果表明当反向短路时，必须出现一个正的短路阻抗才可能引起继电器的动作，但实际上继电器测量到的是 $-Z_k$，在第三象限，因此，在反方向短路时的动态过程中，继电器有明确的方向性。

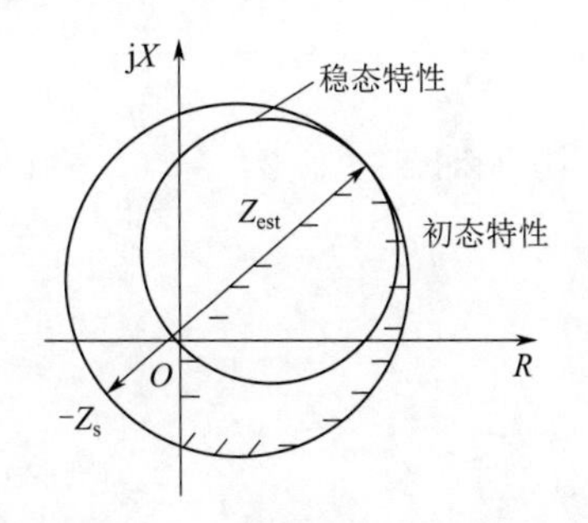

图 4-24　正向短路时的初态特性

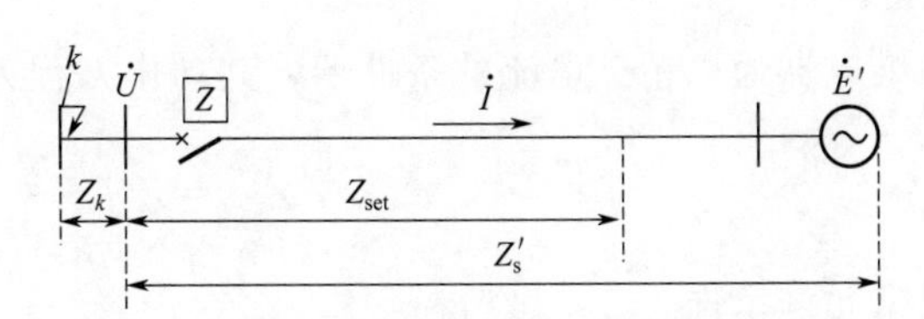

图 4-25　反方向短路时系统接线图

重要提示

只有故障相（相间）的测量阻抗为 Z_k，非故障相的测量阻抗才更大。

（四）阻抗继电器的精工电流和精工电压

前述分析阻抗继电器的动作特性时，都是在理想情况下得出的，即认为执行元件的灵敏度很高，晶体三极管和二极管的正向压降为零，因此继电器的动作特性只与加入继电器的电压和电流的比值，即测量阻抗有关，而与电流的大小无关。但实际上当计及这些因素的影响

时，方向阻抗继电器的临界动作方程为

$$|\dot{U}_k|=|2\dot{U}_y-\dot{U}_k|+|\dot{U}_0|$$

式中，$|\dot{U}_0|$为动作量克服二极管正向压降及极化继电器动作反力所需的剩余电压，假设上式中各相量均为同相位，各项可以采用代数相加减，则上列方程可写为

$$\dot{U}_k-2\dot{U}_y+\dot{U}_k=\dot{U}_0$$

$$\dot{U}_y=\dot{U}_k-\frac{\dot{U}_0}{2}$$

等式两边同除以电流 $\dot{I}_l$，则有

$$Z_{act}=Z_{set}-\frac{\dot{U}_0}{2\dot{I}_l} \tag{4-31}$$

此处 Z_{set} 为继电器的整定值，Z_{act} 为继电器的实际动作阻抗。考虑 $\dot{U}_0$ 的影响后，给出 $Z_{act}=f(I_l)$的关系曲线，如图 4-27 所示。由图可见，当加入继电器的电流较小时，继电器的动作阻抗将下降，使阻抗继电器的实际保护范围缩短。这将影响到与相邻线路阻抗元件的配合，甚至引起非选择性动作。为了把动作阻抗的误差限制在一定的范围内，规定了精工电流 $\dot{I}_{pw}$。所谓精工电流，就是当 $\dot{I}_l=\dot{I}_{pw}$ 时，继电器的动作阻抗 $Z_{act}=0.9Z_{set}$，即比整定阻抗缩小了 10%。因此，当 $\dot{I}_l>\dot{I}_{pw}$ 时，就可以保证起动阻抗的误差在 10%以内，而这个误差在选择可靠系数时，已经被考虑进去了。

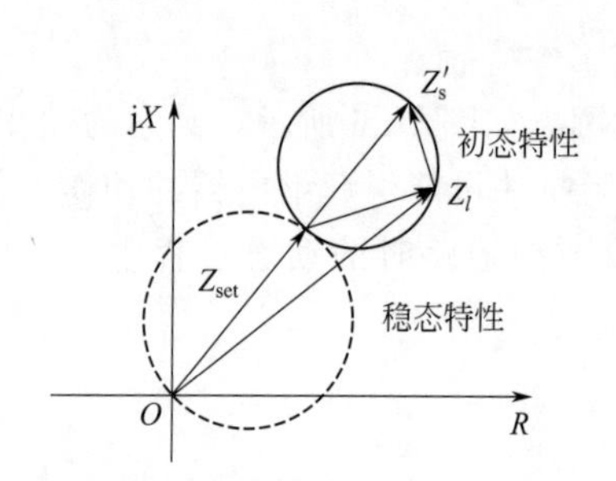

图 4-26 反向短路时的初态特性图

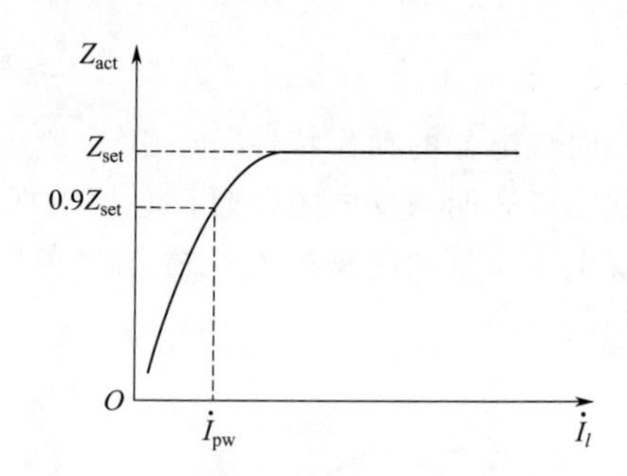

图 4-27 方向阻抗继电器 $Z_{act}=f(I_l)$的曲线

在继电器通以精工电流的条件下，其动作方程为

$$Z_{act}=Z_{set}-\frac{\dot{U}_0}{2\dot{I}_{pw}}$$

根据允许条件

$$Z_{set}-Z_{act}=0.1Z_{set}$$

得

$$Z_{set}=\frac{\dot{U}_0}{0.2\dot{I}_{pw}}$$

即

$$\dot{I}_{pw}=\frac{\dot{U}_0}{0.2Z_{set}} \tag{4-32}$$

由上式可见，精工电流与反应元件的灵敏性（$\dot{U}_0$）及电抗变压器的整定阻抗有关，为了便于衡量阻抗继电器的灵敏度，有时应用精工电压作为继电器的质量指标。所谓精工电压

就是精工电流和整定阻抗的乘积，用 $\dot{U}_{pw}$ 表示，则

$$\dot{U}_{pw}=\dot{I}_{pw}Z_{set}=\frac{\dot{U}_0}{0.2} \tag{4-33}$$

精工电压不随继电器的整定阻抗而变，对某指定的继电器而言，它是常数。在整定阻抗一定的情况下，$\dot{U}_0$ 越小，$\dot{I}_{pw}$ 越小，即 $\dot{U}_{pw}$ 越小，继电器性能越好。

第三节　阻抗继电器的接线方式

一、对阻抗继电器接线方式的要求

阻抗继电器在接入电网的电流及电压时，不同的接线方式将影响阻抗继电器端子上的测量阻抗，因此在选择接线方式时必须考虑以下两点：

① 使阻抗继电器端子上的测量阻抗 $Z_k=\dfrac{\dot{U}_k}{\dot{I}_k}$ 与保护安装处至故障点的距离成正比，而与电网的运行方式无关；

② 如果阻抗继电器是用来反应几种短路故障时，则它所测量的阻抗不应随故障类型而改变。

二、反应于相间故障阻抗继电器的 0° 接线方式

反应于相间故障的阻抗继电器广泛采用接线电压和两相电流差的接线方式。这种接线方式的继电器端子上所加电压和电流如表 4-1 所示。之所以称为 0°接线，是因为若假定同一相的相电压和相电流同相位，即功率因数为 1 时，加到继电器上的电压 $\dot{U}_k$ 和电流 $\dot{I}_k$ 的相位差为 0°。

表 4-1　0°接线方式时，阻抗继电器所加电压和电流

阻抗继电器	$\dot{U}_k$	$\dot{I}_k$
KR_1	$\dot{U}_{AB}$	$\dot{I}_A-\dot{I}_B$
KR_2	$\dot{U}_{BC}$	$\dot{I}_B-\dot{I}_C$
KR_3	$\dot{U}_{CA}$	$\dot{I}_C-\dot{I}_A$

三、各种故障情况下采用 0° 接线方式阻抗继电器的测量阻抗分析

① 如图 4-28 所示三相对称短路时，三个阻抗继电器的工作情况完全相同，因此仅以 KR_1 为例进行分析。设短路点 k 至保护安装处之间的距离为 l，线路每千米的正序阻抗为 Z_1，则加入阻抗继电器 KR_1 的电压为

$$\dot{U}_{AB}=\dot{U}_A-\dot{U}_B=\dot{I}_AZ_1l-\dot{I}_BZ_1l=(\dot{I}_A-\dot{I}_B)Z_1l$$

故此时 KR_1 的测量阻抗为

$$Z_{K1}^{(3)}=\frac{\dot{U}_{AB}}{\dot{I}_A-\dot{I}_B}=Z_1l \tag{4-34}$$

② 如图 4-29 所示 BC 两相短路时，对接于故障相间的阻抗继电器 KR_2 来说，所加电压为

$$\dot{U}_{K2}^{(2)}=\dot{U}_{BC}^{(2)}=\dot{I}_{B}^{(2)}Z_1 l-\dot{I}_{C}^{(2)}Z_1 l=(\dot{I}_{B}^{(2)}-\dot{I}_{C}^{(2)})Z_1 l$$

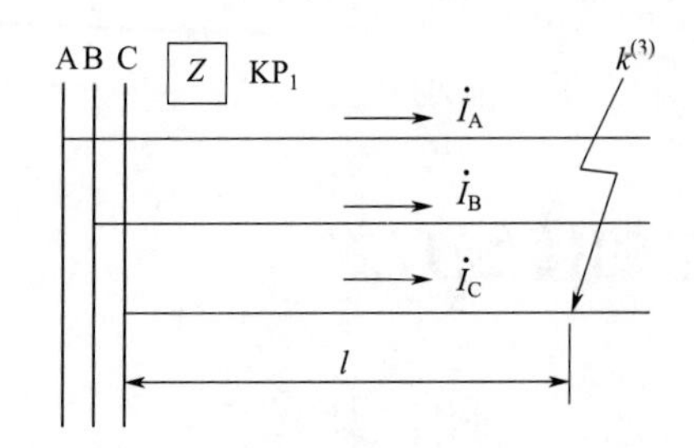

图 4-28 三相对称短路时测量阻抗的分析

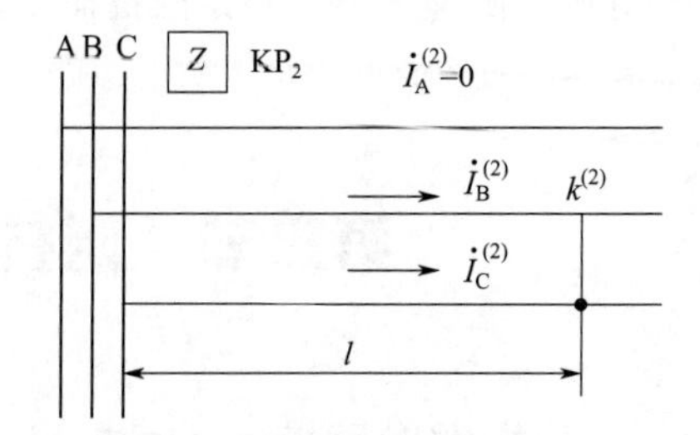

图 4-29 两相短路时测量阻抗的分析

故此时 KR_2 的测量阻抗为

$$Z_{K2}^{(2)}=\frac{\dot{U}_{BC}^{(2)}}{\dot{I}_{B}^{(2)}-\dot{I}_{C}^{(2)}}=Z_1 l \tag{4-35}$$

与三相短路时的测量值相同。

应该注意，此时对 KR_1 和 KR_3 来说，由于加给它们的电压为故障相与非故障相相间电压，其值较 $\dot{U}_{BC}$ 高，而流过它们的电流却只有一个故障相的电流，其值较 $\dot{I}_B-\dot{I}_C$ 小，因此它们的测量阻抗较 KR_2 的大，故它们可能拒动。但因 KR_2 能正确动作，所以 KR_1、KR_3 的拒动不会影响整套保护的动作。

由上述分析可知，反应于相间故障的阻抗继电器采用 0°接线方式能满足要求。

③ 反应于接地故障阻抗继电器的接线方式。在中性点直接接地电网中，当采用零序电流保护不能满足要求时，一般考虑采用接地距离保护。由于接地距离保护的任务是反应于接地短路，因此有必要对阻抗继电器的接线方式作进一步的讨论。

在单相接地短路时，只有故障相的电压减小，电流增大，而相间电压仍然很高，因此原则上应将故障相的电压和电流引入阻抗继电器中。若这样做，阻抗继电器的测量阻抗如何呢？

假设线路的 A 相发生接地短路，对 A 相阻抗继电器的测量阻抗分析如下。

$$\dot{U}_k=\dot{U}_A^{(1)}$$
$$\dot{I}_k=\dot{I}_A^{(1)}$$

将保护安装处母线电压 $\dot{U}_A^{(1)}$、短路点电压 $\dot{U}_{kA}^{(1)}$ 及单相接地短路电流 $\dot{I}_A^{(1)}$ 分别用对称分量表示，即

$$\dot{U}_A^{(1)}=\dot{U}_1+\dot{U}_2+\dot{U}_0$$
$$\dot{U}_{kA}^{(1)}=\dot{U}_{k1}+\dot{U}_{k2}+\dot{U}_{k0}$$
$$\dot{I}_A^{(1)}=\dot{I}_1+\dot{I}_2+\dot{I}_0$$

因任何相序的母线电压均取决于短路点 k 的电压及母线至短路点的线路 l 段上的电压降，于是有

$$\dot{U}_1=\dot{U}_{k1}+\dot{I}_1 Z_1 l$$
$$\dot{U}_2=\dot{U}_{k2}+\dot{I}_2 Z_2 l=\dot{U}_{k2}+\dot{I}_2 Z_1 l \text{（对于输电线路 } Z_2=Z_1\text{）}$$

$$\dot{U}_0=\dot{U}_{k0}+\dot{I}_0 Z_0 l$$

所以

$$\dot{U}_A^{(1)}=\dot{U}_1+\dot{U}_2+\dot{U}_0=\dot{U}_{k1}+\dot{U}_{k2}+\dot{U}_{k0}+Z_1 l(\dot{I}_1+\dot{I}_2+\frac{Z_0}{Z_1}\dot{I}_0)$$

又因为 A 相接地短路时，$\dot{U}_{k1}+\dot{U}_{k2}+\dot{U}_{k0}=0$，$\dot{I}_1+\dot{I}_2+\dot{I}_0=\dot{I}_A^{(1)}$，所以

$$\dot{U}_A^{(1)}=Z_1 l(\dot{I}_1+\dot{I}_2+\dot{I}_0-\dot{I}_0+\frac{Z_0}{Z_1}\dot{I}_0)=Z_1 l(\dot{I}_A^{(1)}+\dot{I}_0\frac{Z_0-Z_1}{Z_1}) \tag{4-36}$$

故单相接地短路时，阻抗继电器的测量阻抗为

$$Z_k=\frac{\dot{U}_A^{(1)}}{\dot{I}_A^{(1)}}=Z_1 l+\frac{\dot{I}_0}{\dot{I}_A^{(1)}}(Z_0-Z_1)l \tag{4-37}$$

显然，测量阻抗将受比值$\frac{\dot{I}_0}{\dot{I}_A^{(1)}}$的影响，而这个比值又与中性点接地数目及其分布有关，不等于常数。为了使阻抗继电器的测量阻抗不受运行方式的影响，而且和相间短路时的测量阻抗一样，仍为 $Z_k=Z_1 l$，由式（4-37）可知，必须增加补偿电流，使加入继电器的电流为

$$\dot{I}_k=\dot{I}_A^{(1)}+\dot{I}_0\frac{Z_0-Z_1}{Z_1}=\dot{I}_A^{(1)}+3\dot{I}_0\frac{Z_0-Z_1}{3Z_1}=\dot{I}_A^{(1)}+\dot{K}3\dot{I}_0$$

式中　$\dot{K}$——零序电流补偿系数，$\dot{K}=\frac{Z_0-Z_1}{3Z_1}$，一般认为零序阻抗角与正序阻抗角相同，即 K 为实数。

则阻抗继电器的测量阻抗为

$$Z_k=\frac{\dot{U}_k}{\dot{I}_k}=\frac{Z_1 l(\dot{I}_A^{(1)}+K3\dot{I}_0)}{\dot{I}_A^{(1)}+K3\dot{I}_0}=Z_1 l \tag{4-38}$$

可见，反应于接地故障的阻抗继电器，采用加相电压和补偿后的相电流的接线方式能满足要求。这种接线方式，在接地距离保护和综合重合闸的选相元件中得到了广泛的应用。其接线原理图如图 4-30 所示。

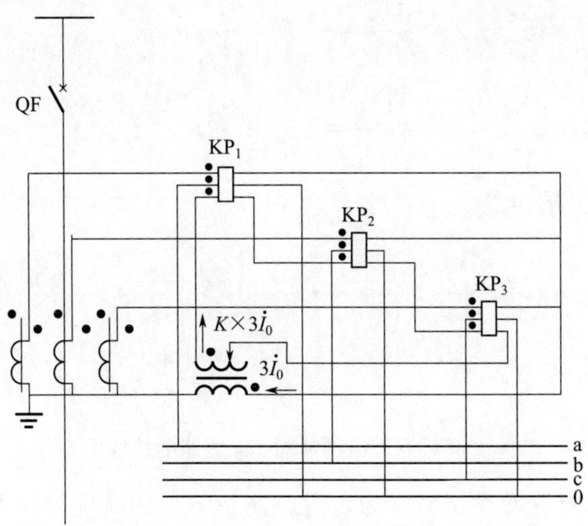

图 4-30　反应于接地故障阻抗继电器的接线方式

第四节　影响距离保护正确工作的因素及采取的防止措施

一、故障点过渡电阻的影响

当短路点存在过渡电阻时，必然直接影响阻抗继电器的测量阻抗。例如，对图 4-31(a) 所示的单电源网络，当线路 l_2 的出线端经过电阻 R_1 短路时，保护 1 的测量阻抗为 R_1，保护 2 的测量阻抗为 $Z_{AB}+R_1$。由图 4-31(b) 可见，在这种情况下，过渡电阻会使测量阻抗增大，且增大的数值是不同的。当 R_1 较大时，可能出现 Z_{l1} 已超出保护 1 第Ⅰ段整定的特性圆范围，而 Z_{l2} 仍位于保护 2 第Ⅱ段整定的特性圆范围以内。此时保护 1 和保护 2 将同时以第Ⅱ段的时限动作，因而失去了选择性。

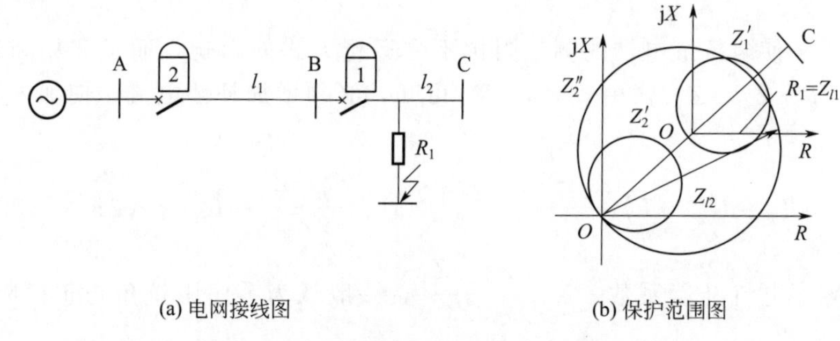

图 4-31　过渡电阻对不同安装地点距离保护的影响

由以上分析可见，保护装置距短路点越近时，受过渡电阻的影响越大，同时保护装置的整定值越小，则相对地受过渡电阻的影响也越大。

但是，对图 4-32 所示的双侧电源的网络，短路点的过渡电阻可能使测量阻抗增大，也可能使测量阻抗减小。设 I_{k1} 和 I_{k2} 分别为两侧电源供给的短路电流，在线路 BC 出口处短路时，流经过渡电阻 R_1 的电流为 $\dot{I}_k=\dot{I}_{k1}+\dot{I}_{k2}$，保护 1 和保护 2 的测量阻抗分别为

$$Z_1=\frac{\dot{U}_B}{\dot{I}_{k1}}=\frac{\dot{I}_k}{\dot{I}_{k1}}R_1=\frac{\dot{I}_k}{\dot{I}_{k1}}R_1\mathrm{e}^{\mathrm{j}\alpha}$$

$$Z_2=\frac{\dot{U}_A}{\dot{I}_{k1}}=Z_{AB}+\frac{\dot{I}_k}{\dot{I}_{k1}}R_1\mathrm{e}^{\mathrm{j}\alpha}$$

式中　α——$\dot{I}_k$ 超前 $\dot{I}_{k1}$ 的角度。

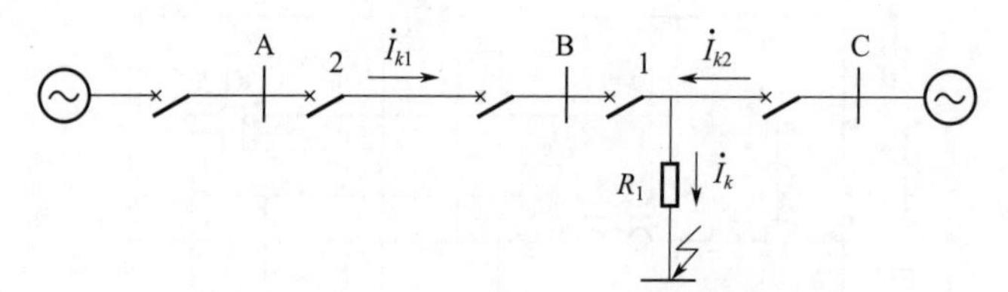

图 4-32　双侧电源通过 R_1 短路的接线图

当 α 为正时，测量阻抗增大；当 α 为负时，测量阻抗的电抗部分将减小。在后一种情况下，可能导致保护无选择性动作。为了使阻抗继电器能正确动作，必须采取措施来消除或减小过渡电阻的影响。

研究表明，短路点的过渡电阻主要是纯电阻性的电弧电阻 R_1，且电弧的长度和电流的大小都随时间而变化，在短路开始瞬间电弧电流很大，电弧的长度很短，R_1 很小。随着电弧电流的衰减和电弧长度的增长，R_1 增大，大约经 0.1～0.15s 后，R_1 剧烈增大。

根据电弧电阻的变化规律，为了减小过渡电阻对距离保护的影响，通常采用瞬时测定装置和带偏移特性的阻抗继电器。

1. 采用瞬时测定装置

所谓瞬时测定就是把距离元件的最初动作状态，通过起动元件的动作而固定下来，当电弧电阻增大时，距离元件不会因为电弧电阻的增大而返回，仍以预定的时限动作跳闸。它通常应用于距离保护第Ⅱ段。原理如图 4-33 所示。在短路的初瞬间，电流元件 KA 及阻抗测量元件 KJ 均动作，中间继电器 KM 起动，通过 KM 的接点及 KA 自保持，等时间继电器 KT 的延时到达整定值时，发出跳闸脉冲。即使电弧电阻增大，使 KJ 返回，保护仍能以预定的延时时间跳闸。

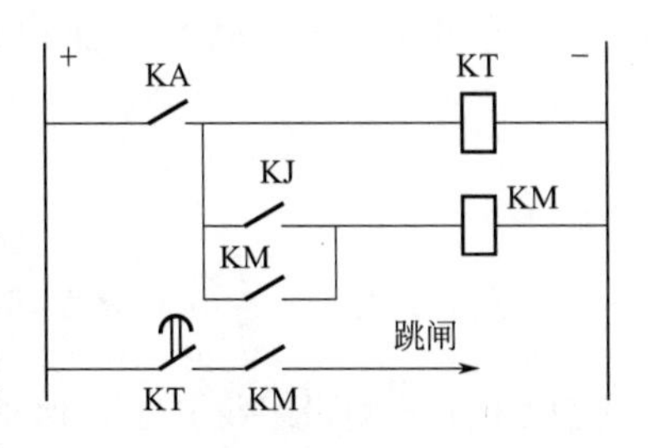

图 4-33　瞬时测定装置原理图

2. 采用能容许较大过渡电阻而不致拒动的阻抗继电器

采用能容许较大的过渡电阻而不致拒动的阻抗继电器，如电抗型继电器、四边形动作特性的继电器、偏移特性阻抗继电器等。

二、分支电流的影响

当短路点与保护安装处之间存在有分支电路时，就出现分支电流，距离保护受到此分支电流的影响，其阻抗继电器的测量阻抗将增大或减小。

如图 4-34 所示电路，当在 BC 线路上的 k 点发生短路时，通过故障线路的电流 $\dot{I}_{BC}=\dot{I}_{AB}+\dot{I}_{A'B}$，此值将大于 $\dot{I}_{AB}$，这种使故障线路电流增大的现象，称为助增。这时在变电所 A 距离保护 1 的测量阻抗为

$$Z_{l1}=\frac{\dot{U}_A}{\dot{I}_{AB}}=\frac{\dot{I}_{AB}Z_{AB}+\dot{I}_{BC}Z_k}{\dot{I}_{AB}}=Z_{AB}+\frac{\dot{I}_{BC}}{\dot{I}_{AB}}Z_k=Z_{AB}+K_{bra}Z_k \tag{4-39}$$

式中，$K_{bra}=\dfrac{\dot{I}_{BC}}{\dot{I}_{AB}}$为分支系数。一般情况下，$K_{bra}$ 为复数，但在实用中可以近似认为两个电流同相位，而取为实数，在有助增电流时 $K_{bra}>1$。由于助增电流 $\dot{I}_{A'B}$ 的存在，使保护 A 的测量阻抗增大，保护范围缩短。

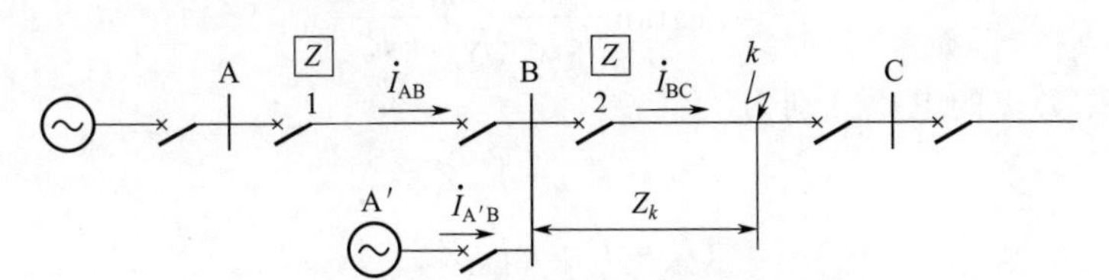

图 4-34　有助增电流的网络接线

又如图 4-35 所示电路，当在平行线路上的 k 点发生短路时，通过故障线路的电流 $\dot{I}_{BC}$ 将小于线路 AB 中的电流 $\dot{I}_{AB}$。这种使故障线路中电流减小的现象称为外汲。

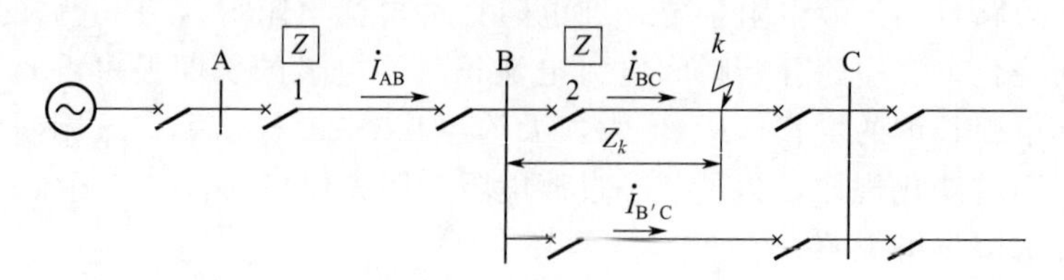

图 4-35　有外汲电流的网络接线

这时在变电所 A 距离保护 1 的测量阻抗为

$$Z_{l1}=\frac{\dot{U}_A}{\dot{I}_{AB}}=\frac{\dot{I}_{AB}Z_{AB}+\dot{I}_{BC}Z_k}{\dot{I}_{AB}}=Z_{AB}+\frac{\dot{I}_{BC}}{\dot{I}_{AB}}Z_k=Z_{AB}+K_{bra}Z_k \tag{4-40}$$

式中，$K_{bra}=\frac{\dot{I}_{BC}}{\dot{I}_{AB}}$为分支系数。具有外汲电流时，$K_{bra}<1$，与无分支的情况相比，将使保护 1 的测量阻抗减小，保护范围增大，可能引起无选择性动作。

三、电力系统振荡的影响及振荡闭锁回路

电力系统在正常运行时，所有接入系统的发电机都处于同步运行状态。当系统短路切除太慢或遭受较大冲击时，并列运行的发电机失去同步，系统发生振荡，振荡时，系统中各发电机电势间的相角差发生变化，可能导致保护误动作。但通常系统振荡若干周期后可以被拉入同步，恢复正常运行。因此，距离保护必须考虑系统振荡对其工作的影响。

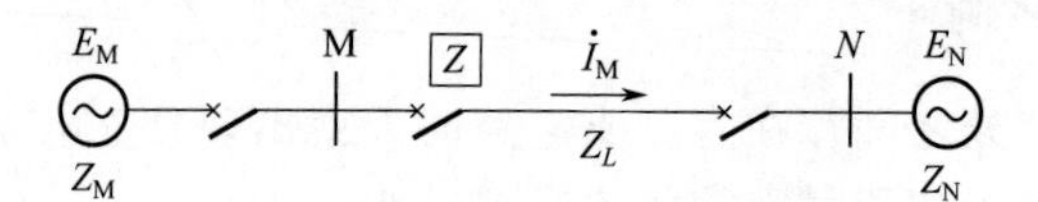

图 4-36　简化系统振荡的等值电路图

1. 电力系统振荡时电流、电压的分布

图 4-36 为简化系统等值电路图，当系统发生振荡时，设 $\dot{E}_M$ 超前于 $\dot{E}_N$ 的相位角为 δ，$|\dot{E}_M|=|\dot{E}_N|=E$，且系统中各元件的阻抗角相等，则振荡电流为

$$\dot{I}_M=\frac{\dot{E}_M-\dot{E}_N}{Z_M+Z_L+Z_N}=\frac{\dot{E}_M-\dot{E}_N}{Z_\Sigma}=\frac{\dot{E}(1-e^{-j\delta})}{Z_\Sigma}$$

振荡电流滞后于电势差 $\dot{E}_M-\dot{E}_N$ 的角度为系统振荡阻抗角，即

$$\varphi=\operatorname{argtan}\frac{X_M+X_L+X_N}{R_M+R_L+R_N}$$

系统 M、N、Z 点的电压分别为

$$\dot{U}_M=\dot{E}_M-\dot{I}_M Z_M$$

$$\dot{U}_N=\dot{E}_N+\dot{I}_M Z_N$$

$$\dot{U}_Z=\dot{E}_M-\dot{I}_M\frac{1}{2}Z_\Sigma$$

系统振荡时电压、电流相量图如图 4-37 所示。Z 点位于$\frac{1}{2}Z_\Sigma$处。当 $\delta=180°$时，$I_M=$

$\frac{2E}{Z_{\Sigma}}$达最大值，电压 $\dot{U}_Z=0$，此点称为系统振荡中心。从电压、电流的数值看，这和在此点发生三相短路无异。但是系统振荡属于不正常运行状态而非故障，继电保护装置不应动作切除振荡中心所在线路。因此，继电保护装置必须具备区别三相短路和系统振荡的能力，才能保证在系统振荡状态下的正确工作。当系统振荡、δ 角在 360°范围变化时，振荡电流和系统各点电压随 δ 角变化的波形如图 4-38 所示。

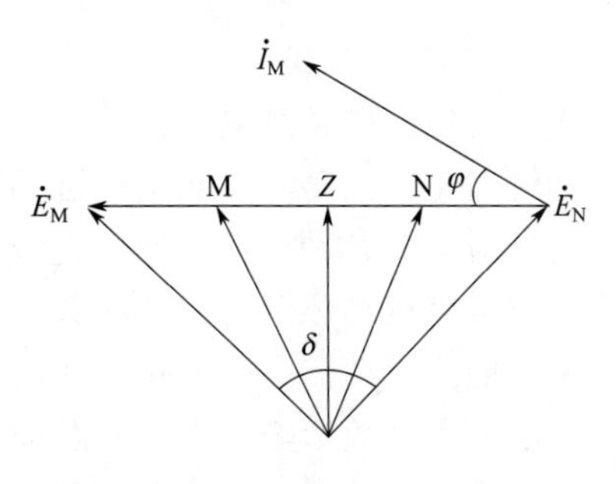

图 4-37　系统振荡时电压、电流相量图

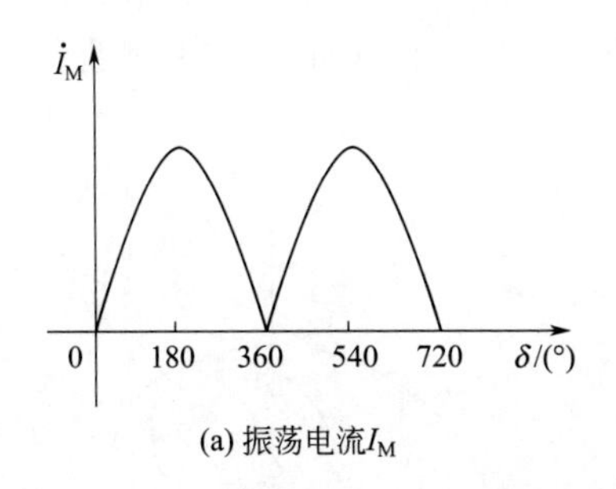

(a) 振荡电流I_M

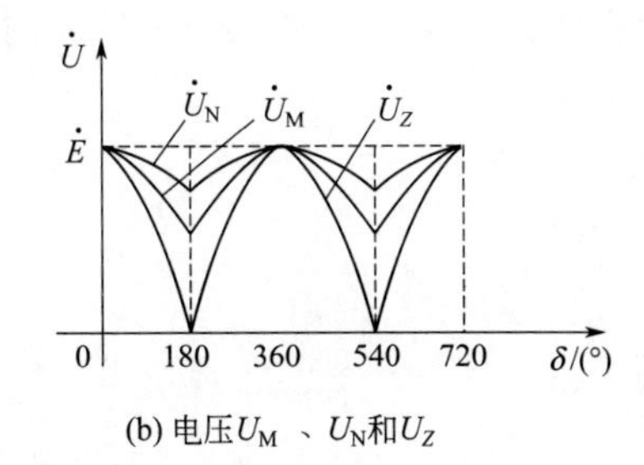

(b) 电压U_M 、U_N和U_Z

图 4-38　系统振荡时振荡电流和各点电压的变化

2. 电力系统振荡对距离保护的影响

设 $E_M=E_N$，$\dot{E}_M$ 超前 $\dot{E}_N$ 的角度为 δ，如图 4-36 所示的系统振荡时，M 母线上阻抗继电器的测量阻抗为

$$Z_{Ml}=\frac{\dot{U}_M}{\dot{I}_M}=\frac{\dot{E}_M-\dot{I}_M Z_M}{\dot{I}_M}=\frac{\dot{E}_M}{\dot{I}_M}-Z_M$$

$$=\frac{\dot{E}_M}{(\dot{E}_M-\dot{E}_N)}Z_{\Sigma}-Z_M=\frac{1}{1-e^{-j\delta}}Z_{\Sigma}-Z_M$$

应用欧拉公式及三角公式，有

$$e^{-j\delta}=\cos\delta-j\sin\delta$$

$$1-e^{-j\delta}=\frac{2}{1-j\cot\frac{\delta}{2}}$$

于是

$$Z_{Ml}=\left(\frac{1}{2}Z_{\Sigma}-Z_M\right)-j\,\frac{1}{2}Z_{\Sigma}\cot\frac{\delta}{2}$$

将此继电器测量阻抗随 δ 变化的关系，画在以保护安装地点 M 为原点的复数阻抗平面上，当系统所有元件的阻抗角都相同时，阻抗继电器的测量阻抗将在 Z_{Σ} 的垂直平分线 OO' 上移动，如图 4-39 所示。当 $\delta=0°$时，测量阻抗 $Z_{Ml}=\infty$，当 $\delta=180°$时，测量阻抗 $Z_{Ml}=\frac{1}{2}Z_{\Sigma}-Z_M$，即为保护安装地点到振荡中心 Z 点的线路阻抗。垂直平分线 OO'上任一点 K 与 M 点的连线，即为 $\dot{E}_M$ 端当电势夹角为 δ 时所对应的测量振荡阻抗。

系统振荡对距离保护的影响如仍以变电站 M 处的保护为例，其距离 Ⅰ 段起动阻抗整定

为 $0.85Z_L$，在图 4-40 中以长度 MA 表示，由此可绘出各种继电器的动作特性曲线。其中曲线 1 为方向椭圆继电器的特性，曲线 2 为方向阻抗继电器的特性，曲线 3 为全阻抗继电器的特性。系统振荡时，测量阻抗的变化如图 4-40 所示。找出各种动作特性与垂线的两个交点，其所对应的各种动作特性与直线 OO' 对应角度为 δ' 和 δ''，在这两个交点的范围以内，继电器的测量阻抗均位于动作特性圆内。因此继电器就要起动，即在此范围内距离保护受振荡的影响可能会误动。由图可见，在同样整定值的条件下全阻抗继电器受振荡的影响最大，而椭圆继电器所受的影响最小。一般而言，继电器的动作特性在阻抗平面沿 OO' 方向所占的面积越大，受振荡的影响就越大。此外，距离保护受振荡的影响还与保护的安装地点有关。当保护安装地点越靠近于振荡中心，受到的影响越大，而振荡中心在保护范围以外时，系统振荡，距离保护不会误动。当保护的动作中有较大的延时（≥1.5s）时，如距离Ⅲ段，可利用延时躲开振荡的影响。

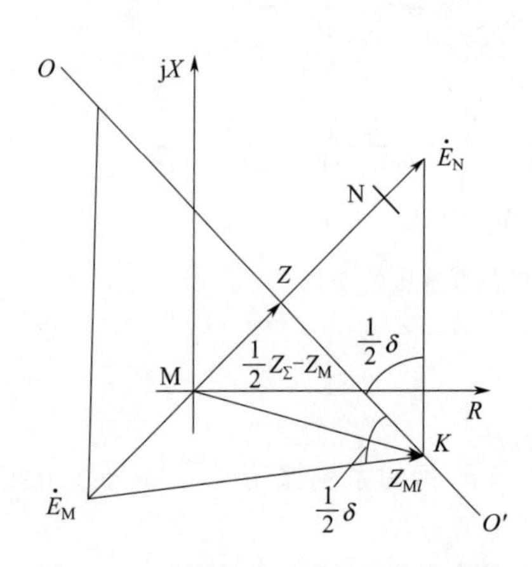

图 4-39　系统振荡时测量阻抗的变化

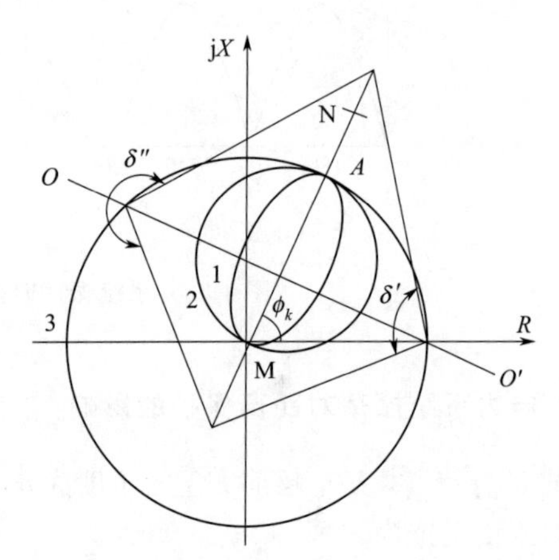

图 4-40　系统振荡时变电站 M 处测量阻抗的变化图

3. 振荡闭锁回路

对于在系统振荡时可能误动作的保护装置，应该装设专门的振荡闭锁回路，以防止系统振荡时误动。当系统振荡使两侧电源之间的角度摆到 $\delta=180°$ 时，保护所受到的影响与在系统振荡中心处三相短路时的效果是一样的，因此就必须要求振荡闭锁回路能够有效区分系统振荡和发生三相短路这两种不同情况。

（1）电力系统振荡和短路时的主要区别如下。

① 振荡时电流和各电压幅值的变化速度（$\frac{di}{dt}$、$\frac{du}{dt}$）较慢，而短路时电流突然增大，电压也突然降低。

② 振荡时电流和各点电压幅值均作周期变化，各点电压与电流之间的相位角也作周期变化。

③ 振荡时三相完全对称，电力系统中不会出现负序分量；而短路时，总要长期（在不对称短路过程中）或瞬间（在三相短路开始时）出现负序分量。

（2）对振荡闭锁回路的要求如下。

① 系统振荡而无故障时，应可靠将保护闭锁。

② 系统发生各种类型故障，保护不应被闭锁。

③ 在振荡过程中发生故障时，保护应能正确动作。

④ 先故障，且故障发生在保护范围之外，而后振荡，保护不能无选择性动作。

(3) 振荡闭锁回路的工作原理如下。

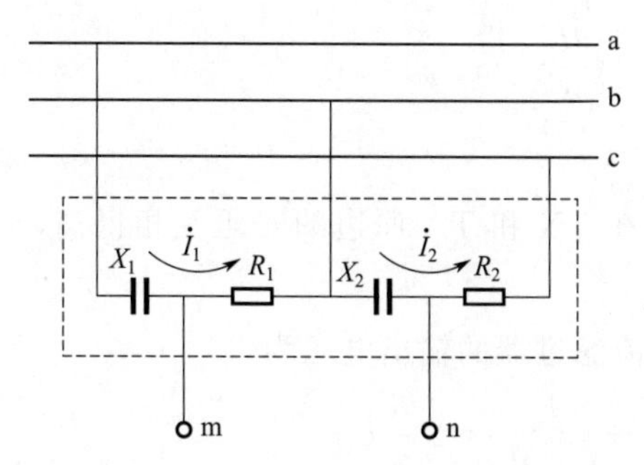

图 4-41 负序电压滤过器原理接线图

① 利用负序（和零序）分量或其增量起动的振荡闭锁回路。

a. 负序电压滤过器，从三相不对称电压中取出其负序分量的回路称为负序电压滤过器。目前广泛应用的是阻容双臂式负序电压滤过器，其原理接线如图 4-41 所示。其参数关系为 $R_1=\sqrt{3}X_1$，$X_2=\sqrt{3}R_2$，当输入端只有正序电压加入时，其相量图如图 4-42(a) 所示，在 m-n 端的空载输出电压为

$$\dot{U}_{\mathrm{mn}}=\dot{U}_{R1}+\dot{U}_{X2}=\frac{\sqrt{3}}{2}\dot{U}_{\mathrm{ab1}}\mathrm{e}^{\mathrm{j}30^\circ}+\frac{\sqrt{3}}{2}\dot{U}_{\mathrm{bc1}}\mathrm{e}^{-\mathrm{j}30^\circ}=0$$

当输入端有负序电压加入时，其相量图如图 4-42(b) 所示，在 m-n 端的空载输出电压为

$$\dot{U}_{\mathrm{mn2}}=\dot{U}_{R1}+\dot{U}_{X2}=-\frac{\sqrt{3}}{2}\dot{U}_{\mathrm{ab2}}\mathrm{e}^{\mathrm{j}30^\circ}+\frac{\sqrt{3}}{2}\dot{U}_{\mathrm{bc2}}\mathrm{e}^{-\mathrm{j}30^\circ}=\frac{3}{2}\dot{U}_{\mathrm{ab2}}\mathrm{e}^{\mathrm{j}60^\circ}=1.5\sqrt{3}\dot{U}_{\mathrm{a2}}\mathrm{e}^{\mathrm{j}30^\circ}$$

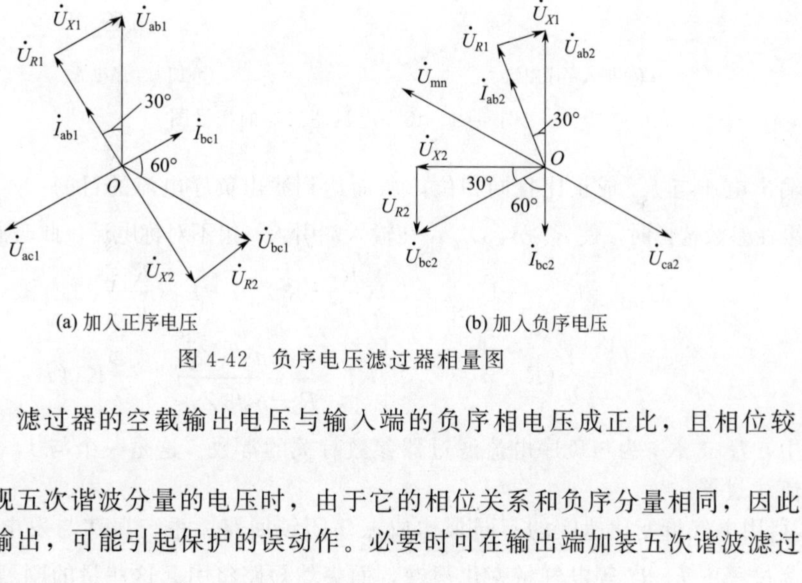

(a) 加入正序电压

(b) 加入负序电压

图 4-42 负序电压滤过器相量图

此结果说明，滤过器的空载输出电压与输入端的负序相电压成正比，且相位较 $\dot{U}_{\mathrm{a2}}$ 超前 30°。

当系统中出现五次谐波分量的电压时，由于它的相位关系和负序分量相同，因此，也会在输出端有电压输出，可能引起保护的误动作。必要时可在输出端加装五次谐波滤过器以消除其影响。

根据对称分量的基本原理，只要将引入负序电压滤过器的三相端子中的任意两个调换一下，即可得到正序电压滤过器。

b. 负序电流滤过器，从三相不对称电流中取出其负序分量的回路称为负序电流滤过器。目前常用的一种由电抗变压器 TX 和 TA 电流变换器组成，其原理接线如图 4-43 所示。其中电抗变压器输出 $\dot{U}_k=-\mathrm{j}Z_k(\dot{I}_\mathrm{b}-\dot{I}_\mathrm{c})$，电流变换器的变比为 $n=W_2/W_1$，在电阻 R 上的压降为$\frac{1}{n}(\dot{I}_a-\dot{I}_0)R$。在 m-n 端的输出电压为

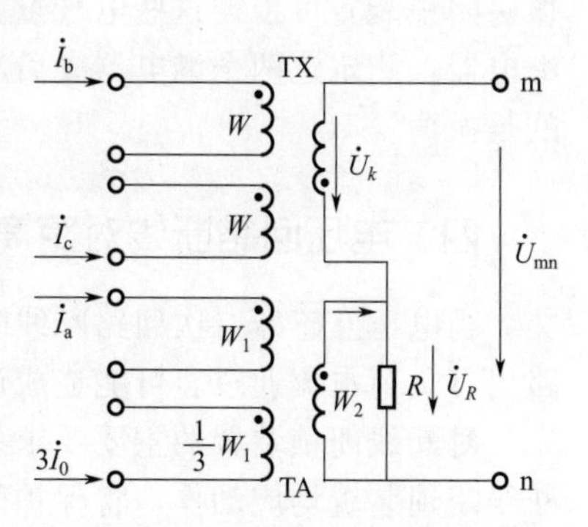

图 4-43 负序电流滤过器原理接线图

$$U_{mn}=\frac{1}{n}(\dot I_a-\dot I_0)R-jZ_k(\dot I_b-\dot I_c)$$

当输入端加入正序电流时，其相量如图 4-44(a) 所示，输出电压为

$$\dot U_{mn1}=\frac{1}{n}\dot I_{a1}R-jZ_k(\dot I_{b1}-\dot I_{c1})=\dot I_{a1}(\frac{R}{n}-\sqrt{3}Z_k)$$

当选取参数为 $R=n\sqrt{3}Z_k$ 时，$\dot U_{mn1}=0$。

当只有零序电流输入时，因 $\dot I_{a0}=\dot I_{b0}=\dot I_{c0}$，因此，在 TX 和 TA 原边的安匝互相抵消，$\dot U_{mn0}=0$。

当只输入负序电流时，如图 4-44(b) 所示，负序电流滤过器的输出电压为

$$\dot U_{mn}=\frac{1}{n}\dot I_{a2}R-jZ_k(\dot I_{b2}-\dot I_{c2})=\dot I_{a2}(\frac{R}{n}+\sqrt{3}Z_k)=2\frac{R}{n}\dot I_{a2}$$

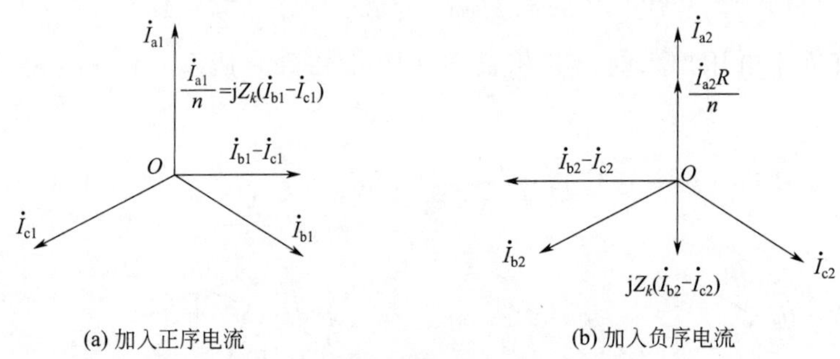

图 4-44 负序电流滤过器的相量图

即输出电压与 $\dot I_{a2}$ 成正比且同相位，从而达到滤出负序电流的目的。

如果在参数选择时，使 $R>n\sqrt{3}Z_k$，在输入端引入一组不对称电流，此时滤过器输出为

$$\begin{aligned}\dot U_{mn}&=\dot U_{mn1}+\dot U_{mn2}=\dot I_{a1}(\frac{R}{n}-\sqrt{3}Z_k)+\dot I_{a2}(\frac{R}{n}+\sqrt{3}Z_k)\\&=\frac{1}{n}(R-n\sqrt{3}Z_k)\left[\dot I_{a1}+\frac{R+n\sqrt{3}Z_k}{R-n\sqrt{3}Z_k}\dot I_{a2}\right]=K_1(\dot I_{a1}+K_2\dot I_{a2})\end{aligned}$$

式中，K_1，K_2 为与负序电流滤过器参数有关的常数。这是一个与 $\dot I_1+K_2\dot I_2$ 成正比的复合电流滤过器。

② 利用电气量变化速度的不同来构成振荡闭锁回路。系统振荡与发电机组转子运动有关，振荡过程中 $\dot I$、$\dot U$ 等电气量变化很慢，而突然短路将引起这些量的剧烈快速变化，因此振荡闭锁装置可根据这些电气量变化速度快慢的特性构成，也可采用两个灵敏度不同的阻抗继电器，测定这两个继电器先后动作时间差值来区分短路与振荡，时间差值小的是短路，大的是振荡。

四、电压回路断线对距离保护的影响

当电压互感器二次回路断线时，距离保护将失去电压，这时阻抗元件失去电压而电流回路仍有负荷电流通过，可能造成误动作。对此，在距离保护中应装设断线闭锁装置。

对断线闭锁装置的主要要求是：当电压互感器发生各种可能导致保护误动作的故障时，断线闭锁装置均应动作，将保护闭锁并发出相应的信号；而当被保护线路发生各种故障时，不因故障电压的畸变错误地将保护闭锁，以保证保护可靠动作。

当距离保护的振荡闭锁回路采用负序电流和零序电流（或它们的增量）起动时，它可兼作断线闭锁。为了避免在断线后又发生外部故障，造成距离保护无选择性动作，一般还应装设断线信号装置，以便值班人员能及时发现并处理之。断线信号装置大都反应于断线后所出现的零序电压，其原理接线如图 4-45 所示。断线信号继电器 KS 有两组线圈，其工作线圈 W_1 接于由 $C_1 \sim C_3$ 组成的零序电压过滤器的中线上。当电压回路断线时，断线信号继电器动作，一方面将保护闭锁，一方面发出断线信号。这种反应于零序电压的断线信号装置，在系统中发生接地故障时也会动作，为此，将 KS 的另一组线圈 W_2 经 C_0 和 R_0 接于电压互感器二次侧开口三角形的输出电压 $3U_0$ 上，当系统中出现零序电压时，两组线圈 W_1 和 W_2 所产生的零序电压安匝大小相等、方向相反，合成磁通为零，KS 不动作。为防止三相熔断器同时熔断而 KS 不动作，可在一相熔断器上并联一个参数适当的电容器，这样当电压回路三相断线时，就可通过此电容给 KS 加入一相电压，使它动作发出信号。

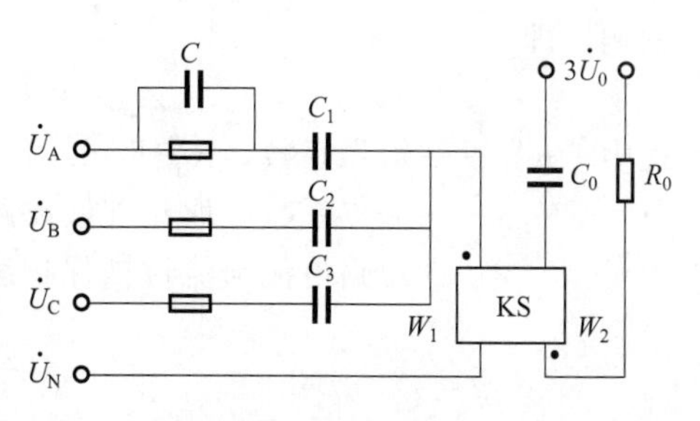

图 4-45　电压回路断线信号装置原理接线图

第五节　距离保护的整定计算

以图 4-46 为例，说明三段式距离保护的整定计算。

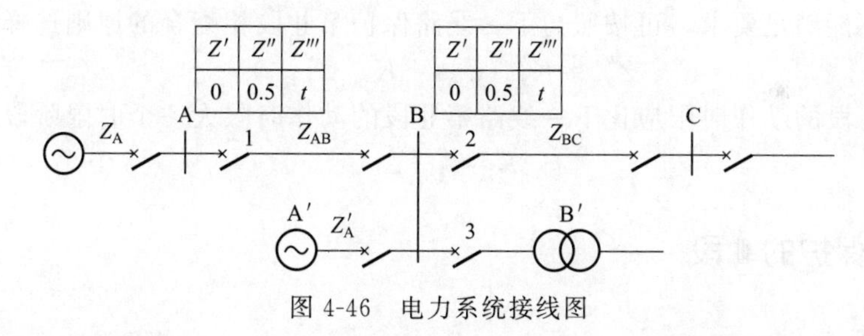

图 4-46　电力系统接线图

一、距离保护Ⅰ段

1. 动作阻抗

对输电线路，按躲过本线路末端短路来整定，即取

$$Z'_{\text{act. 1}} = K'_{\text{rel}} Z_{\text{AB}} \tag{4-41}$$

式中　K'_{rel}——可靠系数，K'_{rel} 取 0.8～0.85。

2. 动作时限

距离保护Ⅰ段的动作时限由保护装置的继电器固有动作时限决定，人为延时为零，即 $t'=0\text{s}$。

二、距离保护Ⅱ段

1. 动作阻抗

① 与下一线路的Ⅰ段保护范围配合，并用分支系数考虑助增及外汲电流对测量阻抗的

影响，即

$$Z''_{act.1}=K''_{rel}(Z_{AB}+K_{bra}K'_{rel}Z_{BC}) \tag{4-42}$$

式中 K''_{rel}——可靠系数，K''_{rel}取0.8；

K_{bra}——分支系数，取相邻线路距离保护Ⅰ段保护范围末端短路时，流过相邻线路的短路电流与流过被保护线路的短路电流实际可能的最小比值，即

$$K_{bra}=\left(\frac{I_{BC}}{I_{AB}}\right)_{min}$$

② 与相邻变压器的快速保护相配合，即

$$Z''_{act.1}=K''_{rel}(Z_{AB}+K_{bra}Z_B) \tag{4-43}$$

式中，Z_B为变压器短路阻抗；考虑到Z_B的数值有较大偏差，所以取$K''_{rel}=0.7$；K_{bra}也取实际可能的最小值。

取①、②计算结果中的小者作为$Z''_{act.1}$。

2. 动作时限

保护第Ⅱ段的动作时限，应比下一线路保护第Ⅰ段的动作时限大一个时限阶段，即

$$t''_1=t'_2+\Delta t\approx\Delta t \tag{4-44}$$

3. 灵敏度校验

$$K_{sen}=\frac{Z''_{act}}{Z_{AB}}\geqslant 1.5 \tag{4-45}$$

如灵敏度不能满足要求，可按照与下一线路保护第Ⅱ段相配合的原则选择动作阻抗，即

$$Z''_{act}=K''_{rel}(Z_{AB}+K_{bra}Z''_{act.2})$$

这时，第Ⅱ段的动作时限应比下一线路第Ⅱ段的动作时限大一个时限阶段，即

$$t''_1=t''_2+\Delta t$$

三、距离保护的Ⅲ段

1. 动作阻抗

按躲开最小负荷阻抗来选择，若第Ⅲ段采用全阻抗继电器，其动作阻抗为

$$Z'''_{act.1}=\frac{1}{K'''_{rel}K_{re}K_{Ms}}Z_{L.min} \tag{4-46}$$

式中 K'''_{rel}——可靠系数，K'''_{rel}取1.2～1.3；

K_{re}——继电器返回系数，K_{re}取1.1～1.15；

K_{Ms}——考虑电动机自起动对的自起动系数，其值大于1；

$Z_{L.min}$——最小负荷阻抗。

$$Z_{L.min}=\frac{0.9U_N}{\sqrt{3}I_{L.max}}$$

式中 U_N——电网的额定线电压；

$I_{L.max}$——被保护线路可能的最大负荷龟流。

2. 动作时限

保护第Ⅲ段的动作时限较相邻与之配合的元件保护的动作时限大一个时限阶段，即

$$t'''=t_2'''+\Delta t \tag{4-47}$$

3. 灵敏度校验

作为近后备保护时

$$K_{\text{sen.近}}=\frac{Z'''_{\text{act.1}}}{Z_{\text{AB}}}\geqslant 1.5 \tag{4-48}$$

作为远后备保护时

$$K_{\text{sen.远}}=\frac{Z'''_{\text{act}}}{Z_{\text{AB}}+K_{\text{bra}}Z_{\text{BC}}}\geqslant 1.2 \tag{4-49}$$

式中 K_{bra}——分支系数，K_{bra} 取最大可能值。

当灵敏度不能满足要求时，可采用方向阻抗继电器，以提高灵敏度，它的动作阻抗的整定原则与全阻抗继电器相同。考虑到正常运行时，负荷阻抗的阻抗角 φ_{L} 较小（约为 25°），而短路时，架空线路短路阻抗角 φ_k 较大（一般约为 65°～85°）。如果选取方向阻抗继电器的最大灵敏角 $\varphi_{\text{sen}}=\varphi_k$，则方向阻抗继电器的动作阻抗为

$$Z'''_{\text{act.1}}=\frac{Z_{\text{L.min}}}{K'''_{\text{rel}}K_{\text{re}}K_{\text{Ms}}\cos(\varphi_k-\varphi_{\text{L}})}$$

因此，采用方向阻抗继电器时，保护的灵敏度比采用全阻抗继电器时可提高 $1/\cos(\varphi_k-\varphi_{\text{L}})$，见图 4-47。

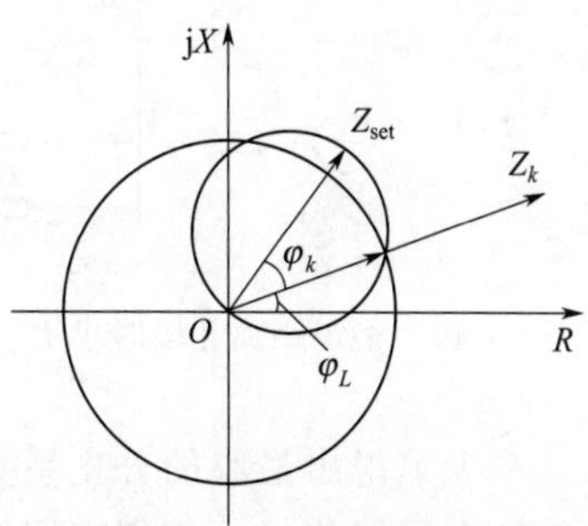

图 4-47 全阻抗继电器和方向阻抗继电器灵敏度比较

以上动作阻抗的整定计算，都是一次动作值，当换算到继电器动作阻抗时，必须计及互感器的变比及继电器的接线方式。

【例 4-1】 在图 4-48 所示的网络中，各线路均装有距离保护，试对其中保护 1 的相间短路保护Ⅰ、Ⅱ、Ⅲ段进行整定计算。已知线路 AB 的最大负荷电流 $I_{\text{L.max}}=350\text{A}$，功率因数 $\cos\varphi=0.9$，各线路每千米阻抗 $Z_1=0.4\Omega$，阻抗角 $\varphi_k=70°$，电动机的自起动系数 $K_{\text{Ms}}=1$，正常时母线最低工作电压 $U_{\text{L.min}}$ 取 $0.9U_{\text{N}}$ （$U_{\text{N}}=110\text{kV}$）。

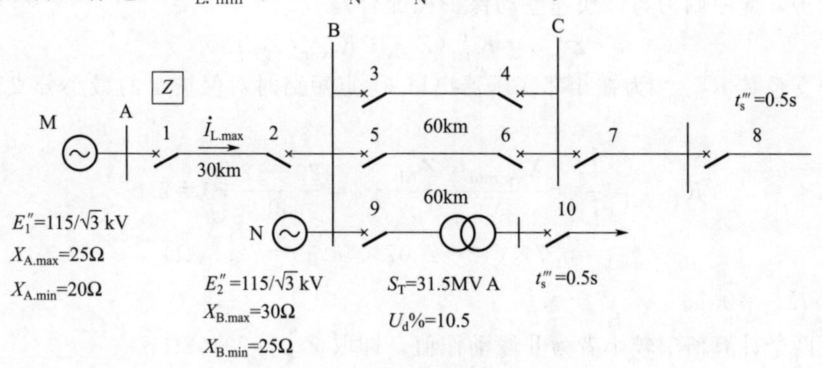

图 4-48 网络接线图

解：

1. 有关各元件阻抗值的计算

AB 线路的正序阻抗 $Z_{\text{AB}}=Z_1L_{\text{AB}}=0.4\times30=12(\Omega)$

BC 线路的正序阻抗 $Z_{\text{BC}}=Z_1L_{\text{BC}}=0.4\times60=24(\Omega)$

变压器的等值阻抗 $Z_{\text{T}}=\frac{U_{\text{d}}\%}{100}\times\frac{U_{\text{T}}^2}{S_{\text{T}}}=\frac{10.5}{100}\times\frac{115^2}{31.5}=44.1(\Omega)$

2. 距离Ⅰ段的整定

（1）动作阻抗 $Z_{set.1}^{Ⅰ}=K_{rel}^{Ⅰ}Z_{AB}=0.85\times12=10.2(\Omega)$

（2）动作时间 $t_1^{Ⅰ}=0s$

3. 距离Ⅱ段

（1）动作阻抗。按下列两个条件选择。

① 与相邻线路BC的保护3（或保护5）的Ⅰ段配合。

$$Z_{set.1}^{Ⅱ}=K_{rel}^{Ⅱ}(Z_{AB}+K_{rel}^{Ⅰ}K_{b.min}Z_{BC})$$

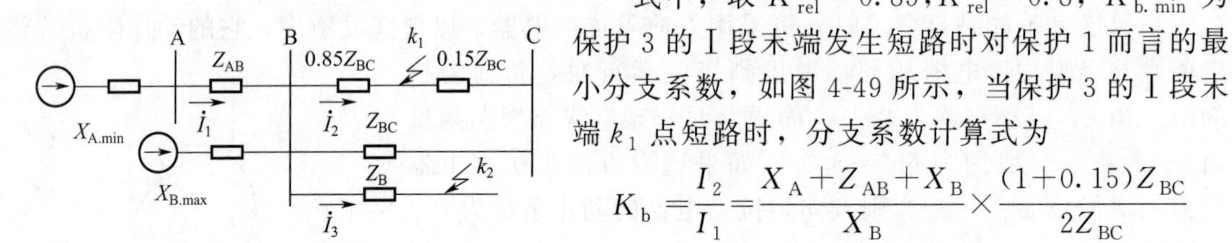

图4-49 整定距离Ⅱ段时求 $K_{b.min}$ 的等值电路

式中，取 $K_{rel}^{Ⅰ}=0.85$，$K_{rel}^{Ⅱ}=0.8$，$K_{b.min}$ 为保护3的Ⅰ段末端发生短路时对保护1而言的最小分支系数，如图4-49所示，当保护3的Ⅰ段末端 k_1 点短路时，分支系数计算式为

$$K_b=\frac{I_2}{I_1}=\frac{X_A+Z_{AB}+X_B}{X_B}\times\frac{(1+0.15)Z_{BC}}{2Z_{BC}}$$

$$=\left(\frac{X_A+Z_{AB}}{X_B}+1\right)\times\frac{1.15}{2}$$

为了得出最小的分支系数 $K_{b.min}$，上式中 X_A 应取最小可能值，即 X_A 最小，而 X_B 应取最大可能值，而相邻双回线路应投入，因而

$$K_{b.min}=\left(\frac{20+12}{30}+1\right)\times\frac{1.15}{2}=1.19$$

于是

$$Z''_{set1}=0.8\times(12+0.85\times1.19\times24)=29.02(\Omega)$$

② 按躲开相邻变压器低压侧出口 k_2 点短路整定（在此认为变压器装有可保护变压器全部的差动保护，此原则为与该快速差动保护相配合）。

$$Z_{set.1}^{Ⅱ}=K_{rel}^{Ⅱ}(Z_{AB}+K_{b.min}Z_T)$$

此处分支系数 $K_{b.min}$ 为在相邻变压器出口 k_2 点短路时对保护1的最小分支系数，由图4-49可见

$$K_{b.min}=\frac{I_3}{I_1}=\frac{X_{A.min}+Z_{AB}}{X_{B.max}}+1=\frac{20+12}{30}+1=2.07$$

$$Z_{set.1}^{Ⅱ}=0.7\times(12+2.07\times44.1)=72.3(\Omega)$$

此处取 $K_{rel}^{Ⅱ}=0.7$。

取以上两个计算值中较小者为Ⅱ段动作值，即取 $Z_{set}^{Ⅱ}=29.02\Omega$。

（2）动作时间。与相邻保护3的Ⅰ段配合，则 $t_1^{Ⅱ}=t_3^{Ⅰ}+\Delta t=0.5s$，它能同时满足与相邻保护以及与相邻变压器保护配合的要求。

（3）灵敏性校验。$K_{sen}=\frac{Z_{set.1}^{Ⅱ}}{Z_{AB}}=\frac{29.02}{12}=2.42>1.5$，满足要求。

4. 距离Ⅲ段

（1）动作阻抗。按躲开最小负荷阻抗整定。因为继电器取为0°接线的方向阻抗继电器，所以有

$$Z_{\text{set.1}}^{\text{Ⅲ}}=\frac{Z_{\text{L.min}}}{K_{\text{rel}}^{\text{Ⅲ}}K_{\text{re}}K_{\text{Ms}}\cos(\varphi_k-\varphi_{\text{L}})}$$

$$Z_{\text{L.min}}=\frac{U_{\text{A.min}}}{I_{\text{A.max}}}=\frac{0.9\times110}{\sqrt{3}I_{\text{L.max}}}=\frac{0.9\times110}{\sqrt{3}\times0.35}=163.3(\Omega)$$

取 $K_{\text{rel}}^{\text{Ⅲ}}=1.2, K_{\text{re}}=1.15, K_{\text{Ms}}=1, \varphi_k=\varphi_{\text{sen}}=70°, \varphi_{\text{L}}=\arccos0.9=25.8°$。于是

$$Z_{\text{set.1}}^{\text{Ⅲ}}=\frac{163.3}{1.2\times1.15\times1\times\cos(70°-25.8°)}=165.1(\Omega)$$

（2）动作时间。$t_1^{\text{Ⅲ}}=t_8^{\text{Ⅲ}}+3\Delta t$ 或 $t_1^{\text{Ⅲ}}=t_{10}^{\text{Ⅲ}}+2\Delta t$

取其中较长者　　　　　$t_1^{\text{Ⅲ}}=0.5+3\times0.5=2.0$（s）

（3）灵敏性校验。

① 本线路末端短路时的灵敏系数。

$$K_{\text{sen.近}}=\frac{Z_{\text{set.1}}^{\text{Ⅲ}}}{Z_{\text{AB}}}=\frac{165.1}{12}=13.75>1.5$$

满足要求。

② 相邻元件末端短路时的灵敏系数。

a. 相邻线路末端短路时的灵敏系数为

$$K_{\text{sen.远}}=\frac{Z_{\text{set.1}}^{\text{Ⅱ}}}{Z_{\text{AB}}+K_{\text{b.max}}Z_{\text{BC}}}$$

式中，$K_{\text{b.max}}$ 为相邻线路 BC 末端 k_3 点短路时对保护 1 而言的最大分支系数，其计算等值电路如图 4-50 所示。X_{A} 取可能的最大值 $X_{\text{A.max}}$，X_{B} 取可能的最小值 $X_{\text{B.min}}$，而相邻平行线取单回线运行，则

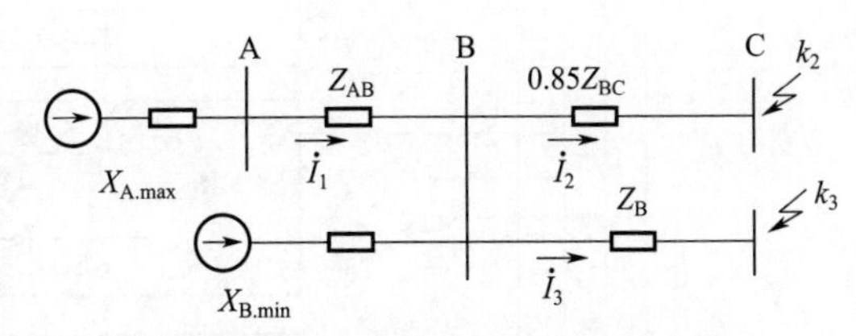

图 4-50　整定距离Ⅲ段灵度校验时求 $K_{\text{b.min}}$ 的等值电路

$$K_{\text{b.max}}=\frac{I_2}{I_1}=\frac{X_{\text{A.max}}+Z_{\text{AB}}+X_{\text{B.min}}}{X_{\text{B.min}}}=\frac{25+12+25}{25}=2.48$$

于是，$K_{\text{sen.远}}=\dfrac{165.1}{12+2.48\times24}=2.31>1.2$，满足要求。

b. 相邻变压器低压侧出口 k_2 短路时的灵敏系数中，最大分支系数为

$$K_{\text{b.max}}=\frac{I_3}{I_1}=\frac{Z_{\text{A.max}}+Z_{\text{AB}}+Z_{\text{B.min}}}{Z_{\text{B.min}}}=\frac{25+12+25}{25}=2.48$$

于是，$K_{\text{sen.远}}=\dfrac{Z_{\text{set.1}}^{\text{Ⅲ}}}{Z_{\text{AB}}+K_{\text{b.max}}Z_{\text{T}}}=\dfrac{165.1}{12+2.48\times44.1}=1.34>1.2$，满足要求。

第六节　距离保护装置举例

现介绍按“四统一”（统一技术原则、统一接线回路、统一元件符号、统一端子编号）要求设计的整流型相间距离保护装置。

一、装置概述

本装置用于中性点直接接地电网作为相间故障的保护。

① 测量元件。距离Ⅰ、Ⅱ段共用三个带记忆回路的绝对值比较式或相位比较式整流型方向阻抗继电器，测量时Ⅰ、Ⅱ段测量元件的定值可切换。第Ⅲ段独立采用三个可向第三象限偏移的方向阻抗继电器。

② 起动元件。采用负序、零序电流（或它们的增量）元件作为振荡闭锁回路的起动元件和整套保护装置的起动元件。

③ 装置还设有二次电压回路断线及过负荷闭锁回路。

④ 装置有可供选用的各种重合闸后加速回路，并能与收发信机配合构成高频闭锁距离保护（图 4-52 中未画出）。

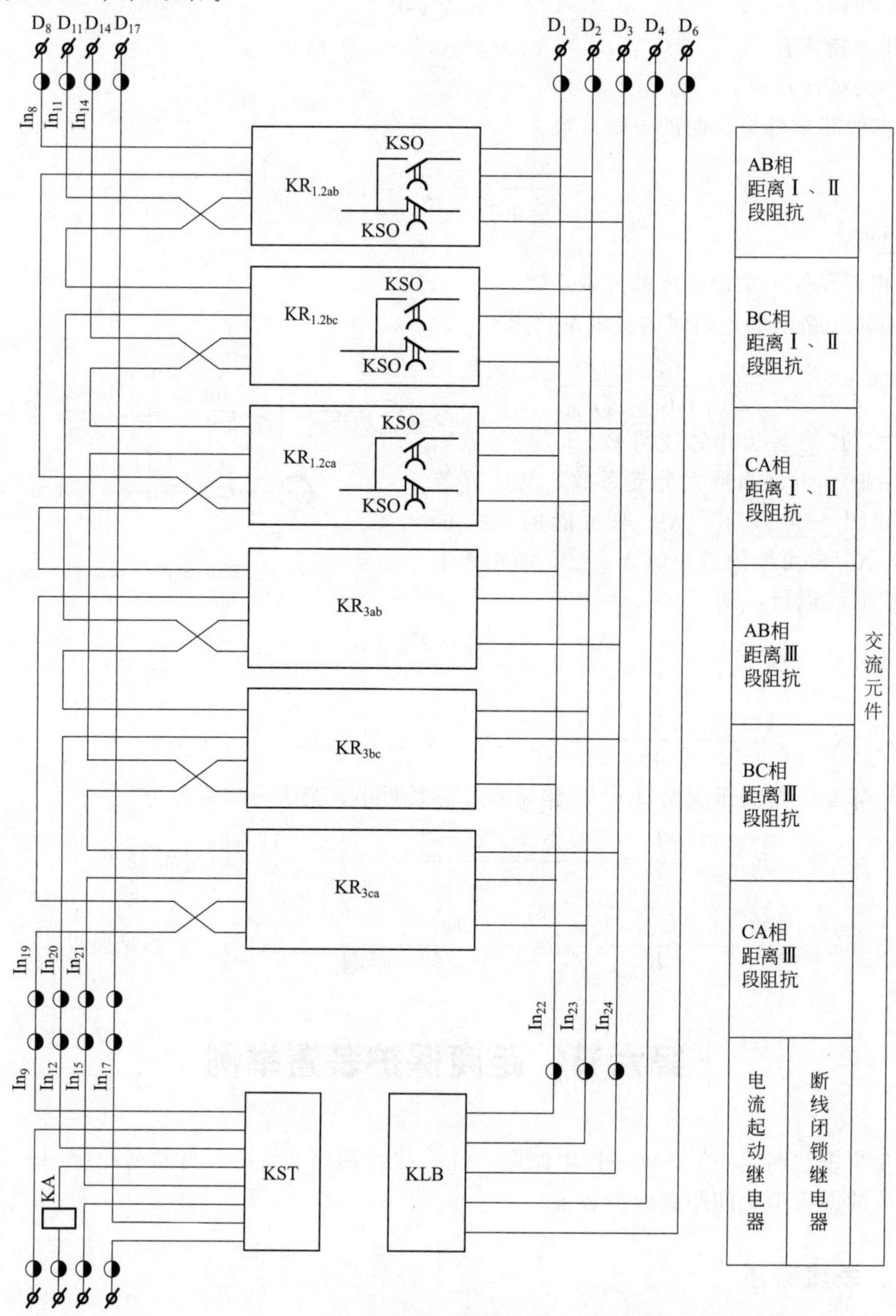

图 4-51　整流型相间距离保护的交流回路

装置的总接线图见图 4-51～图 4-53。图 4-51 所示交流回路中的各继电器及其工作原理前面已分别专门阐述，这里不再赘述。故下面仅介绍装置的直流回路及整套装置的动作过程。

二、装置的直流回路

图 4-52 所示直流回路中各主要继电器的名称及作用如下。

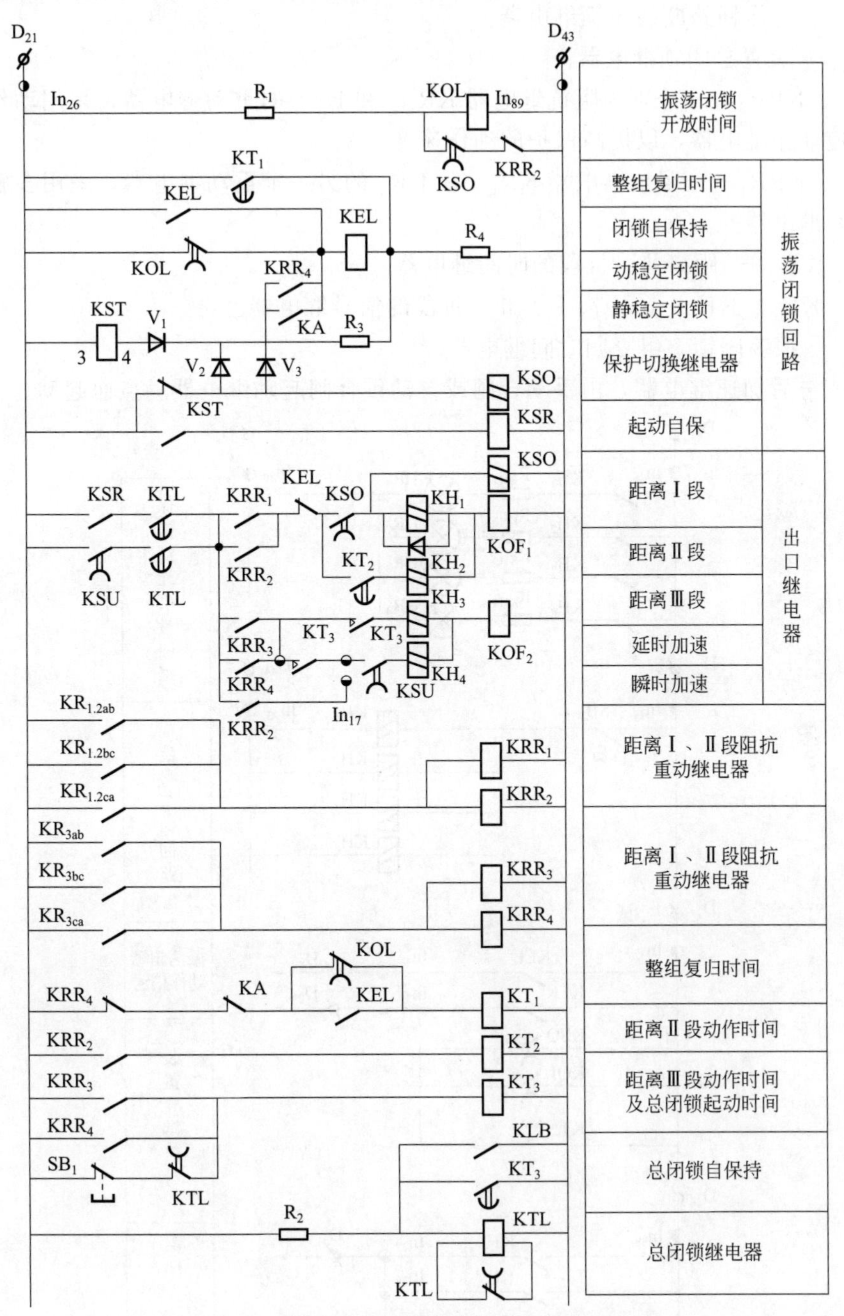

图 4-52　整流型相间距离保护装置的直流回路

KSO——切换继电器，对距离Ⅰ、Ⅱ段公共测量元件的定值进行切换。

KST——振荡闭锁回路及整套保护的起动继电器。故障时起动，起动后立即开放整套保护装置。

KSR——KST 的重动继电器，用以增大触点容量。

KA——相电流继电器，它在静态稳定破坏时起动振荡闭锁执行继电器，对距离Ⅰ、Ⅱ段进行闭锁。

KEL——振荡闭锁执行继电器。

KOL——振荡闭锁开放继电器，控制闭锁回路对Ⅰ、Ⅱ段的开放时间为 0.25～0.3s。

KLB——电压回路断线闭锁继电器。

KTL——装置总闭锁继电器。

KRR_1、KRR_3——分别为阻抗继电器 $KR_{1.2}$ 和 KR_3 的重动继电器，采用动作时间小于 3ms 的快速动作继电器，以提高保护的动作速度。

KRR_2、KRR_4——阻抗继电器 $KR_{1.2}$ 和 KR_3 的另一个重动继电器，采用多触点的一般快速的中间继电器。

KT_2、KT_3——距离Ⅱ、Ⅲ段的时间继电器。

KH_1、KH_2、KH_3——距离Ⅰ、Ⅱ、Ⅲ段的信号继电器。

KT_1——振荡闭锁整组复归时间继电器。

KSU——后加速继电器，由手动合闸或自动重合闸起动继电器触点而起动。

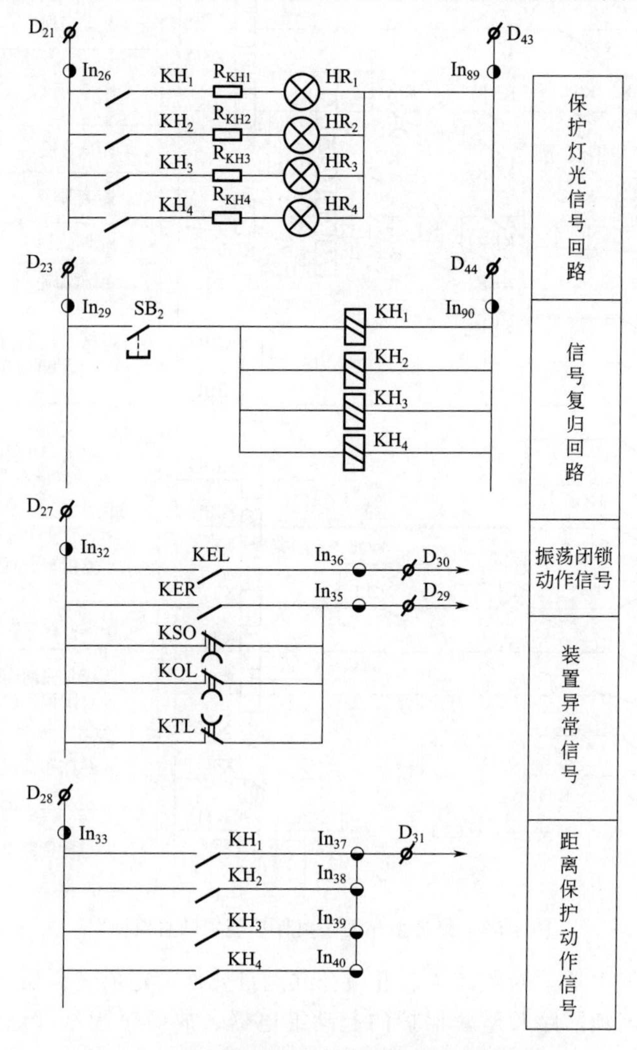

图 4-53 整流型相间距离保护装置的信号回路

三、装置的动作过程

1. 正常运行时

正常运行时，负序及零序电流（或它们的增量）执行元件 KST 及其重动继电器 KSR 均不动作。KSR 的常开触点是打开的，将保护闭锁。同时在直流回路中，只有继电器 KSO、KOL、KTL 励磁，其他继电器均不励磁。

2. 故障时保护各段的动作过程

当系统发生故障时，KST 动作并自保持，其重动继电器 KSR 励磁，常开触点闭合。起动整套保护装置。KSO 失磁，延时 0.15～0.2s 复归。整定值按躲过负荷电流整定的相电流继电器 KA（或 KRR_4）可能动作，但由于 KST 的常闭触点打开比 KA 常开触点闭合快，因此这时 KEL 不会动作。

① 若故障发生在距离Ⅰ段的保护范围内，$KR_{1.2}$ 动作，其重动继电器 KRR_1 的触点立即接通距离Ⅰ段的跳闸回路，在 KSO 切换之前动作于跳闸出口中间继电器 KOF_1（且在起动 KOF_1 的同时，KSO 自保持，不再复归，保证 $KR_{1.2}$ 工作在距离Ⅰ段的整定值上）。KOF_1 触点闭合，经重合闸装置跳闸或直接跳闸，并发出距离Ⅰ段动作信号。

② 若故障发生在距离Ⅱ段的保护范围内，KST 动作，使 KSO 失磁，待 KSO 延时复归后，将 $KR_{1.2}$ 切换到距离Ⅱ段的整定值上，$KR_{1.2}$ 动作，其重动继电器 KRR_1、KRR_2 动作，准备好距离Ⅱ段的跳闸回路；同时因 KRR_2 动作，KOL 仍处于励磁状态，故 KEL 不会动作，保证距离Ⅱ段能作用于跳闸出口，KRR_2 常开触点闭合，起动 KT_2，待 KT_2 终止触点闭合后起动出口跳闸继电器 KOF_1，其触点闭合，经重合闸装置跳闸或直接跳闸，并发出距离Ⅱ段动作信号。

③ 若故障发生在距离Ⅲ段的保护范围内，KST 动作，KR_3 动作，其重动继电器 KRR_3、KRR_4 动作，准备好距离Ⅲ段的跳闸回路；同时 KRR_4 常开触点闭合，起动 KT_3，待 KT_3 的滑动触点闭合，即起动出口中间继电器 KOF_2，其触点闭合，直接跳闸，并发出距离Ⅲ段动作信号。

3. 振荡闭锁回路的工作情况

① 正常运行及系统振荡时，负序、零序电流（或它们的增量）执行元件 KST 及其重动继电器 KSR 均不动作，KSR 的常开触点是打开的，将保护闭锁。

② 系统故障时，由于负序或零序电流突变，KST 动作并自保持，KSR 励磁，其触点闭合，对距离Ⅰ、Ⅱ段开放至 KSO、KEL（KEL 由 KOL 控制）延时复归时为止，开放时间不到 0.3s，以防止区外故障后，系统振荡引起距离Ⅰ、Ⅱ段误动。因为在这样短的时间内，相角差 δ 不会摆得太大，故距离Ⅰ、Ⅱ不会误动。但开放时间也不宜太短，应考虑单相故障发展成相间故障或故障相继切除时使距离Ⅰ、Ⅱ段来得及动作，若闭锁太早，则上述故障将只能由距离Ⅲ段切除，对系统稳定不利。

③ 系统失去静态稳定而振荡时，KST 及 KSR 均不动，KSR 的触点是打开的，将保护闭锁。为了防止振荡过程中又出现操作时（操作时突变量将使 KST 动作），可能使保护误动，加设相电流元件 KA。在系统失去静态稳定而振荡时，KST 未动作；KA 或距离Ⅲ段的 KR_3 及其重动继电器动作时，使 KEL 动作并自保持，其常闭触点打开，将距离Ⅰ、Ⅱ段闭

锁，但此时若系统在振荡过程中又发生区内故障，则只能由距离Ⅲ段延时切除故障。距离Ⅲ段不受 KEL 触点的控制，因为距离Ⅲ段本身的延时能躲过振荡。

4. 装置的其他闭锁

当线路出现过负荷时，距离Ⅲ段的测量元件及其重动继电器动作，起动 KT_3；当阻抗继电器二次电压回路断线或异常时，阻抗继电器及其重动继电器 KRR_2 或 KRR_4 动作，起动 KT_3。KT_3 的终止触点闭合，将 KTL 的线圈短接，使 KTL 失磁，其触点打开，切断距离Ⅰ、Ⅱ、Ⅲ段的出口回路，对整套保护进行闭锁。带时限闭锁可保证只有在异常时才进行闭锁，而在系统故障时不会进行闭锁。

当电压互感器二次电压回路断线时，KLB 动作，立即将 KTL 的线圈短接，使 KTL 失磁，其触点打开，闭锁整套保护。

KTL 失磁时，其常闭触点闭合，发出装置异常信号。

上述闭锁可防止在二次电压回路失去电压和过负荷未被发现的情况下，一旦系统进行某种操作或外部故障时保护可能出现的误动作。

上述闭锁采用手动复归方式，按下常闭按钮 SB_1，闭锁复归。

5. 整套保护的复归

整套保护的复归只有在故障已切除、振荡已停息的情况下才能实现。当故障和振荡完全消除后，距离Ⅲ段的阻抗继电器及其重动继电器 KRR_4 和相电流继电器 KA 稳定复归，KRR_4 及 KA 的常闭触点闭合，接通 KT_1，由 KT_1 的终止触点短接 KEL 和 KST 线圈，使它们复归。KSO、KOL 重新处于励磁状态，使整套保护恢复到初始状态。

振荡闭锁回路延时复归继电器 KT_1 的整定时间应大于线路两侧切除故障时间与重合于永久性故障并以最大时限再行切除故障所需时间的总和，通常整定为 6～7s。这样考虑是为了保证在重合闸时，KST 和 KSR 仍处于励磁状态，若重合于永久性故障上，不需要 KST 再次起动，保护就可动作，故提高了保护的可靠性。

小结

三段式距离保护各段由三个相间与三个接地方向阻抗继电器完成短路阻抗的测量，其中的Ⅰ段不受系统运行方式的影响，保护区稳定；Ⅱ、Ⅲ段会受到分支电流的影响，保护区在各种运行方式下会有所不同。由于距离保护有电压回路，电压回路断线时保护将闭锁，防止其误动。高压电网中距离保护需采取措施防止振荡、过渡电阻的影响，为了提高保护的动作速度并与综合重合闸配合，在距离保护中广泛地采用了先选相后计算短路阻抗的方式。

由于距离保护保护区稳定，因此在 110kV 及以上电压等级的电网中受到了广泛的应用，并且与纵联通道配合，可以构成全线速动保护。这样以纵联保护作为主保护，三段式的距离保护作为后备保护，构成完善的线路保护。

学习指导

1. 要求

掌握电网距离保护工作原理。

2. 知识点

距离保护的基本原理与适用场合；单相式方向阻抗继电器的分析方法；阻抗继电器的接线方式；振荡闭锁的原理；过渡电阻对距离保护的影响与消除措施；电压回路断线时距离保

护的影响与消除措施；有分支电路时距离保护影响及分支系数计算；故障选相原理。

3.重点和难点

阻抗继电器中动作阻抗、整定阻抗的区别；方向阻抗继电器的分析方法与接线方式；影响距离保护正确动作的因素及消除方法。

本章学习要理解距离保护比电流保护优越，就是在于它受系统的运行方式影响小。距离保护完成测量与整定是靠阻抗继电器来完成的，而阻抗是相量，因此继电器是依靠整定阻抗建立一定的动作特性，如果测量阻抗进入动作区，继电器就动作。对于阻抗继电器中的测量阻抗、动作阻抗、整定阻抗、最大灵敏角、最小精确工作电流等基本概念要严格掌握。针对不同的继电器能够写出其相应的按幅值比较和按相位比较的动作方程。

在发生故障时，只有故障相的阻抗继电器能够正确测量，因此反映接地故障需要3个阻抗继电器，反映相间短路需要3个阻抗继电器，接线方式分别为零序补偿接线与0°接线，对其中的零序补偿系数要知道其含义。正是由于故障相的阻抗继电器能够正确测量短路阻抗，距离保护才需要引入选相元件，选相元件的工作是选出故障相，选相的原理要了解。阻抗继电器存在出口故障的电压死区，为了消除死区才引入实用的阻抗继电器，因此对于实用的阻抗继电器的分析要理解其为什么能够消除死区。

要了解振荡与过渡电阻对距离保护的影响及其消除方法。对于距离保护的框图要能够分清楚振荡闭锁部分、三段式距离部分、后加速部分，要了解在振荡或短路时保护的动作行为。本章的学习是三段式保护的延续，是纵联保护的基础，在学习中要注意比较与电流保护的异同，突出距离保护的特殊处，并比较各种保护的适用范围。

复习思考题

(1) 全阻抗继电器有无电压死区？为什么？

(2) 有一个方向阻抗继电器，其整定阻抗 $Z_{set}=10\angle 60°\Omega$，若测量阻抗为 $Z_m=8.5\angle 30°\Omega$，该继电器能否动作？为什么？

(3) 有记忆回路的方向阻抗继电器的静态特性和初态特性在什么情况下才可能相同？正向短路时，初态特性包括了原点，那么方向阻抗继电器在反方向短路的初始瞬间会误动吗？

(4) 电弧电阻和助增电流对距离保护第Ⅱ段的影响都是使测量阻抗增大，后果都是使灵敏度和速动性变坏，为什么对前者要采取措施（如瞬时测量），而对于后者却不采取措施？

(5) 欲构成整定阻抗 $Z_{set}=10\Omega$ 的方向阻抗继电器，试写出它的幅值比较原理和相位比较原理的动作方程表达式，并画出它的原理接线图。

(6) 四边形阻抗继电器构成方法和圆特性阻抗继电器的构成方法有什么不同之处？

(7) 方向阻抗继电器为什么要引入极化电压？记忆回路工作原理和引入第三相电压作用是什么？

(8) 精确工作电流的含义是什么？阻抗继电器为什么要考虑精确工作电流？

(9) 已知线路的阻抗角 $\varphi_L=65°$，通过线路的负荷功率因数为0.9，在此线路上装设有按0°接线的相间距离保护。当线路发生金属性短路时，距离保护起动元件的灵敏系数是采用方向阻抗继电器大，还是采用全阻抗继电器大？大多少？

(10) 如图4-54所示，已知：网络的正序阻抗 $Z_1=0.45\Omega/km$，阻抗角 $\varphi_L=65°$；线路上采用三段式距离保护，其第Ⅰ、Ⅱ、Ⅲ段阻抗元件均采用0°接线的方向阻抗继电器，继电器的最灵敏角 $\varphi_{sen}=65°$，保护B的延时 $t'_B=2s$，线路AB、BC的最大负荷电流 $I_{L.max}=400A$，负荷自起动系数 $K_{Ms}=2$，继电器的返回系数 $K_{re}=1.2$，并设 $K'_{rel}=0.85$，$K''_{rel}=0.8$，$K'''_{rel}=1.15$，负荷的功率因数 $\cos\varphi=0.9$，变压器采用能保护整个变压器的无时限纵差保护。试求：保护 A 段的动作阻抗，第Ⅱ段、第Ⅲ段的灵敏度与整定时限。

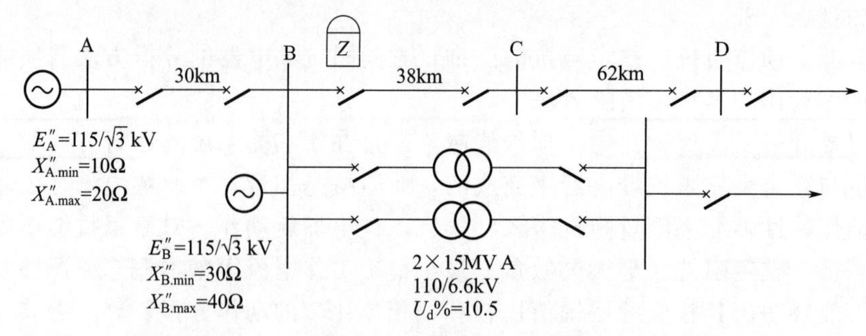

图 4-54　习题（10）图

（11）在图 4-55 所示系统中，各线路首端均装设有$\dfrac{U_{\Delta}}{I_{\Delta}}$接线的距离保护装置，其系统参数如图中所示，线路的正序阻抗为 0.4Ω/km，求保护 1 的Ⅰ段、Ⅱ段的动作时限并校验Ⅱ段的灵敏度。取 $K'_{\mathrm{rel}}=K''_{\mathrm{rel}}=0.8$。

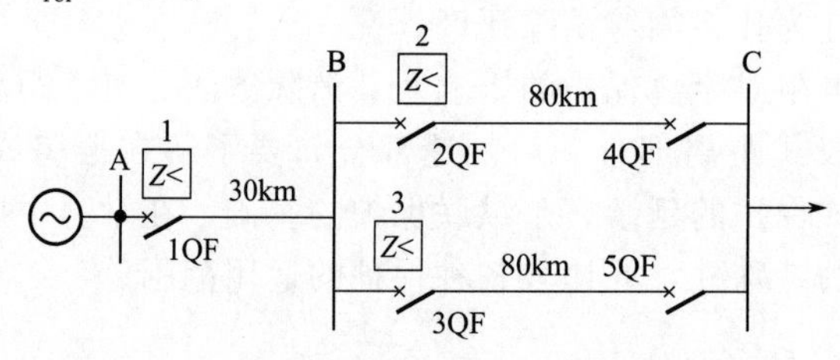

图 4-55　习题（11）图

（12）在图 4-56 所示的双电源系统中，在保护 1 处装设了 0°接线的方向阻抗元件，设Ⅰ段阻抗的整定值为 $Z_{\mathrm{set}}=6\Omega$，且 $|\dot{E}_{\mathrm{M}}|=|\dot{E}_{\mathrm{N}}|$。其余参数如图所示，各元件阻抗角均为 70°。试求：

① 振荡中心的位置，并在阻抗复平面上画出测量阻抗的振荡轨迹。

② 求出Ⅰ段阻抗元件误动的角度范围。

③ 当系统的振荡周期近似取 1.5s 时，求出阻抗元件的误动时间。

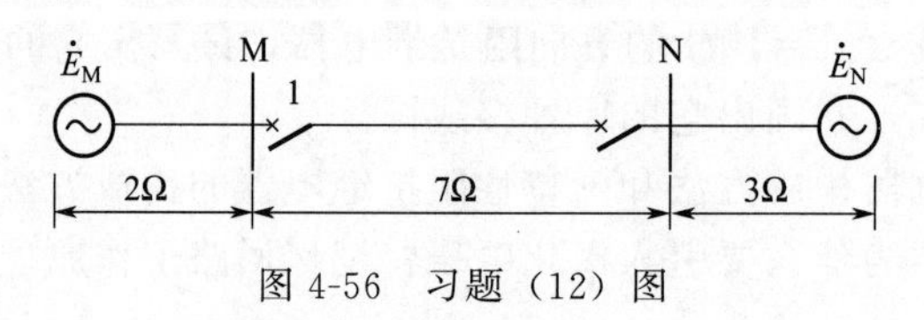

图 4-56　习题（12）图

（13）在图 4-57 复数平面上已知阻抗 Z_{A} 和 Z_{B}，试求出以下动作方程的特性轨迹。

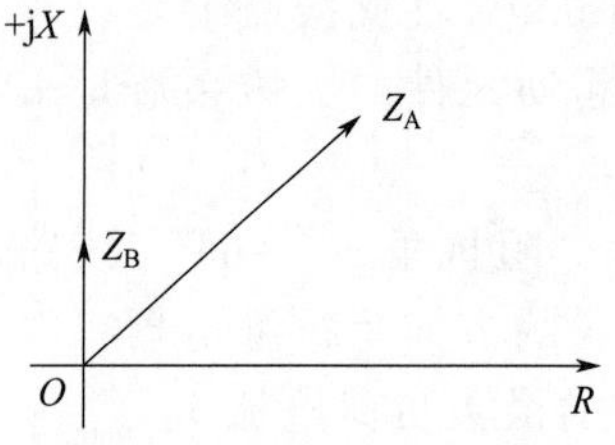

图 4-57　习题（13）图

$$90^{\circ}<\arg\frac{Z_{\mathrm{cl}}+Z_{\mathrm{B}}}{Z_{\mathrm{cl}}-Z_{\mathrm{A}}}<270^{\circ}$$

$$180^{\circ}<\arg\frac{Z_{\mathrm{cl}}+Z_{\mathrm{B}}}{Z_{\mathrm{cl}}-Z_{\mathrm{A}}}<270^{\circ}$$

$$180^{\circ}<\arg\frac{Z_{\mathrm{cl}}+Z_{\mathrm{B}}}{Z_{\mathrm{cl}}-Z_{\mathrm{A}}}<360^{\circ}$$

$$240^{\circ}<\arg\frac{Z_{\mathrm{cl}}+Z_{\mathrm{B}}}{Z_{\mathrm{cl}}-Z_{\mathrm{A}}}<360^{\circ}$$

第五章

电网的差动保护和高频保护

第一节　电网纵联差动保护

前述输电线路的电流保护、电压保护和距离保护，根据它们的基本原理，均不能实现全线路瞬时切除故障。这在高电压、大容量系统中，往往不能满足系统稳定要求。下面所讨论的纵联差动保护，就可以满足全线瞬时切除故障的要求。

一、纵联差动保护的构成和工作原理

电网的纵联差动保护反应于被保护线路首末两端电流的大小和相位，保护整条线路，全线速动。纵联差动保护原理如图 5-1 所示。被保护线路两侧的电流互感器变比相等，$n_{TA}=n'_{TA}$。极性标注如图 5-1(a) 所示。对被保护线路来说，将两侧电流互感器二次的内侧及外侧分别用二次线连接，组成一个循环臂。在内外侧连线的两点 a、b 处接入差动继电器 KD，

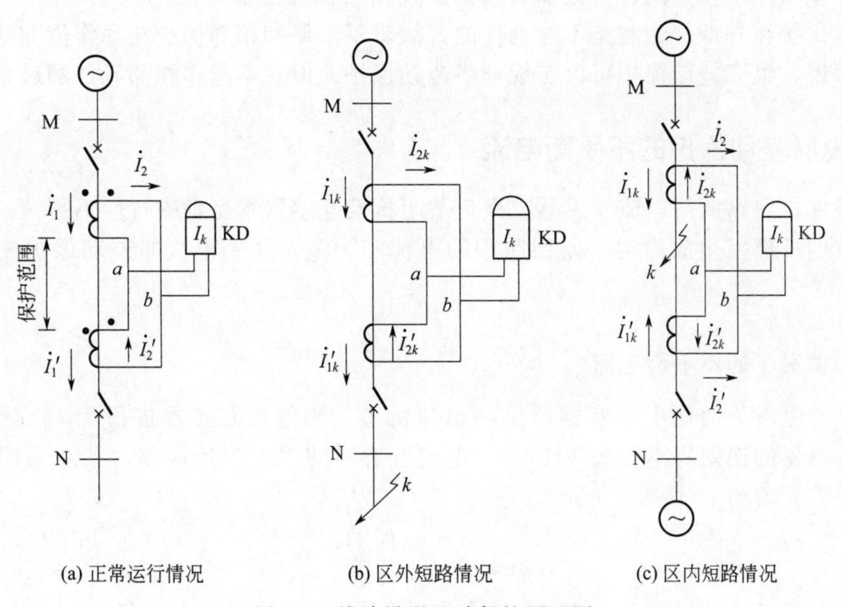

(a) 正常运行情况　　(b) 区外短路情况　　(c) 区内短路情况

图 5-1　线路纵联差动保护原理图

设两侧电流互感器外侧输出电流为正方向电流，按减极性标注电流互感器。在正常运行时，两侧电流互感器的原边流过的电流为 $\dot{I}_1$ 和 $\dot{I}_1'$。互感器副边输出的电流为 $\dot{I}_2$ 和 $\dot{I}_2'$，$\dot{I}_2$ 和 $\dot{I}_2'$ 由 b 经差动继电器到 a。所以流入继电器的电流为 $\dot{I}_2-\dot{I}_2'$，即为电流互感器二次电流的差。一般把继电器回路叫差回路。

在正常运行时，流入差回路的电流为

$$\dot{I}_J=\dot{I}_2-\dot{I}_2'=\frac{\dot{I}_1}{n_{TA}}-\frac{\dot{I}_1'}{n_{TA}'}\approx 0 \tag{5-1}$$

式中　n_{TA}、n_{TA}'——两侧电流互感器的变比。

当被保护线路外部 k 点短路时，如图 5-1(b) 所示。流入差动保护差回路中的电流为

$$\dot{I}_J=\dot{I}_{2k}-\dot{I}_{2k}'=\frac{\dot{I}_{1k}}{n_{TA}}-\frac{\dot{I}_{1k}'}{n_{TA}'}\approx 0 \tag{5-2}$$

式中　$\dot{I}_{1k}$，$\dot{I}_{1k}'$——电源供给短路点的短路电流。

故被保护线路在正常运行及区外故障时，在理想状态下，流入差动保护差回路中的电流为零。但实际上，两侧电流互感器的性能不会完全相同，所以差回路中还有一个不平衡电流 $\dot{I}_{unb}$。差动继电器 KD 的起动电流是按大于不平衡电流整定的，所以，在被保护线路正常及外部故障时差动保护不会动作。

当被保护线路内部 k 点短路时，如图 5-1(c) 所示。流入差动保护回路的电流为

$$I_J=\dot{I}_{2k}+\dot{I}_{2k}'=\frac{\dot{I}_{1k}}{n_{TA}}+\frac{\dot{I}_{1k}}{n_{TA}'}=\frac{\dot{I}_k}{n_{TA}} \tag{5-3}$$

式中　$\dot{I}_{1k}$，$\dot{I}_{1k}'$——线路两侧电源供给短路点的短路电流；

$\dot{I}_k$——流经短路点的短路电流。

故被保护线路内部故障时，流入差回路的电流为短路点短路电流的二次值，其值远大于差动继电器的起动电流，差动继电器动作，瞬时发出跳闸脉冲，断开线路两侧断路器。

由于区内故障时，流入差动继电器的故障电流远大于继电器的起动电流，故差动保护灵敏度很高。纵联差动保护的保护范围为被保护线路两侧互感器之间的区域，保护范围稳定。而且，差动保护在外部故障时是不能动作的，故就不需要和相邻保护在动作值和动作时限上配合，所以说，纵联差动保护可以实现全线速动保护。但它不能作相邻元件的后备保护。

二、纵联差动保护的不平衡电流

由于被保护线路两侧电流互感器二次负载阻抗及互感器本身励磁特性不一致，在正常运行及保护范围外部发生故障时，差回路中的电流不为零，这个电流叫差动保护的不平衡电流 $\dot{I}_{unb}$。

1. 稳态情况下的不平衡电流

该不平衡电流为两侧电流互感器励磁电流的差。当电流互感器进行 10%误差校验后，每个电流互感器的误差均不会大于 10%，电流互感器的误差为负误差，其差动回路中产生不平衡电流最大值为

$$I_{unb.max}=\frac{K_{TA}K_{ss}I_{k.max}}{n_{TA}} \tag{5-4}$$

式中　K_{TA}——电流互感器 10%误差；

K_{ss}——电流互感器的同型系数，两侧电流互感器为同型号时，取 0.5，否则取 1；
$I_{k.max}$——被保护线路外部短路时，流过保护线路的最大短路电流。

2. 暂态不平衡电流

纵联差动保护是全线速动保护，需要考虑在外部短路时暂态过程中差回路出现的不平衡电流。在短路后的暂态过程中，短路电流中除周期分量电流外，还有按指数规律衰减的非周期分量。由于电流互感器原副边回路对非周期分量电流衰减时间常数不同，两侧电流互感器直流励磁程度不同，所以使暂态不平衡电流加大。在纵联差动保护计算中，其最大值为

$$I'_{unb.max}=K_{TA}K_{ss}K_{aper}I_{k.max} \tag{5-5}$$

式中　K_{aper}——非周期分量的影响系数，在接有速饱和变流器时，K_{aper} 取为 1，否则取 1.5～2。

三、纵联差动保护的应用

纵联差动保护的优点是全线速动，不受过负荷及系统振荡的影响，灵敏度较高。但用于保护输电线路时，还存在下列问题。

① 需敷设与被保护线路等长的辅助导线，且要求电流互感器的二次负载阻抗满足电流互感器 10%的误差。这在经济上、技术上都难以实现。

② 需装设辅助导线断线与短路的监视装置，辅助导线断线应将纵差保护闭锁。否则，辅助导线断线后，在区外发生故障时会造成无选择性动作；辅助导线短路会造成区内故障拒动。

由于纵联差动保护存在上述问题，所以在输电线路中，只有用其他保护不能满足要求的短线路（一般不超过 7km 线路）才采用。

第二节　平行线路的横联方向差动保护

一、横联方向差动保护的构成及工作原理

重要的负荷用户常采用双回线供电方式。这种方式在每回线的两侧都装有断路器，任一回路发生故障，只需切除故障线路，无故障线路继续运行。横差方向保护是用于平行线路的保护装置，它装设于平行线路的两侧。其保护范围为双回线的全长。横差方向保护的动作原理是反应于双回线路的电流及功率方向，有选择性地瞬时切除故障线路。

横差方向保护的单相原理如图 5-2 所示，平行线路的两侧各装设一套横差方向保护。每相保护由两个变比相等的电流互感器、一个电流继电器及两个功率方向继电器组成。电流继电器及两个功率方向继电器的电流线圈，接于两个电流互感器的差回路中。电流继电器作为起动元件，功率方向继电器作为故障线路的选择元件，电流互感器的极性标注如图 5-2 所示。为防止单回路运行在区外发生短路引起保护误动，将保护的直流操作电源经两个断路辅助常开触点闭锁，只有当双回线都投入运行时，横差方向保护才允许投入，而任意一个断路器断开，横差保护都自动退出工作。

在正常运行及外部发生短路时，两线路中的电流相等。两电流互感器差回路中的电流仅为很小的不平衡电流，小于继电器的起动电流，电流继电器不会起动。

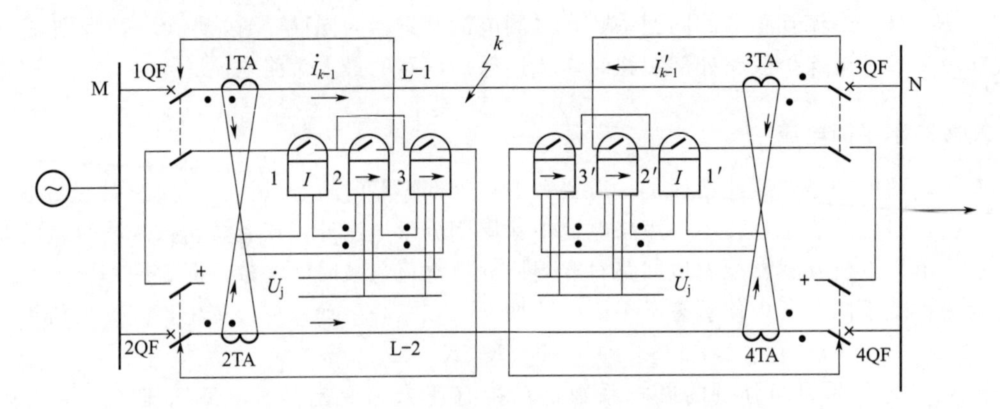

图 5-2 横差方向保护原理图

内部故障时，如在线路 L-1 的 k 点发生短路，平行线路的 M 侧 $I_{k-1}>I'_{k-1}$，电流继电器中的电流 $I=\frac{1}{n_{TA}}(I_{k-1}-I'_{k-1})$。当 $I>I_{act}$ 时，电流继电器 1 动作。功率方向继电器 2 承受正方向功率而动作，功率方向继电器 3 承受负功率不动作，因而跳开 1QF。对于线路 N 侧，流过线路 1 及线路 2 的短路电流大小相等、方向相反。差回路中的电流 $I=\frac{2}{n_{TA}}I'_{k-1}$。当 $I>I_{act}$ 时，电流继电器动作，功率方向继电器 2′承受正功率，接点闭合，跳开 3QF 瞬时切除故障，线路 L-1 横差保护退出工作，非故障线路 L-2 继续运行。

线路 L-2 发生故障时，横差保护同样动作，只切除故障线路 2。

二、相继动作区

系统接线如图 5-3 所示。当故障发生在 N 侧母线附近，如 k 点，两平行线路 M 端流过的短路电流近似相等，M 侧横差保护装置差回路的电流很小，电流继电器可能不动。靠近故障点的横差保护，由于两线路中短路电流方向相反，电流继电器中流有很大的差电流可使保护动作，跳开故障线路近短路点的断路器，如 3QF。断路器跳开后，短路电流重新分配，远离短路点 M 侧横差保护差回路流有短路电流，保护动作切除故障线路。线路两侧保护装置这种先后动作切除故障的方式称为相继动作。产生相继动作的范围称为相继动作区。加装横差方向保护的双电源平行线路，两侧都存在相继动作区。相继动作区内发生故障，切除故障的时间增长（约 0.2s）。

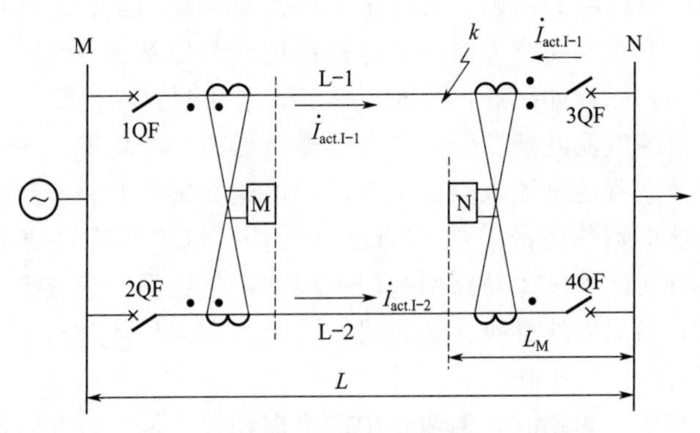

图 5-3 横差方向保护相继动作分析图

三、起动元件动作电流的整定

起动元件的动作电流应按下述两个原则整定。

① 躲过外部故障时的最大不平衡电流。为了保证保护在外部故障时不动作，起动元件的动作电流应大于外部故障时流过保护的最大不平衡电流 $I_{unb.max}$。对于平行线路的横联方向差动保护，$I_{unb.max}$ 包括除由电流互感器误差所引起的最大不平衡电流 $I'_{unb.max}$外，还有由平行线路两回线参数不完全相同而引起的最大不平衡电流 $I''_{unb.max}$。所以起动元件的动作电流应为

$$I_{k.act}=K_{rel}I_{unb.max}=K_{rel}(I'_{unb.max}+I''_{unb.max}) \tag{5-6}$$

式中　K_{rel}——可靠系数，取 1.5。

② 躲过单回线路运行时的最大负荷电流。这是防止由于检修或误操作等，对侧有一个断路器先跳开，使平行线路转入单回线路运行时，流经本侧保护的电流是总的负荷电流，而此时因本侧的两个断路器均未跳开，故操作电源的闭锁不起作用，将使本侧保护误动作，切断正在送电的线路。为避免上述误动作，起动元件的动作电流应大于最大负荷电流，即

$$I_{k.act}=\frac{K_{rel}}{K_{re}K_I}I_{L.max} \tag{5-7}$$

式（5-7）中考虑了返回系数 K_{re}，这是为了保证在单回线路运行时，起动元件在外部故障切除后，可靠地返回。否则，起动元件的触点仍闭合着。保护的跳闸回路仅由断路器的闭锁触点断开，一旦将另一回线路投入，断路器合闸后，就会因闭锁触点接通，而立即将工作线路跳开。

横联方向差动保护能有选择性地切除平行线路的故障，且动作迅速、接线简单。但在相继动作区内故障时，故障切除时间将延长。另外，它不反应于外部故障，故不能作相邻线路（或元件）的远后备保护；单回线路运行时保护必须退出，故不能作单回线路运行时的保护。因此，还需装设一套接于双回线路电流之和的阶段式电流保护或距离保护，作单回线路运行时的主保护及双回线路运行时的后备保护。

第三节　高频保护的基本原理

一、高频保护的作用及基本原理

自 20 世纪 20 年代末和 30 年代初，高频闭锁方向保护和电流相位差动高频保护相继问世。从 50 年代起，这两种高频保护得到了不断的改进和发展。目前，高频闭锁方向保护和电流相位差动高频保护（其中包括高频距离保护）已成为高压或超高压电网的主保护，它们对于电力系统的稳定运行和安全可靠的工作起到了十分重要的作用。

高频保护是用高频载波代替二次导线，传送线路两侧电信号，所以高频保护的原理是反应于被保护线路首末两端电流的差或功率方向信号，用高频载波（载频 50～400kHz）将信号传输到对侧加以比较而决定保护是否动作。高频保护与线路的纵联差动保护类似，正常运行及区外故障时，保护不动，区内故障全线速动。

二、高频通道的构成原理

为了实现高频保护，首先必须解决高频通道问题。目前应用比较广泛的载波通道是“导

线-大地”制，其构成如图 5-4 所示。除输电线外，其主要元件的作用分述如下。

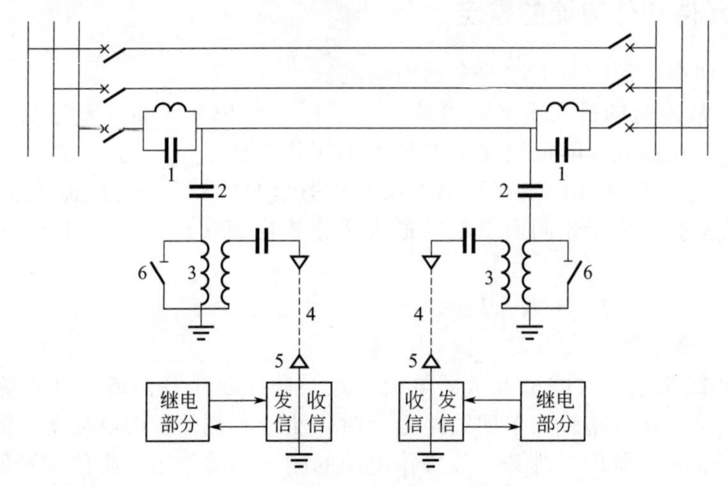

图 5-4 高频通道构成示意图
1—高频阻波器；2—结合电容器；3—连接滤波器；4—高频电缆；5—高频收发信机；6—接地刀闸

1. 高频阻波器

高频阻波器有单频阻波器、双频阻波器、带频阻波器和宽带阻波器等若干类型。在电力系统继电保护中，为保证保护工作的可靠性，广泛使用高频保护专用的单频阻波器。

高频阻波器是由电感线圈和可调电容组成的并联谐振回路，当其谐振频率为选用的载波频率时，它所呈现的阻抗最大，约为 1000Ω，从而使高频电流限制在被保护输电线路以内，即在两侧高频阻波器之内，不至于流入相邻的线路上去。对工频电流（50Hz）而言，高频阻波器的阻抗仅是电感线圈的阻抗，其值约为 0.04Ω，因而工频电流可畅通无阻，不会影响输电线路正常传输。

目前，高频保护的载波频率限制在 40～500kHz。低于 40kHz 不仅干扰大，而且阻波器难于制造；高于 500kHz 不仅衰耗大，而且与广播频率相干扰。在长线路上选用的载频应偏低，以降低损耗；短线路则相反。

阻波器的电感线圈的电感 $L=0.1\mathrm{mH}$，可调电容 C 为 20～250μF。

2. 结合电容器

它是一个高压电容器，电容很小，对工频电压呈现很大的阻抗，使收发信机与高压输电线路绝缘，载频信号顺利通过。结合电容器 2 与连接滤波器 3 组成带通滤波器，对载频进行滤波。

3. 连接滤波器

它是一个可调节的空心变压器，与结合电容器共同组成带通滤波器。输电线路的波阻抗约为 400Ω，高频电缆 4 的波阻抗为 100Ω，连接滤波器起着阻抗匹配的作用，可以避免高频信号的电磁波在传输过程中发生反射，并减少高频信号的损耗，增加输出功率。它在通频带内衰耗很小，而在通频带以外衰耗很大。

4. 高频电缆

用来连接户内的收发信机和装在户外的连接滤波器。为屏蔽干扰信号，减少高频损耗，采用单芯同轴电缆，其波阻抗为 100Ω。

5. 保护间隙

保护间隙是高频通道的辅助设备，用它来保护高频电缆和高频收发信机免遭过电压的袭击。

6. 接地刀闸

接地刀闸也是高频通道的辅助设备。在调整或检修高频收发信机和连接滤波器时，用它来进行安全接地，以保证人身和设备的安全。

7. 高频收发信机

高频收发信机的作用是发送和接收高频信号。发信机部分由继电保护控制，通常都在电力系统发生故障，保护起动之后它才发出信号，但有时也可以采用长期发信的方式。由发信机发出信号，通过高频通道被对端的收信机所接收，也可被自己一端的收信机所接收。高频收信机接收到由本端和对端所发送的高频信号。经过比较判断之后，再动作于跳闸或将它闭锁。

上述的高频阻波器、结合电容器、连接滤波器和高频电缆等设备，统称为高压输电线路的高频加工设备，通过这些加工设备，就可以将超高压输电线路构成高频传输通道，解决高频信号的传输问题。

三、高频信号的利用方式

以高频通道的工作方式为准，可以分成经常无高频电流（即所谓故障时发信）和经常有高频电流（即所谓长期发信）两种方式。

在这两种工作方式中，以其传送的信号性质为准，又可以分为传送闭锁信号、允许信号和跳闸信号三种类型。

所谓闭锁信号是指：收不到这种信号是高频保护动作跳闸的必要条件。结合高频保护的工作原理来看，就是当外部故障时，由一端的保护发出高频闭锁信号将两端的保护闭锁，而当内部故障时，两端均不发因而也收不到闭锁信号，保护即可动作于跳闸。

所谓允许信号则是指：收到这种信号是高频保护动作跳闸的必要条件。因此当内部故障时，两端保护应同时向对端发出允许信号，使保护装置能够动作于跳闸。而当外部故障时，则收不到这种信号，因而保护不能跳闸。

至于传送跳闸信号的方式，是指：收到这种信号是保护动作于跳闸的充分而必要条件。实现这种保护时，实际上是利用装设在每一端的电流速断、距离Ⅰ段或零序电流速断等保护，当其保护范围内部故障而动作于跳闸的同时，还向对端发出跳闸信号，可以不经过其他控制元件而直接使对端的断路器跳闸。采用这种工作方式时，两端保护的构成比较简单，无需互相配合，但是必须要求每端发送跳闸信号保护的动作范围小于线路的全长，而两端保护动作范围之和应大于线路的全长。前者是为了保证动作的选择性，而后者则是为了保证全线上任一点故障的快速切除。

第四节　高频闭锁方向保护

高频闭锁方向保护是通过高频通道间接比较被保护线路两侧的功率方向，以判别是被保护范围内部故障还是外部故障。保护的起动元件是电流或距离保护的第Ⅲ段。当区外故障时，被保护线路近短路点一侧为负短路功率，向输电线路发高频波，两侧收信机收到高频波后将各自保护闭锁。当区内故障时，线路两端的短路功率方向为正，发信机不向线路发送高频波，保护的起动元件不被闭锁，瞬时跳开两侧断路器。

高频闭锁方向保护电流起动方式的原理接线图如图 5-5 所示。它由起动发信继电器 1、起动跳闸继电器 2、功率方向继电器 3、停信继电器 4、闭锁继电器 5 及收发信机 6 组成。安装在被方向高频保护的输电线路 A-B 的两端，各装半套方向高频保护装置。其动作过程可结合图 5-6 来说明。

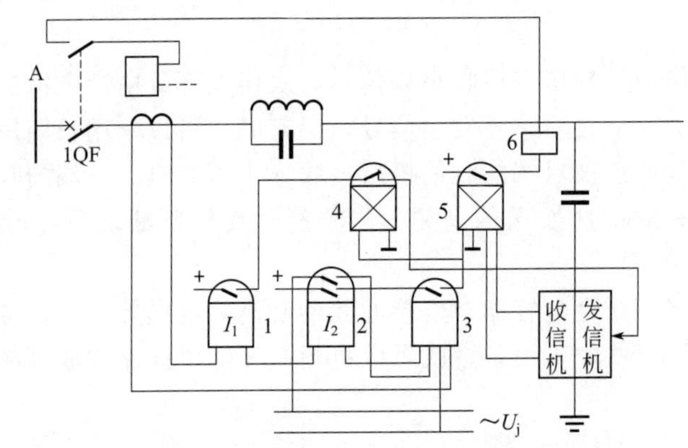

图 5-5 高频闭锁方向保护的原理接线图

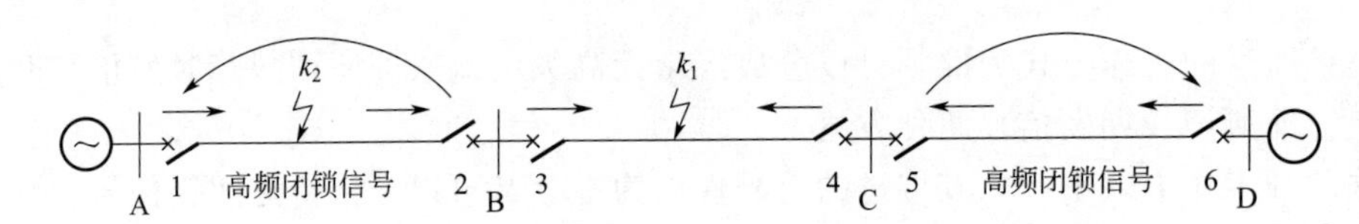

图 5-6 高频闭锁方向保护的作用原理

一、区外故障

如在 k_1 点短路，被保护线路 AB 两侧的起动发信机电流继电器 1 动作（按负荷电流整定），接通发信机的功放级电源，向高频通道发信，并将方向高频保护闭锁。对 AB 线路来说。近短路点 B 侧的短路功率是负的，功率方向继电器不动作，不去停信。输电线路 AB 两侧方向高频保护的收信机收到高频信号，将各自的保护闭锁，不发出跳闸脉冲。

二、区内故障

被保护线路 AB 区内故障加在 k_2 点短路，两侧起动发信机继电器 1 及起动跳闸继电器 2 动作，继电器 1 起动，向高频通道发信，两侧收信机收到高频信号后，立刻将保护闭锁，但两侧功率方向继电器 3 承受正方向短路功率而起动。首先停信，解除闭锁，与此同时闭锁继电器起动，发出跳闸脉冲。区内故障时，即使通道损坏也不会影响保护的正确动作。

三、系统振荡

当系统振荡，且振荡中心在保护区内时，流过被保护线路两侧的功率皆为正功率，保护将会误动，即在系统振荡时，两侧电源输出皆为正功率。

第五节　相差高频保护

一、相差高频保护的工作原理

相差高频保护的基本工作原理是比较被保护线路两侧电流的相位，即利用高频信号将电流的相位传送到对侧进行比较而决定跳闸与否，这种保护称为相差高频保护。

假设线路两侧的电势同相位，系统中各元件的阻抗角相同（实际上它们是有差别的，其详细情况在后边再作分析）。在此仍采用电流给定正方向是从母线流向线路，从线路流向母线为负。按电流规定的正方向，区内故障，两侧电流同相位，发出跳闸脉冲；区外故障，两侧电流相位相差 180°，保护不动作。如图 5-7 所示。为了满足以上要求，采用高频通道正常时无信号，而在外部故障时发出闭锁信号的方式来构成保护。当被保护范围内部故障时，由于两侧电流相位相同，两侧高频发信机同时工作，发出高频信号，也同时停止发信。这样，两侧收信机收到的高频信号是间断的，即正半周有高频信号，负半周无高频信号，如图 5-7（a）所示。经检波限幅倒相处理后，通过比相变压器 XB 耦合，副边有输出，起动闭锁继电器（图 5-8），并开放保护，发出跳闸脉冲。

当被保护范围外部故障时，由于两侧电流相位相差 180°，线路两侧的发信机交替工作，收信机收到的高频信号是连续的。由于信号在传输过程中幅值有衰耗，因此送到对侧的信号幅值就要小一些，如图 5-7(b）所示，经检波限幅倒相处理后，电流为直流，比相变压器副边没有输出，不能起动比相闭锁继电器，而将保护闭锁。

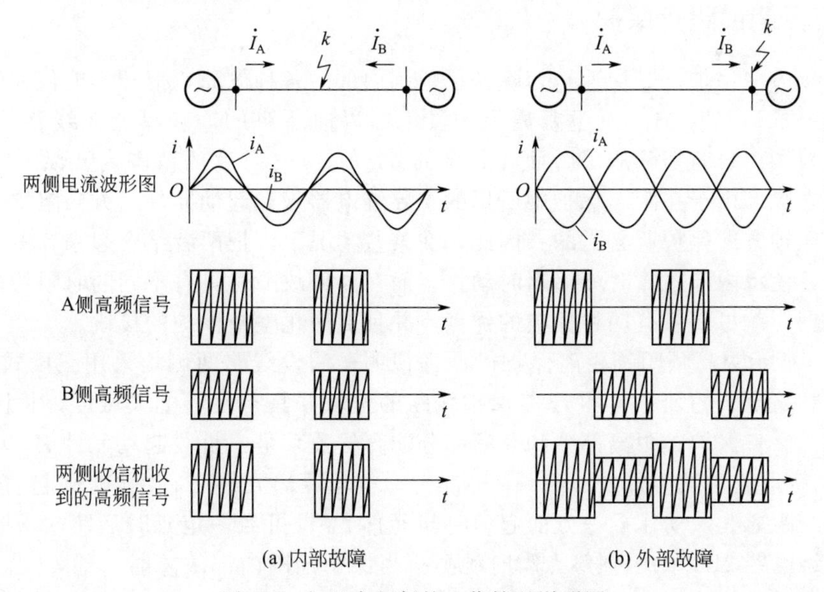

图 5-7　相差高频保护工作情况说明图

由以上的分析可见，相位比较实际上是通过收信机所收到的高频信号来进行的。在被保护范围内部发生故障时，两侧收信机收到的高频信号重叠约 10ms，于是保护瞬时动作，立即跳闸。即使内部故障时，高频通道遭破坏，不能传送高频信号，但收信机仍能收到本侧发信机发出的间断高频信号，因而不会影响保护跳闸。在被保护范围外部故障时，两侧的收信

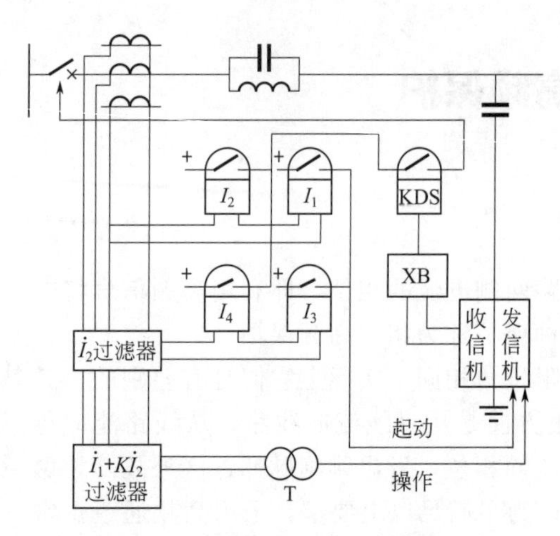

图 5-8 相差高频保护的原理接线图

机收到的高频信号是连续的，线路两侧的高频信号互为闭锁，使两侧保护不能跳闸。

相差高频保护的原理接线如图 5-8 所示。它由负序电流滤过器、综合电流 $\dot{I}_1+K\dot{I}_2$ 滤过器、反应于不对称短路的灵敏元件 I_3 和不灵敏元件 I_4、反应于对称短路的灵敏元件 I_1 和不灵敏元件 I_2、比相闭锁继电器 KDS、比相输出变压器 XB、操作互感器 T 及收发信机等组成。灵敏元件定值较低，用以起动发信机；不灵敏元件定值较高，用以起动保护。综合电流滤过器 $\dot{I}_1+K\dot{I}_2$ 将三相电流复合成单相电压，经操作互感器 T 升压后与高频载波调制，发信机输出反映 $\dot{I}_1+K\dot{I}_2$ 电流正半波的断续高频波。

正常时发信机的振荡级仍在工作，调制部分输出的是反映被保护线路三相正负序电流滤过器输出的相位，由于发信机的功放级没有电源，所以不能向高频通道发送信号。系统发生故障时，灵敏元件首先起动，给发信机的功放级提供电源，发信机立刻向通道发送故障电流调制的断续高频波。不灵敏元件起动后，准备好保护跳闸出口回路电源。收信机收到断续波时，说明被保护线路内部故障，比相变压器有输出，比相继电器动作，发出跳闸脉冲。若收信机收到连续高频波，说明是区外故障，经检波限幅倒相处理后，比相变压器输出电流为零，比相继电器不动作，闭锁保护出口回路。

二、高频闭锁距离保护

高频闭锁方向保护可以快速地切除保护范围内部的各种故障，但却不能作为变电所母线和下一条线路的后备保护。至于距离保护，正如以前所讲的，它只能在线路中间 60%～70%长度的范围内瞬时切除故障，而在其余的 30%～40%长度的范围内要以一端带有第Ⅱ段的时限来切除。由于在距离保护中所用的主要继电器（如起动元件、方向阻抗元件等）都是实现高频闭锁方向保护所必需的；因此，在某些情况下，把两者结合起来，做成高频闭锁的距离保护，使得内部故障时能够瞬时动作，而在外部故障时具有不同的时限特性，起到后备保护的作用，就可以兼有两种保护的优点，并且能简化整个保护的接线。

如图 5-9 所示为高频闭锁距离保护的原理说明，假设线路两侧均采用三段式距离元件，Ⅰ段能保护线路全长的 85%，Ⅱ段能保护线路的全长并具有足够的灵敏度，Ⅲ段作为起动元件并可作为后备保护。距离部分和高频部分配合的关系是：Ⅲ段起动元件 Z_{III} 动作时，经 1KM 的常闭触点起动发信机发出高频闭锁信号，Ⅱ段距离元件 Z_{II} 动作时则起动 1KM 停止高频发信机。距离Ⅱ段动作后一方面起动时间元件 t_{II}，可经一定延时后跳闸，同时还可经过收信闭锁继电器 2KL 的闭锁触点瞬时跳闸。当保护范围内部故障时（如 k_1 点），两端的起动元件动作，起动发信机，但两端的距离Ⅱ段也动作，又停止发信机。当收信机收不到高频信号时，2KL 触点闭合，使距离Ⅱ段可瞬时动作于跳闸。而当保护范围外部故障时（如 k_2 点），靠近故障点的 B 端距离Ⅱ段不动作，不停止发信，A 端Ⅱ段动作停止发信，但 A 端收信机可收到 B 端送来的高频信号使闭锁继电器动作，2KL 触点打开，因而断开Ⅱ段的瞬时跳闸回路，使它只能经过Ⅱ段时间元件去跳闸，从而保证动作的选择性。

这种保护方式的主要缺点是主保护（高频保护）和后备保护（距离保护）的接线互相连

在一起，不便于运行和检修，例如当距离保护需要做定期检验而退出运行时，高频保护根本不能独立工作，因此灵活性较差。

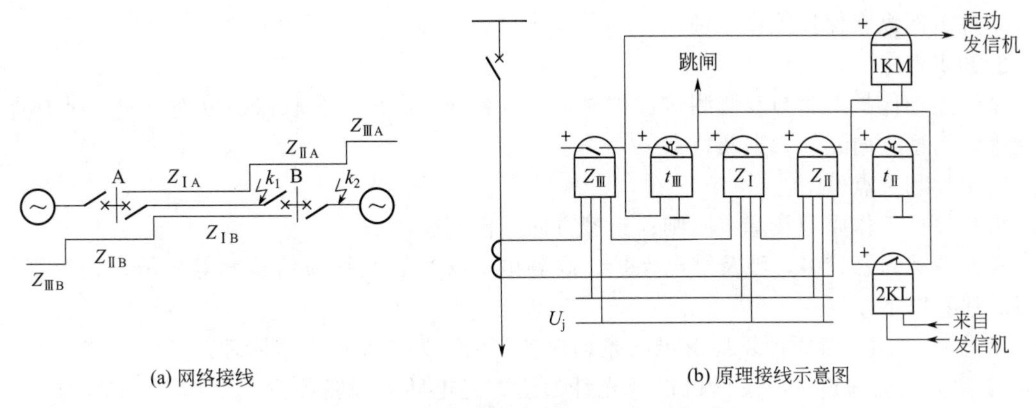

图 5-9 高频闭锁距离保护的原理说明

提示

使用载波通道的闭锁式纵联方向保护也称“方向高频保护”或“高频闭锁方向保护”（简称“高闭方向保护”）。

小结

① 电流保护、零序电流保护、距离保护等单侧测量保护不能快速切除本线路上的所有故障。

② 纵联保护采用双侧测量方式，可以实现全线速动，但不具有后备保护作用。

③ 纵联保护目前主要采用分相电流差动、纵联方向原理（“闭锁式”/“允许式”），采用载波通道、光纤通道，广泛用于 220kV、110kV 线路主保护系统。

④ 目前要求 220kV 线路保护实现主保护双重化，即配置两套不同原理的纵联保护。目前主要的 220kV 纵联保护产品情况如表 5-1 所列。

表 5-1 220kV 主要纵联保护设备一览表

项目	设备型号		
	RCS901 PSL601 CSC101	RCS902 PSL602 CSC102	RCS931 PSL603 CSC103
纵联保护原理	纵联方向 （闭锁/允许）	纵联距离零序 （闭锁/允许）	分相电流差动
通道	载波/光纤	载波/光纤	光纤

⑤ 110kV 线路当采用距离、零序电流保护灵敏度不满足要求时，也可采用纵联保护。

⑥ 纵联保护为全线速动保护，但动作也不是一点没有延时，动作时间为 20～50ms。

⑦ 导引线通道的电流差动保护较少用于线路，但广泛用于后面的发电机、变压器、母线保护。

学习指导

1. 要求

掌握电网纵联保护工作原理。

2. 知识点

全线速动保护概念与双侧测量保护原理；各种通道组成；纵联保护分类及相应保护的工作原理；新型方向元件判据及特点。

3. 重点和难点

纵联保护工作原理及基本原则；新型方向元件判据。

本章涉及内容较多，涉及继电保护、高频电子技术、光纤通信技术等领域，相对复杂，学习时注意以下几点：

① 掌握双侧测量原理，理解纵联差动保护、纵联方向保护工作原理。

② 建立载波通道、收发信机以及光纤通道、光电转换设备概念，了解其主要功能，进一步的学习需要在其他课程或实践教学环节中参考专门的相关技术资料。

③ 纵联保护种类较多，学习时侧重目前应用较多的光纤分相差动、纵联方向、纵联距离零序保护部分相关内容。纵联方向保护学习时掌握短时发信、“单频制”、“闭锁式”保护的基本原则。

④ 纵联保护基本原则与原理框图学习时，明确基本原则，学习原理框图时注意对照基本原则。各框图学习时注意相互对照，如“闭锁式”纵联方向保护与“允许式”纵联方向保护，纵联方向保护与纵联距离零序保护，举一反三。

复习思考题

（1）纵联差动保护与电流保护的区别是什么？

（2）纵联差动保护的优缺点是什么？

（3）横联差动保护的优缺点是什么？

（4）什么是横联差动保护的相继动作区？

（5）什么是横联差动保护的死区？

（6）什么是高频通道的经常无高频电流方式和长期发信方式？

（7）高频通道是由哪几部分组成的？各部分各有什么作用？

（8）简述高频闭锁方向保护的工作原理。

（9）简述相差高频保护的工作原理。

（10）什么是相差高频保护的相位闭锁角？

第六章

自动重合闸

第一节　概述

电力系统的故障大多数是电力线路（特别是架空线路）的故障，因为电力线路多架设在户外，容易受到周围环境的影响，发生故障的可能性最大。而电力线路起着输送电能、联系系统的重要作用，因此，如何提高送电线路工作的可靠性，就成为电力系统中的重要任务之一。

在电力线路各种故障中，发生单相接地故障的概率很大，且大多数属瞬时性故障。这些瞬时性故障是大气过电压造成的绝缘子闪络、线路对树枝放电，大风引起的碰线、鸟害等引起的，约占总故障次数的80%～90%。当故障线路被继电保护装置作用于跳闸之后，电弧熄灭，故障点去游离，绝缘强度恢复到故障前的水平，为继续供电创造条件，此时若能在线路断路器断开之后再进行一次重新合闸即可恢复供电，从而提高供电可靠性。若重新合上断路器的工作由运行人员手动操作完成，由于手动操作缓慢，延长了停电时间，可能使大多数用户的电动机停转，因而手动合闸所取得的效果并不显著，并且加重了运行人员的劳动强度。为此，在电力系统中广泛采用自动重合闸装置（缩写为AAR），当断路器跳闸之后，它能自动地将断路器重新合闸。若重合于瞬时性故障，则重合成功，恢复供电。虽然电力线路的故障多为瞬时性故障，但也存在永久性故障的可能性，如由倒杆、绝缘子击穿等引起的故障。若自动重合闸装置重合于永久性故障，线路还要被继电保护再次断开。重合不成功，不能恢复正常的供电。重合闸装置重合成功率可用重合闸成功的次数与总动作次数之比来表示，据多年运行资料的统计，成功率一般可达60%～90%。

一、使用自动重合闸的优点

电力线路采用自动重合闸装置会给电力系统带来显著的技术、经济效益，主要体现在：

① 大大提高供电的可靠性，减少线路停电的次数，特别是对单侧电源的单回线路尤为显著。

② 在高压线路上采用重合闸，还可以提高电力系统并列运行的稳定性。因而，自动重合闸技术被列为提高电力系统暂态稳定的重要措施之一。

③ 在电网的设计与建设过程中，有些情况下由于采用重合闸，可以暂缓架设双回线路，以节约投资。

④ 对断路器本身由机构不良或继电保护误动作而引起的误跳闸，也能起到纠正的作用。

对于自动重合闸的经济效益，应该用无重合闸时，因停电而造成的国民经济损失来衡量。

由于重合闸装置本身的投资很低、工作可靠，因此在我国各种电压等级的线路上获得极为广泛的应用。《电力设计技术规范》规定对 3kV 及以上的架空线路和电缆与架空的混合线路，当具有断路器时，一般应装设自动重合闸装置。但是，采用自动重合闸之后，当重合于永久性故障时，系统将再一次受到短路电流的冲击，可能引起电力系统振荡。同时断路器在短时间内连续两次切断短路电流，恶化断路器的工作条件。对于油断路器，其实际切断容量降低到额定切断容量的 80%左右，因而，在短路电流比较大的电力系统中，装设油断路的线路往往不能使用自动重合闸。

二、对自动重合闸（ARC）的基本要求

为充分发挥自动重合闸装置的效益，装置应满足以下几点基本要求：

(1) 自动重合闸装置动作应迅速。即在满足故障点去游离（介质绝缘强度恢复）所需的时间和断路器消弧室及断路器的传动机构准备好再次动作所必需时间的条件下，自动重合闸动作时间应尽可能短。因为从断路器断开到自动重合闸发出合闸脉冲的时间越短，用户的停电时间就可以相应缩短，从而可减轻故障对用户和系统带来的不良影响。

(2) 重合闸装置应能自动起动。可按控制开关的位置与断路器的位置不对应原则来起动（简称不对应起动方式）或由保护装置来起动（简称保护起动方式）。前者的优点是断路器因任何意外跳闸，都能进行自动重合，可使“误碰”引起跳闸的断路器迅速合上，提高供电的可靠性。保护起动方式仅在保护装置动作情况下起动自动重合闸装置，不能挽救“误碰”引起的断路器跳闸。采用保护方式起动时，应注意到保护装置在断路器跳闸后复归的情况，因此，为保证可靠地起动重合闸装置，必须采用附加回路来保证重合闸装置的可靠工作。

(3) 自动重合闸装置动作的次数应符合预先的规定。如一次重合闸就只应该动作一次，当重合于永久性故障而断路器被继电保护再次动作跳开后，不应再重合。

(4) 自动重合闸装置应有闭锁回路，在以下情况下不应动作：

① 手动跳闸时不应重合。当运行人员手动操作或遥控操作使断路器跳闸时，不应自动重合。

② 当手动合闸于故障线路时。继电保护动作使断路器跳闸后，不应重合。

③ 当母线差动保护或变压器差动保护动作时，应将重合闸闭锁。

④ 当断路器处于不正常状态（例如操作机构中使用的气压、液压降低等）而不允许实现重合闸时，应将重合闸闭锁。

(5) 在双侧电源的线路上实现重合闸时，应考虑合闸时两侧电源间的同步问题。

(6) 自动重合闸在动作以后，应能自动复归，准备好下次动作。

(7) 起动重合闸装置应有在重合闸之后或重合闸之前加速继电保护装置动作的可能。但应注意，在进行长相重合时，断路器三相不同时合闸会产生零序电流，故应采取措施防止零序电流保护误动。

三、自动重合闸的分类

自动重合闸按其功能的不同，可分为三相自动重合闸（简称 SZCH 装置）、单相自动重合闸装置（简称 DZCH 装置）和综合自动重合闸装置（简称 ZZCH 装置）。

三相自动重合闸指当输电线路上不论发生单相接地短路还是发生相间故障，保护动作均

将断路器三相跳开，自动重合闸装置再将断路器三相合上。单相自动重合闸指当输电线路上发生单相接地短路时，保护动作将故障相跳开，自动重合闸装置再将断开相合上，使未发生故障的其他两相能继续运行。综合自动重合闸指既能进行单相自动重合闸又能进行三相自动重合闸的重合闸方式。

第二节 单侧电源线路的三相一次自动重合闸装置

单侧电源线路广泛应用三相一次自动重合闸方式。所谓三相一次自动重合闸方式，就是不论在输电线路上发生单相、两相或三相短路故障时，继电保护均将线路的三相断路器一起断开，然后 AAR 装置起动，经预定延时将三相断路器重新一起合闸。若故障为瞬时性的，则重合成功；若故障为永久性的，则继电保护再次将三相断路器一起断开，且不再重合。

图 6-1(a) 为电磁式三相一次自动重合闸装置的接线图。它是按控制开关与断路器位置不对应起动，具有后加速保护动作性能的三相一次自动重合闸装置接线图。AAR 装置的主要元件是重合闸继电器。图 6-1(a) 中虚线方框内示出了 DH-2A 型重合闸继电器的内部接线。它由一个时间继电器 KT（包括附加电阻 5R)、一个中间继电器 KM 和电容器 C、充电电阻 4R、放电电阻 6R、氖灯 HNe 及电阻 17R 组成。控制开关 SA 选用 LW2-Z-1a.4.6a.40.20.20.4/F8。与图 6-1(a) 有关的触点通断情况如图 6-1(b) 所示。

现按图 6-1(a) 说明 AAR 装置的动作原理。

线路正常运行时，断路器处于合闸状态，其辅助触点 Q_1 断开，Q_2 闭合，控制开关 SA 在“合闸后”位置。其触点 21-23 接通，电容器 C 经充电电阻 4R 充电，经过 15～20s 的时间充电到所需的电压，这时重合闸装置处于准备动作状态，氖灯 HNe 亮。

当线路发生瞬时性故障时，继电保护动作使断路器跳闸，这时断路器处于“跳闸”位置。而控制开关 SA 仍处于“合闸后”位置，即控制开关 SA 与断路器位置不对应，AAR 装置起动，其动作过程如下。断路器跳闸后，其辅助触点 Q_1 接通。跳闸位置继电器 KOFP 线圈励磁（此时合闸接触器线圈 K 中虽有电流流过，但由于 7R 的存在电流很小，不会使合闸接触器动作)，其触点 KOFP-1 闭合，KT 励磁，其触点 KT-1 经整定的时间（0.5～1.5s）后闭合，构成电容器 C 对中间继电器 KM 电压线圈放电的回路，KM 动作，其常开触点闭合。于是控制电源经 KM 已闭合的触点、KM 的自保持电流线圈、信号继电器 KH、切换片 SO 及跳跃闭锁继电器的常闭触点 KLJ-2 向断路器的合闸接触器 K 发出合闸脉冲，断路器重新合闸。

中间继电器 KM 的电流自保持线圈的作用是：只要 KM 的电压线圈短时得电起动一下，便可以通过自保持电流线圈使 KM 在合闸过程中一直保持动作状态，保证可靠合闸。

断路器合闸后，其辅助触点 Q_1 断开，继电器 KM、KOFP 均返回，KT 也返回，其触点打开。电容器 C 重新充电，经 15～20s 充好电，准备下次动作。这说明该装置是能够自动复归的。

若线路上的故障为永久性故障，则在断路器重合后保护再次使断路器跳闸。重合闸装置再次起动，KT 触点闭合，但由于充电时间（保护动作时间＋断路器跳闸时间＋KT 的整定时间）小于 15～20s，电容器 C 来不及充电到所需的电压（在 KT 的触点 KT-1 闭合以后，不管经过多长时间，电容器两端的电压也只能达到$\frac{U}{R_{4R}+R_{KM}}R_{KM}$，见图 6-2)，不足以使 KM 动作，故断路器不再重合，这就保证 AAR 装置只动作一次。

值班人员利用控制开关 SA 手动跳闸时，断路器的位置和控制开关 SA 的位置是对应的，AAR 装置不应起动。当控制开关 SA 处于“跳闸后”位置，其触点 21-23 断开，触点 2-4 接通，见图 6-1（b）。触点 21-23 断开切断了 AAR 装置的正电源。触点 2-4 接通，使电容器 C 对电阻 6R 放电，AAR 不会使断路器重合。

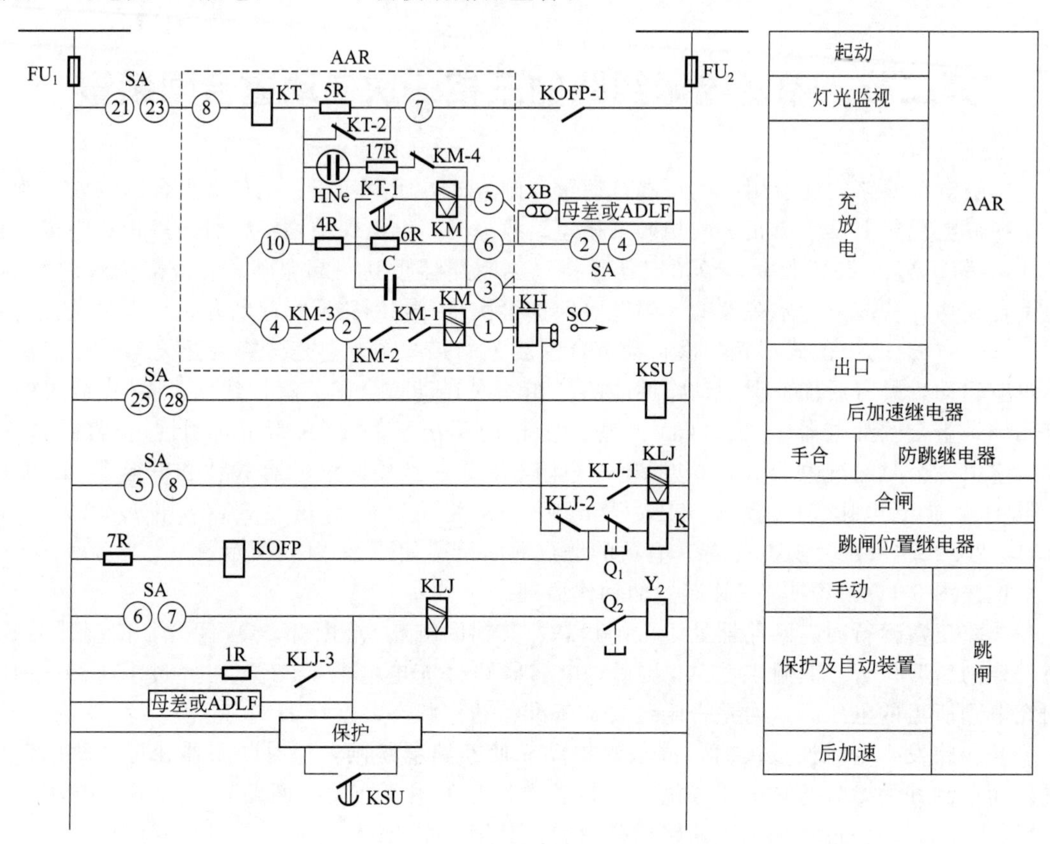

(a) 接线图

触点	SA位置			
	手动合闸	合闸后	手动分闸	分闸后
② ④	—	—	—	×
⑤ ⑧	×	—	—	—
⑥ ⑦	—	—	×	—
㉑ ㉓	×	×	—	—
㉕ ㉘	×	—	—	—

(b) 控制开关SA触点通断情况

图 6-1　电磁式三相一次自动重合闸装置展开图

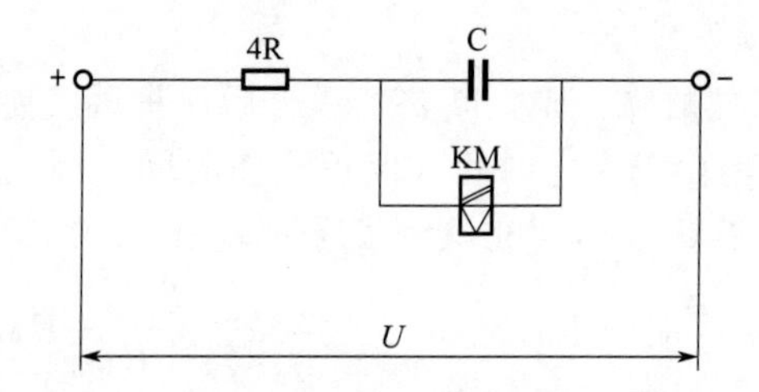

图 6-2　KT 动作后，电容器充电后的两端电压

值班人员利用控制开关 SA 手动合闸于故障线路时，由于 SA 的触点 25-28 接通，使加速继电器 KSU 动作。因为线路在合闸前已存在故障，故当手动合上断路器后，继电保护动作，经 KSU 已闭合的触点瞬时把断路器跳开。这时由于电容器 C 来不及充电到所需的电压，不足以使 KM 动作，断路器不会重合。

在某些情况下，例如母线故障，母线差动保护动作，使与母线相连的线路断路器跳闸时，或自动按频率减负荷装置（ADLF）动作，使线路断路器跳闸时，都不应进行重合闸。为此，可将母线保护或自动按频率减负荷装置的动作触点与控制开关的触点 2-4 并联，接通电容器 C 的放电回路，使 C 通过 6R 放电，保证重合闸装置不动作。

第三节 双侧电源线路的自动重合闸

双侧电源线路是指线路两侧均有电源的联络线。在这种线路上采用自动重合闸装置时，除应满足前述基本要求外，还必须考虑以下特点。

① 当线路发生故障时，线路两侧的保护可能以不同的时限断开两侧断路器。例如，在靠近线路的一侧故障时，对本侧保护来说，故障在第Ⅰ段保护范围内，对另一侧保护来说，故障在第Ⅱ段保护范围内。因此，当本侧断路器瞬时跳开后，在进行重合闸前，必须保证对侧的断路器在应断的时限确已断开，且故障点有足够的去游离时间情况下，才能进行重合闸。

② 在某些情况下，当线路发生故障，两侧断路器断开之后，线路两侧电源之间有可能失去同步。因此，后合闸一侧的断路器在进行重合闸时，必须确保两电源间的同步条件，或者校验是否允许非同步重合闸。

由此可见，双侧电源线路上的三相自动重合闸，应根据电网的接线方式和运行情况，采用不同的重合闸方式。国内采用的有：非同步自动重合闸、快速自动重合闸、检定线路无电压和检定同步的自动重合闸、解列重合闸及自同步重合闸等。

一、有无电压检定和同步检定的三相自动重合闸

一侧检定无电压、另一侧检定同步的重合闸方式的单相原理接线如图 6-3 所示。该重合闸装置中，除在线路两侧均装有 AAR 装置外，还在线路的 M 侧装有检定线路无电压的低电压继电器 KV，另一侧（即 N 侧）装有检定同步的同步检定继电器 KS。

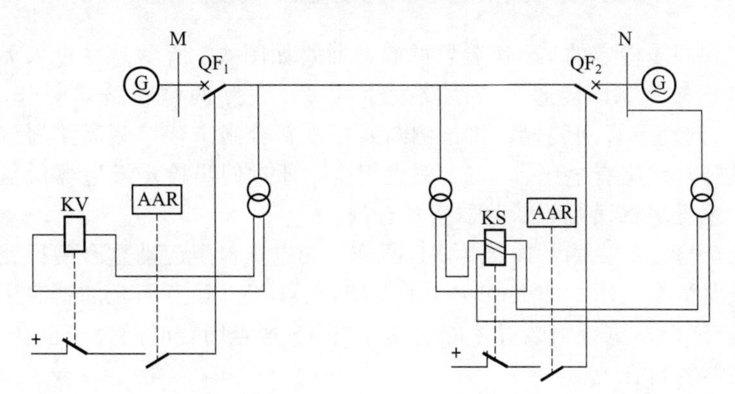

图 6-3 一侧检定无电压、另一侧检定同步的重合闸单相原理接线图

线路 M 侧的 KV 是为了判断 N 侧断路器是否确已断开，以避免在故障点未断电前进行重合闸。

当线路发生故障，两侧断路器确已断开后，线路失去电压，KV 的触点闭合，M 侧首先进行重合闸。如重合不成功，则再次跳闸。此时由于线路没有电压，N 侧的 KS 不动作，因此 N 侧的 AAR 装置不会起动。若 M 侧重合成功，则 N 侧的 AAR 装置在检定同步后动作，将断路器重合闸。

图 6-3 所示接线存在以下缺点：

① 如重合闸不成功，检定线路无电压的 M 侧断路器将连续两次切断短路电流，它的工作条件要比检定同步的 N 侧断路器严格。

② 在正常情况下，由于某种原因（如误碰跳闸机构、保护误动作等），M 侧断路器误跳闸，这时 N 侧断路器未跳闸，线路上仍有电压，M 侧的断路器不能重合，这是一个严重的缺点。

为了克服上述缺点，实际上两侧均装设无电压检定和同步检定，运行时，一侧投入无电压检定和同步检定（两者并联工作），而另一侧只投入同步检定。如图 6-4 所示，M 侧投入无电压检定和同步检定，N 侧只投入同步检定。两侧的投入方式可以通过连接片 XB 定期轮换。该接线可克服上述两个缺点。

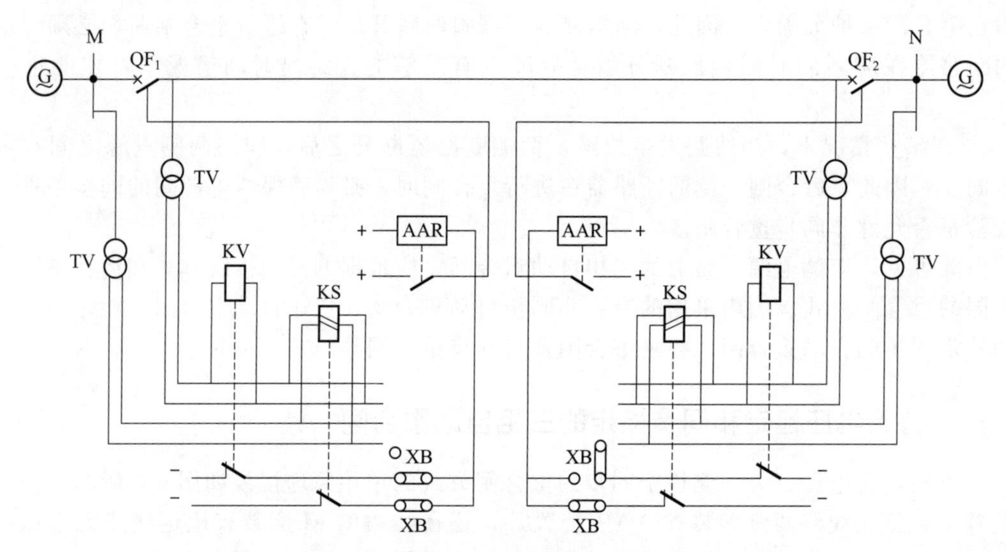

图 6-4 无电压检定和同步检定重合闸接线示意图

无电压检定和同步检定的 AAR 装置的起动回路如图 6-5 所示。在投入无电压检定和同步检定的一侧，连接片 XB 接通。若线路发生故障，线路两侧断路器断开，线路无电压，KV-2 触点闭合，起动重合闸装置，将该侧断路器重新合闸。若该侧断路器误跳闸，由于另一侧断路器未跳开，线路有电压，KV-1 触点闭合，通过同步检定继电器触点控制，在满足同步条件时起动重合闸将误跳的断路器重新合闸。

在只投入同步检定的一侧，连接片 XB 断开，无电压检定起动重合闸回路切断。只有当断路器跳闸，线路侧有电压，即 KOFP-1 触点闭合、KV-1 触点闭合的情况下，并且满足同步条件，KS 触点闭合，重合闸装置才能起动，当 KS 触点闭合时间大于重合闸动作时间时，才能将该侧断路器重新合上。

无电压检定继电器 KV 采用低电压继电器，动作电压通常选为 $0.5U_{MN}$。

同步检定继电器常采用 DT-13 型。它实际上是一种有两个电压线圈的电磁型继电器，

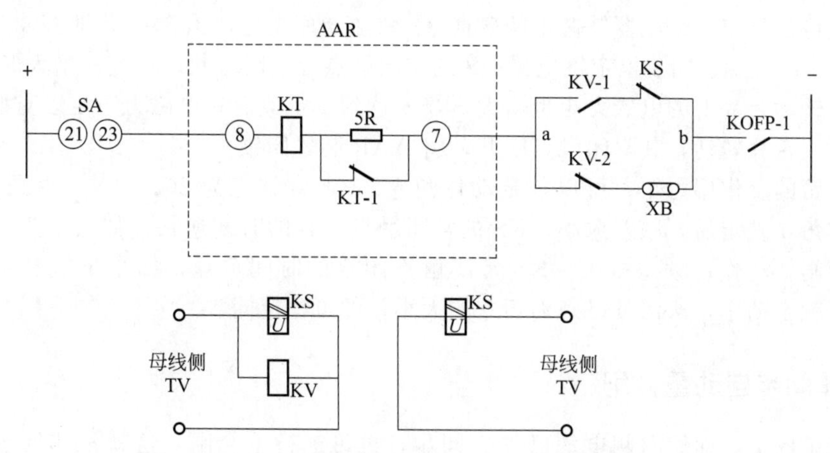

图 6-5　无电压检定和同步检定的 AAR 装置的起动回路

其结构如图 6-6(a) 所示。它的两个线圈分别经电压互感器接入同步点两侧电压 $\dot{U}_M$ 与 $\dot{U}_N$（图 6-4 中断路器 QF_1、QF_2 两侧电压），在图 6-6(a) 所示极性下，$\dot{U}_M(\dot{I}_M)$、$\dot{U}_N(\dot{I}_N)$ 在铁芯中产生的磁通方向相反。故铁芯中的总磁通势 $\dot{\phi}_\Sigma$ 反映两电压之差 $\Delta\dot{U}$。若 $\dot{U}_M$ 与 $\dot{U}_N$ 频率不同而幅值相等，则从图 6-6(b) 分析可得 ΔU 与 δ 的关系为

$$\Delta U = 2U\left|\sin\frac{\delta}{2}\right|$$

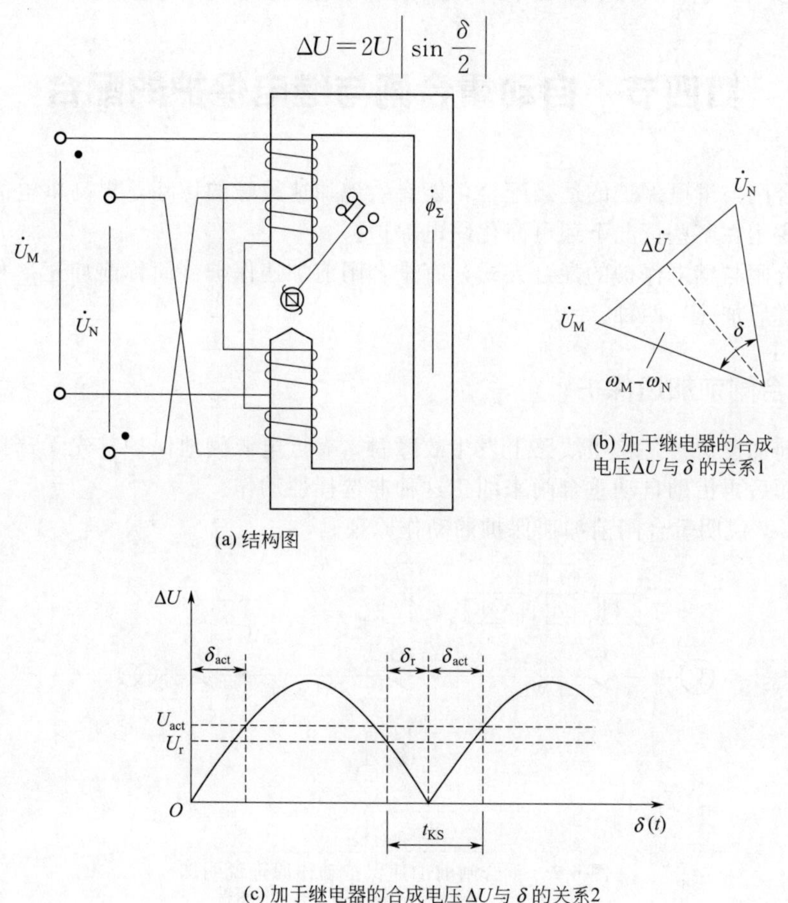

图 6-6　同步检定继电器及其工作原理

从上式可以看出，继电器铁芯中的磁通 ϕ_{Σ} 将随 δ 而变化。当 $\delta=0$，即 $\dot{U}_M$ 与 $\dot{U}_N$ 同相时，$\Delta U=0$，$\phi_{\Sigma}=0$，同步检定继电器 KS 的常闭触点处于闭合状态；当 δ 增大时，ϕ_{Σ} 也增大，作用于转动舌片上的电磁力矩也增大，当 δ 达到一定值后，电磁力矩足以克服弹簧的反作用力矩时，舌片转动，其常闭触点断开，将 AAR 装置闭锁。

改变弹簧的反作用力矩，可以整定动作角 δ，δ 通常整定为 20°～40°。由图 6-6(c) 可见，当动作角 δ 整定后，频差愈小，KS 的常闭触点闭合的时间愈长，如大于重合闸的动作时间，重合闸就动作；频差愈大，KS 常闭触点闭合的时间愈短，如小于重合闸的动作时间，重合闸就不动作，从而可以判别频差的大小，即可检定同步。

二、非同步自动重合闸

在一定条件下，即使两侧电源已失去同步，也可进行重合闸，这就是非同步自动重合闸。采用这种重合闸方式的限制条件是：

① 避免在大容量机组附近采用非同步自动重合闸，目的是防止机组轴系扭伤，影响机组的使用寿命。

② 当在两侧电源电势之间的相角差为可能出现的最大值，即 $\delta=180°$ 时，流过系统发电机和变压器的冲击电流值不能超过规定的允许值。

③ 非同步自动重合闸后，拉入同步的过程是一种振荡状态，其对重要负荷的影响不能太大。

第四节　自动重合闸与继电保护的配合

自动重合闸与继电保护的适当配合，能有效地加速故障的切除，提高供电的可靠性。自动重合闸的应用在某些情况下还可简化继电保护。

自动重合闸与继电保护的配合方式，有重合闸前加速保护（简称前加速）和重合闸后加速保护（简称后加速）两种。

一、重合闸前加速保护

重合闸前加速保护是：当线路上发生故障时，靠近电源侧地保护首先无选择性地瞬时动作于跳闸，而后再借助自动重合闸来纠正这种非选择性动作。

现以图 6-7 说明重合闸前加速保护的动作原理。

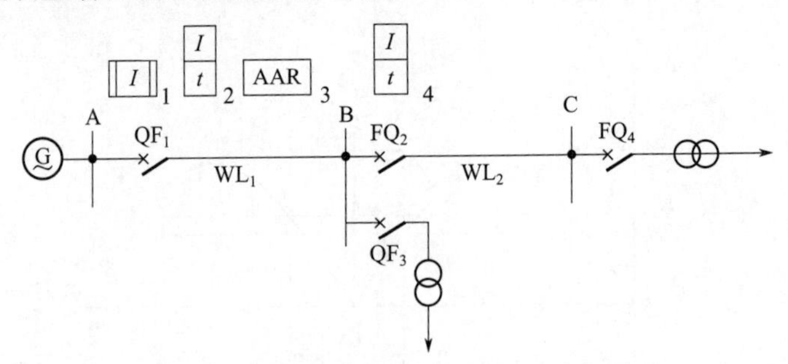

图 6-7　重合闸前加速保护动作原理说明图

线路 WL_1 上装有无选择性的瞬时电流速断保护 1 和过电流保护 2，线路 WL_2 上装有过电流保护 4，AAR 装置 3 装在靠近电源的线路 WL_1 上。线路 WL_1 的无选择性瞬时电流速断保护 1 的动作电流按躲过变电所 C 的变压器后短路时的短路电流来整定，动作不带延时，过电流保护 2、4 的动作时限按阶梯原则整定，即 $t_2>t_4$。

当任一线路或变压器高压侧发生故障时，线路 WL_1 的瞬时电流速断保护 1 总是首先动作，不带延时地将 QF_1 跳开，而后 AAR 装置动作再将 QF_1 重合。若所发生的故障是瞬时性的，则重合成功，恢复供电；若故障为永久性的，由于在 AAR 装置动作时已使瞬时电流速断保护 1 退出工作，因此，此时只有各过电流保护再次起动，有选择性地切除故障。

图 6-8 示出了重合闸前加速保护的原理接线图。其中 KSU 是重合闸装置中的加速继电器，其常闭触点串入瞬时电流速断保护的出口回路中。不难看出，线路 WL_1 故障时，首先速断保护的 KA_1 动作，其触点闭合，经 KSU 的常闭触点不带时限动作于 QF_1 跳闸，随后 AAR 装置起动将断路器重合。当重合闸动作时使加速继电器 KSU 起动，其常闭触点打开。若重合于永久性故障，则 KSU 通过电流继电器 KA_1 的触点自保持，电流速断保护不能经 KSU 的常闭触点去瞬时跳闸，只可能由过电流保护经 KT 的时限有选择性地动作于跳闸。

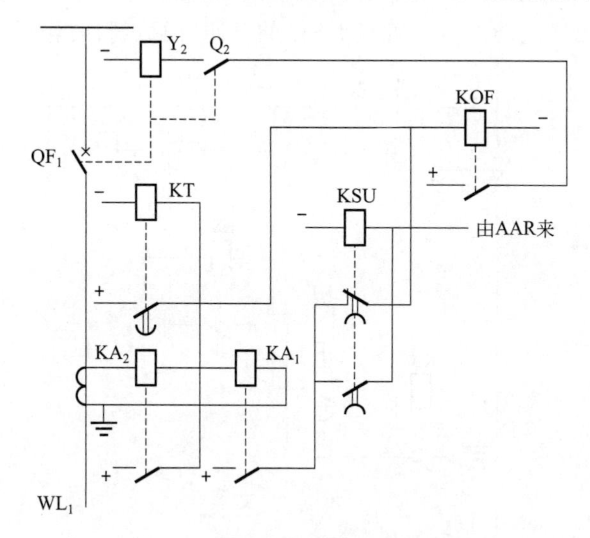

图 6-8　重合闸前加速保护原理接线图

重合闸前加速保护的优点是：能快速切除瞬时性故障，可使瞬时性故障较少可能发展成永久性故障，从而提高重合闸的成功率；由于快速切除故障，能保证厂用电和重要用户的母线电压在 50%以上；使用设备少，只需一套重合闸装置，简单、经济。

重合闸前加速保护的缺点是：靠近电源的线路断路器 QF_1 的动作次数较多，它的工作条件比其他断路器恶劣；若重合于永久性故障，再次切除故障的时间较长；另外，一旦 QF_1 或 AAR 拒动，将会扩大停电范围。

重合闸前加速保护方式主要用在 35kV 以下的发电厂和变电所的直配线上，特别适合瞬时性故障较多的严重雷害区。

二、重合闸后加速保护

重合闸后加速保护是当线路故障时，首先按正常的继电保护动作时限有选择性地动作于断路器跳闸，然后 AAR 装置动作将断路器重合，同时将过电流保护的时限解除。这样，当断路器重合于永久性故障时，电流保护将无时限地作用于断路器跳闸。

实现后加速的方法是，在被保护的各条线路上都装设有选择性的保护和自动重合闸装置，见图 6-9。

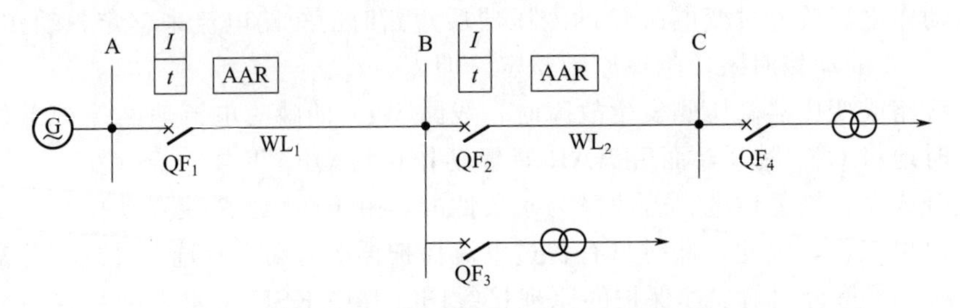

图 6-9 重合闸后加速保护原理说明图

图 6-10 示出了重合闸后加速保护的原理接线图。线路 WL_1 故障时，由于加速继电器 KSU 尚未动作，其触点断开。电流继电器 KA 动作后，起动时间继电器 KT。经一定延时后其触点闭合，起动出口中间继电器 KOF，使 QF_1 跳闸。QF_1 跳开后，AAR 装置动作，将断路器重新合闸，同时起动加速继电器 KSU，KSU 动作后，其常开触点闭合。若重合于永久性故障，则保护第二次动作时，可经 KSU 的已闭合触点瞬时作用于断路器跳闸。

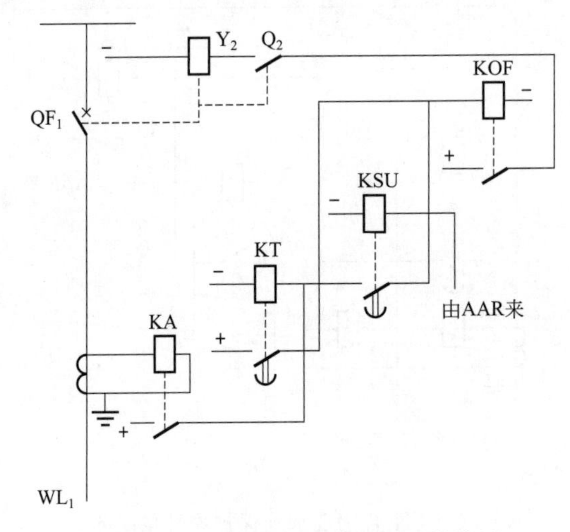

图 6-10 重合闸后加速保护原理接线图

重合闸后加速保护的优点是：第一次跳闸是有选择性的，不会扩大停电范围；永久性故障能第二次瞬时切除，有利于系统并列运行的稳定性。

重合闸后加速保护的缺点是：第一次切除故障可能带有延时，例如主保护拒动。由后备保护跳闸时，第一次切除故障时限较长，因而也影响 AAR 装置的动作效果。另外，必须在每条线路上都装设一套 AAR 装置。

重合闸动作后加速保护方式广泛应用在 35kV 以上的电网和对重要负荷供电的送电线路。

第五节 输电线路综合自动重合闸简介

由于我国超高压电网联系薄弱，稳定裕度较低，同时考虑到 220～500kV 架空线路的线间距离较大，发生相间故障的机会较少，而单相接地故障的机会较多，占 80%以上，它们的断路器大多是可以分相操作的；因此，可以在发生单相接地故障时，仅将故障相断开而后进行重合。在故障相断开时，未发生故障的两相仍继续运行，这样，可以大大提高供电的连续性和可靠性以及系统并列运行的稳定性。故这种重合方式是可取的。实际上这就是单相重合闸方式。采用这种重合闸方式，当线路发生相间故障时，仍应跳开三相，而且应根据系统具体情况，或进行三相重合，或不再重合。在设计线路重合闸装置时，将上述两种方式综合起来考虑，就构成综合自动重合闸装置。经过切换开关的切换，综合重合闸装置根据需要可实现如下几种重合闸方式：

① 综合重合闸方式。线路上发生单相接地故障时，断开故障相，进行一次单相重合，若为永久性故障，则断开三相并不再自动重合。线路上发生相间故障时，断开三相，进行一次三相重合。若重合于永久性故障时，断开三相并不再自动重合。

② 单相重合闸方式。线路上发生单相接地故障时，断开故障相，进行一次单相重合。若重合于永久性故障时，断开三相并不再重合。线路上发生相间故障时，断开三相不进行自动重合。

③ 三相重合闸方式。线路上发生任何类型的故障（单相或相间故障），均断开三相，进行一次三相重合。若重合于永久性的故障，则断开三相并不再自动重合。

④ 停用方式。线路上发生任何类型的故障，均断开三相不进行自动重合。

综合重合闸比一般三相重合闸只是多了一个单相重合闸功能。故在综合重合闸中需要特殊考虑的问题是由单相重合闸引起的，其主要问题如下。

（1）需要设置故障判别元件和故障选相元件　从综合重合闸的任务出发，要求在线路故障时，除了首先判断出故障是发生在保护区外还是保护区内外，还要判断出故障的类型和故障的相别，以便确定跳三相还是跳单相。当确定跳单相后，还需进一步判别跳哪一相。由于继电保护的任务主要是判断故障是发生在保护区内还是保护区外，因此，在综合重合闸装置中，应有判别故障类型的故障判别元件和判别故障相的选相元件。

故障判别元件，一般采用零序电流继电器或零序电压继电器。它的作用为：判断故障是不对称接地短路（零序继电器动作）还是相间短路或三相对称短路（零序继电器不动作）。若被保护线路内部发生相间短路，零序继电器不动作，继电保护直接跳三相。若为接地短路，零序继电器动作，则必须经过选相元件选出故障相，如果只有某一相选相元件动作，说明该相发生单相接地短路，继电保护将该相断开；如果有两个选相元件动作，说明发生两相接地短路，保护动作将三相跳开。

目前常用的选相元件有：电流选相元件、低电压选相元件、阻抗选相元件、电流差突变量选相元件等。

（2）需考虑非全相运行状态对继电保护的影响　采用综合重合闸以后，当发生单相接地短路时只断开故障相，在单相重合闸过程中，系统出现了三相不对称的非全相运行状态，将产生负序和零序分量的电流和电压，这就可能引起本线路保护以及系统中的其他保护误动作。对于可能误动作的保护，应在单相重合闸过程中予以闭锁，或整定保护的动作时限大于单相重合闸的整定时间。

（3）需考虑潜供电流的影响　在采用综合重合闸的超高压远距离输电线路上，当发生单相接地故障时，线路故障相自两侧断开后，断开相与非故障相之间还存在电和磁（通过相间电容与相间互感）的联系，及故障相与大地之间仍有对地电容，如图 6-11 所示，这时短路电流虽已被切断，但在故障点的弧光通道中，仍有以下电流：

① 非故障相 A 通过相间电容 C_{AC} 供给的电流；

② 非故障相 B 通过相间电容 C_{BC} 供给的电流；

③ 继续运行的两相中，由于流过负荷电流会在断开的 C 相中产生互感电动势 $\dot{E}_M$，此电动势通过故障点和该相对地电容 C_0 而产生电流。

上述这些电流的总和称为潜供电流。潜供电流使故障点弧光通道的去游离受到严重阻

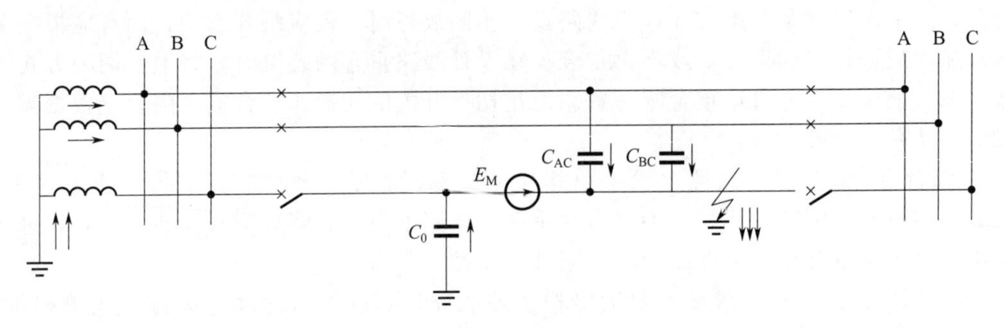

图 6-11 潜供电流说明图

碍，而自动重合闸只有在故障点电弧熄灭，绝缘强度恢复以后才有可能成功重合。因此，单相重合闸的动作时间要考虑潜供电流的影响。电压越高，线路越长，潜供电流越大。潜供电流的持续时间还与故障电流大小、故障切除时间、电弧长度及周围风速等因素有关，故熄弧时间只能通过现场实测确定。一般 220kV 线路，熄弧时间在 0.6s 以上，因此，在 220kV 线路上装设的单相重合闸，其动作时间应大于 0.6s。

第六节 750kV 及以上特高压输电线上重合闸的应用

750kV 及以上的特高压交流输电线是我国未来电力系统的骨干线路，是国家的经济命脉。由于其输送容量大、输电距离长，为保证其可靠连续运行，自动重合闸是不可缺少的。但是和 500kV 及以下的超高压输电线不同，其分布电容大，在拉合闸操作、故障和重合闸时都将引起严重的过电压。因此，对于这种线路，设计、应用、整定自动重合闸首先要研究解决重合闸引起的过电压问题，现分别按三相自动重合闸和单相自动重合闸分述如下。

一、三相自动重合闸在特高压输电线上应用的问题

据国外统计资料表明，在 750kV 输电线路上单相故障的概率达到 90%以上。故在特高压输电线上首先考虑采用单相重合闸。但在相间短路时必须实行三相跳闸和三相自动重合。在单相非永久性故障而单相重合闸不成功时（例如其他两非故障相的耦合使潜供电流难以消失时），也可再次进行三相跳闸、三相重合。故三相自动重合闸在特高压输电线上也必须设置。

在特高压输电线从一端计划性空投时会产生很高的过电压，但因为是计划性操作，在投入之前可采取一系列限制过电压的措施以保证过电压不会超过允许值和允许时间。在故障后三相自动重合时情况将完全不同。在因故障两端三相跳闸时，线路上的大量残余电荷将通过并联电抗器和线路电感释放，因而产生非额定工频频率的谐振电压，三相的这种电压也不一定对称。如果从一端首先实行三相重合时，正好是母线工频电压与此自由谐振电压极性相反，将造成很高的不能允许的重合过电压，不但要使绝缘子和断路器等设备损坏，重合也难以成功。必须采取有效措施（例如采用合闸电阻等）和正确整定重合闸的时间。

研究表明，在从一端首先实行三相重合时，要引起重合过电压，对端应在此重合闸过电压衰减到一定值时再重合。首合端引起的重合过电压约 0.2s 衰减到允许值，因此后合一端的重合闸时间应该计及对端重合过电压的衰减时间，并考虑到断路器不同期动作等因素，使两端三相重合时间相差应约 0.2～0.3s。

二、单相自动重合闸在特高压输电线上的应用问题

如上所述，在特高压输电线上三相重合闸如果不采取有效措施和合理整定将引起破坏性的重合过电压，因此在特高压输电线上一般都优先考虑单相自动重合闸。然而，研究工作表明，故障的单相从两端切除后，断开相上的残余电荷释放产生的自由振荡电压和其他两非故障相对断开相的电容耦合的工频电压将产生一个拍频过电压。如果先合端断路器一侧的母线工频电压正好与此拍频电压极性相反，将会产生危险的过电压，尤其是当母线电压的正峰值遇到拍频电压的负峰值时更是危险，不但单相重合不能成功，还可能使绝缘子和设备损坏。因此应该在断路器两触点之间的电压差最小时合闸，至少应在拍频电压包络线电压最小时合闸，亦即应监视断开相电压，以确定合闸的时间。这种自适应重合闸和判断永久性故障及瞬时故障的自适应单相重合闸同样重要。研究结合这两种功能于一身的自适应单相自动重合闸对于特高压输电线路自动重合闸的应用具有重要意义。

小结

本章讲述了自动重合闸的作用、对重合闸的基本要求及重合闸的分类，重点介绍了单侧电源、双侧电源自动重合闸装置的工作原理，同时讲述了重合闸装置与继电保护的配合（重合闸前加速和重合闸后加速的特点）及提高供电可靠性的措施，最后介绍了综合重合闸的原理与750kV及以上特高压输电线路上重合闸的应用。

学习指导

1. 要求

掌握输电线路自动重合闸装置的含义、作用、对ARC的基本要求；掌握单侧电源ARC的接线原理及参数整定原则；掌握检定无压和检定同期的三相重合闸的工作原理；掌握重合闸前加速保护和重合闸后加速保护的原理；掌握综合自动重合闸应考虑的问题。

2. 重点

了解自动重合闸的作用及对重合闸的基本要求；了解自动重合闸装置的基本组成元件及其工作原理；掌握双侧电源送电线路上自动重合闸的特点及主要重合方式；掌握自动重合闸的动作时间整定原则和方法；掌握自动重合闸与继电保护的配合方式及其特点；了解单相自动重合闸及综合自动重合闸的特点。

3. 难点

三相一次自动重合闸的概念及构成；单侧电源ARC的接线是如何满足ARC的基本要求的；检定无压和检定同期的三相重合闸的工作原理；综合自动重合闸应考虑的问题。

复习思考题

（1）为什么要采用自动重合闸？对自动重合闸装置有哪些要求？

（2）电磁式重合闸主要组成元件是什么？各起什么作用？

（3）为什么电磁式一次重合闸只能重合一次？

（4）电磁式重合闸为什么手动分闸和手动合闸时不重合？

（5）什么叫重合闸的前加速和后加速？它们各有什么优缺点？

（6）同步检定继电器的工作原理是什么？

（7）重合器在性能上和结构上与断路器有什么不同？

（8）分断器有哪些功能？其与重合器怎样配合？

第七章

微机保护

随着电子技术及信息技术的发展，现场越来越多的保护采用微机来实现（称为微机保护），并且微机保护的优势也越来越明显。总的来说，微机保护具有如下优点：

① 可靠性高。

② 灵活性强。

③ 性能改善，功能易于扩充。

④ 维护调试方便。

⑤ 有利于实现变电站综合自动化。

本章从微机保护的硬件与软件两个方面来分析微机保护的原理，并在最后讨论微机保护的抗干扰措施。

第一节　微机保护系统简介

一、微机保护的应用和发展概况

20 世纪 60 年代末，有人提出用小型计算机实现继电保护的设想，但当时计算机价格昂贵，难以在实际中实现，此时开始的继电保护算法的研究却为后来微机保护的发展奠定了理论基础。随着微处理器技术的发展，计算机价格急剧下降，20 世纪 70 年代后半期，出现了一批功能足够强的微型计算机，价格也大幅度降低，自此掀起了新一代的继电保护——微机保护的研究热潮，出现了比较完善的微机保护样机，并投入到电力系统中试运行。20 世纪 80 年代微机保护在一些国家被推广应用。1986 年，日本继电保护设备的总产值中已有一半是微机保护产品。从国外情况看，北美及西欧主要以理论研究-算法研究为主，而日本则以微机型继电保护装置的商品化为研究中心。

我国在这方面的起步相对较晚，但进展却很快。1984 年上半年，华北电力学院研制的第一套以 6809（CPU）为基础的距离保护样机投入试运行。1984 年底在华中工学院召开了我国第一次计算机继电保护学术会议，这标志着我国计算机保护的开发开始进入重要的发展阶段。20 世纪 90 年代，我国已陆续推出了不少成型的微机保护产品。进入 21 世纪，微机保护已成为继电保护的主要形式。

二、微机保护的基本构成

原有的保护装置是使输入的电流、电压信号直接在模拟量之间进行比较和运算处理，使模拟量与装置中给定的机械量（如弹簧力矩）或电气量（如门槛电压）进行比较和运算处理。而计算机保护则由于计算机只能作数字运算或逻辑运算，因此，首先要求以模拟量输入的电流、电压的瞬时值变换为离散的数字量，然后才送入计算机的中央处理器，按规定的算法和程序进行运算，且将运算结果随时与给定的数字进行比较，最后做出是否跳闸的判断。

微机保护主要由硬件和软件两大部分构成。

硬件主要包括计算机输入信号的预处理系统、一台计算机、系统向计算机输入信息和计算机向外输出信息的输入和输出端口、打印机、键盘及调试整定设备等。

软件主要指用汇编语言编写的计算机初始化程序、针对保护原理而设计的测量和判断故障的程序、数字滤波程序、计算机硬件和软件的自检程序等。

三、微机保护的特点

（1）微机保护具有如下优点。

① 一台微机保护除了具有保护功能外，同时还可以兼有故障滤波、故障测距或重合闸等功能。

② 微机保护可以通过软件（程序）设计而改变保护定值和特性以适应电力系统运行方式变化的需要。有时还可以增加现有硬件的功能而改变保护的性能，并能与计算机交换信息。

③ 微机保护由于具有自动检测和自诊断能力，能自动检测出硬件的故障和对输入数据进行校错，使检测监视变得容易，从而使保护可靠性大大提高。同时，由于它的硬件和软件的测试是自动进行的，所以不存在大量的调试工作。

④ 由于一套微机保护同时能具有保护、测距和滤波等多种功能，且它的体积小、耗电量少、维护工作量小；而微处理器价格也逐渐下降，这使用户的投资成本降低。

（2）微机保护也存在如下一些问题。

① 对硬件和软件的可靠性要求较高，且硬件很容易过时。

② 它与传统的保护有根本性的差别。传统的保护装置每个构成部分都是由硬件构成的，保护的接线和整个动作过程直观易理解，使用者对装置的动作原理、接线及维护较易掌握；而微机保护的软件只有专门的设计人员才能改写或调试，使用者较难掌握它的操纵和维护过程。

因此，为适应微机保护的普及应用，必须培养更多专业化的微机保护工作人员。

第二节　微机保护的硬件系统

微机保护的硬件系统常采用插件式结构，其印制板插件常包括：电源插件、出口继电器板、开关量输入输出插件、CPU 主板、采样及 A/D 转换插件、模拟量输入变换插件等。

微机保护机箱内装有相应的插座，印制板均可方便地插入和拔出。通过机箱插座间的连线，各个印制板连成整体并实现到端子排的输入输出线的连接，人机对话辅助插件，比如键盘、显示器等装在微机保护机箱前面板上并通过排线与箱内CPU主板相连。一台微机保护的硬件系统一般由输入信号的预处理系统、计算机主系统、输出接口、人机对话等几个环节组成。其基本组成可用图7-1所示的框图表示。

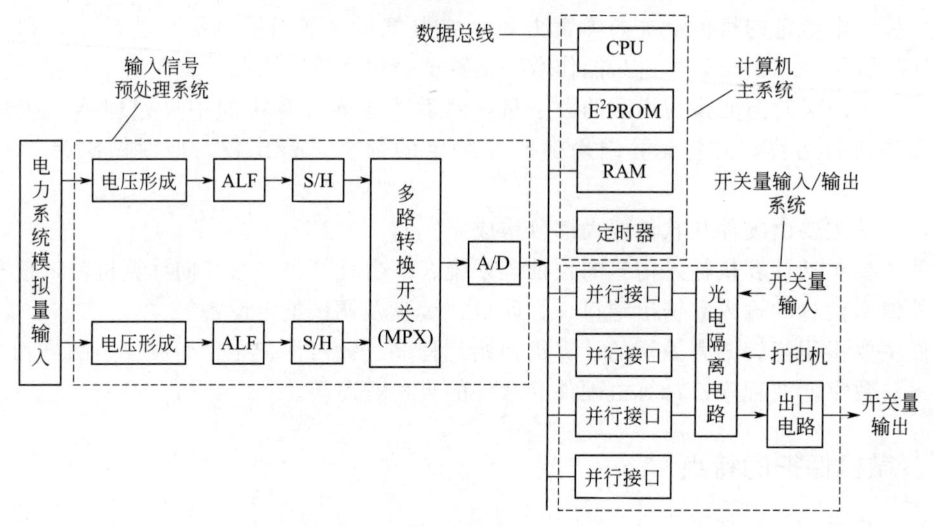

图7-1　微机保护硬件系统框图

输入信号预处理系统是将输入至保护装置的电流、电压等模拟量准确地转换成所需的数字量。

计算机主系统主要执行保护实现的功能程序，同时对由输入信号的预处理系统输入的原始数据进行分析处理，从而实现各种继电保护功能。

开关量输入/输出系统主要完成外部接点输入计算机、各种保护的出口跳闸、信号报警和人机对话等功能。

一、输入信号的预处理系统

如图7-2所示，输入信号的预处理系统由电压形成回路、前置模拟低通滤波器（ALF）、采样保持电路（S/H）、多路转换开关（MUX）和模数（A/D）转换器等环节组成。

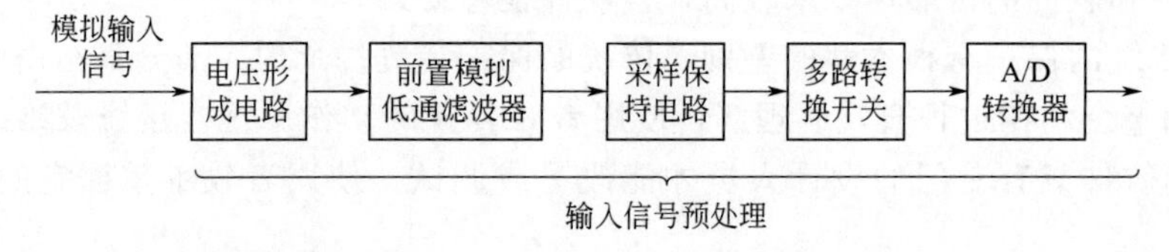

图7-2　输入信号的预处理系统结构框图

1. 电压形成回路

由第一章保护原理的构成可知，继电保护动作与否的判据来自被保护的电力线路或设备上的电气参数，例如电流、电压等，这些原始模拟量的数值一般都非常大，如其数量级为千伏或千安级等。为了设备安全和人身安全，一般需先经过电压互感器PT、电流互感器CT将高电压、大电流变换为较低数量级的值，如100V、5A等。这个数值仍然远远超过微机保护系统所要求的输入电压的数量级。通常微机保护系统A/D变换器的输入电压限量为±2.5V、±5V或±10V。故必须对输入的电压、电流信号进一步处理。电压形成回路的作用，是把来自电压互感器和电流互感器的电压、电流信号变换成满足模数转换器 A/D 量程要求的电压信号，并将电流量变换为电压量，以达到电平配合的目的。

来自电压互感器和电流互感器的交流电压和电流信号的变换一般通过电压变换器（TV）、电流变换器（TA）和电抗变换器（DKB）进行。

2. 采样保持电路与模拟低通滤波器

（1）采样保持器（S/H） 采样就是将连续变化的模拟量通过采样器加以离散化。其过程如图 7-3(a)（b）（c）所示。模拟量连续加于采样器的输入端，由采样控制脉冲控制采样器，使之周期性地短时开放输出离散脉冲。采样脉冲宽度为 τ，采样脉冲周期为 T_s。采样器的输出是离散化的模拟量。

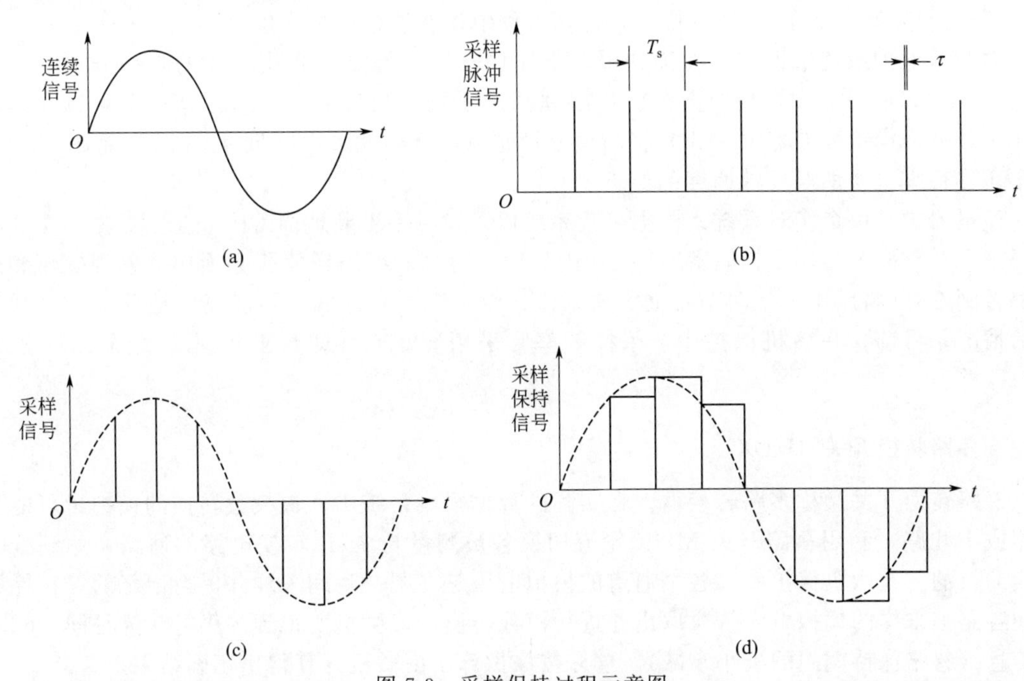

图 7-3 采样保持过程示意图

但是上面的采样方式只适于单个变量的采样，或允许各输入信号依顺序相继采样的情况。继电保护算法却往往是多输入而且要求同时采样，再依顺序送到公用的 A/D 转换器中去的，公用 A/D 是考虑到 A/D 价格较高。另外，A/D 转换器完成一次完整的转换过程是需要时间的，对变化较快的模拟信号来说，如果不采取措施，将引起转换误差。所以，微机保护中通常需要采样保持电路。

采样保持器的基本组成电路如图 7-4 所示。采样期间，模式控制开关 S 闭合，A_1 是高增益放大器，它的输出通过开关 S 给保持电容 C_b 快速充电，使采样保持器的输出随输入变化。S 接通时，要求充电时间越短越好，以使 U_c 迅速达到输入电压值。保持期间，模式控制信号使开关 S 断开。由于运放 A_2 的输入阻抗高，理想情况下，电容器保持充电时的最高值，采样保持信号如图 7-3(d) 所示。

目前，采样保持电路大多集成在单一芯片中，但芯片内不设保持电容，需用户外设。常选 0.01μF 左右。常用的采样保持芯片有 LF198、LF298、LF398 等。

（2）模拟低通滤波器（ALF） 按照奈奎斯特（Nyquist）采样定理：如果被采样信号频率（或信号中要保留的最高次谐波频率）为 f_{max}，则采样频率 f_s（每秒采样次数）必须大

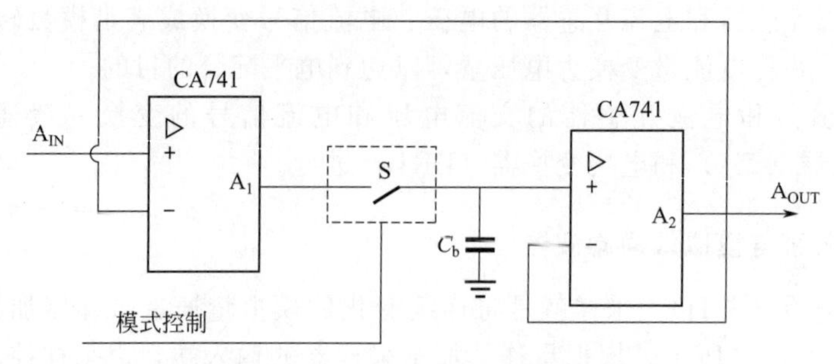

图 7-4 采样保持器的基本组成电路

于 $2f_{max}$，否则，由采样值就不可能拟合还原成原来的曲线。如果输入模拟电压中含有频率 $f_s/2$ 以上的分量，则在 A/D 变换后，运算过程中将有混叠现象产生。

对微机保护系统来说，在故障初瞬，电压、电流中可能含有相当高的频率分量（例如 2kHz 以上），而目前大多数的微机保护原理都是反映工频量的，在这种情况下可以在采样前用一个低通模拟滤波器（ALF）将高频分量滤掉，这样就可以降低 f_s，以防混叠，f_s 不得不用得很高，增加对硬件速度的要求。

微机保护是一个实时系统，数据采集系统以采样频率不断地向 CPU 输入数据，CPU 必须要来得及在两个相邻采样间隔时间 T_s 内处理完对每一组采样值所必须作的各种操作和运算，否则 CPU 将跟不上实时节拍而无法工作。而采样频率过低将不能真实地反映被采样信号的情况。目前，在微机保护中，采样频率常采用 600Hz（即每工频周波采样 12 个点）、800Hz 等。

3. 多路转换开关（MUX）

多路转换开关又称多路转换器。在实际的数据采集系统中，被模数转换的模拟量可能是几路或十几路，利用多路开关 MUX 轮流切换各被测量与 A/D 转换电路的通路，达到分时转换的目的。在微机保护中，各个通道的模拟电压是在同一瞬间采样并保持记忆的，在保持期间各路被采样的模拟电压依次取出并进行模数转换，但微机所得到的仍可认为是同一时刻的信息（忽略保持期间的极小衰减），这样按保护算法由微机计算得出正确结果。

目前，微机保护中常用的多路转换芯片是美国 AD 公司的 AD7501、AD7503 和 AD7506 等。AD7501 和 AD7503 是 8 选 1 多路开关，而 AD7506 是 16 选 1 多路开关，它们均为 CMOS 集成芯片，接通电阻约为 170～400Ω，接通时间为 0.8μs。

4. 模数转换器 A/D

A/D 转换器是数据采集系统的核心，用它将连续的模拟量转化为微机能够接收的离散的数字量，以便计算机进行处理、存储、控制和显示。A/D 转换器主要有以下几种类型：逐位比较（逐位逼近）型、积分型以及计数型、并行比较型、电压频率（即 V/F）型等。

逐次逼近型的 A/D 转换器的主要特点是：转换速度较快，一般在 1～100μs，分辨率可以达 18 位；转换时间固定，不随输入信号的变化而变化；抗干扰能力相对积分型的差。目前在微机保护中常用的是硬件构成的 A/D 转换器，其芯片有 AD574 及 ADC-HS12B 等，它们都是采用逐次逼近式原理，具有 12 位分辨能力的复合型芯片，芯片内包括一个 12 位 D/A 转换器，一个比较器和逐次逼近的硬件控制电路以及控制电路所需的内部电路。

对微机保护，选择 A /D 转换器时主要考虑两个因素：一个是转换时间（速度），一个是数字输出的位数（即分辨率）。

对转换时间，由于各通道公用一个 A /D 转换器，所以至少要求所有通道轮流转换所需时间的总和小于采样周期 T_s。例如设采样频率为 600Hz，即每工频周波采样 12 个点，采样周期为 1.25ms，而 AD574 的转换时间为 25μs，足以满足保护要求。

而微机保护对 A/D 转换芯片的位数要求较苛刻，因为保护在工作时输入电压和电流的动态范围很大。例如输电线的微机距离保护要保证最大可能的短路电流（如 100A）时 A/D 不溢出，又要求有尽可能小的精确工作电流值（如 0.5A）以保证在最小运行方式下远方短路仍能精确测量距离，这就要求有接近 200 倍的精确工作范围，显示 8 位的 A/D 转换器是不能满足要求的。

除以上两个因素外，A/D 芯片的线性度、温度漂移等，一般都能满足继电保护的要求。

二、计算机主系统

计算机主系统是由中央处理器 CPU、可擦可编程只读存储器 EPROM、电擦除可编程只读存储器 E^2PROM、随机存储器 RAM、定时器等构成的 CPU 主系统，接口板以及打印机等外围设备组成。

1. 中央处理器 CPU

微机保护装置的核心是单片机系统。它是由单片微机和扩展芯片构成的小型工业控制微机系统，除了硬件之外，还有存储在存储器里的软件系统。这些硬件和软件构成的整个单片微机系统主要任务是完成数值测量、逻辑运算及控制和记录等智能化任务。除此之外，现代的微机保护应具备各种远方监控功能，它包括发送保护信息并上传给变电站微机监控系统，接收集控站、调度所的控制和管理信息。

这种单片微机系统可以采用单 CPU 系统或采用多 CPU 系统。一般为了提高保护装置的容错水平，目前大多数保护装置已采用多 CPU 系统，尤其是较复杂的保护装置，其主要保护和后备保护都是相对独立的微机保护系统。它们的 CPU 是相互独立的，任何一个保护的 CPU 或芯片损坏均不影响其他保护。除此之外，各保护的 CPU 总线均不引出。输入及输出的回路均经光隔离处理，能将故障定位到插件或芯片，从而大大地提高保护装置运行的可靠性。但是对于比较简单的微机保护，由于保护功能较少，为了简化保护结构，多数还是采用单 CPU 系统。

微机保护对 CPU 的要求主要是速度，CPU 的数据总线位数越多，则处理字长较长的数时速度就越快，根据具体情况，可采用 8 位或 16 位数据总线的器件。

国内常用的 CPU 有 Intel 8086 型 CPU、MCS-51 系列和 MCS-96 系列单片机。部分新研制的微机保护产品有的采用数字信号处理器 DSP，如美国德州仪器公司（TI）生产的定点、浮点系列 DSP 芯片，如 TMS320F206、TMS320C32 等。

2. 存储器

微机保护装置中常用的存储器有 EPROM、E^2PROM 和 RAM 三种。

（1）可擦可编程只读存储器 EPROM　EPROM 一般用于存放保护装置的程序。采用 EPROM 在改写时必须将原来的内容取出，用紫外线照射擦去原来写入的内容才能重新写入。为了减少 EPROM 芯片的插拔次数，通常需要装设专用写入电路和利用芯片巨大的存储空间，这将给运行带来很大的不便，故用于存放不常改动的程序。

（2）电擦除可编程只读存储器 E^2PROM　E^2PROM 用于存放保护的定值。它可在 5V

单电源下反复读写，无需特殊读写电路。在写入时它可同时将原内容擦去，写入成功后即使断电也不会丢失数据。读出数据时速度与 EPROM 和 RAM 相仿，写入时则要求速度较慢(写入一个字节的时间为 10ms)，所以 E^2PROM 适合用来存放定值。

(3) 随机存储器 RAM　随机存储器中的内容可根据需要随时写入或读出。写入时，原内容即被擦掉，断电后，RAM 的内容也随之丢失。因此，RAM 中的内容是暂存的，包括待打印的内容、循环存入的采样报告、由 E^2PROM 读出的定值、程序执行中的标志和中间结果等。

3. 定时器

微机保护装置中均设有专用的时钟电路，它是计算机本身工作、采样以及与电力系统联系的时间标准。MCI46818 芯片是一种常用的智能式硬件时钟电路，其内部由电子钟和存储器两部分组成。该芯片在初始化完成后便开始自动计时，可自动计算年、月、日、时、分、秒、星期，能处理闰年闰月；可将当前时间实时存储，以便人机接口 CPU 随时读取。时间的表示可按 24h 制或 12h 制给出。芯片的输出总线与微处理器总线兼容。可对其工作方式编程，以实现自动报警、申请中断及输出方波信号。依靠备用干电池支持，在微机保护的直流电源消失后，实时时钟仍可维持运行。运行人员也可在运行方式下按提示的格式输入要修改的时间，确认后硬件时钟便按输入的时间开始运行。整个微机保护装置的时钟必须是统一的，其标准便是硬件时钟。在各微机系统中，一般每隔一定时间，要通过串行口，由标准时钟统一各 CPU 插件的时钟。

4. 输入/输出 (I/O) 接口

I/O 接口是介于主机和外设之间的一种起缓冲、转换和匹配作用的电路，是计算机上系统与外部交流的通道，用于将外设的输入信号变为与计算机兼容的信号形式；或者将计算机的输出信号转换为与外设兼容的信号形式；即起到协调 CPU 与 I/O 设备之间的数据传送作用。

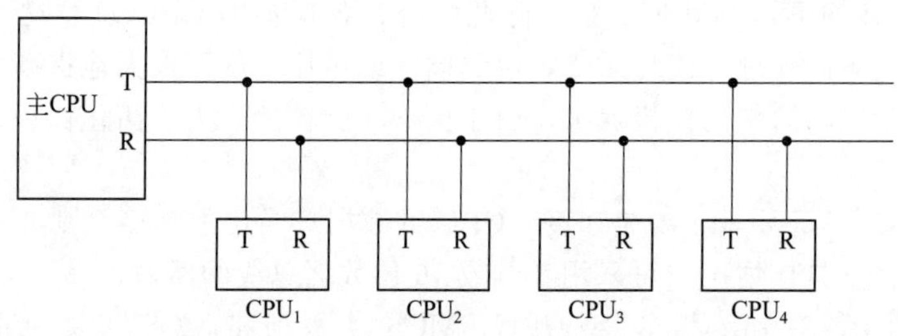

图 7-5　多 CPU 保护装置的串行通信框图

一般而言，微机系统与打印机、键盘、显示器等外部设备的连接、各开关量的输入和输出均通过并行接口进行，而各微机间的通信则通过串行接口进行。串行接口应用于多微机系统的相互通信（见图 7-5）以及微机保护装置与远程终端（RTU）的通信，使整个厂、站的微机保护连成系统，有利于整个厂、站系统的综合自动化。

在常用的接口芯片中，8255 芯片是 Intel 公司生产的通用可编程 I/O 接口芯片。该芯片有三个 8 位并行口，分别称为 A 口、B 口和 C 口。它由一个控制寄存器通过编程决定各口的工作方式。在微机保护装置中，8255 芯片用于开关量输出，驱动保护的起动、跳闸、重合、停信等，也用于外部开关量的输入，如保护装置的连接片、切换开关、收信机输出接点及外部保护的出口接点等。

三、开关量输入/输出系统

开关输入即接点状态（接通或断开）的输入可分为两类：一类是低电平（+5V）开关量输入，如微机保护运行/调试状态输入；一类是高电平（±220V）开关量输入（如短路器的状态信号）。需注意的是高电平开关量输入必须装有光电隔离，以防止外部干扰入侵微机保护装置。

开关量输出主要包括保护的跳闸出口以及本地和中央信号输出等，由并行口经光电隔离电路将开关量输出的电路如图 7-6 所示。其动作原理是：由软件使并行接口 PB_0 输出“0”，PB_1 输出“1”，则非门 H_1 输出“0”，发光二极管发光，光敏三极管导通，继电器 K 动作；若 PB_0 输出“1”，PB_1 输出“0”，则非门输出“1”，发光二极管不发光，光敏三极管截止，继电器返回。

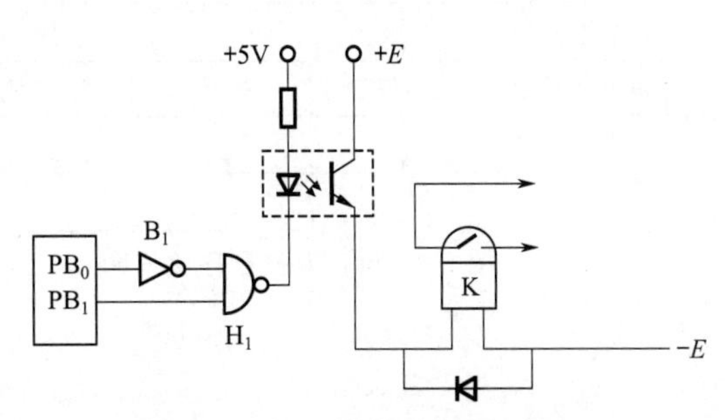

图 7-6　开关量输出回路接线图

电路中 PB_0 经反向器 B_1，而 PB_1 不经反向器，是为了在拉合直流电源时防止继电器的短时抖动。

设置反向器 B_1 及非门 H_1 而不将发光二极管直接同并行口相连，有两个原因：

① 并行口负载能力有限，不足以驱动发光二极管。

② 采用非门后要满足两个条件继电器才动作，增强了抗干扰能力。

第三节　微机保护的软件

微机保护的软件以硬件为基础，通过算法及程序设计实现所要求的保护功能。一套微机保护装置的软件总流程图如图 7-7 所示，它的全部软件一般可分为两大类，一类是监控程序，另一类是保护功能程序。

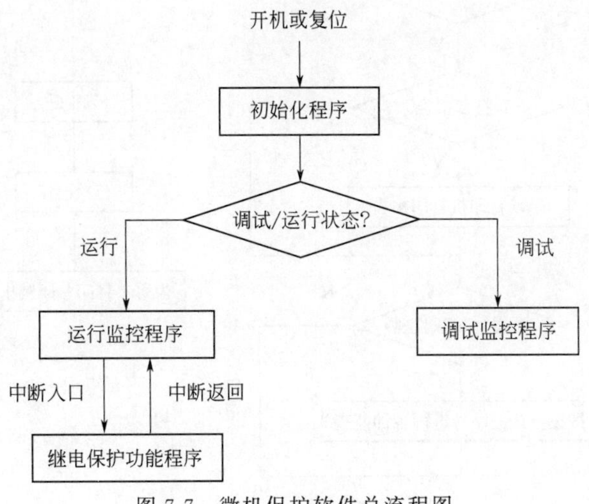

图 7-7　微机保护软件总流程图

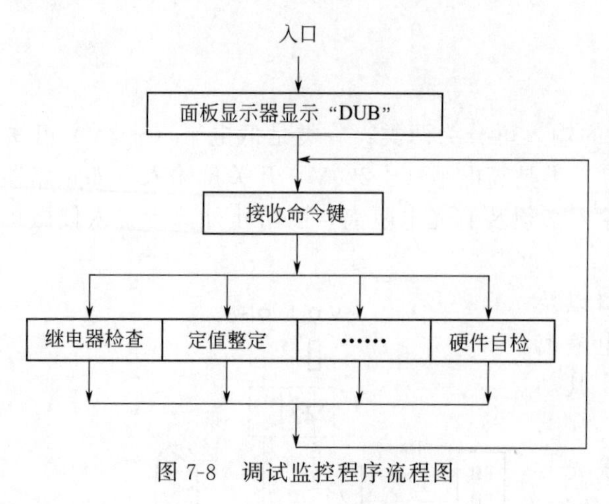

图 7-8　调试监控程序流程图

监控程序又可分为调试监控程序和运行监控程序两类，调试监控程序在装置处于调试状态时，提供各种测试手段，以便对装置进行检测、调试和定值的整定，其流程图如图 7-8 所示。运行监控程序在装置投入运行后，对装置进行自检和巡检，实现对装置的在线监控以及信息的打印和显示，其流程图如图 7-9 所示。监控程序提供了灵活、丰富的人机对话手段，使保护的整定、调试、监察工作简单易行。

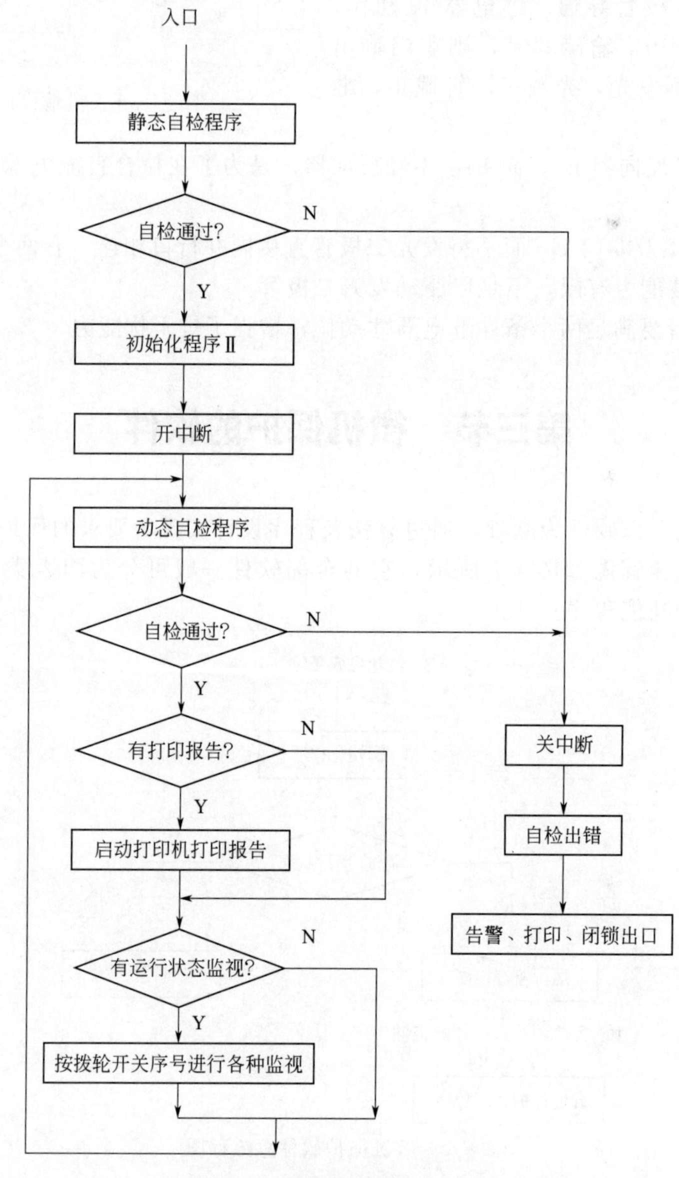

图 7-9　运行监控程序流程图

保护功能程序用于实现各种原理的保护功能，其流程图如图 7-10 所示。它包括数据采集、数字滤波、参数计算、各种动作条件判断和输出等各个环节。在广泛采用的多微机系统装置中，每个微机系统独立地完成一种或几种保护功能，各微机系统互相独立、并行工作，并且由串行口实现多机通信。

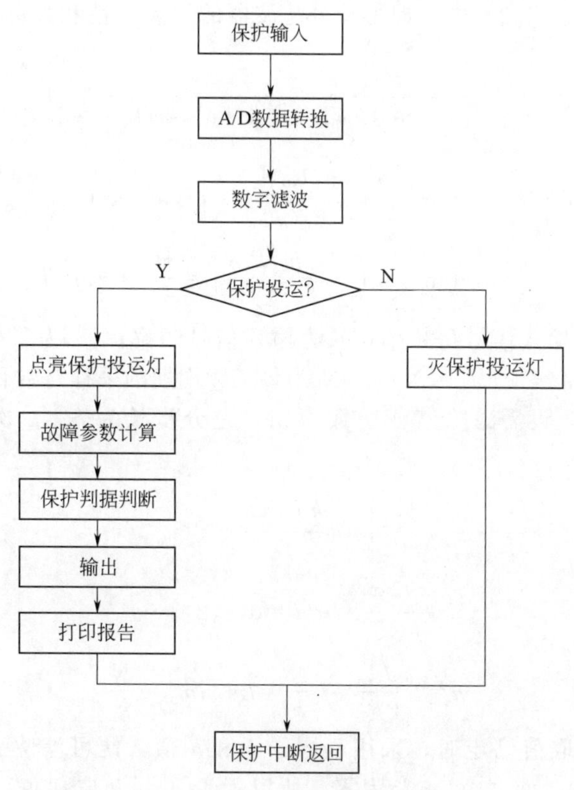

图 7-10 保护功能程序基本流程图

为了使所讲述的软件更具针对性而便于大家理解，有些程序将在后面分析具体保护实例时再作介绍。本节内容主要介绍保护功能程序中的数字滤波和保护参数的一些基本算法。

一、数字滤波

在微机保护中滤波也是一个必要的环节，它用于滤去各种不需要的谐波，在前一节硬件的介绍中已经提到的模拟低通滤波器的作用主要是滤掉 $f_s/2$ 以上的高频分量（f_s 为采样频率），以防止混叠现象产生。而数字滤波器的用途是滤去各种特定次数的谐波，特别是接近工频的谐波。

数字滤波器不同于模拟滤波器。它不是一种由纯硬件构成的滤波器，而是由软件编程去实现的，改变算法或某些系数即可改变滤波性能，即滤波器的幅频特性和相频特性。

在微机保护中广泛使用的简单的数字滤波器，是一类用加减运算构成的线性滤波单元。它们的基本形式有差分滤波、加法滤波、积分滤波等，下面仅以差分滤波为例作简单介绍。

差分滤波器输出信号的差分方程形式为

$$y(n)=x(n)-x(n-k) \tag{7-1}$$

式中 $y(n),x(n)$——滤波器在采样时刻 n（或 nT_s）的输入与输出；

$x(n-k)$——n 时刻以前第 k 个采样时刻的输入，$k\geqslant1$。

对式（7-1）进行 Z 变换，可得传递函数 $H(z)$。

$$y(z)=y(z)(1-z^{-k})$$

$$H(z)=\frac{Y(z)}{X(z)}=1-z^{-k} \tag{7-2}$$

将 $z=e^{j\omega T_s}$ 代入式（7-2）中，即得差分滤波器的幅频特性和相频特性分别为式（7-3）及式（7-4）。

$$\left|H(e^{j\omega T_s})\right|=\sqrt{[1-\cos(k\omega T_s)]^2+\sin^2(k\omega T_s)}=2\left|\sin\frac{k\omega T_s}{2}\right| \tag{7-3}$$

$$\begin{aligned}\varphi(\omega T_s)&=\arctan\left[-\frac{\sin(k\omega T_s)}{1-\cos(k\omega T_s)}\right]=\arctan(\cot\frac{k\omega T_s}{2})\\&=\arctan\left[\tan\left(\frac{\pi}{2}-\frac{k\omega T_s}{2}\right)\right]=\frac{\pi}{2}(1-2fkT_s)\end{aligned} \tag{7-4}$$

式中，$\omega=2\pi f$ 为输入信号角频率；f 为输入信号频率；f_s 为采样频率，通常要求 f_s 为基波频率 f_1 的整数倍，即 $f_s=Nf_1$，N 为每工频周期的采样点数目。

由式（7-3）可知，设需滤除谐波次数为 m，差分步长为 k（k 次采样），则此时 $\omega=m\omega_1=m\times2\pi f_1$，应使 $H(e^{j\omega T_s})=0$。令

$$2\left|\sin\frac{kmf_1\pi}{f_s}\right|=0$$

则有

$$\frac{kmf_1\pi}{f_s}=l\pi(l=0,1,2,3\cdots)$$

$$m=l\frac{f_s}{kf_1}=l\frac{N}{k}=lm_0;m_0=\frac{N}{k} \tag{7-5}$$

当 N(f_s 和 f_1) 取值已定时，采用不同的 l 和 k 值，便可滤除 m 次谐波。注意，当 $l=0$ 时，必然有 $m=0$，使式（7-5）为零，所以无论 f_s、k 取何值，直流分量总能滤除。另外，m_0 的整数倍的谐波都将被滤除。例如需滤去三次谐波（$m=3$），若取 $l=1,N=12$，则 k 应取为 4。

差分滤波器的幅频特性曲线如图 7-11 所示。

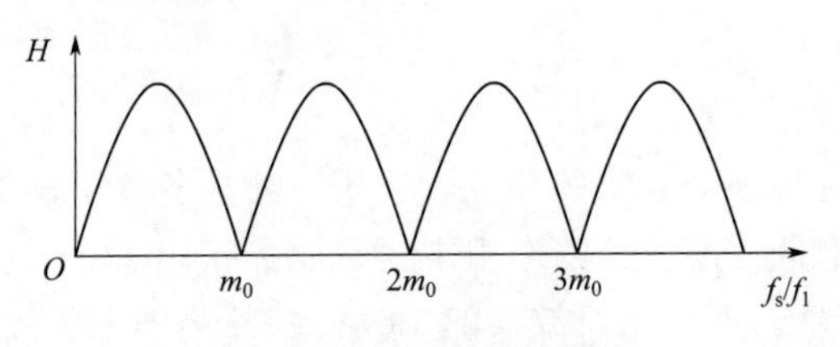

图 7-11　差分滤波幅频特性

若令 $k=f_s/f_1$，差分滤波将消去基波（以及直流和所有整数次谐波），在稳态情况下，该滤波器无输出。在发生故障后的一个基波周期内，只输出故障分量，所以可用来实现起动元件、选相元件及其他利用故障分量原理构成的保护。

二、正弦函数模型算法

下面几种算法都是假定被采样的电压、电流信号都是纯正弦函数，既不含非周期分量，又不含谐波分量。因而，可利用正弦函数的种种特性，从若干个离散化采样值中计算出电

流、电压的幅值及相位角和测量阻抗等量值。

1. 半周积分算法

半周积分算法的依据是

$$S=\int_0^{\frac{T}{2}} U_m \sin(\omega t)\mathrm{d}t - \frac{U_m}{\omega}\cos(\omega t)\Bigg|_0^{\frac{T}{2}} = \frac{2}{\omega}U_m = \frac{T}{\pi}U_m \tag{7-6}$$

即正弦函数半周积分与其幅值成正比。

式（7-6）的积分可以用梯形法则近似求出

$$S \approx \left[\frac{1}{2}|u_0| + \sum_{k=1}^{N/2-1}|u_k| + \frac{1}{2}|u_{N/2}|\right]T_s \tag{7-7}$$

式中　u_k——第 k 次采样值；

N——一周期 T 内的采样点数；

u_0——$k=0$ 时的采样值；

$u_{N/2}$——$k=N/2$ 时的采样值。

$$U_m = S_\pi / T$$

求出积分值 S 后，应用式（7-6）可求得幅值。

因为在半波积分过程中，叠加在基频成分上的幅值不大的高频分量，其对称的正负半周相互抵消，剩余未被抵消的部分占的比重就减少，所以，这种算法有一定的滤波作用。

另外，这一算法所需数据窗仅为半个周期，即数据长度为 10ms。

2. 导数算法

导数算法是利用正弦函数的导数为余弦函数这一特点求出采样值的幅值和相位的一种算法。

$$\begin{cases} u=U_m\sin(\omega t) \\ i=I_m\sin(\omega t-\theta) \\ u'=\omega U_m\cos(\omega t) \\ i'=\omega I_m\cos(\omega t-\theta) \\ u''=-\omega^2 U_m\sin(\omega t) \\ i''=-\omega^2 I_m\sin(\omega t-\theta) \end{cases} \tag{7-8}$$

很容易得出

$$u^2+\left(\frac{u'}{\omega}\right)^2=U_m^2 \text{ 或 } \left(\frac{u'}{\omega}\right)^2+\left(\frac{u''}{\omega^2}\right)^2=U_m^2 \tag{7-9}$$

$$i^2+\left(\frac{i'}{\omega}\right)^2=I_m^2 \text{ 或 } \left(\frac{i'}{\omega}\right)^2+\left(\frac{i''}{\omega^2}\right)^2=I_m^2 \tag{7-10}$$

和

$$z^2=\frac{U_m^2}{I_m^2}=\frac{\omega^2 u^2+u_2'}{\omega^2 i^2+i_2'} \tag{7-11}$$

根据式（7-9），也可推导出

$$\frac{ui''-u'i'}{ii''-i_2'}-\frac{U_m}{I_m}\cos\theta=R \tag{7-12}$$

$$\frac{u'i''-ui'}{ii''-i_2'}=\frac{U_m}{\omega I_m}\sin\theta=\frac{X}{\omega}=L \tag{7-13}$$

式（7-9）～式（7-13）中，u，i 对应 t_k 时为 u_k，i_k，均为已知数。而对应 t_{k-1} 和 t_{k+1} 的 u，i 为 u_{k-1}，u_{k+1}，i_{k-1}，i_{k+1}，也为已知数，此时

$$u_k'=\frac{u_{k+1}-u_{k-1}}{2T_s} \tag{7-14}$$

$$i_k'=\frac{i_{k+1}-i_{k-1}}{2T_s} \tag{7-15}$$

$$u_k''=\frac{1}{T_s}\times\left(\frac{u_{k+1}-u_k}{T_a}-\frac{u_k-u_{k-1}}{T_b}\right)=\frac{1}{(T_s)^2}\times(u_{k+1}-2u_k+u_{k-1}) \tag{7-16}$$

$$i_k''=\frac{1}{T_s}\times\left(\frac{i_{k+1}-i_k}{T_a}-\frac{i_k-i_{k-1}}{T_b}\right)=\frac{1}{(T_s)^2}\times(i_{k+1}-2i_k+i_{k-1}) \tag{7-17}$$

导数算法最大的优点是它的数据窗即算法所需要的相邻采样数据是三个，即计算速度快。导数算法的缺点是当采样频率较低时，计算误差较大。

3. 两采样值积算法

两采样值积算法是利用 2 个采样值推算出正弦曲线波形，即用采样值的乘积来计算电流、电压、阻抗的幅值和相角等电气参数的方法，属于正弦曲线拟合法。这种算法的特点是计算的判定时间较短。

设有正弦电压、电流波形在任意两个连续采样时刻 t_k 和 t_{k+1}（t_k+T_s）进行采样，并设被采样电流滞后电压的相位角为 θ，则 t_k 和 t_{k+1} 时刻的采样值分别表示为式（7-18）和式（7-19）。

$$\begin{cases}u_1=U_m\sin(\omega t_k)\\ i_1=I_m\sin(\omega t_k-\theta)\end{cases} \tag{7-18}$$

$$\begin{cases}u_2=U_m\sin(\omega t_{k+1})=U_m\sin[\omega(t_k+T_s)]\\ i_2=I_m\sin(\omega t_{k+1}-\theta)=I_m\sin[\omega(t_k+T_s)-\theta]\end{cases} \tag{7-19}$$

式中　T_s——两采样值的时间间隔，即 $T_s=t_{k+1}-t_k$。

由式（7-18）和式（7-19），取两采样值乘积，则有

$$u_1i_1=\frac{1}{2}U_mI_m[\cos\theta-\cos(2\omega t_k-\theta)] \tag{7-20}$$

$$u_2i_2=\frac{1}{2}U_mI_m[\cos\theta-\cos(2\omega t_k+2\omega T_s-\theta)] \tag{7-21}$$

$$u_1i_2=\frac{1}{2}U_mI_m[\cos(\theta-\omega T_s)-\cos(2\omega t_k+\omega T_s-\theta)] \tag{7-22}$$

$$u_2i_1=\frac{1}{2}U_mI_m[\cos(\theta+\omega T_s)-\cos(2\omega t_k+\omega T_s-\theta)] \tag{7-23}$$

式（7-20）和式（7-21）相加，得

$$u_1i_1+u_2i_2=\frac{1}{2}U_mI_m[2\cos\theta-2\cos(\omega T_s)\cos(2\omega t_k+\omega T_s-\theta)] \tag{7-24}$$

式（7-22）和式（7-23）相加，得

$$u_1i_2+u_2i_1=\frac{1}{2}U_mI_m[2\cos(\omega T_s)\cos\theta-2\cos(2\omega t_k+\omega T_s-\theta)] \tag{7-25}$$

从式（7-24）和式（7-25）可以看到，只要能消去含 ωt_k 的项，便可由采样值计算出其幅值 U_m 和 I_m。为此，将式（7-25）乘以 $\cos(\omega T_s)$ 再与式（7-24）相减，可消去 ωt_k

项，得

$$U_{\mathrm{m}}I_{\mathrm{m}}\cos\theta=\frac{u_1i_1+u_2i_2-(u_1i_2+u_2i_1)\cos(\omega T_{\mathrm{s}})}{\sin^2(\omega T_{\mathrm{s}})} \tag{7-26}$$

同理，由式（7-22）和式（7-23）相减消去 ωt_k 项，得

$$U_{\mathrm{m}}I_{\mathrm{m}}\sin\theta=\frac{u_1i_2-u_2i_1}{\sin(\omega T_{\mathrm{s}})} \tag{7-27}$$

在式（7-26）中，如用同一电压的采样值相乘，或用同一电流的采样值相乘，则 $\theta=0°$，此时可得

$$U_{\mathrm{m}}^2=\frac{u_1^2+u_2^2-2u_1u_2\cos(\omega T_{\mathrm{s}})}{\sin^2(\omega T_{\mathrm{s}})} \tag{7-28}$$

$$I_{\mathrm{m}}^2=\frac{i_1^2+i_2^2-2i_1i_2\cos(\omega T_{\mathrm{s}})}{\sin^2(\omega T_{\mathrm{s}})} \tag{7-29}$$

由于 T_{s}、$\cos(\omega T_{\mathrm{s}})$、$\sin(\omega T_{\mathrm{s}})$ 均为常数，只要送入时间间隔 T_{s} 的两次采样值，便可按式（7-28）和式（7-29）计算出 U_{m}、I_{m}。

以式（7-29）除式（7-26）和式（7-27）还可得测量阻抗中的电阻和电抗分量。

$$R=\frac{U_{\mathrm{m}}}{I_{\mathrm{m}}}\cos\theta=\frac{u_1i_1+u_2i_2-(u_1i_2+u_2i_1)\cos(\omega T_{\mathrm{s}})}{i_1^2+i_2^2-2i_1i_2\cos(\omega T_{\mathrm{s}})} \tag{7-30}$$

$$X=\frac{U_{\mathrm{m}}}{I_{\mathrm{m}}}\sin\theta=\frac{(u_1i_2-u_2i_1)\sin(\omega T_{\mathrm{s}})}{i_1^2+i_2^2-2i_1i_2\cos(\omega T_{\mathrm{s}})} \tag{7-31}$$

由式（7-28）和式（7-29）也可求出阻抗的模。

$$z=\frac{U_{\mathrm{m}}}{I_{\mathrm{m}}}=\sqrt{\frac{u_1^2+u_2^2-2u_1u_2\cos(\omega T_{\mathrm{s}})}{i_1^2+i_2^2-2i_1i_2\cos(\omega T_{\mathrm{s}})}} \tag{7-32}$$

由式（7-30）和式（7-31）也可求出 U、I 之间的相角差 θ。

$$\theta=\arctan\frac{(u_1i_2-u_2i_1)\sin(\omega T_{\mathrm{s}})}{u_1i_1+u_2i_2-(u_1i_2+u_2i_1)\cos(\omega T_{\mathrm{s}})} \tag{7-33}$$

若取 $\omega T_{\mathrm{s}}=90°$，则式（7-28）～式（7-33）可进一步化简，进而大大减少计算机的运算时间。

4. 三采样值积算法

三采样值积算法是利用三个连续的等时间间隔 T_{s} 的采样值两两相乘，通过适当的组合消去 ωt 项以求出 u、i 的幅值和其他电气参数。

设在 t_{k+1} 后再隔一个 T_{s} 为时刻 t_{k+2}，此时的 u、i 采样值为

$$u_3=U_{\mathrm{m}}\sin[\omega(t_k+2T_{\mathrm{s}})] \tag{7-34}$$

$$i_3=I_{\mathrm{m}}\sin(\omega t_k+2\omega T_{\mathrm{s}}-\theta) \tag{7-35}$$

两采样值相乘，得

$$u_3i_3=\frac{1}{2}U_{\mathrm{m}}I_{\mathrm{m}}[\cos\theta-\cos(2\omega t_k+4\omega T_{\mathrm{s}}-\theta)] \tag{7-36}$$

上式与式（7-20）相加，得

$$u_1i_1+u_3i_3=\frac{1}{2}U_{\mathrm{m}}I_{\mathrm{m}}[2\cos\theta-2\cos(2\omega T_{\mathrm{s}})\cos(2\omega t_k+2\omega T_{\mathrm{s}}-\theta)] \tag{7-37}$$

显然，将式（7-37）和式（7-21）经适当组合消去 ωt_k 项，得

$$U_m I_m \cos\theta = \frac{u_1 i_1 + u_3 i_3 - 2u_2 i_2 \cos(2\omega T_s)}{2\sin^2(\omega T_s)} \tag{7-38}$$

若要 $\omega T_s = 30°$，上式化简为

$$U_m I_m \cos\theta = 2(u_1 i_1 + u_3 i_3 - u_2 i_2) \tag{7-39}$$

用 I_m 代替 U_m（或者 U_m 代替 I_m），并取 $\theta = 0°$，则有

$$U_m^2 = 2(u_1^2 + u_3^2 - u_2^2) \tag{7-40}$$

$$I_m^2 = 2(i_1^2 + i_3^2 - i_2^2) \tag{7-41}$$

由式（7-39）和式（7-41）可得

$$R = \frac{U_m}{I_m}\cos\theta = \frac{u_1 i_1 + u_3 i_3 - u_2 i_2}{i_1^2 + i_3^2 - i_2^2} \tag{7-42}$$

由式（7-27）和式（7-41），并考虑到 $\omega T_s = 30°$，得

$$X = \frac{U_m}{I_m}\sin\theta = \frac{u_1 i_2 - u_2 i_1}{i_1^2 + i_3^2 - i_2^2} \tag{7-43}$$

由式（7-40）和式（7-41）得

$$Z = \frac{U_m}{I_m} = \sqrt{\frac{u_1^2 + u_3^2 - u_2^2}{i_1^2 + i_3^2 - i_2^2}} \tag{7-44}$$

由式（7-42）和式（7-43）得

$$\theta = \arctan\frac{u_1 i_2 - u_2 i_1}{u_1 i_1 + u_3 i_3 - u_2 i_2} \tag{7-45}$$

三采样值积算法的数据窗是 $2T_s$。从精确角度看，如果输入信号波形是纯正弦的，这种算法没有误差，因为算法的基础考虑了采样值在正弦信号中的实际值。

三、傅里叶算法（傅氏算法）

前面所讲正弦函数模型算法只是对理想情况的电流、电压波形进行粗略的计算。由于故障时的电流、电压波形畸变很大，此时不能再把它们假设为单一频率的正弦函数，而假设它们是包含各种分量的周期函数。针对这种模型，最常用的是傅氏算法。傅氏算法本身具有滤波作用。

1. 全周波傅里叶算法

全周波傅里叶算法是采用由 $\cos(n\omega_1 t)$ 和 $\sin(n\omega_1 t)$（$n=0, 1, 2\cdots$）正弦函数组作为样品函数，将这一正弦样品函数与待分析的时变函数进行相应的积分变换，以求出与样品函数频率相同的分量的实部和虚部的系数，进而可以求出待分析的时变函数中该频率的谐波分量的模和相位。

根据傅里叶级数，我们将待分析的周期函数电流信号 $i(t)$ 表示为

$$i(t) = I_0 + \sum_{n=1}^{\infty} I_{nc}\cos(n\omega_1 t) + \sum_{n=1}^{\infty} I_{ns}\sin(\omega_1 t) \tag{7-46}$$

式中 n——n 次谐波；

I_0——恒定电流分量；

I_{nc}、I_{ns}——n 次谐波的余弦分量电流和正弦分量电流的幅值。

当我们希望得到 n 次谐波分量时，可用 $\cos(n\omega_1 t)$ 和 $\sin(n\omega_1 t)$ 分别乘以（7-46）两边，然后从 t_0 到 $t_0 + T$ 积分，得到

$$I_{nc}=\frac{2}{N}\int_{0}^{0+T}i(t)\cos(n\omega t)\mathrm{d}t \tag{7-47}$$

$$I_{\infty}=\frac{2}{N}\int_{0}^{0+T}i(t)\sin(n\omega t)\mathrm{d}t \tag{7-48}$$

每工频周期 T 采样 N 次，对式（7-47）和式（7-48）用梯形法数值积分来代替，则得

$$I_{nc}=\frac{2}{N}\sum_{k=1}^{N}i_k\cos\left(k\ \frac{2\pi n}{N}\right) \tag{7-49}$$

$$I_{ns}=\frac{2}{N}\sum_{k=1}^{N}i_k\sin\left(k\ \frac{2\pi n}{N}\right) \tag{7-50}$$

式中 k，i_k——第 k 次采样及第 k 次采样值。

电流 n 次谐波幅值（最大值）和相位（余弦函数的初相）分别为

$$I_n=\sqrt{I_{nc}^2+I_{ns}^2} \tag{7-51}$$

$$\theta_n=\arctan\frac{I_{ns}}{I_{nc}} \tag{7-52}$$

写成复数形式有

$$I_n=I_{nc}+\mathrm{j}I_{ns}$$

对于基波分量，若每采样 12 点（$N=12$），则式（7-49）和式（7-50）可化简为

$$6I_{nc}=\frac{\sqrt{3}}{2}(i_3-i_5-i_7+i_{11})+\frac{1}{2}(i_2-i_4-i_8+i_{10})-i_6+i_{12} \tag{7-53}$$

$$6I_{ns}=(i_3-i_9)-\frac{1}{2}(i_1+i_5-i_7-i_{11})+\frac{\sqrt{3}}{2}(i_2+i_4-i_8-i_{10}) \tag{7-54}$$

在微机保护的实际编程中，为尽量避免采用费时的乘法指令，在准确度容许的情况下，为了获得对采样结果分析计算的快速性，可用（1～1/8）近似代替式（7-53）及式（7-54）中的$\sqrt{3}/2$，而后 1/2 和 1/8 采用较省时的移位指令来实现。

全周波傅里叶算法本身具有滤波作用，在计算基频分量时，能抑制恒定直流和消除各整数次谐波，但对衰减的直流分量将造成基频（或其他倍频）分量计算结果的误差。另外用近似数值计算代替积也会导致一定的误差。算法的数据窗为一个工频周期，属于长数据窗类型，响应时间较长。

2. 半周波傅里叶算法

为了缩短全周波傅里叶算法的计算时间，提高响应速度，可只取半个工频周期的采样值，采用半周波傅里叶算法，其原理和全周波傅里叶算法相同，其计算公式为

$$I_{ns}=\frac{4}{N}\sum_{k=1}^{N/2}i_k\sin\left(k\ \frac{2\pi n}{N}\right) \tag{7-55}$$

$$I_{nc}=\frac{4}{N}\sum_{k=1}^{N/2}i_k\cos\left(k\ \frac{2\pi n}{N}\right) \tag{7-56}$$

半周波傅里叶算法的数据窗为半个工频周期，响应时间较短，但该算法基频分量计算结果受衰减的直流分量和偶次谐波的影响较大，奇次谐波的滤波效果较好。为消除衰减的直流分量的影响，可采用各种补偿算法，如采用一阶差分法（即减法滤波器），将滤波后的采样值再代入半周波傅里叶算法的计算公式，将取得一定的补偿效果。

3. 基于傅里叶算法的滤序算法

有些微机保护中，需要计算出负序或零序分量，比如负序电流 I_2 和零序电流 I_0。我们

可利用上面傅氏算法中计算出的三相电流基波分量的实、虚部 I_{1CA}、I_{1SA}、I_{1CB}、I_{1SB}、I_{1CC} 及 I_{1SC} 来计算三相电流的负序和零序分量。

① A 相负序电流与三相电流的关系为

$$3\dot{I}_{A2}=\dot{I}_A+a^2\dot{I}_B+a\dot{I}_C \tag{7-57}$$

式中，$a=e^{j\frac{2\pi}{3}}$，将其实部与虚部分开得

$$3I_{CA2}=I_{1CA}-\frac{1}{2}(I_{1CB}+I_{1CC})+\frac{\sqrt{3}}{2}(I_{1CB}-I_{1CC}) \tag{7-58}$$

$$3I_{SA2}=I_{1SA}-\frac{1}{2}(I_{1SB}+I_{1SC})-\frac{\sqrt{3}}{2}(I_{1SB}-I_{1SC}) \tag{7-59}$$

于是我们便得到负序电流的幅值为

$$I_{2m}=\frac{1}{3}\sqrt{I_{CA2}^2+3I_{SA2}^2} \tag{7-60}$$

② A 相零序电流与三相电流的关系为

$$3\dot{I}_{A0}=\dot{I}_A+\dot{I}_B+\dot{I}_C \tag{7-61}$$

将其实部和虚部分开，得到

$$3I_{CA0}=I_{1CA}+I_{1CB}+I_{1CC} \tag{7-62}$$

$$3I_{SA0}=I_{1SA}+I_{1SB}+I_{1SC} \tag{7-63}$$

于是我们便得到零序电流的幅值为

$$I_{0m}=\frac{1}{3}\sqrt{I_{CA0}^2+3I_{SA0}^2} \tag{7-64}$$

四、解微分方程算法

解微分方程算法是目前在距离保护中使用最多的一种方法，这种方法假定保护线路分布电容可以忽略，故障点到保护安装处的线路段可用一个电阻和电感串联电路，即 R-L 串联模型来表示，于是下述微分方程成立

$$u=R_1 i+L_1\frac{di}{dt} \tag{7-65}$$

式中　R_1，L_1——故障点至保护安装处线路段的正序电阻和电感；

　　　u，i——保护安装处的电压和电流。

对于相间短路，u 和 i 应取 u_Δ 和 i_Δ，例如 AB 相间短路时，取 u_{ab}、i_a、i_b。对于单相接地短路时，取相电压及相电流加零序补偿电流。以 A 相接地为例，式 (7-65) 将改写为

$$\dot{u}_a=R_1(i_a+3K_r i_0)+L_1\frac{d(i_a+3K_l i_0)}{dt} \tag{7-66}$$

式中　K_r，K_l——电阻和电感的零序补偿系数。

$$K_r=\frac{r_0-r_1}{3r_1}\quad K_l=\frac{l_0-l_1}{3l_1}$$

式中　r_0，r_1，l_0，l_1——输电线每公里的零序和正序的电阻和电感。

式 (7-65) 中，u、i 和 di/dt 都是可以测量、计算的，R_1 和 L_1 是待求解的未知数，其求解方法有差分法和积分法两类。

1. 差分法

解得 R_1 和 L_1 必须有两个方程式。一种方法是取采样时刻 t_{k-1} 和 t_k 的两个采样值，则有

$$R_1 i_{k-1} + L_1 i'_{k-1} = u_{k-1} \tag{7-67}$$

$$R_1 i_k + L_1 i'_k = u_k \tag{7-68}$$

将 $i'_{k-1}=\dfrac{i_k - i_{k-2}}{2T_s}$，$i'_k=\dfrac{i_{k+1}-i_{k-1}}{2T_s}$代入上两式并联立求解，将得到

$$L_1 = \frac{2T_s(i_k u_{k-1} - i_{k-1}u_k)}{i_k(i_k - i_{k-2}) - i_{k-1}(i_{k+1} - i_{k-1})} \tag{7-69}$$

$$R_1 = \frac{u_k(i_k - i_{k-2}) - u_{k-1}(i_{k+1} - i_{k-1})}{i_k(i_k - i_{k-2}) - i_{k-1}(i_{k+1} - i_{k-1})} \tag{7-70}$$

式中，T_s 为采样间隔。

2. 积分法

用分段积分法对式（7-65）在两段采样时刻 t_{k-2} 至 t_{k-1} 和 t_{k-1} 至 t_k 分别进行积分，得到

$$\int_{t_{k-2}}^{t_{k-1}} u\,\mathrm{d}t = R_1 \int_{t_{k-2}}^{t_{k-1}} i\,\mathrm{d}t + L_1 \int_{i_{k-2}}^{i_{k-1}} \mathrm{d}i \tag{7-71}$$

$$\int_{t_{k-1}}^{t_k} u\,\mathrm{d}t = R_1 \int_{t_{k-1}}^{t_k} i\,\mathrm{d}t + L_1 \int_{i_{k-1}}^{i_k} \mathrm{d}i \tag{7-72}$$

式中　i_k，i_{k-1}，i_{k-2}——t_k、t_{k-1}、t_{k-2} 时刻的电流采样瞬时值。

将上两式中的分段积分用梯形法求解，则有

$$\frac{T_s}{2}(u_{k-1} + u_{k-2}) = R_1 \frac{T_s}{2}(i_{k-1} + i_{k-2}) + L_1(i_{k-1} - i_{k-2}) \tag{7-73}$$

$$\frac{T_s}{2}(u_k + u_{k-1}) = R_1 \frac{T_s}{2}(i_k + i_{k-1}) + L_1(i_k - i_{k-1}) \tag{7-74}$$

联立求解上两式，可求得 R_1 和 L_1 分别为

$$L_1 = \frac{T_s}{2}\,\frac{(u_{k-1} + u_{k-2})(i_{k-1} + i_k) - (u_{k-1} + u_k)(i_{k-1} + i_{k-2})}{(i_{k-1} + i_k)(i_{k-1} - i_{k-2}) - (i_{k-1} + i_{k-2})(i_k - i_{k+1})} \tag{7-75}$$

$$R_1 = \frac{T_s}{2}\,\frac{(u_{k-1} + u_k)(i_{k-1} - i_{k-2}) - (u_{k-1} + u_{k-2})(i_k - i_{k-1})}{(i_{k-1} + i_k)(i_{k-1} - i_{k-2}) - (i_{k-1} + i_{k-2})(i_k - i_{k-1})} \tag{7-76}$$

解微分方程算法所依据的微分方程式（7-65）忽略了输电线分布电容，由此带来的误差，只要用一个低通滤波器预先滤除电流和电压中的高频分量就可以基本消除。因为分布电容的容抗只有对高频分量才是不可忽略的。另外，电流中非周期分量是符合算法所依据的微分方程的，它不需要用滤波器滤除非周期分量。用微分方程算法不受电网频率的影响，前面介绍过的几种其他算法都要受电网频率变化的影响，需使采样频率自动跟踪电网频率的变化。解微分方程算法要求采样频率应远大于工频，否则将导致较大误差，这是因为积分和求导是用采样值来近似计算的。

第四节 提高微机保护可靠性的措施

可靠性是指产品在规定的时间内、规定的条件下，完成规定功能的能力。产品是指系统、部件或器件。不同功能的自动装置有不同的反映其可靠性的指标和术语。对微机保护产品来说，可靠性通常是指在严重干扰情况下，不误动、不拒动。继电保护的可靠性是评价继电保护装置的四个重要指标之一。每当一个新的继电保护产品试制完成或投产前，都必须进行详细的可靠性论证与实验。

提高微机保护可靠性的措施涉及的内容和方面较多，限于篇幅，本节将从抗电磁干扰的措施和微机保护系统本身的自纠错和故障自诊断等方面讨论提高微机保护可靠性措施问题。

一、抗电磁干扰的措施

变电站内高压设备的操作、雷电引起的浪涌电压、电气设备周围静电场、设备短路故障所产生的瞬变时程等都会产生电磁干扰。这些电磁干扰进入微机保护装置，就可能引起微机保护装置计算或逻辑错误、程序运行出轨、元器件损坏等。

1. 接地的处理

在微机保护装置中采用正确、合理的接地形式是抑制干扰的主要方法。接地处理包括两方面内容：一个是装置外壳的接入地要求；另一个是设置装置内部的各种地，包括数字地、模拟地、功率地、屏蔽地等。

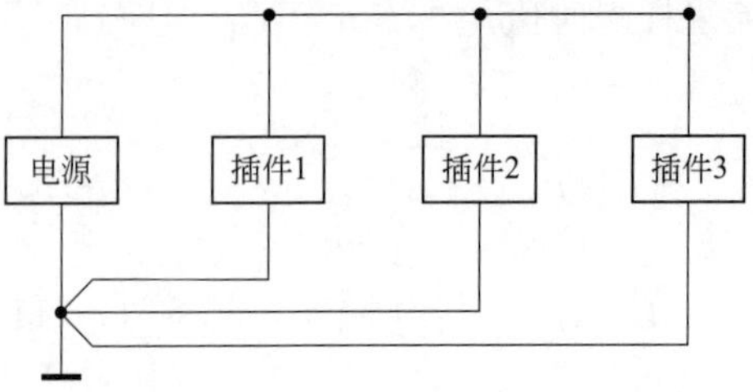

从抗干扰和安全考虑，微机保护装置要求其金属机壳必须接大地，且接地电阻小于 10Ω。

微机保护装置的核心是数字部件，通常由多个插件板组成，各种插件之间遵循一点接地的原则，其接法如图 7-12 所示。

电源 插件1 插件2 插件3

图 7-12 各插件板一点接地示意图

理论和经验都表明：高频电路应就近多点接地，低频电路应一点接地。一般来说，频率低于 1MHz 用一点接地，频率高于 1MHz 应多点接地。

数字地上电平的跳跃会造成很大的尖峰干扰，为了不降低 A/D 转换器在处理微弱电压（<50mV）时的精度，应保证模拟地与数字地之间只能一点相连，如图 7-13 所示，同时还要求其连接线尽量短，最好是在 A/D 转换器的模拟地引脚与数字地引脚间直接相连。

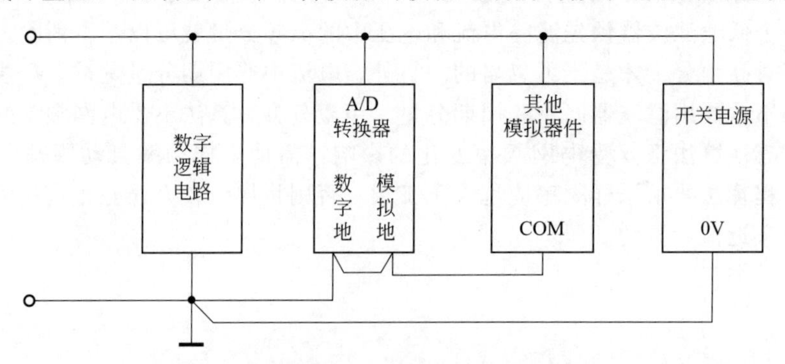

图 7-13 模拟地与数字地一点接地示意图

功率地（即大电流部件的零电位）最好完全独立，由一组单独电源对大电流器件、冲击电流器件以及电感器件供电。信号的传递采用光电耦合。

为了有效地抑制共模干扰，装置内部的零电位应全部悬浮，即不与机壳相连，并且尽量提高零电位线与机壳之间的绝缘强度，减少分布电容。

为此，应将印制电路板周围都用零线或+5V电源线封闭起来，以减少板上其他部分与机壳间的直接耦合。这样，当共模干扰侵入时，系统各点对机壳电位随电源线一起浮动，而它们的电位差不变。

2. 屏蔽与隔离

为了将可能造成干扰的电场和磁场屏蔽，机壳一般采用金属材料制成；必要时还可以采用双层屏蔽措施。如核心数字部件、A/D转换器等可装在内屏蔽壳内，而将电源、隔离变压器、中间继电器等放在内外壳之间。在电场很强的场合，还可以考虑在铁壳内加装铜网衬里。

为防止外部浪涌影响微机工作，必须保证端子排任一点同微机部分无电的联系。防止干扰进入微机保护装置的屏蔽与隔离对策主要包括以下几个方面：

① 模拟量输入。分为交流和直流两种形式。交流电压或电流可以通过小变压（流）器隔离，并在原副线圈加装屏蔽层接机壳；直流电量可以采取光电隔离措施，或通过逆变整流环节实现交流隔离。

② 开关量输入。开关量是指其他设备的触点信号。对输入的开关量也应采用光电隔离措施。

③ 开关量输出。包括跳闸出口、中央信号等触点输出。虽然继电器本身已有隔离作用，但最好在继电器驱动电源与微机电源之间不要有电的联系，以防止线圈电感回路切换产生干扰，影响微机工作。信息的传递也应采用光电隔离措施。

④ 数字量输出。如打印机接口等，为防止冲击电流引起干扰，也应采用光电隔离。

采用上述③、④两项光电隔离措施后，功率地和数字地也就自然分开了。

二、模拟量的自纠错

一旦干扰窜入微机保护系统以后，可用软件纠错的方法来处理，即找出错误的数据，加以排除，而保留正确的数据。

1. 利用采样数据的相关性互相校核

例如，对于任一时刻 k 的三相电流采样值应有如下关系。

$$i_a(k)+i_b(k)+i_c(k)=3i_0(k)$$

如果同一时刻输入的三相电流采样值与零序电流采样值不符合上式关系，而且超过某一规定的限制值（考虑采样和模数变换后有一定的量化误差），则可判定为坏数据，应加以删除。

2. 运算过程的校核纠错

为防止CPU在运算过程中因强大的干扰而导致运算出错的问题，可以将整个运算进行两次，以核对运算是否有误。其做法是在肯定原始数据可信的基础上，按照程序算出结果并把运算结果暂存，然后利用同样的原始数据，按同样的运算式再算一遍，利用两次结果进行“复核”，如果结果不相符，则可判定为因干扰造成运算出错。

三、故障自诊断

当保护装置的某些元器件损坏时，为防止保护误动或拒动，可采用故障自动检测。故障自检分静态自检和动态自检。静态自检是指微机保护刚上电，但尚未投入运行前，先进行全面的自检，一旦发现某部分不正常，则不立刻投入运行，必须检修正常后才能投入运行。

静态自检也可安排在专门的调试程序中用以故障定位。动态自检是指在保护投运条件下，利用保护功能程序的空隙重复进行的自检。下面按不同的损坏元件分别讨论自动检测的方法。

1. RAM 的自检

RAM 的自动监视采用的是“读写校验法”。例如，先将待检测单元（假定为一个字节）的内容保存在 CPU 的寄存器中，然后将 55H（01010101B）写入该单元，测试程序将此单元读出，检查是否改变。重复上述过程，但这次写入 AAH（10101010B）。这种方格交错算法可测试每个存储单元的每一位的两种二进制状态，对于检测坏单元数据线的粘连（粘 0 或粘 1）均有较好的效果。

应当注意的是，对于某些存放重要标志字的 RAM 地址的检测必须在最高优先级的中断服务程序中进行，或先屏蔽中断，否则如果在检测过程中被中断打断，可能使中断服务程序误认为是标志字的改变而发生不希望的程序流程切换。

2. EPROM 的自检

EPROM 属于只读存储器，一般用于存放程序或参数，故不能像检查 RAM 一样用写入再读出校对的方法去检查。根据其应用特点，可以用求检验和的方法测试。即可将 EPROM 分成若干段（如果 EPROM 长度不是很大，也可以不分段），将每一段中自第一个字节至第末个字节的代码全部累加求和，溢出不管，最后得出一个和数，称为检验和，将这个检验和事先存放在 EPROM 指定的地址单元中。以后在进行自检时，按上述求和的方法，得到一个和数，将此和数与事先存放的检验和进行比较，若相等，则认为此段 EPROM 正常，否则认为该段有错。这种检验方法简单，耗时少。根据使用的是字节（8 位）还是字（16 位）累加，可以得到一个长度为 8 位或者 16 位的检验和。一般地说，一个长达 16 位的检验和具有较高的置信度。

在微机保护中，常在 E^2PROM 芯片中存放保护定值和可改变的重要参数。为此，也可用上述 EPROM 累加求和的方法进行保护定值和参数的自检。但应注意在线更改保护定值和参数时一定要同时改变检验和。

3. 模拟量输入通道的自检

最简单的办法是利用同一采样时刻三相电流（或电压）采样值的和与零序电流（或零序电压）的差值为零的关系来进行检测。只要连续若干次发现电压或电流不满足该关系就可怀疑前置模拟低通滤波器、采样保持器、多路转换器或 A/D 转换器等发生了故障。

另外的方法是通过多路转换器为 A/D 转换器预留一个检测通道，该通道接有装置的 +5V 稳压电源，定时读取这一通道的数值来检测多路开关、模数转换器等工作是否正常，同时又可以实现对稳压电源的监视。

4. 开关量输出通道的自检

开关量输出通道通常包括相应的并行接口、门电路、光电耦合器件及执行继电器等。微机保护可以设置图 7-14 所示的专用自检电路，用于检测开关量输出通道是否完好。它可以检测除执行继电器 K_1 和 K_2 本身以外的其他所有元件。

自检时，由程序送出跳闸 1 输出命令，同时禁止跳闸 2 输出，使光耦器件 V_1 的光敏三极管导通，然后通过 CPU 监视光耦器件 V_3 是否导通，如果此开关量输出通道正常，V_3 应立即导通，CPU 检测到 V_3 导通后立即撤回跳闸 1 的输出命令。由于这一过程极短，仅仅几微秒，继电器 K_1 不会吸合。如果此开关量输出通道有元件损坏，则 CPU 经过预定的时间收不到 V_3 导通的信号，也应立即撤回跳闸 1 输出信号并发出警报信号。

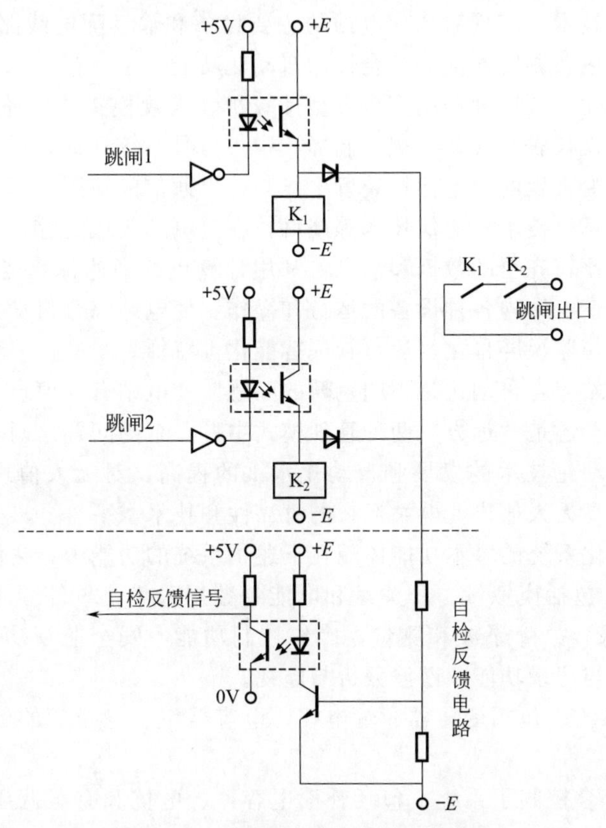

图 7-14　开关量输出通道及自检电路

检查跳闸 2 通道的方法类似，但要禁止跳闸 1 命令。如果在检查过程中程序出轨，未能及时撤回命令，则继电器 K_1（或 K_2）会动作，但因只有跳闸 1 和跳闸 2 都输出命令时，跳闸出口回路才能接通，而检查只在一个通道进行，故不会出现保护误动作。

图 7-14 的出口电路采用了硬件冗余的方法，增加一个出口通道和自检反馈回路，这在微机保护中，能提高微机保护的可靠性，使它各部分经常处于万无一失的状态，这种容错技术是值得肯定的。

第五节　变电站微机综合自动化系统简介

一、变电站微机综合自动化的基本概念

常规变电站的二次部分主要由四大部分组成，即继电保护、故障录波、就地监控和远

动。这些装置由于功能、原理的不同，长期以来在电力技术部门内部已经形成了不同的专业与模式。随着微机技术应用的发展，在电力部门中对这二次部分的四大部分分别实施了微机化，但它们的硬件配置却大体相同，所采集的量与控制的对象也基本相同，于是人们便开始考虑全微机化的变电站二次部分的设计与运行问题，并逐步形成了当今的变电站微机综合自动化系统。

变电站综合自动化是将变电站的二次设备（包括测量仪表、信号系统、继电保护、自动装置和远动装置等）经过功能的组合和优化设计，利用先进的计算机技术、现代电子技术、通信技术和信号处理技术，实现对全变电站的主要设备和输、配电线路的自动监视、测量、自动控制和微机保护以及调度通信等综合性的自动化功能。

变电站综合自动化系统，即利用多台微型计算机和大规模集成电路组成的自动化系统，代替常规的测量和监视仪表，代替常规控制屏、中央信号系统和远动屏，用微机保护代替常规的继电保护屏，改变常规的继电保护装置不能与外界通信的缺陷。因此，变电站综合自动化是自动化技术、计算机技术和通信技术等高科技在变电站领域的综合应用。变电站综合自动化系统可以采集到比较齐全的数据和信息，利用计算机的高速计算能力和逻辑判断功能，可方便地监视和控制变电站内各种设备的运行和操作。变电站综合自动化系统具有功能综合化、结构微机化、操作监视屏幕化、运行管理智能化等特征。

无人值班与变电站综合自动化是不同范畴的问题。变电站有人值班与无人值班是变电站运行管理采用“当地”还是“远方”两种管理模式中哪一个的问题。两者表面看来没有直接的关系，但变电站自动化技术的发展和自动化水平的提高，对无人值班将起很大的推动作用，它可以明显地提高无人值班变电站运行的可靠性和技术水平。

变电站综合自动化系统的基本功能体现在下述子系统的功能中，它们分别是：

① 监控子系统。包括模拟量、开关量和电能量数据采集，事件顺序记录（严重不良事件，SAE），故障记录，故障录波和测量，操作控制功能，安全监视功能，人机联系功能，打印功能，数据处理与记录功能，谐波分析与监视。

② 微机保护子系统。包括变压器、输电线、电容器组、母线等的保护和不完全接地系统的单相接地选线。

③ 电压、无功综合控制子系统。包括补偿电容器、电抗和有载调压变压器等的微机电压、无功综合控制装置。

④ 电力系统的低频减负荷控制。

⑤ 备用电源自投控制。

⑥ 变电站综合自动化系统的通信。包括内部现场级间的通信和自动化系统与上级调度的通信两部分。前者有并行通信、串行通信、局域网络和现场总线等多种方式，后者以部颁通信规约（如 POLLING、CDT 等规约）与上级调度通信，完成遥测、遥信、遥调、遥控等“四遥”功能。

二、变电站综合自动化系统的结构形式

随着集成电路技术、微型计算机技术、通信技术和网络技术的发展，综合自动化系统的结构也在不断发生变化。进入 20 世纪 90 年代，研究综合自动化系统的单位越来越多，逐步形成了百花齐放的局面，出现了多种不同的结构形式。

20 世纪 90 年代初期及以前的变电站综合自动化装置多以集中式结构为主，即以小型机为核心的系统。主变压器和各进出线及站内所有电气设备的运行状态，通过电压互感器、电

流互感器经电缆传送到中央控制室的保护装置和监控主机（或远动装置）。继电保护动作信息往往是取自保护装置的信号继电器的辅助触点，通过电缆送给监控主机（或远动装置）。

20 世纪 90 年代中后期，随着单片机技术和通信技术的发展，单片机性能价格比越来越高，变电站自动化系统形成了分层（级）分布式的多 CPU 的结构体系。

1. 变电站设备的分层结构

变电站一、二次设备分层结构示意图如图 7-15 所示。设备层主要指变电站内的变压器、断路器、隔离开关及其辅助触点、电流互感器和电压互感器等一次设备。变电站综合自动化系统主要位于变电站层和间隔层。

间隔层（又称单元层）一般按断路器间隔划分，具有测量、控制部件或继电保护部件。测量、控制部件负责该单元的测量、监视、断路器的操作控制和联锁，以及事件顺序记录等；保护部件负责该单元线路、变压器或电容器的保护、故障记录等。这些独立的单元部件直接通过局域网络（如 NOVELL 网、ETHER 网、TOKEN RING 网等）、RS-422/RS-485 通信接口或现场总线（如 LONWORKS 总线、CAN 总线等）与变电站层联系。变电站层包括全站性的监控主机、远动通信机等。

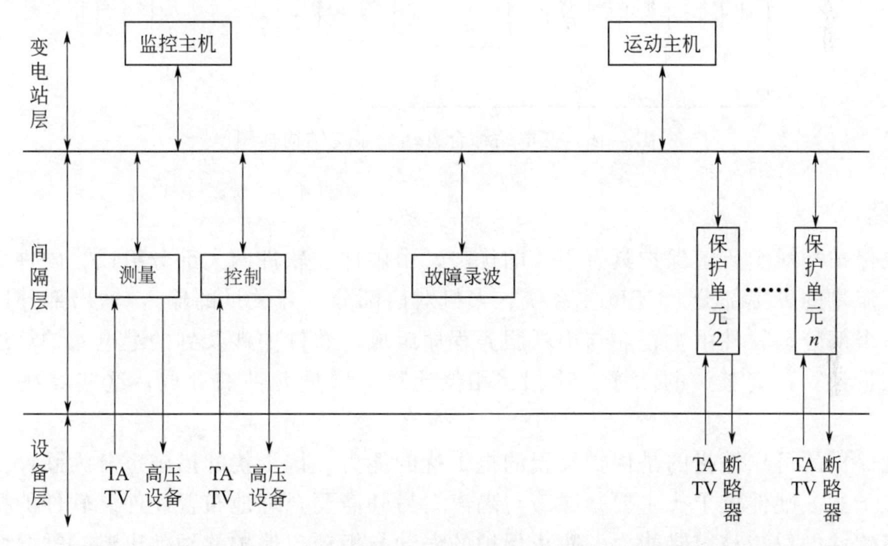

图 7-15 变电站的一、二次设备分层结构示意图

2. 分层分布式变电站综合自动化系统的结构形式

分层分布式的总体设计思路是按功能设计，采用模块化结构，每个功能单元基本上由一个 CPU 组成。其功能单元有：各种高低压线路保护单元，电容器保护单元，主变保护单元，备用电源自投控制单元，低频减负荷控制单元，电压、无功综合控制单元，数据采集与处理单元，电能计量单元等。

为了节省二次部分的大量连接电缆和缩短变电站施工周期，近年来，国外各大继电器制造商相继推出了新一代中压（相当于我国 110kV）及低压的保护装置，具有保护、控制、测量和通信四合一功能。可以将这个一体化测控保护单元分散安装在各个开关柜中，然后由监控主机通过光纤或电缆网络，对它们进行管理和交换信息。国内也有类似产品，如四方公司的 CSL2000 变电站综合自动化系统。采用这种分散式结构的变电站综合自动化系统的结构框图如图 7-16 所示。每间隔单元的保护和测量可以共用同一个 CPU 和共用相同的模拟量输入通道，也可以将测量和保护用电流互感器分开。因保护用电流互感器要求通过大电流（短路电流）时不饱和，则在小电流（负荷电流）情况下，准确度不高，所以这是保护和测量共用保护电流互感器的不足之处。为克服这种不足，光电传感器和光学互感器的研制已成为热门话题。

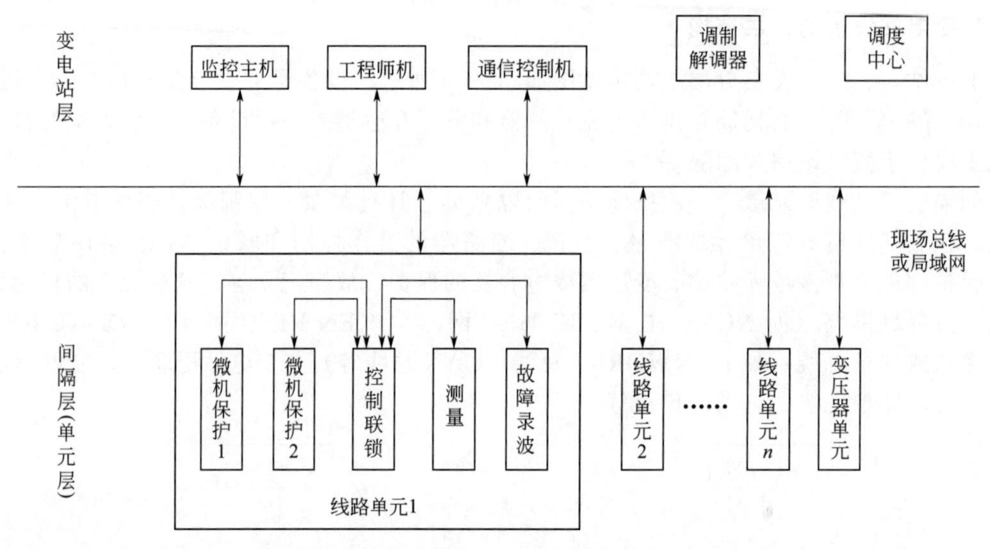

图 7-16　变电站综合自动化系统结构框图

小结

微机保护相对于传统保护具有很大的优势，由硬件、软件两大部分组成。硬件部分包括电源、交流量的采集部分、CPU 主系统、人机对话部分、开关量的输入/输出部分以及通信接口等 6 个部分。软件由主程序与中断服务程序组成。软件中涉及到的继电保护算法包括交流量的相量计算，交流量的滤序、移相、相位比较，增量元件的形成，这些算法是本章的重点。

微机保护的可靠性指的是保护装置的抗干扰的能力。抗干扰的措施也分为硬件抗干扰与软件的抗干扰。硬件抗干扰主要是屏蔽与隔离，另外需要合理地布置硬件。软件的抗干扰主要是提高软件的纠错与容错能力，防止保护的误动与拒动。保护软硬件出错时需要装置自行复位，提高保护的可靠性。

学习指导

1. 要求

掌握微机保护硬件的组成原理及保护软件的基本算法。

2. 知识点

微机保护的组成及各部分的作用；两种数据采集系统的组成原理；微机保护的基本算法；微机保护 CPU 系统的组成；离散系统的分析方法；微机保护抗干扰的措施。

3. 重点和难点

模数转换原理分析；继电保护算法的推导与特点。

本章学习时首先要形成微机保护的总体结构，通过硬件与保护算法两个方面去理解微机的构成。硬件组成要掌握总体结构，关键是对两种不同的数据采集系统原理的理解，从而了解微机保护是如何将模拟量转化为数字量的。开关量的输入/输出要与保护的抗干扰措施对照学习。微机保护是通过继电保护算法来实现继电保护的，因此对于继电保护算法需要分类掌握。比如电压、电流、阻抗的相量计算是将取样值变为相量值，有了这些相量后，针对具体的保护就可以通过移相、序分量获取、相位比较、增量算法等来实现。微机保护的抗干扰措施主要是防止电磁干扰，通过硬件、软件两方面的结合来提高保护的抗干扰能力。本章介绍的继电保护算法在之前各章的保护中都会用到，因此在学习中应注意学会思考如何运用学过的保护原理实现微机保护算法，并不断加深对微机保护算法的理解，做到新旧结合、相得益彰。

复习思考题

（1）微机保护有哪些特点和优点？

（2）为防止频率混叠现象，若计及 16 次谐波，采样频率的最小值是多少？

（3）哪些微机保护的算法能减小或消除直流分量的影响？

（4）若每工频周期采样 12 点，欲滤除 3 次谐波，那么差分滤波器差分步长应取多少？

（5）为什么说解微分方程算法只能用于距离保护？

（6）提高微机保护可靠性的常见措施有哪些？

（7）变电站综合自动化中，保护和测量共用保护 TA 的优缺点是什么？

第八章

输电线路保护配置原则与实例

第一节　电网继电保护选择原则

一、满足四项基本要求

继电保护和安全自动装置应符合可靠性、选择性、灵敏性和速动性的要求。当确定其配置和构成方案时，应综合考虑以下几个方面：

① 电力设备和电力网的结构特点和运行特点；

② 故障出现的概率和可能造成的后果；

③ 电力系统的近期发展情况；

④ 经济上的合理性；

⑤ 国内和国外的经验。

1. 可靠性

为保证可靠性，宜选用可能的最简单的保护方式，应采用由可靠的元件和尽可能简单的回路构成的性能良好的装置，并应具有必要的检测、闭锁和双重化等措施。保护装置应便于整定、调试和运行维护。具体的措施有220kV线路断路器设2个跳闸线圈，主保护双重化，分别接于2个跳闸线圈；500kV线路更要求2套保护的交流电压、直流电源、控制电源双重化、配置完全独立等。

相关链接

《线路保护及辅助装置标准化设计规范》（Q/GDW 1161—2014）

双重化原则：继电保护双重化的原则是指保护装置的双重化以及与保护配合回路（包括通道）的双重化，双重化配置的保护装置及其回路之间应完全独立，无直接的电气联系。

注：采用三相重合闸方式时，可采用两套重合闸相互闭锁方式。

2. 选择性

除个别特殊情况，保护必须满足选择性要求。

为保证选择性，对相邻设备和线路有配合要求的保护和同一保护内有配合要求的两元件（如起动与跳闸元件或闭锁与动作元件），其灵敏系数及动作时间，在一般情况下应相互配合。对于单侧测量原理的保护，选择性由整定值中的灵敏系数及动作时间配合保证；对于双侧测量原理的保护，虽原理上具有“绝对选择性”，与相邻线路保护没有整定值配合，仍有同一套保护两元件的配合问题，如纵联方向保护低灵敏度元件起动发信，高灵敏度元件起动跳闸，“闭锁式”纵联方向保护中发闭锁信号的反方向元件灵敏度高于正方向元件。

当重合于本线路故障，或在非全相运行期间健全相又发生故障时，相邻元件的保护应保证选择性。在重合闸后加速的时间内以及单相重合闸过程中，发生区外故障时，允许被加速的线路保护无选择性。在某些条件下必须加速切除短路时，可使保护无选择性动作，但必须采取自动重合闸或备用电源自动投入来补救的措施。例如35kV及以下电压等级线路上采用“前加速”方式的三相一次重合闸。

相关链接

重合闸与继电保护之间的配合参见本书第六章相关内容。

3. 灵敏性

主保护应保证本线末端故障时保护有足够的灵敏度，后备保护则应保证近后备灵敏度（本线路末端故障）以及远后备灵敏度（相邻线路、元件末端故障）满足要求。

当采用远后备方式，变压器或电抗器后面发生短路时，由于短路电流水平低，对电网不致造成影响以及在电流助增作用很大的相邻线路上发生短路等情况下，如果为了满足相邻保护区末端短路时的灵敏性要求，且当保护过分复杂或在技术上难以实现时，可以缩小后备保护作用的范围。

例如线路作为相邻元件（变压器）保护的远后备时，由于变压器阻抗远大于线路阻抗，可能灵敏度不足，此时可不考虑线路保护在相邻变压器末端短路时的灵敏度，只需要校验相邻线路末端短路时的灵敏度。

相关链接

《电力装置的继电保护和自动装置设计规范》（GB/T 50062—2008）

当被保护设备和线路在保护范围内发生故障时，应具有必要的灵敏系数；对相邻设备和线路有配合要求时，上下两级之间的灵敏系数和动作时间应相互配合。

保护装置的灵敏系数，应根据不利正常运行方式和不利故障类型进行计算。必要时，应计及短路电流衰减的影响。

4. 速动性

速动性是指保护装置应能尽快地切除短路故障，其目的是提高系统稳定性，减轻故障设备和线路的损坏程度，缩小故障波及范围，提高自动重合闸和备用电源或备用设备自动投入的效果等。220kV及以上等级电网更多地从保证系统并列运行稳定性角度出发确定保护动作时间，要求保护全线速动，快速切除故障。

制定保护配置方案时，对极少见故障，根据对电网影响程度和后果，应采取相应措施，使保护能按要求切除故障。对两种故障同时出现的极少见情况，仅保证切除故障。

相关链接

《电力装置的继电保护和自动装置设计规范》(GB/T 50062—2008)

保护装置应能尽快地切除短路故障。当需要加速切除短路故障时，可允许保护装置无选择性地动作，但应利用自动重合闸或备用电源和备用设备的自动投入装置缩小停电范围。

二、与一次系统运行方式统筹考虑

继电保护和安全自动装置是电力系统的重要组成部分。确定电力网结构、厂（站）主接线和运行方式时，必须与继电保护和安全自动装置的配置统筹考虑，合理安排。继电保护和安全自动装置的配置方式要满足电力网结构和厂（站）主接线的要求，并考虑电力网和厂（站）运行方式的灵活性。对导致继电保护和安全自动装置不能保证电力系统安全运行的电力网结构形式、厂（站）主接线形式、变压器接线方式和运行方式，应限制使用。

为便于运行管理和有利于性能配合，同一电力网或同一厂（站）内的继电保护和安全自动装置的形式，不宜品种过多。

目前有条件的 110kV 及以下线路尽量解环运行，变电所低压分段母线正常运行时断开分段开关，桥式接线正常运行时断开桥开关等运行方式，均可简化继电保护整定计算工作、降低对继电保护的要求，从而提高保护性能。而 T 接线路保护实现困难，一次系统建设时应逐步减少其应用。

三、保护装置选型基本要求

保护装置选型时应保证在系统振荡、有电弧电阻、TV 二次回路断线等情况下保护不误动。动作时发出相关信号供运行、检修人员分析。

如由于短路电流衰减、系统振荡和电弧电阻的影响，可能使带时限的保护拒绝动作时，应根据具体情况，设置按短路电流或阻抗初始值动作的瞬时测定回路或采取其他措施。但无论采用哪种措施，都不应引起保护误动作。

电力设备或电力网的保护装置，除预先规定的以外，都不允许因系统振荡而引起误动作。

提示

理论上讲，过电流保护也会受到系统振荡的影响，但电流主要用于 10～35kV 线路，很少有双电源情况，所以不考虑系统振荡影响。系统对称性振荡对零序电流保护无影响，故零序电流保护也不设振荡闭锁回路。

在电力系统正常运行情况下，当电压互感器二次回路断线或其他故障使保护误动作时，应装设断线闭锁或采取其他措施，将保护装置解除工作并发出信号。当保护不致误动作时，应设有电压回路断线信号。

思考

哪些保护需要考虑 TV 二次断线问题？

为了分析和统计继电保护的工作情况，保护装置设置指示信号，并应符合下列要求：

① 在直流电压消失时不自动复归，或在直流电源恢复时，仍能重现原来的动作状态；

② 能分别显示各保护装置的动作情况；

③ 在由若干部分组成的保护装置中，能分别显示各部分及各段的动作情况；

④ 对复杂的保护装置，宜设置反映装置内部异常的信号；

⑤ 用于起动顺序记录或微机监控的信号触点应为瞬时重复动作触点；

⑥ 宜在保护出口至断路器跳闸的回路内，装设信号指示装置。

目前数字化保护应用了大量网络通信技术，除传统的触点输出信号方式，保护的动作情况、故障分析测距报告、录波信息等更为详细的信息以“报文”形式经网络上传至监控后台，重要信息可以转发至调度中心。报文可以打印、存储，保存可靠、方便。

四、电网的主保护与后备保护

电力系统中的电力设备和线路，应装设短路故障和异常运行保护装置。电力设备和线路短路故障的保护应有主保护和后备保护，必要时可再增设辅助保护。

主保护必须满足系统稳定和设备安全要求，是能以最快速度有选择地切除被保护设备和线路故障的保护。

后备保护是主保护或断路器拒动时，用以切除故障的保护。后备保护可分为远后备和近后备两种方式。

① 远后备是当主保护或断路器拒动时，由相邻电力设备或线路的保护来实现的后备保护。

单套电流保护、零序电流保护、距离保护等三段式配合的保护属于远后备方式，图 8-1 所示为三段式保护的保护区配合。

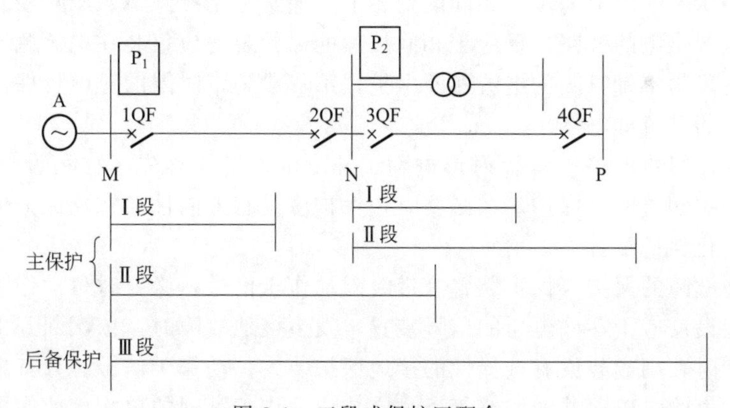

图 8-1 三段式保护区配合

Ⅰ段与Ⅱ段构成了线路的主保护，Ⅱ段对于本线路的部分区域（Ⅰ段动作区）有近后备保护作用，对下一线路也有一些远后备作用，Ⅱ段的后备保护作用并不完备，Ⅲ段保护则具有对本线路保护的近后备作用以及对于相邻线路、元件的远后备作用。采用远后备方式时，一旦主保护或断路器故障，就依靠后备保护切除故障，但动作时间延长，切除范围可能扩大。由于远后备方式保护配置相对简单、成本低，主要用于 110kV 及以下电压等级线路。

② 近后备是当主保护拒动时，由本电力设备或线路的另一套保护实现的后备保护；当断路器拒动时，由断路器失灵保护来实现后备作用。近后备方式要求当主保护故障时，后备保护切除故障且切除的范围不变，实际工作中往往通过配置双重化保护实现近后备方式。近后备方式保护配置较复杂，成本高但有利于系统运行，主要用于 200kV 及以上电压等级的线路。

为了便于分别校验保护装置和提高其可靠性，主保护和后备保护应做到回路彼此独立，即保护装置中主保护与后备保护应各设一个出口继电器。

辅助保护是为补充主保护和后备保护的性能或当主保护和后备保护退出运行而增设的简单保护。例如消除某些保护出口死区的电流速断保护等。

异常运行保护是反映被保护电力设备或线路异常运行状态的保护。保护动作后发出信号，不需要跳闸。

相关链接

《继电保护和安全自动装置技术规程》(GB/T 14285—2006)

电力系统中的电力设备和线路，应装设短路故障和异常运行保护装置。电力设备和线路短路故障的保护应有主保护和后备保护，必要时可再增设辅助保护。

第二节　不同电压等级的输电线路保护配置

一、10～35kV电网保护配置

由于线路上发生单相接地故障概率很高，除了配置反应于相间短路的保护外，还应配置反应于接地故障的保护。

反应于相间故障的保护装置一般选择阶段式电流保护，可以采用两相不完全星形连接，并在同一电网的所有线路上均接于相同的两相上，通常都是接到A、C两相。

对于单侧电源供电的线路，反应于相间故障的保护装置应仅装在电源侧。可装设两段过电流保护，第一段为不带时限的电流速断保护，第二段为带时限的过电流保护。可采用定时限或反时限特性的电流继电器。

对于由单回线组成的多电源辐射形电网、环形电网等，首先考虑装设一段或两段式电流、电压速断保护和过电流保护。在必要时，保护应具有方向性。在能保证供电前提下，尽量解环运行以简化保护配置。

反应于接地故障的保护，保护装置宜带时限动作于信号，必要时可动作于跳闸。在出线不多时，一般装设反应于零序电压的信号装置，发生接地故障时，依次断开出线以寻找故障点。在出线较多时，则应装设有选择性的接地保护装置，动作于信号。只有根据人身和设备安全的要求，如供给煤矿深井的线路等，才应装设动作于跳闸的单相接地保护。

当保护不能满足选择性、灵敏性和速动性的要求时，或保护的构成过于复杂时，则可采用距离保护。特别短的线路（1～2km的10kV线路或3～4km的35kV线路）也可以考虑采用纵联电流差动保护。

二、110kV线路电网保护配置

110kV线路保护配置一般装设反应于相间故障的距离保护和反应于接地故障的零序方向电流保护（或接地距离保护），采用远后备方式。

当距离、零序电流保护灵敏度不满足要求或110kV线路涉及系统稳定运行问题或对发电厂、重要负荷影响很大时，考虑装设全线路快速动作的纵联保护作为主保护，距离、零序电流（或接地距离）保护作为后备保护。

必须指出，目前110kV数字式线路保护装置一般同时具有接地距离保护与零序电流保护功能，在零序电流保护整定特别是Ⅱ段整定出现灵敏度不满足要求的情况下，可考虑通过降低电流定值、延长保护动作时间等方法进行整定。由于接地距离保护灵敏度一般都能满足要求，因此保护对接地短路的速动性不会受到影响。

是否需要装设全线速动保护的依据如下：

① 当线路上发生故障时，如不能全线快速地切除故障，则系统的稳定运行将遭到严重破坏。

② 当线路上发生共相短路时，发电厂厂用电母线电压或重要负荷电压低于允许值，一般约为60％额定电压，且其他保护不能快速而有选择性地切除故障。

110kV平行双回线可采用“相继速动保护”快速切除故障。双回线相继速动保护原理如图8-2所示，两条线路中的Ⅲ段距离元件动作或其他保护跳闸时，输出FXJ（为发信继电器）动作，发出“闭锁相邻信号”，分别闭锁另一回线Ⅱ段距离相继速跳元件。与纵联保护不同，闭锁信号FXJ在同一个变电所两套保护装置之间传输，如图8-2中的保护P_1与P_3、P_2与P_4，不需要专门的通道设备。

距离Ⅱ段继电器相继速动的条件是：

① 距离Ⅱ段继电器动作。

② 先收到相邻线路来的FXJ信号，随后FXJ信号消失。

③ 距离Ⅱ段继电器经小延时不返回。

如图8-2所示情况，线路L_1末端故障，N侧保护P_2Ⅰ段快速跳开2QF。短路初期，M侧保护P_1、P_3的Ⅲ段距离元件均动作，分别闭锁；另一回线Ⅱ段距离相继速动保护，保护P_2Ⅰ段跳开2QF后，保护P_3Ⅲ段距离元件返回，FXJ信号返回；保护P_1收不到FXJ信号，同时Ⅱ段距离继电器等待一个短延时不返回，则立即跳闸。故障发生在线路L_1靠近M变电所时情况类似，P_1Ⅰ段快速动作，P_2Ⅱ段开始被P_4Ⅲ段闭锁，1QF跳开后P_4Ⅲ段返回，FXJ信号返回，P_2Ⅱ段相继速动，出口跳闸。

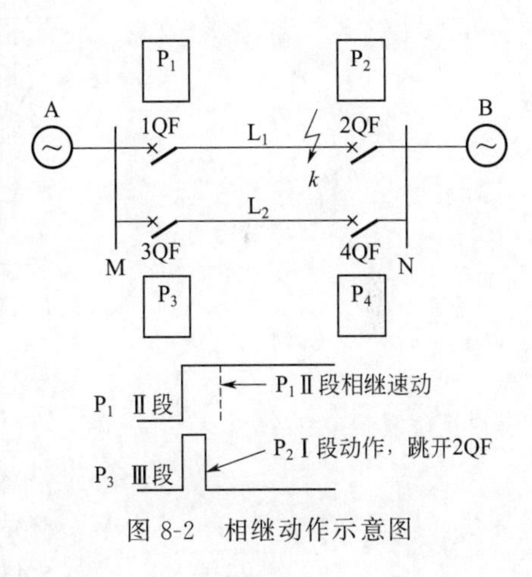

图8-2　相继动作示意图

综上所述，110kV平行双回线路保护设有相继速动回路后可以达到近似全线速动的效果。

三、220kV线路电网保护配置

考虑220kV线路目前在我国大部分地区为骨干网架，故障切除时间对于电力系统运行稳定性影响较大，一般情况下要求保护具有全线速动能力，应配置两套纵联保护实现保护双重化、采用近后备方式；同时配有距离、零序电流（接地距离）保护。单端馈电线路也可采用距离、零序电流（接地距离）保护。两套保护测量电流分别由不同的TA二次绕组引入，跳闸出口回路相对独立。

对于平行双回线，由于220kV线路配有纵联保护，每一回线保护具有全线速动能力，不需要像110kV平行双回线一样配置“相继速动保护”。

220kV线路断路器具有双跳线圈，保护也具有两个出口跳闸回路。

四、220kV 以上电压等级线路电网保护配置

配置与 220kV 线路保护基本相同，但对保护装置可靠性要求更高，保护电流、电压回路，直流电源完全独立；即两套保护的电流、电压分别由两个互感器引入，保护电源、控制电源使用两组蓄电池供电。

第三节 输电线路保护实例

以某综合自动化的变电所 1 条 220kV 线路保护为例，介绍线路保护部分主要相关设备构成与功能。

如图 8-3 所示，一次主接线为双母线接线，TA、TV、断路器、隔离刀闸、接地刀闸安装在变电场地；微机保护柜、测控柜、故障录波器柜等安装在保护室内。

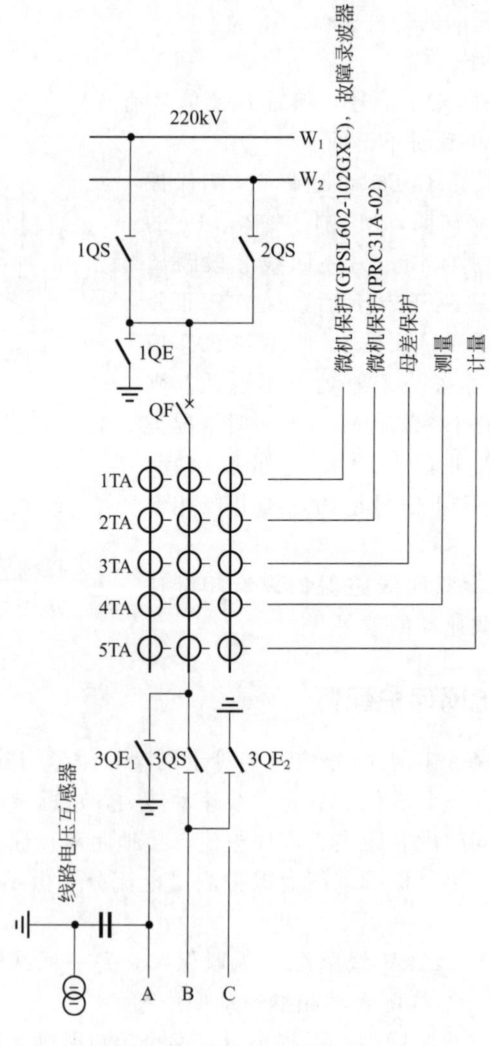

图 8-3 一次接线示意图

主要相关二次设备之间联系如图 8-4 所示，图中带有箭头的线表示二次电缆，虚线代表网络。变电场地上相关设备有 TA、TV 接线箱，引出二次电流、电压；QF 机构箱；QF 电源、控制、信号等回路均由其机构箱接入；QS、QE 机构箱，接入 QS、QE 的电源、控制、信号等回路；断路器端子箱，汇集除二次电压外的所有变电场地到保护室的电缆，同时箱内还设有刀闸防误操作回路。

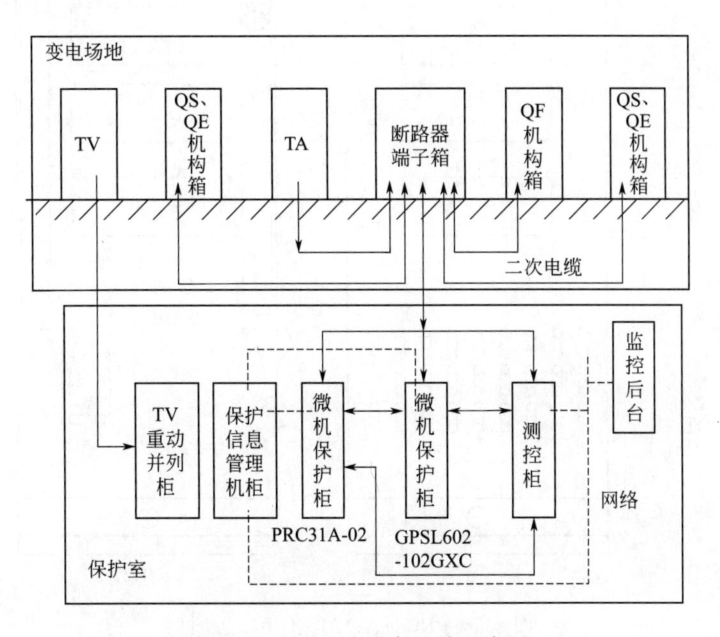

图 8-4　主要二次设备连接示意图

一、主要二次设备

1. TV 重动并列柜

TV 二次电压由电缆送至 TV 并列重动柜后接于柜顶电压小母线，由柜顶电压小母线送至各相关保护柜、电能表柜的柜顶。

2. 微机保护柜

线路保护采用双套光纤纵联保护配置，两个保护柜，型号分别为 PRC31A-02、GPSL602-102GXC。

（1）PRC31A-02 保护柜　PRC31A-02 保护柜由 RCS-931A 微机保护装置、CZX-12R 操作箱、打印机、信号复归按钮（1FA、4FA）、打印试验按钮（1YA）、重合闸方式选择开关（1QK）、光纤终端盒、交流空气开关（ZKK）、直流空气开关（DK）、连接片（压板）、端子排（1D、4D、JD、BD）组成。柜平面布置图如图 8-5 所示。

① RCS-931A 装置。

RCS-931A 装置为由微机实现的数字式超高压线路成套快速保护装置，可用作 220kV 及以上电压等级输电线路的主保护及后备保护。RCS-931A 包括以分相电流差动和零序电流差动为主体的快速主保护、由工频变化量距离元件构成的快速Ⅰ段保护、由三段式相间和接地距离及两个延时段零序方向过电流构成的全套后备保护。

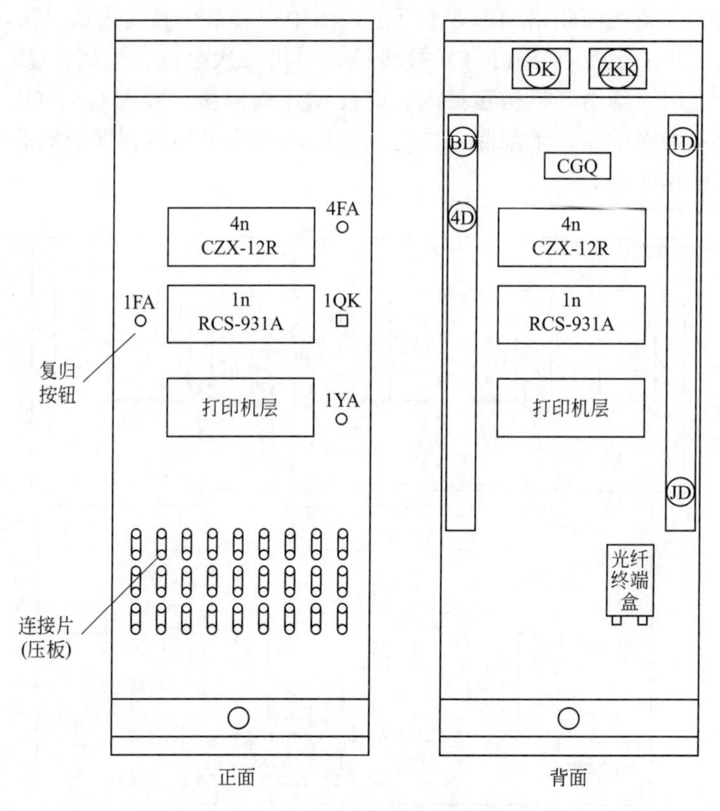

图 8-5　PRC31A-02 保护柜布置图

RCS-931A 保护装置正面如图 8-6 所示，有液晶显示屏（汉字显示器）、信号灯、3×3 键盘、调试通信口、模拟量输入口。

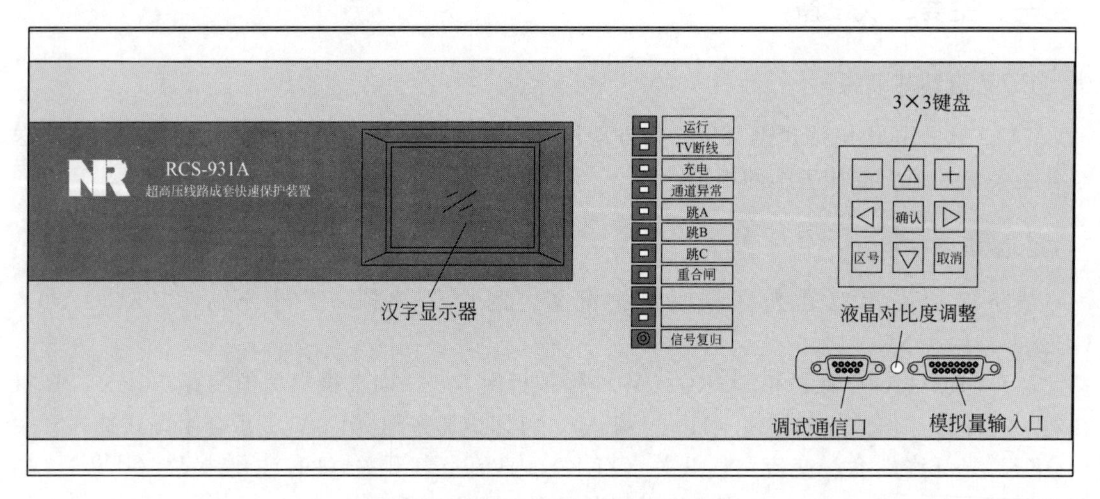

图 8-6　RCS-931A 保护正面面板布置

组成装置的插件有：电源插件（DC）、交流插件（AC）、低通滤波器（LPF）、CPU 插件（CPU）、通信插件（COM）、24V 光耦插件（OPT1）、高压光耦插件（OPT2，可选）、信号插件（SIG）、跳闸出口插件（OUT1、OUT2）、扩展跳闸出口（OUT，可选）、显示面板（LCD）。RCS-931A 保护背面布置图如图 8-7 所示。

从装置的背面（图 8-7）看，左边第一个插件为电源插件，输入 220V（110V）直流，输出 5V、±12V、24V 电源，其中，24V 电源用于光耦回路。

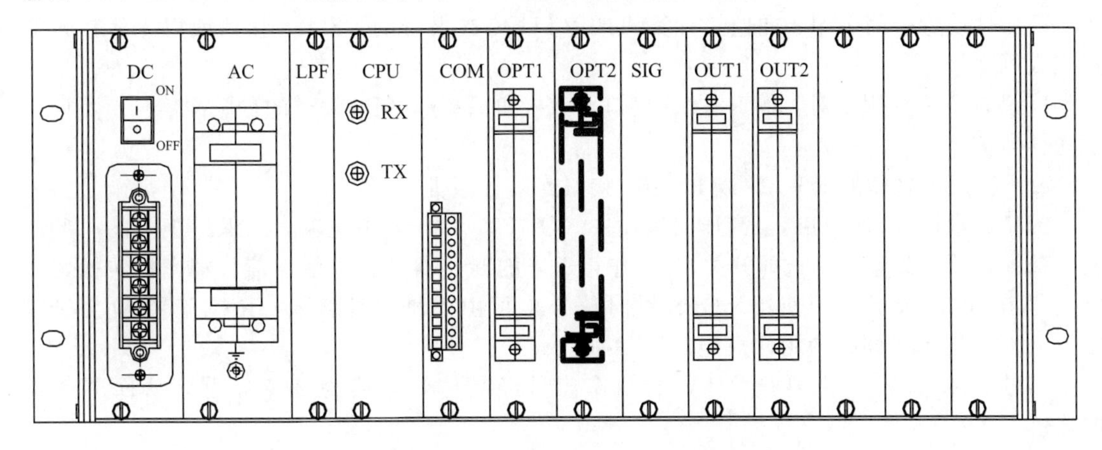

图 8-7　RCS-931A 保护背面面板布置

图 8-7 中左边第二个插件为交流输入变换插件（AC），与系统的接线图如图 8-8 所示。交流输入为母线电压、单相线路电压、线路电流，变换器输出至低通滤波（LPF）插件。

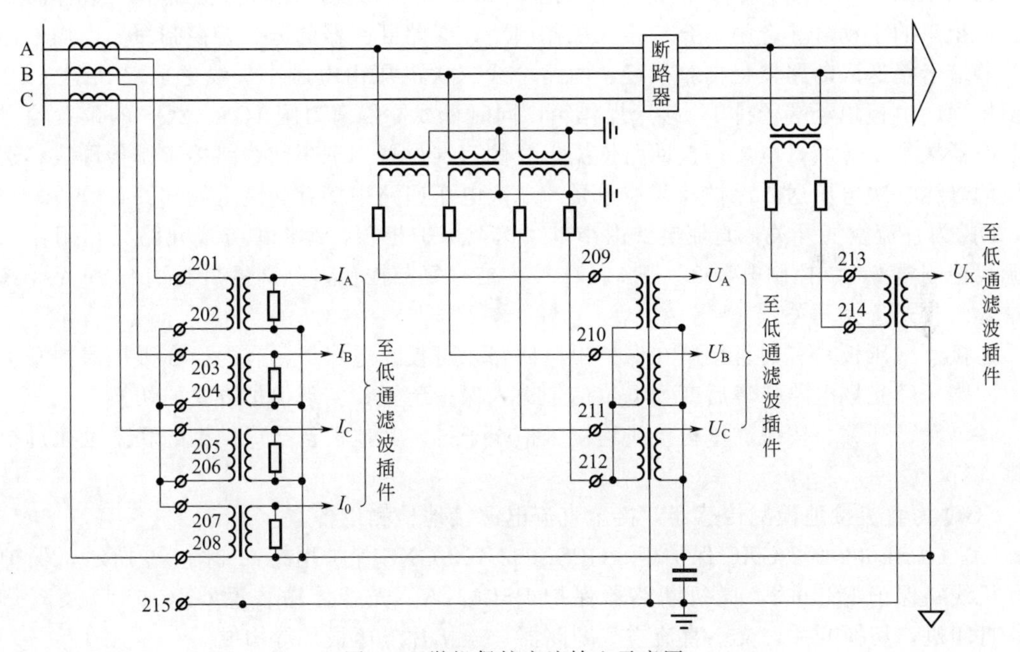

图 8-8　微机保护交流输入示意图

CPU 插件是装置核心部分，由单片机（CPU）和数字信号处理器（DSP）组成，CPU 完成装置的总起动元件和人机界面及后台通信功能，DSP 完成所有的保护算法和逻辑功能。装置取样率为每周期 24 点，在每个取样点对所有保护算法和逻辑进行并行实时计算，使得装置具有很高的可靠性及安全性。

起动 CPU 内设总起动元件，起动后开放出口继电器的正电源，同时完成事件记录及打印、保护部分的后台通信及与面板通信；另外还具有完整的故障录波功能，录波格式与 COMTRADE 格式兼容，录波数据可单独串口输出或打印输出。CPU 插件还带有光端机，它通过 64kb/s 高速数据通道（专用光纤或复用 PCM 设备），用同步通信方式与对侧交换电流取样值和信号。

通信插件（COM）的功能是完成与监控计算机或RTU的连接，实现3类通信：

a. 插件设置了两个用于向监控计算机或RTU传送报告的RS-485接口或以光纤接口通过以太网送报告。

b. 设置了一个用于对时的RS-485接口，该接口只接收GPS发送的秒脉冲信号，不向外发送任何信号。

c. 一个用于打印的RS-485或RS-232接口连接打印机。

24V光耦插件（OPT1）、高压光耦插件（OPT2）用于开关量输入。保护柜上的一些压板、选择开关（如重合闸选择开关）、操作箱送来的断路器位置等触点信号经光耦转换为数字信号0、1供微机保护使用。GPS对时信号也可由光耦插件接入，RS-485接口与光耦GPS对时方案不能同时使用，只能选用一种。

信号插件（SIG）主要是将5V的动作信号经晶体管转换为24V信号，从而驱动继电器。

跳闸出口插件（OUT1、OUT2），OUT1以空触点形式输出信号以及开关量，供其他保护使用；OUT2为出口插件，输出分、合闸命令。

② CZX-12R装置。

CZX-12R为分相操作箱，内部设有操作回路及电压切换回路。保护跳闸、重合命令以及测控柜来的手动分、合闸命令均接入操作回路，线路断路器的分、合控制命令由操作箱经断路器端子箱送入断路器机构箱执行。两路母线二次电压由电压小母线送至PRC31A-02保护柜柜顶，由柜顶经端子排1D接入操作箱，同时母线侧隔离刀闸1QS、2QS的位置信号也经断路器端子箱送入，电压切换回路依据母线侧刀闸位置判别当前线路接于哪条母线，选出相应的母线二次电压送入保护及测控单元。二次电压回路中接有交流空气开关ZKK。

DK为直流空气开关，直流电源由小母线送至保护柜顶，经DK分成几路分别用作保护电源、控制电源1、控制电源2。1FA、4FA为信号复归按钮，分别复归1n、4n单元。1QK为重合闸方式选择开关。

连接片（压板）有的直接串在保护出口回路，可投、退保护；有的接在微机保护开关量输入回路，经光耦电路采集后变为电位信号送入保护装置，实现保护方式的切换。

各单元、开关、按钮、压板接线均接于柜端子排，其他设备与保护柜的联系也通过柜端子排进行。

CGQ为直流接地检测传感器，接至直流电源接地检测设备。

（2）GPSL602-102 GXC保护柜　GPSL602-102 GXC保护柜布置如图8-9所示，保护柜由微机线路保护PSL602，微机断路器保护PSL631A，光纤传输装置GXC-01以及复归按钮，打印机，切换开关，交、直流空气断路器，连接片（压板）等构成。

PSL602数字式超高压线路保护装置以纵联距离和纵联零序作为全线速动主保护，以距离保护和零序方向电流保护作为后备保护。保护有分相出口，可用作220kV及以上电压等级的输电线路的主保护和后备保护。保护功能由数字式中央处理器CPU模件完成，其中一块CPU模件（CPU1）完成纵联保护功能，另外一块CPU模件（CPU2）完成距离保护和零序电流保护功能。

GXC-01装置为光纤信号传输装置，通过专用光缆或64kb/s向接口复接PCM设备传输继电保护及安全自动装置信息。

单断路器接线的线路保护装置中还增加了实现重合闸功能的CPU模件（CPU3），可根据需要实现单相重合闸、三相重合闸以及综合重合闸或者退出。

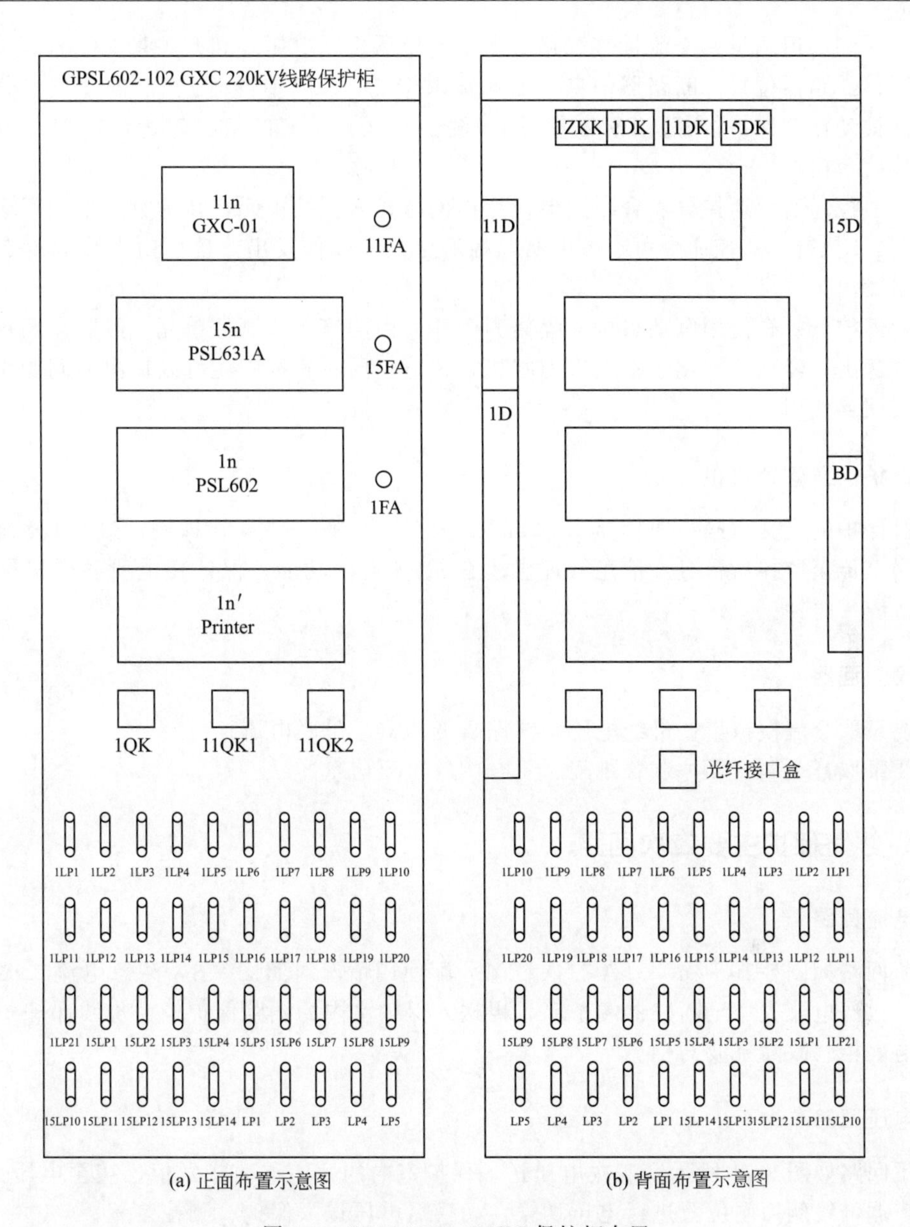

(a) 正面布置示意图　　(b) 背面布置示意图

图 8-9　GPSL602-102GXC 保护柜布置

PSL631A 数字式断路器保护装置包括断路器失灵保护、三相不一致保护、充电保护及独立的过电流保护等功能，主要适用于 220kV 及以上电压等级的双母线接线方式。

保护柜交流电压由 PRC31A-02 保护柜 4n 单元（CZX-12R）电压切换回路送入，出口分、合闸也接至 PRC31A-02 保护柜 4n 单元。

信号复归按钮，交、直流空气开关，连接片（压板）作用类同 PRC31A-02，微机保护装置结构基本相同，由电源、CPU、光耦、信号、输出等插件组成，不再详细说明。1QK 为重合闸方式选择开关，11QK1、11QK2 为用于通道切换的开关。

3. 测控柜

测控柜作用可简单地分为遥测和遥控两类。

（1）遥测　遥测量有交流量（线路电流、切换后母线电压）和开关量两类。开关量包括刀闸位置、断路器位置、断路器信息（如弹簧未储能、SF6 泄漏等）、保护信息（分、合闸出口，保护动作，保护告警，TV 断线等）。测控单元将采集的信息转为数字信号由网络上传至监控后台机。

（2）遥控　后台遥控分、合断路器命令由网络送入测控单元，转为触点形式后送入操作箱 CZX-12R 执行。遥控命令可在变电所监控后台机上操作发出，也可由上级调度自动化系统经网络发出。

后台遥控分、合使用电动机构的隔离刀闸命令由网络送入测控单元，经防误闭锁逻辑以触点形式送出，经断路器端子箱送入刀闸机构执行，同时测控柜还可以输出刀闸操作闭锁触点供防误回路使用。

4. 保护信息管理机柜

微机保护的报文由网络通信接口（如 RS-485 口）送入信息管理机，进行规约转化后，再由网络上传至监控后台机。信息管理机还有 GPS 对时功能，保证变电所各微机保护等数字化设备统一时钟。

5. 录波回路

主要录取交流模拟量：母线电压，线路、变压器、母联电流。

主要录取开关量：保护装置跳闸、重合闸等重要信息。

二、线路保护主要二次回路

1. 电流回路

电流回路如图 8-10 所示，TA 二次绕组分配使用情况对照图 8-3，注意电流二次只能一点接地。二次电流先送至断路器端子箱，再送入保护室内的线路保护柜、母线保护柜、测控柜、电能表柜、故障录波器柜。

2. 电压回路

电压回路如图 8-11 所示，二次电压送入保护室内的 TV 重动并列柜，接至电压小母线。操作箱依据母线侧刀闸位置进行电压切换，切换后电压送入保护、测控装置。

3. 控制回路

（1）断路器控制回路　图 8-12 为断路器控制信号回路示意图。断路器机构箱上设有远方/就地切换开关及分、合闸按钮，可进行就地操作。断路器远方控制时由保护操作箱控制；手动操作可使用测控柜分、合断路器切换开关，也可由监控后台或调度中心由综合自动化网络下达命令。

如果是 220kV 以下电压等级线路，分闸回路仅有一路。

（2）隔离刀闸、接地刀闸控制回路　图 8-13 为隔离刀闸、接地刀闸控制信号回路示意图。对于电动机构的刀闸，由测控柜经防误逻辑输出触点控制刀闸分、合。对于手动机构的刀闸，由测控柜根据防误逻辑输出触点控制其电磁锁，不满足操作条件时闭锁手动机构，防止误操作。

刀闸防误逻辑可以由断路器、刀闸辅助触点等构成，也可以在测控柜或专门的微机防误装置中以程序形式完成。

4. 信号回路

各微机设备由网络通信口送出的报文数字信号，经信息管理机柜转换为统一格式后进入监控系统；其余交流电流、电压以及大量触点信号由测控柜采集并转为数字信号接入监控系统。信号回路如图 8-14 所示，虚线表示变电站综合自动化网络，其余信号由二次电缆传送。

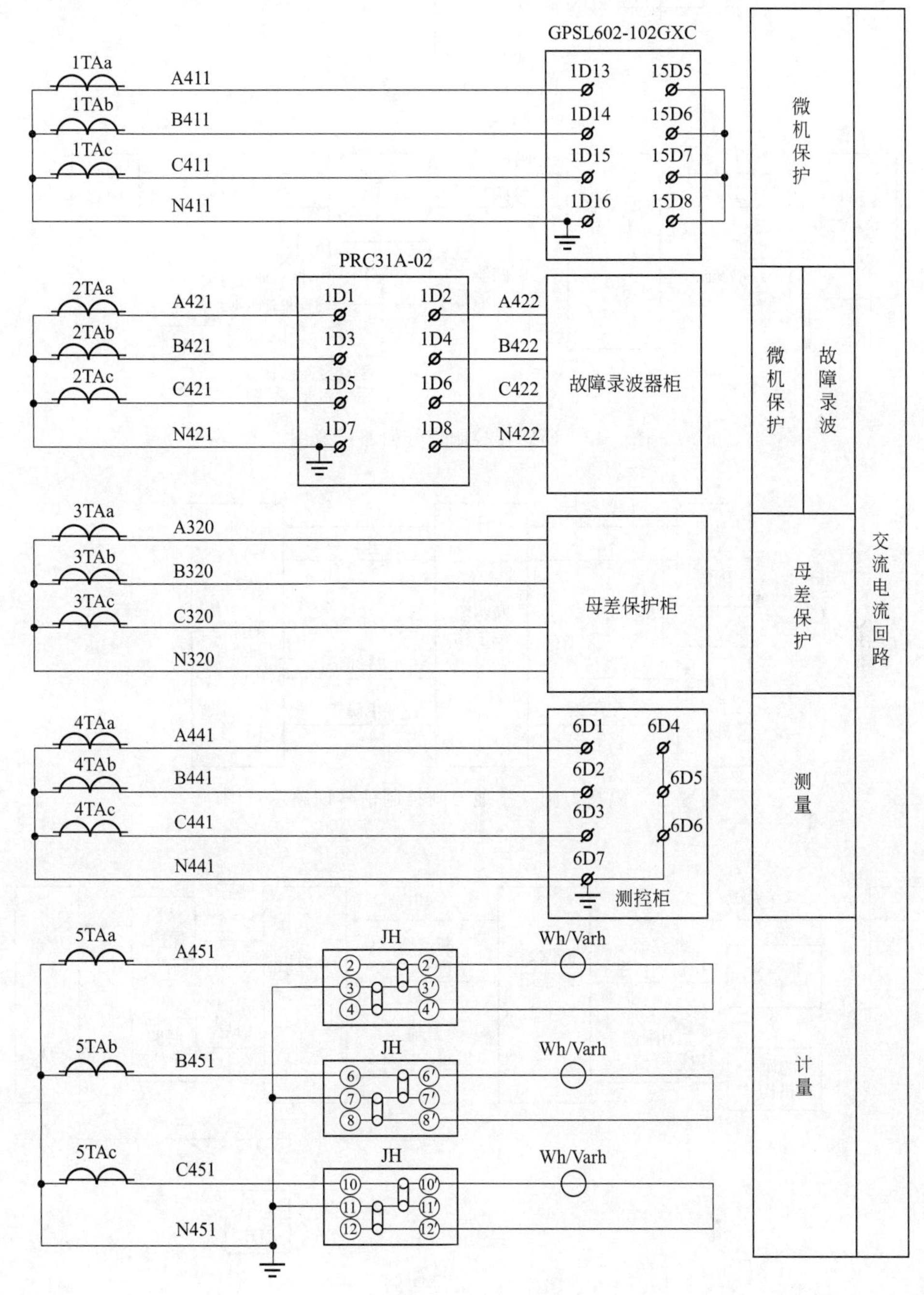

图 8-10　电流回路

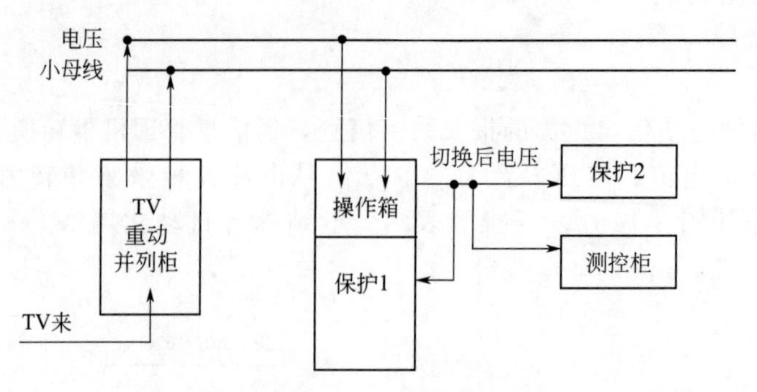

图 8-11 电压回路

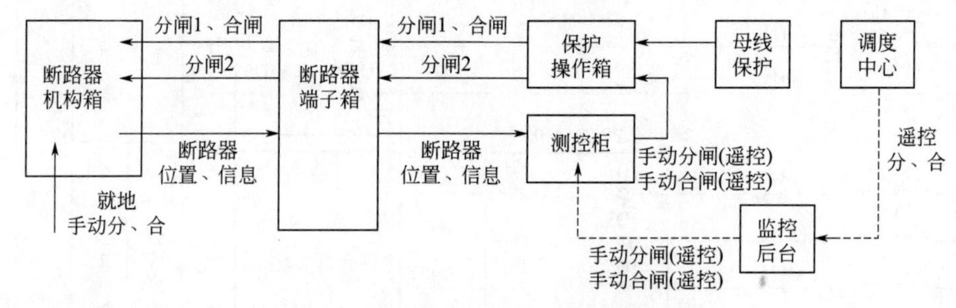

图 8-12 断路器控制信号回路示意图

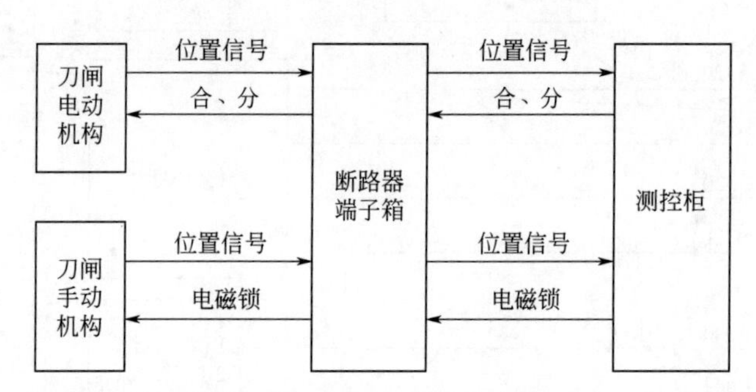

图 8-13 隔离刀闸、接地刀闸控制信号回路示意图

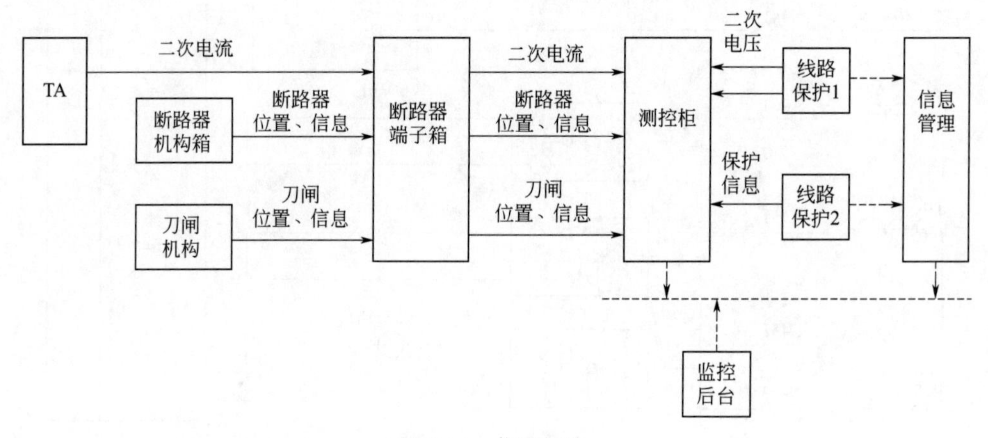

图 8-14 信号回路

小结

① 继电保护系统应满足四项基本要求。

② 继电保护装置应保证系统振荡、TV 二次断线时不误动；受电弧电阻影响时不拒动。

③ 线路保护配置应根据技术导则，结合实际情况制定。

学习指导

1. 要求

掌握线路保护配置原则，了解继电保护装置结构及现场实际接线。

2. 知识点

线路保护配置原则；微机保护装置、微机保护柜构成；变电站综合自动化线路保护主要二次回路。

3. 重点和难点

线路保护配置原则；综合、总结各种线路保护工作原理及应用范围、特点。

学习本章时应复习总结前面各章线路保护内容，比较各类保护之间的异同点，还应综合“二次线”“电网监控”方面课程及实习中的相关内容，争取融会贯通，建立较为完整清晰的线路保护系统概念。

第九章

电力变压器的继电保护

第一节　电力变压器的故障、不正常运行状态及其保护方式

电力变压器是电力系统中大量使用的重要电气设备，它的故障给供电可靠性和系统的正常运行带来严重后果，同时大容量变压器也是非常贵重的元件。因此，必须根据变压器容量和重要程度装设性能良好、动作可靠的保护。

变压器故障可分为油箱内部故障和油箱外部故障。油箱内部故障包括相间短路、绕组的匝间短路和单相接地短路。油箱内部故障对变压器来说是非常危险的，高温电弧不仅会烧毁绕组和铁芯，而且还会使变压器油绝缘受热分解产生大量气体，引起变压器油箱爆炸的严重后果。变压器油箱外部故障包括引线及套管处会产生各种相间短路和接地故障。

变压器的不正常工作状态主要包括：由外部短路引起的过电流，由电动机自起动或并联工作的变压器被断开及尖峰负荷等原因引起的过负荷，油箱漏油造成的油面降低，变压器中性点电压升高等。

对于上述故障和不正常工作状态，根据电力变压器保护设计规范（GB/T 50062—2008）的规定，变压器应装设如下保护：

① 容量为0.4MV·A及以上的车间内油浸式变压器、容量为0.8MV·A及以上的油浸式变压器，以及带负荷调压变压器的充油调压开关均应装设气体保护（GB/T 50062—2008中为瓦斯保护）。

② 对变压器引出线、套管及内部的短路故障，电压为10kV及以下、容量为10MV·A以下单独运行的变压器，应采用电流速断保护；电压为10kV以上、容量为10MV·A及以上单独运行的变压器，以及容量为6.3MV·A及以上并列运行的变压器，应采用纵联差动保护。

③ 对由外部相间短路引起的变压器过电流，过电流保护宜用于降压变压器；复合电压启动的过电流保护或低电压闭锁的过电流保护，宜用于升压变压器、系统联络变压器和过电流保护不符合灵敏性要求的降压变压器。

④ 中性点直接接地的110kV电力网中，当低压侧有电源的变压器中性点直接接地运行时，对外部单相接地引起的过电流，应装设零序电流保护；当变压器低压侧中性点经小电阻接地时，低压侧应配置三相式过电流保护，同时应在变压器低压侧装设零序过电流保护，保护应设置两个时限；当变压器中性点经消弧线圈接地时，应在中性点设置零序过电流或过电

压保护，并应动作于信号。

⑤ 容量在 0.4MV·A 及以上并列运行的变压器或作为其他负荷备用电源的单独运行的变压器，应装设过负荷保护。

⑥ 对变压器油温度过高、绕组温度过高、油面过低、油箱内压力过高、产生煤气（GB/T 50062—2008 中为瓦斯）和冷却系统故障，应装设可作用于信号或动作于跳闸的装置。

第二节　电力变压器的气体保护

气体保护是反应于变压器油箱内部气体的数量和流动的速度而动作的保护，保护变压器油箱内各种短路故障，特别是对绕组的相间短路和匝间短路。由于短路点电弧的作用，将使变压器油和其他绝缘材料分解，产生气体。气体从油箱经连通管流向油枕，利用气体的数量及流速构成气体保护。

气体继电器是构成气体保护的主要元件，它安装在油箱与油枕之间的连接管道上，如图 9-1 所示，这样油箱内产生的气体必须通过气体继电器才能流向油枕。为了不妨碍气体的流通，变压器安装时应使顶盖沿气体继电器的方向与水平面具有 1%～1.5%的升高坡度，通往继电器的连接管具有 2%～4%的升高坡度。

目前，在我国电力系统中推广应用的是开口杯挡板式气体继电器，其内部结构如图 9-2 所示。正常运行时，上、下开口杯 2 和 1 都浸在油中，开口杯和附件在油内的重力所产生的力矩小于平衡锤 4 所产生的力矩，因此开口杯向上倾，干簧触点 3 断开。当油箱内部发生轻微故障时，少量的气体上升后逐渐聚集在继电器的上部，迫使油面下降，而使上开口杯露出油面。此时由于浮力的减小，开口杯和附件在空气中的重力加上杯内油重所产生的力矩大于平衡锤 4 所产生的力矩，于是上开口杯 2 顺时针方向转动，带动永久磁铁 10 靠近干簧触点 3，使触点闭合，发生“轻气体”保护动作信号。当变压器油箱内部发生严重故障时，大量气体和油流直接冲击挡板 8，使下开口杯 1 顺时针方向旋转，带动永久磁铁靠近下部的干簧触点 3 使之闭合，发出跳闸脉冲，表示“重气体”保护动作。当变压器出现严重漏油而使油面逐渐降低时，首先是上开口杯露出油面，发出报警信号，继之下开口杯露出油面后亦能动作，发出跳闸脉冲。

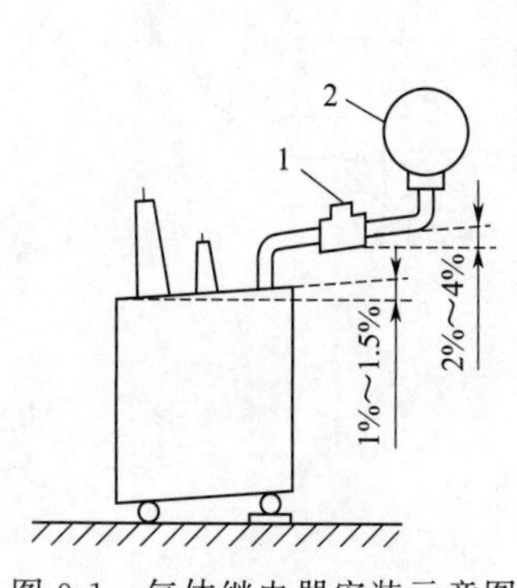

图 9-1　气体继电器安装示意图
1—气体继电器；2—油枕

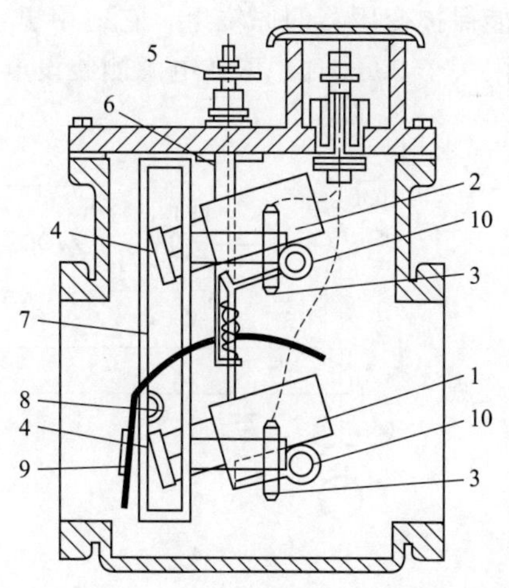

图 9-2　开口杯挡板式气体继电器的结构图
1—下开口杯；2—上开口杯；3—干簧触点；4—平衡锤；5—放气阀；6—探针；7—支架；8—挡板；9—进油挡板；10—永久磁铁

气体保护的原理接线如图 9-3 所示，上面的触点表示“轻气体”保护，动作后经延时发出报警信号。下面的触点表示“重气体”保护，动作后起动变压器保护的总出口继电器，使断路器跳闸。当油箱内部发生严重故障时，油流的不稳定可能造成干簧触点的抖动，此时为使断路器能可靠跳闸，应选用具有电流自保持线圈的出口中间继电器 KM，动作后由断路器的辅助触点来解除出口回路的自保持。此外，为防止变压器换油或进行试验时引起“重气体”保护误动作跳闸，可利用切换片 XB 将跳闸回路切换到信号回路。

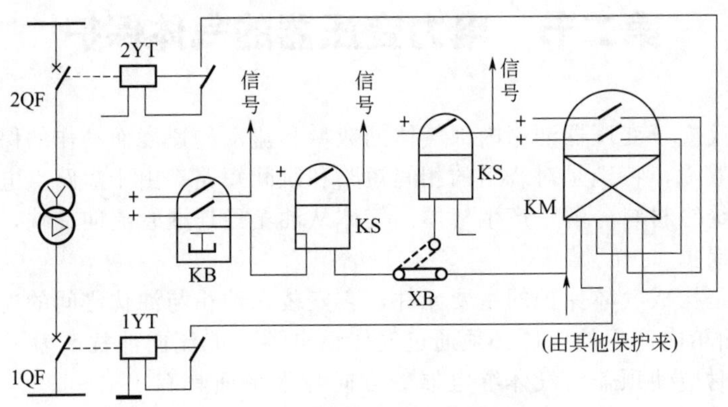

图 9-3　气体保护原理接线图

气体保护的主要优点是动作迅速、灵敏度高、安装接线简单、能反应于油箱内部发生的各种故障，其缺点则是不能反应于油箱以外的套管及引出线等部位上发生的故障。因此气体保护可作为变压器的主保护之一，与纵联差动保护相互配合、相互补充，实现快速而灵敏地切除变压器油箱内、外及引出线上发生的各种故障。

第三节　电力变压器的电流速断保护

变压器的电流速断保护是反应于电流增大而瞬时动作的保护。装于变压器的电源侧，对变压器及其引出线上各种形式的短路进行保护。为保证选择性，速断保护只能保护变压器的部分，一般能保护变压器的原绕组，它适用于容量在 10MVA 以下较小容量的变压器，当过电流保护时限大于 0.5s 时，可在电源侧装设电流速断保护，其原理接线如图 9-4 所示。

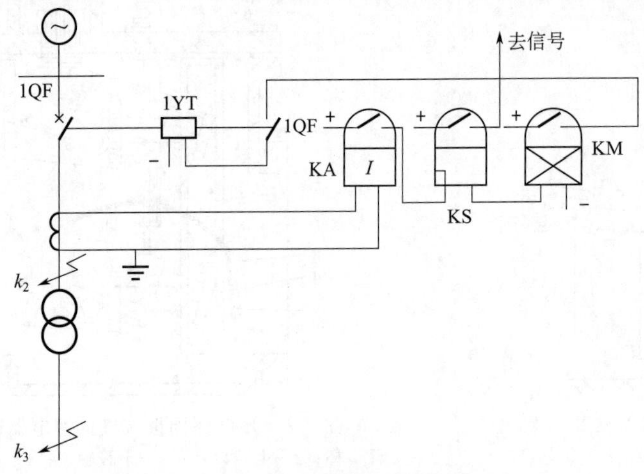

图 9-4　变压器电流速断保护原理接线图

1. 电流速断保护的整定计算

① 按躲开变压器负荷侧出口 k_3 点短路时的最大短路电流来整定，即

$$I_{act}=K_{rel}I_{k.max} \tag{9-1}$$

式中 K_{rel}——可靠系数，K_{rel} 取 1.3～1.4；

$I_{k.max}$——外部短路的最大三相短路电流。

② 躲过励磁涌流。根据实际经验及实验数据，一般取

$$I_{act}=(3\sim4)I_{N.T} \tag{9-2}$$

式中 $I_{N.T}$——变压器的额定电流。

按上两式条件计算，选择其中较大值作为变压器电流速断保护的起动电流。

2. 灵敏度校验

按变压器原边 k_2 点短路时，流过保护的最小短路电流校验，即

$$K_{sen}=\frac{I_{k2.min}^{(2)}}{I_{act}}\geqslant2 \tag{9-3}$$

变压器电流速断保护的优点是接线简单、动作迅速；缺点是只保护变压器的一部分。

第四节 电力变压器的纵联差动保护

变压器的纵联差动保护主要反应于变压器绕组及其套管、引出线上的相间短路，同时也可以反应于变压器绕组匝间短路及中性点直接接地系统侧绕组、套管、引出线的单相接地短路。

变压器纵联差动保护的原理接线如图 9-5 所示。变压器纵联差动保护与线路、发电机的纵联差动保护原理相同。但是，由于变压器在结构和运行上具有一些特点，实际在保护范围内没有故障时，也有较大的不平衡电流流过继电器。必须设法减小或消除不平衡电流影响，才能使变压器纵联差动保护具有足够的灵敏性。

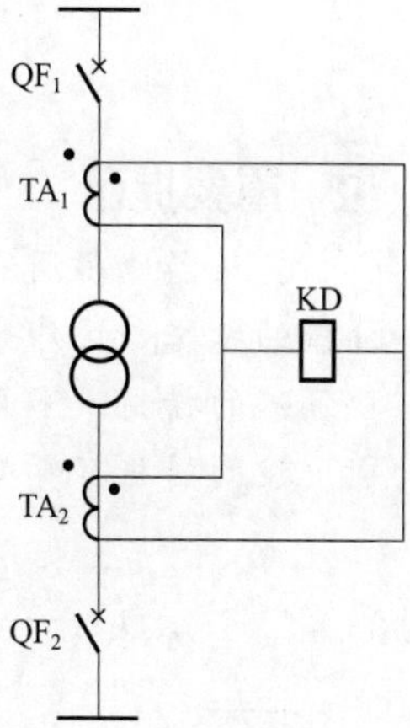

QF1
TA1
KD
TA2
QF2

图 9-5 变压器纵联差动保护的单相原理接线图

一、变压器纵联差动保护不平衡电流较大的原因

1. 变压器的励磁涌流

当变压器空载投入或外部故障切除后电压恢复时，可能出现数值很大的励磁涌流。这是因为在稳态工作情况下，铁芯中的磁通滞后于外加电压 90°。如图 9-6(a) 中所示的 Φ_p。若空载合闸正好在电压瞬时值 $u=0$ 的时刻，则该时刻铁芯中应该有磁通 $-\Phi_m$。由于铁芯中的磁通不能突变，因此铁芯中出现幅值为 $+\Phi_m$ 的非周期分量的磁通，见图 9-6(a) 中的 Φ_{np}。若忽略 Φ_{np} 的衰减，则半个周期后，总磁通的幅值将达 $2\Phi_m$，见图 9-6(a) 中的 $\Phi_{\Sigma m}$。这时变压器的铁芯严重饱和，励磁涌流达最大值 $I_{e.e.max}$，如图 9-6 (b) 所示。若考虑 Φ_{np} 随时间的衰减，励磁涌流的变化曲线如图 9-7 所示。励磁涌流的最大值可达额定电流的 6～8 倍，其波形偏于时间轴一侧，故含有很大的非周期分量及高次谐波分量（主要是二次谐波分量）。励磁涌流只出现在变压器的电源侧，故通过电流互感器变为二次电流后完全流入差动回路中。

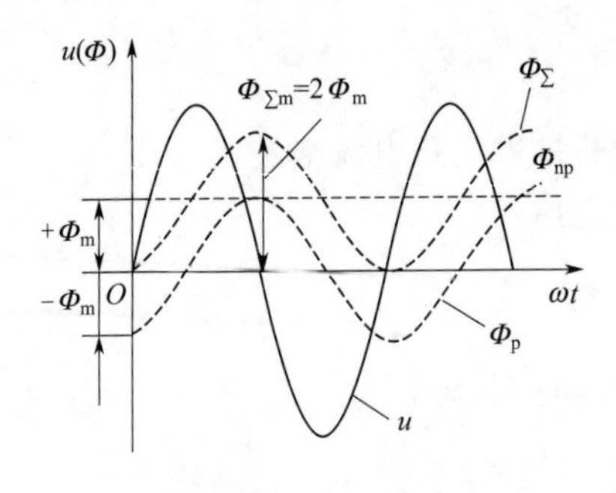

(a) 铁芯中的磁通变化

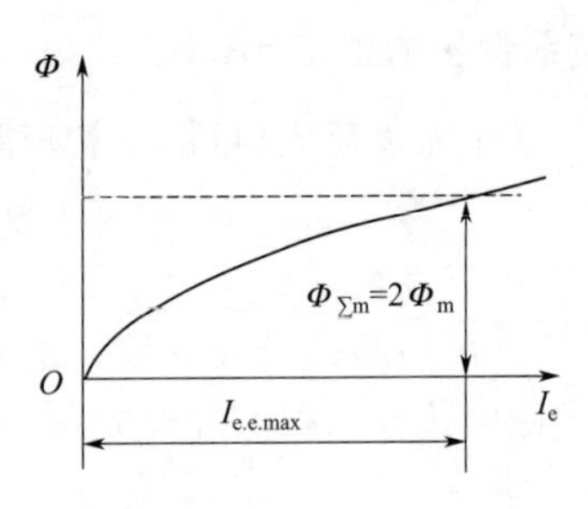

(b) 励磁涌流与磁通的关系曲线

图 9-6 变压器空载投入时铁芯中的磁通与励磁涌流

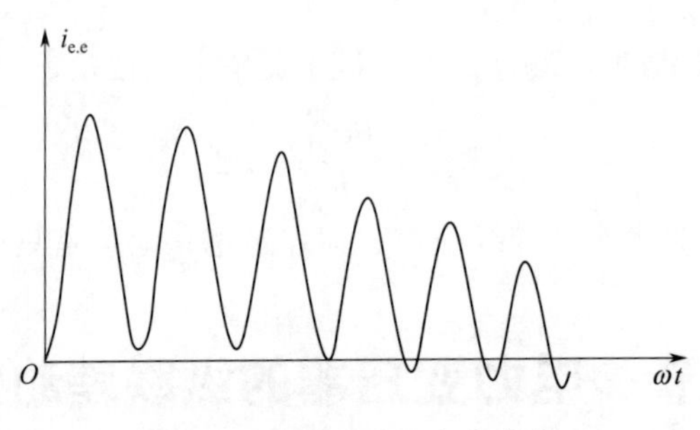

图 9-7 励磁涌流的变化曲线

重要提示

变压器励磁涌流在差动保护回路中也可认为是一种暂态不平衡电流。不过由于其励磁涌流的特征与区外短路流入差动回路的暂态不平衡电流有所区别，故单独采用前述克服励磁涌流的措施。下面主要分析有哪些因素使变压器差动保护的不平衡电流增大？减小不平衡电流的措施有哪些？

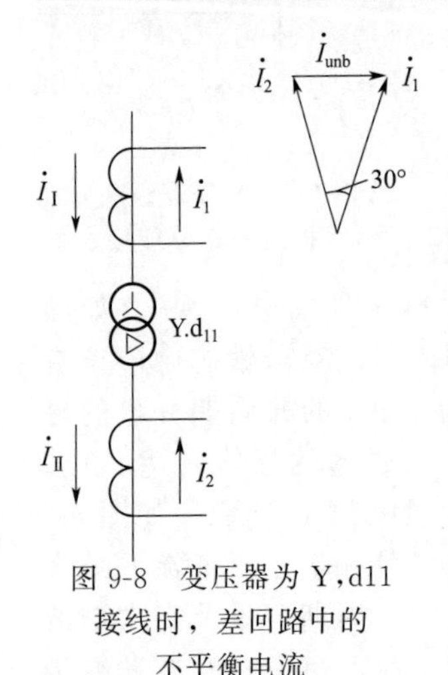

图 9-8 变压器为 Y，d11 接线时，差回路中的不平衡电流

2. 变压器各侧绕组的接线方式不同

当变压器两侧绕组按 Y，d11 方式接线时，变压器两侧电流有 30°的相位差。因此，即使变压器两侧电流互感器的二次电流在数值上相等（$I_1=I_2$），差回路中仍有很大的不平衡电流流过，见图 9-8。

3. 各侧电流互感器的计算变比与所选用的标准变比不等

由于变压器高压侧和低压侧的额定电流不同，故在实现变压器的纵联差动保护时必须选用变比不同的电流互感器。在选用电流互感器时，两侧电流互感器的计算变比与标准变比不完全相符，也将引起不平衡电流。

4. 各侧电流互感器的型号不同

由于变压器各侧额定电压和额定电流不同，因而采用的电流互感器的型号各异，它们的特性不一致，将引起不平衡电流。

5. 运行中改变变压器的调压分接头

改变变压器的调压分接头将改变变压器的变比，电流互感器二次电流的平衡关系被破坏，将出现不平衡电流。

二、减小和躲过不平衡电流的措施

1. 相位补偿

为了消除 Y,d11 接线变压器因两侧电流存在相位差引起的不平衡电流，这种变压器的差动保护应采用相位补偿接线。其方法是将变压器 Y 侧的电流互感器接成△形，而将变压器△侧的电流互感器接成 Y 形，如图 9-9(a) 所示，以补偿 30°的相位差，由图 9-9(b) 可见，采用相位补偿接线后，纵联差动保护两臂的电流 $\dot{I}_{aY}$ 与 $\dot{I}_{a\triangle}$、$\dot{I}_{bY}$ 与 $\dot{I}_{b\triangle}$、$\dot{I}_{cY}$ 与 $\dot{I}_{c\triangle}$ 分别同相位。

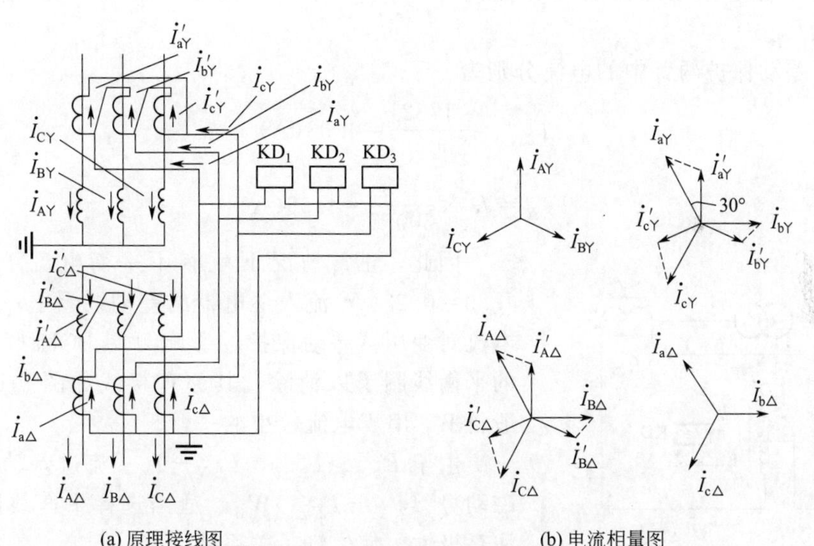

图 9-9　Y,d11 接线变压器的纵联差动保护原理接线图和相量图

需要指出，采用相位补偿后，$I_{aY}=\sqrt{3}I'_{aY}$，为使正常情况下，每相两差动臂中的电流大小相等，即 $I_{aY}=I_{a\triangle}$，选择电流互感器的变比如下。

变压器 Y 侧的电流互感器变比

$$K_I(\mathrm{Y})=\frac{\sqrt{3}I_{\mathrm{N.T(Y)}}}{5}$$

变压器△侧的电流互感器变比

$$K_I(\triangle)=\frac{I_{\mathrm{N.T(\triangle)}}}{5}$$

实际上选择电流互感器的变比时，应根据电流互感器的规格，选择一个接近和稍大于上述计算变比的标准变比。

2. 采用 BCH-2 型差动继电器

变压器励磁涌流中含有很大的非周期分量。BCH-2 型差动继电器由于具有带短路线圈的速饱和变流器，故躲过含有非周期分量的电流的性能很好。因此，采用 BCH-2 型差动继电器构成变压器差动保护可以有效地躲过励磁涌流的影响。

BCH 型差动继电器的铁芯上除绕有差动线圈外，还绕有平衡线圈，这里介绍一下平衡线圈的作用。

在选用电流互感器时，两侧电流互感器的计算变比与标准变比不完全相符，使得继电器两差动臂中的电流不等，因而引起不平衡电流。例如有一台 31.5MVA，两侧电压分别为 10.5kV 和 115kV，Y，d11 接线的变压器，其两侧额定电流分别为

$$I_{N.T(\triangle)}=\frac{31.5\text{MVA}}{\sqrt{3}\times 10.5\text{kV}}=1732\text{A}$$

$$I_{N.T(Y)}=\frac{31.5\text{MVA}}{\sqrt{3}\times 115\text{kV}}=158\text{A}$$

变压器△侧电流互感器的计算变比为 $K_{I(\triangle)}=1732/5$，选用标准变比为 $K_{I(\triangle)}=2000/5$。

变压器 Y 侧电流互感器的计算变比为 $K_{I(Y)}=\sqrt{3}\times 158/5=273/5$，选用标准变比为 $K_{I(Y)}=300/5$。

这样，差动保护两臂中的电流分别为

$$I_{2.\triangle}=\frac{1732}{2000/5}=4.33(\text{A})$$

$$I_{2.Y}=\sqrt{3}\times\frac{158}{300/5}=4.56(\text{A})$$

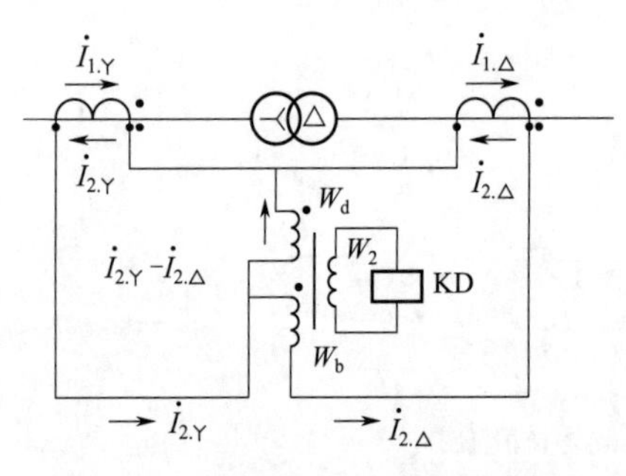

图 9-10 利用 BCH 型差动继电器的平衡线圈消除 I_{ub} 的影响

因此，正常情况下就有不平衡电流 $I_{ub}=4.56-4.33=0.23(\text{A})$ 流入继电器的差动线圈中，这一不平衡电流对变压器差动保护的影响可用 BCH 型差动继电器的平衡线圈予以消除，其原理接线如图 9-10 所示，一般将 W_b 串于电流较小的一臂。

由于 $I_{2.Y}>I_{2.\triangle}$，$I_{2.Y}-I_{2.\triangle}$ 流过差动线圈，形成磁动势 $(I_{2.Y}-I_{2.\triangle})W_d$，适当选择平衡线圈的匝数并注意极性，使之满足关系式

$$I_{2.\triangle}W_b=(I_{2.Y}-I_{2.\triangle})W_d \tag{9-4}$$

则差动继电器的合成磁动势为零，其二次线圈无感应电动势，执行元件中的电流为零，从而消除不平衡电流的影响。但实际上平衡线圈只有整数匝可供选择，因此上述不平衡电流的影响不会完全消除，对由于平衡不精确而仍存在的不平衡电流在保护的动作电流的整定计算中加以考虑。

BCH-2 型差动继电器的内部接线及用于双绕组变压器构成纵联差动保护的单相原理接线如图 9-11 所示。该图是将两个平衡线圈串入差动保护的两臂中，选择适当的 $W_{b.1}$、$W_{b.2}$ 的匝数，并注意极性，使之满足关系式 $I_{2.Y}(W_{b.1}+W_d)=I_{2.\triangle}(W_{b.2}+W_d)$，同样可消除上述不平衡电流的影响。

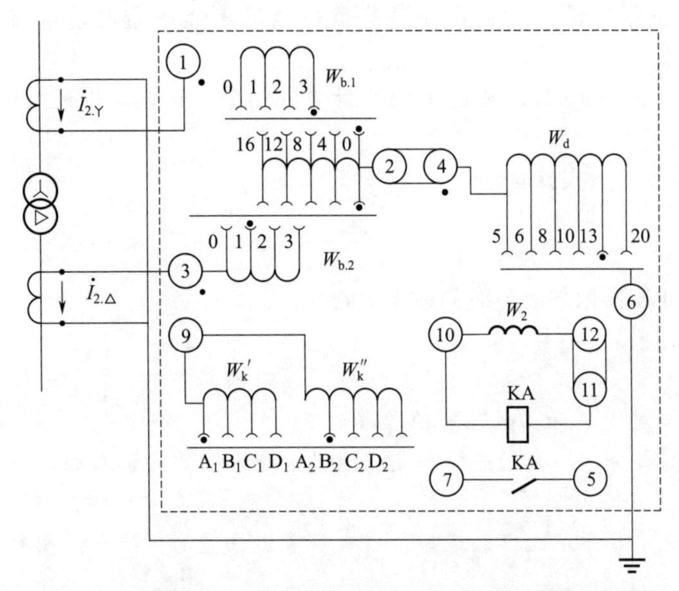

图 9-11　由 BCH-2 型差动继电器构成的变压器纵联差动保护

3. 正确整定保护的动作电流

对于变压器有数值较大的励磁涌流，以及电流互感器型号不同、采用标准变比的不适和运行中变压器改变分接头等，引起纵差保护数值较大的不平衡电流，还应正确整定它的动作电流来躲过其影响。

变压器纵联差动保护的动作电流按以下三个原则整定：

① 躲过变压器的励磁涌流，当采用 BCH-2 型差动继电器时，取

$$I_{act}=1.3I_{N.T} \tag{9-5}$$

② 躲过外部故障时的最大不平衡电流，即

$$I_{act}=K_{rel}I_{ub.max} \tag{9-6}$$

式中　K_{rel}——可靠系数，取 1.3；

$I_{ub.max}$——变压器外部故障时的最大不平衡电流。

$I_{ub.max}$ 可按下式进行计算：

$$I_{ub.max}=(K_{aper}K_{ss}f_i+\Delta U+\Delta f_{cir})I_{k.max} \tag{9-7}$$

式中　K_{aper}——考虑短路电流的非周期分量影响的系数，当采用 BCH 型差动继电器时，K_{aper} 取1；

K_{ss}——同型系数，当差动保护两侧电流互感器同型时，取 $K_{ss}=0.5$，不同型时，取 $K_{ss}=1$；

f_i——电流互感器允许的最大相对误差，$f_i=0.1$；

ΔU——由改变变压器分接头引起的相对误差，取调压范围的一半；

Δf_{cir}——平衡线圈的实际整定匝数与计算值不同引起的相对误差，初步计算时，取 0.05；

$I_{k.max}$——外部故障时穿过变压器的最大短路电流的周期分量有效值。

③ 躲过电流互感器二次回路断线时差动回路的电流，即

$$I_{act}=K_{rel}I_{L.max} \tag{9-8}$$

式中　K_{rel}——可靠系数，取 1.3；

$I_{L.max}$——变压器的最大负荷电流，若负荷电流不能确定时，可采用变压器的额定电流。

根据式（9-5）、式（9-6）以及式（9-8）计算的结果，选取其中最大值作为变压器纵联差动保护的动作电流。

保护的灵敏系数按下式校验，即

$$K_{sen}=\frac{I_{k.max}}{I_{act}}\geqslant 2 \tag{9-9}$$

式中 $I_{k.max}$——变压器内部故障时的最小短路电流。

重要提示

BCH-2 型差动继电器的工作原理的理解如下。

该原理包括两部分：一般的速饱和变流器的原理和短路线圈加强非周期分量直流助磁作用原理。

一般速饱和变流器原理也可表述为：当含有直流分量的电流通入差动线圈时，磁路工作点单方向偏移，$\frac{\Delta B}{\Delta t}$变化率小，C 柱工作线圈的感应电动势小。因而躲过了含有非周期分量的电流。

课堂讨论

① BCH-2 能否躲过稳态的不平衡电流？

② 在 BCH-2 中直流助磁与交流助磁的作用有何区别？

③ 为何短路线圈成比例增加，直流助磁特性曲线更上翘？

4. 采用 BCH-1 型差动继电器

（1）BCH-1 型差动继电器的原理结构。BCH-1 型差动继电器具有带制动线圈的速饱和变流器，利用外部故障时的穿越性短路电流制动，因此它躲过外部故障时的不平衡电流的性能优于 BCH-2，但躲过励磁涌流的性能不如 BCH-2。

若变压器采用 BCH-2 型差动继电器构成的纵联差动保护，外部故障引起的不平衡很大，保护的动作电流最终由式（9-6）决定，致使保护的灵敏性不能满足要求时，可采用 BCH-1 型差动继电器。

BCH-1 型差动继电器的速饱和变流器铁芯、差动线圈 W_d、平衡线圈 $W_{b.1}$ 和 $W_{b.2}$ 及执行元件均与 BCH-2 型差动继电器相同，其结构原理如图 9-12 所示。

在铁芯的中间柱上绕有差动线圈 W_d 和平衡线圈 W_b。制动线圈 W_{brk} 和二次线圈 W_2 各分成两部分，分别绕在两边柱上。两部分制动线圈和二次线圈的连接：当制动线圈有电流流过时，产生的磁通仅流过两边柱而不经过中间柱，并且在两个二次线圈中感应出的电势方向相反，即二次线圈输出端总电压为零。另外，W_d 与 W_{brk} 之间也不存在互感关系，因为 $\dot{I}_dW_d$ 产生的 $\dot{\Phi}_d$ 通过两边柱各$\frac{1}{2}\dot{\Phi}_d$，在两边柱的$\frac{1}{2}W_{brk}$ 感应的电势相等但方向相反，使 W_{brk} 输出端的总电势为零。因此差动回路电流的大小不影响制动回路的工作。制动线圈的存在，仅仅对两边柱铁芯起助磁作用，使铁芯饱和。这样，差动线圈的电流就较难转换到二次线圈中，起到制动作用。

当制动线圈中无电流时，差动线圈 W_d 中通入的能使继电器刚好动作的电流，称为该继电器的最小动作电流，用 $I_{k.act.0}$ 表示。当制动线圈 W_{brk} 中通入电流 $\dot{I}_{brk}$ 时，由于边柱铁芯被磁通 $\dot{\Phi}_{brk}$ 所饱和，差动线圈 W_d 中需通入比 $I_{k.act.0}$ 大的电流才能使继电器动作。继电器的动作电流随制动电流的增大而增大，且制动线圈的匝数越多，继电器的动作电流增大得越多。继电器的动作电流 $I_{k.act}$ 与制动电流 I_{brk} 的关系，称为继电器的制动特性，如图 9-13 所示。从坐标原点作制动特性曲线的切线，其斜率 $\tan\alpha$ 称为制动系数。为保证内部故障时继电器可靠动作，制动系数不宜超过 0.5～0.6。

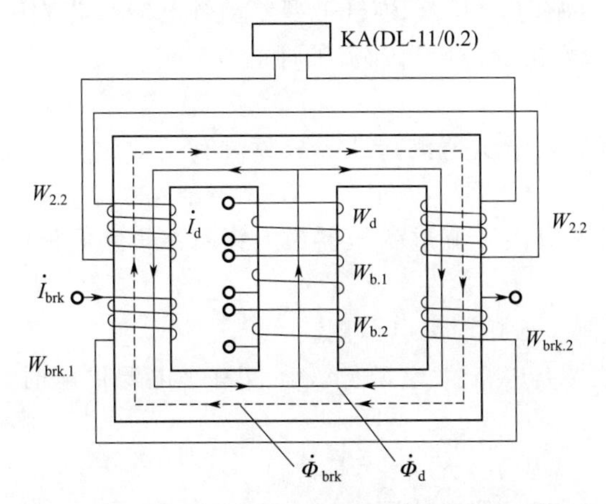

图 9-12　BCH-1 型差动继电器的结构原理图

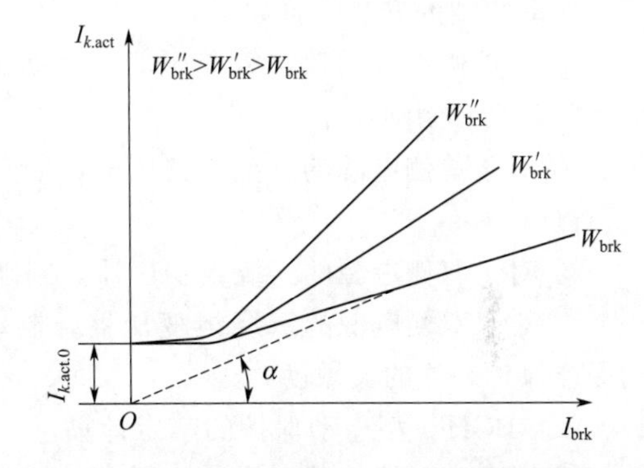

图 9-13　BCH-1 型差动继电器的制动特性

正常运行时，不平衡电流 $\dot{I}_1-\dot{I}_2$ 流过差动线圈 W_d，此电流的影响可利用平衡线圈 W_b 消除。同时 $\dot{I}_2$ 流过制动线圈 W_{brk}，产生的磁通使边柱铁芯饱和，因此使差动线圈中的不平衡电流难以转换到二次线圈中，继电器不动作。

当变压器外部短路时，制动线圈中流过外部故障时的短路电流，使边柱铁芯极度饱和，制动作用增强。虽然差动线圈中流过很大的不平衡电流，但继电器也不会动作，故该继电器躲过外部故障时的不平衡电流的性能很好。

图 9-14 为利用 BCH-1 型差动继电器构成的双绕组变压器差动保护原理接线图。

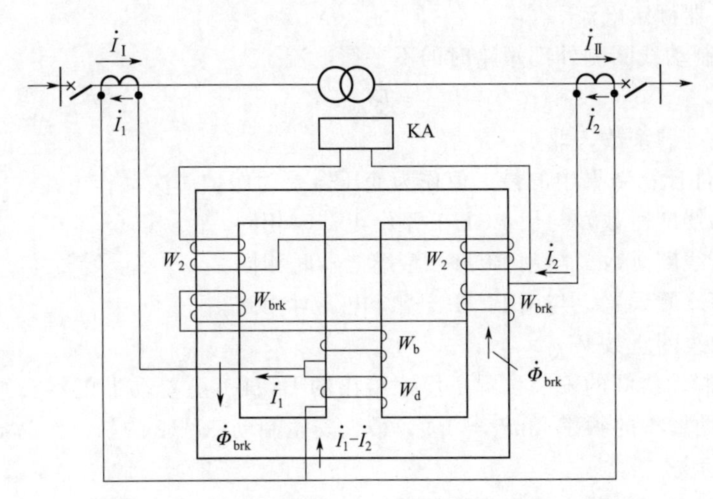

图 9-14　BCH-1 型差动继电器应用于双绕组变压器

对于单侧电源的变压器，制动线圈接于负荷侧。因此当变压器内部故障时，制动线圈内无电流流过，即没有制动作用，而且在内部故障时差动线圈中流过很大的短路电流的二次值 I_k，磁动势 $I_k W_d$ 所产生的磁通由中间柱流向两边柱，因而在二次线圈两部分中的感应电动势不仅很大，而且是相加的，继电器可靠动作。

当双侧电源变压器内部故障时，虽然制动线圈中有电流流过，但因差动线圈中流过更大的短路电流，所以继电器仍能可靠动作。此外，制动线圈接在大电源侧，这样，当只有小电源侧供电（大电源侧解列）而又发生内部故障时，制动线圈没有电流，故无制动作用，从而提高保护的灵敏性。当变压器从大电源侧空载合闸时，由于 BCH-1 型差动继电器铁芯的速饱和性能及制动线圈的制动作用，保护也具有较好的躲过励磁涌流的性能。

制动线圈的安装位置如下：

① 对单侧电源的双绕组变压器，制动线圈应接于负荷侧，外部故障时有制动作用，内部故障时没有制动作用。

② 对于单侧电源的三绕组变压器，制动线圈应接于流过变压器最大穿越性短路电流的负荷侧。

③ 对于双侧电源的三绕组变压器，制动线圈一般接于无电源侧。

④ 对于双侧电源的双绕组变压器，制动线圈应接于大电源侧。当仅有小电源供电时，能保证保护装置的灵敏度。

（2）BCH-1 型差动保护的整定计算。

① 确定变压器的基本侧，与用 BCH-2 型差动继电器时相同。

② 计算差动保护的动作电流。

a. 躲开变压器空载投入时的励磁涌流

$$I_{act}=K_{rel}I_{N.T}$$

式中　K_{rel}——可靠系数，取 1.5。

b. 躲开电流互感器二次断线产生的不平衡电流（240MVA 及以上容量变压器除外）

$$I_{act}=K_{rel}I_{L.max}$$

式中　K_{rel}——可靠系数，取 1.3；

$I_{L.max}$——变压器最大负荷电流，在变压器最大负荷电流不能确定的情况下，用变压器额定电流。

c. 躲开未装制动线圈侧外部短路时的不平衡电流

$$I_{act}=K_{rel}I_{ub.max}$$

式中　K_{rel}——可靠系数，取 1.3。

取以上三条件计算结果中的最大值作为变压器差动保护一次动作电流。

③ 计算差动线圈匝数，与用 BCH-2 型继电器时相同。

④ 计算平衡线圈匝数，与用 BCH-2 型继电器时相同。

⑤ 校验平衡线圈误差，与用 BCH-2 型继电器时相同。

⑥ 计算制动线圈匝数 W_{brk}。

例如已知：制动线圈的安装位置、厂家给出的 BCH-1 型差动继电器安匝制动曲线（一般最小安匝制动曲线 1 的斜率 $\tan\theta_1=0.9$，最大安匝制动曲线 2 的斜率约为 $\tan\theta_2=1.4$）及差动线圈的整定匝数。

外部短路差回路通以最大不平衡安匝时，以保证继电器不动来确定制动线圈的匝数，即

$$I_{ub.max}=(K_{aper}K_{ss}f_i+\Delta U+\Delta f_{cir})I_{k.max}$$

$$K_{\text{rel}}\frac{I_{\text{ub.max}}}{K_{\text{TA}}}K_{\text{ss}}W_{\text{d}}=\frac{I_{k.\max}}{K_{\text{TA}}}K_{\text{ss}}W_{\text{brk}}\tan\theta_1$$

$$K_{\text{rel}}I_{\text{ub.max}}W_{\text{d}}=I_{k.\max}W_{\text{brk}}\tan\theta_1$$

式中　K_{rel}——可靠系数，取 1.3；

$I_{\text{ub.max}}$——变压器外部故障时的最大不平衡电流，见公式（9-7）；

W_{brk}——制动线圈的计算值。

$$W_{\text{brk}}=\frac{K_{\text{rel}}(K_{\text{aper}}K_{\text{ss}}f_i+\Delta U+\Delta f_{\text{cir}})}{\tan\theta_1}W_{\text{d}}$$

对于双绕组变压器，制动线圈计算匝数为

$$W_{\text{brk}}=1.3\times\frac{0.1+0.05+0.05}{0.9}\times W_{\text{d}}\approx 0.29W_{\text{d}}$$

制动线圈要保证外部短路时可靠制动，其实际匝数应向上调整。

⑦ 灵敏度校验。求出保护范围内校验点短路时流过制动线圈的电流及制动安匝，依据 BCH-1 型差动继电器最大安匝制动曲线 2 求出继电器的动作安匝，其值可近似为

$$(AW)_{\text{act}}=\tan\theta_2(AW)_{\text{brk}}$$

当计算出的动作安匝小于 60 安匝时，取 60 安匝。差动保护的灵敏度为

$$K_{\text{sen}}=\frac{I_{k.\text{r.min}}W_{\text{d}}}{AW_{\text{act}}}\geqslant 2$$

重要提示

BCH-1 差动继电器的工作原理。

该原理包括两部分：一般的速饱和变流器的原理和制动线圈的制动作用原理。制动线圈制动原理也可表述为：当制动线圈通入很大电流时（如区外短路电流），其中的周期分量将差动线圈 W_{d} 磁路的工作点推向磁导率较低的区段工作，因而二次线圈的感应电动势减小。

【例 9-1】 对一台容量为 40.5MVA 三相三绕组降压变压器进行差动保护整定计算。变压器的接线及各侧的短路电流如图 9-15 所示。电压为 110±2×2.5%kV/38.5±2×2.5%kV/11kV，接线方式为 Y，d11，d11，变压器的额定电流为 213A/608A/2130A。图中标出的短路电流均为归算到 110kV 侧的三相短路电流值。括号内的数字为最小三相短路电流值。d_1 点单相接地时，$I_d^{(1)}=2.2\text{kA}$。

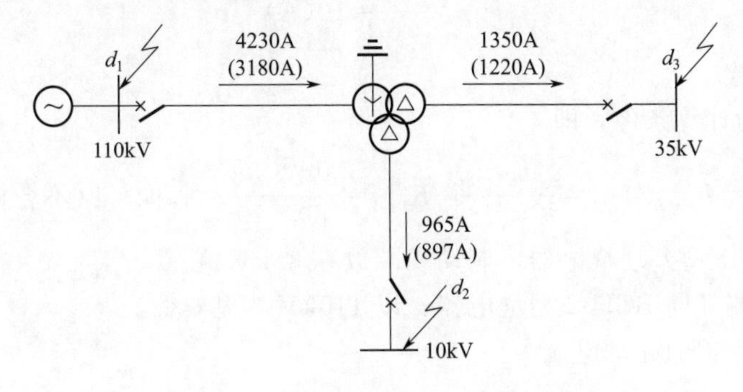

图 9-15　三相三绕组变压器接线及参数

解：首先采用 BCH-2 型差动继电器。

（1）确定基本侧。由表 9-1 可以看出，110kV 电压级为基本侧。

表 9-1 基本侧参考数据及差回路电流计算

项目	内容		
额定电压/kV	110	38.5	11
额定电流/A	213	608	2130
电流互感器接线	△	Y	Y
电流互感器计算变比 K_{TA}	$(213/5)\times\sqrt{3}$	608/5	2310/5
电流互感器标准变比 K_{TA}	400/5	750/5	3000/5
流入差回路中的电流/A	$\dfrac{213}{\frac{400}{5}}\times\sqrt{3}=4.61$	$\dfrac{608}{\frac{750}{5}}=4.05$	$\dfrac{2130}{\frac{3000}{5}}=3.55$
不平衡电流/A	0	$4.61-4.05=0.56$	$4.61-3.55=1.06$

(2) 差动保护的一次动作电流确定如下：

① 躲励磁涌流及电流互感器的二次断线。

$$I_{act.1}=K_{rel}I_{N.T}=1.3\times213=276.9(A)$$

② 躲 d_3 点（外部）短路时的最大不平衡电流。

$$\begin{aligned}I_{act.1}&=K_{rel}I_{ub.max}=K_{rel}(K_{aper}K_{ss}f_i+\Delta U+\Delta f_{cir})I_{k.max}\\&=1.3\times(1\times0.1+0.05+0.05)\times1690=439.4(A)\end{aligned}$$

从以上计算可知，以躲外部短路最大不平衡电流为计算条件，差动保护的动作电流取为

$$I_{act.1}=439.4(A)$$

(3) 计算差动线圈匝数及实际动作电流为

$$I_{act.r}=\frac{K_{con}I_{act.1}}{K_{TA}}=\frac{439.4\times\sqrt{3}}{\frac{400}{5}}=9.5(A)$$

$$W'_D=\frac{AW_0}{I_{act.r}}=\frac{60}{9.5}=6.3(\text{匝})$$

差动线圈的实际匝数应向小调整，取

$$W_D=6(\text{匝})$$

继电器的实际动作电流为

$$I_{act.r}=\frac{60}{6}=10(A)$$

(4) 灵敏度校验。

以 d_2 点短路为计算条件，即

$$K_{sen}=I_{d\min}/I_{act}=\frac{I_{d.\min}}{K_{TA}I_{act.r}}K_{con}=\frac{897\times\sqrt{3}}{80\times10}=1.94<2(\text{不合格})$$

下面采用 BCH-1 型差动继电器，制动线圈放在 35kV 侧。

(1) 确定基本侧。同 BCH-2 型继电器，以 110kV 为基本侧。

(2) 计算差动保护的起动电流。

① 躲励磁涌流。

$$I_{act.1}=K_{rel}I_{N.T}=1.5\times213=319.5(A)$$

② 躲 d_2 点（外部）短路时的最大短路电流产生的不平衡电流。

$$I_{act.1}=K_{rel}I_{ub.max}=K_{rel}(K_{aper}K_{ss}f_i+\Delta U+\Delta f_{cir})I_{k.max}$$

$$=1.3\times(0.1+0.05+0.05)\times965=250(\text{A})$$

（3）计算差动线圈匝数及实际动作电流为

$$I_{\text{act. r}}=\frac{K_{\text{con}}I_{\text{act. 1}}}{K_{\text{TA}}}=\frac{319.5\times\sqrt{3}}{\frac{400}{5}}=6.92(\text{A})$$

$$W'_{\text{D}}=\frac{AW_0}{I_{\text{act.}r}}=\frac{60}{6.92}=8.67(\text{匝})$$

差动线圈的实际匝数向小调整，整定匝数取为 8 匝。实际动作电流

$$I_{\text{act. r}}=\frac{60}{8}=7.5(\text{A})$$

（4）计算非基本侧平衡线圈的匝数。

① 35kV 侧平衡线圈匝数的计算。

$$W'_{\text{b1}}=\frac{I_{\text{Ⅲ. N2}}-I_{\text{Ⅰ. N2}}}{I_{\text{Ⅰ. N2}}}W_{\text{D}}=\frac{4.61-4.05}{4.05}\times8=1.1(\text{匝})$$

按四舍五入取整，35kV 侧平衡线圈匝数为 1 匝。

$$W_{\text{b1}}=1(\text{匝})$$

② 10kV 侧平衡线圈匝数的计算。

$$W'_{\text{b2}}=\frac{I_{\text{Ⅲ. N2}}-I_{\text{Ⅱ. N2}}}{I_{\text{Ⅱ. N2}}}W_{\text{D}}=\frac{4.61-3.55}{3.55}\times8=2.39(\text{匝})$$

取 10kV 侧平衡线圈匝数为 2 匝。

$$W_{\text{b2}}=2(\text{匝})$$

（5）平衡线圈的误差。

$$\Delta f_{s.35}=\left|\frac{W'_{\text{b1}}-W_{\text{b1}}}{W_{\text{b1}}+W_{\text{D}}}\right|=\left|\frac{1.1-1}{1.1+8}\right|=0.011<0.05$$

$$\Delta f_{s.10}=\left|\frac{W'_{\text{b2}}-W_{\text{b2}}}{W_{\text{b2}}+W_{\text{D}}}\right|=\left|\frac{2.39-2}{2.39+8}\right|=0.038<0.05$$

（6）计算制动线圈匝数。

$$W_{\text{brk}}=\frac{K_{\text{rel}}(K_{\text{aper}}K_{\text{ss}}f_i+\Delta U+\Delta f_{\text{cir}})}{\tan\theta_1}W_{\text{d}}$$

$$=1.3\times\frac{0.1+0.05+0.05}{0.9}\times W_{\text{d}}=0.29\times8=2.32(\text{匝})$$

制动线圈的实际匝数应向上调整，取 $W_{\text{brk}}=3$(匝)。

（7）灵敏度校验（10kV 侧出口处）。

① 相间短路的最小灵敏度。在校验点（10kV 母线）电路时，流过制动线圈的电流为负荷电流，工作安匝为

$$AW_{\text{W}}=I_{\text{Wr. jb}}W_{\text{D}}=\frac{\sqrt{3}\times897}{400/5}\times8=155.36(\text{安匝})$$

制动安匝为

$$AW_{\text{brk}}=\frac{K_{\text{con}}I_{\text{L. max}}}{K_{\text{TA}}}W_{\text{brk}}+I_{k.\text{brk}}W_{\text{brk}}=AW_{\text{L. brk}}+AW_{k.\text{brk}}$$

$$=\frac{1\times608}{750/5}\times3=12.16(\text{安匝})=AW_{\text{L. brk}}$$

查 BCH-1 型继电器最大安匝制动曲线 2 或计算相应的动作安匝得

$$AW_{act}=\tan\alpha_2 AW_{L.brk}=1.4\times12.16=17(\text{安匝})<60(\text{安匝})$$

继电器的动作安匝取为 60 安匝。

$$AW_{act}=60(\text{安匝})$$

相间短路最小灵敏系数

$$K_{sen}=\frac{AW_W}{AW_{act}}=\frac{155.36}{60}=2.59>2,\text{合格}$$

② 单相接地短路的灵敏度校验。

$$AW_W=I_{k.r}^{(1)}W_D=\frac{2200}{400/5}\times8=220(\text{安匝})$$

$$K_{sen}=\frac{AW_W}{AW_{act}}=\frac{220}{60}=3.67>2,\text{合格}$$

(8) 采用 BCH-1 型差动继电器作为变压器差动保护的单相接线如图 9-16 所示。

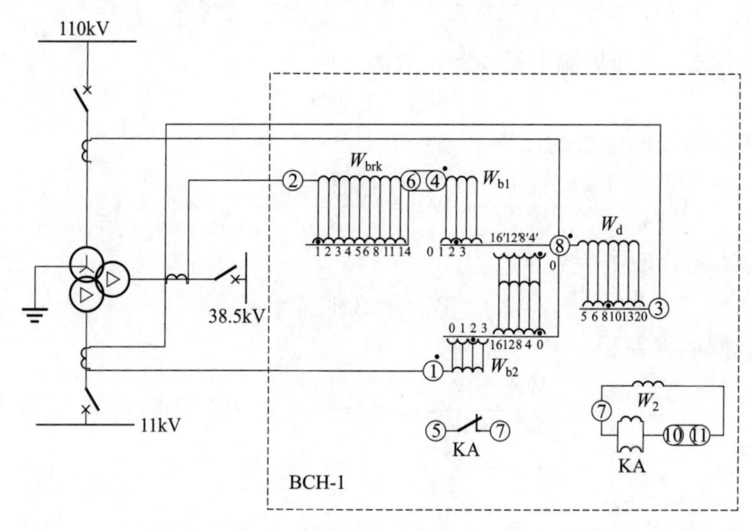

图 9-16 BCH-1 型差动继电器构成的三绕组变压器差动保护单相接线图

三、二次谐波制动的差动保护

变压器的励磁涌流中含有占基波 30%～70%的二次谐波分量，利用二次谐波制动躲过励磁涌流。利用制动线圈躲开外部故障时最大不平衡电流。具有二次谐波制动的变压器差动保护原理接线如图 9-17 所示。它由外部故障制动回路、二次谐波制动回路、差动回路及执行回路组成。

外部故障制动回路由电抗器变换器 TX_1、整流滤波回路 BZ_1、C_1、R_1 组成。电抗变换器 TX_1 中的一次绕组流有很大的循环电流，它使二次绕组感应较大电压并实现制动。同时差回路电流很小，保护不会动作。在保护范围内部故障时，变压器有一侧电流要改变方向或消失。电抗变换器 TX_1 一次绕组两部分绕组中电流方向相反或有一部分为零。TX_1 的二次绕组感应电势变小，制动作用消失或减小。差动回路电流增大，TX_3 的二次侧感应电压升高，差动保护可靠动作。

二次谐波制动回路由电抗变换器 TX_3、电容 C_2、整流桥 BZ_2、滤波电容 C_3 及电位器 R_2 组成。电抗变换器 TX_2 的一次线圈接在差回路中，其二次绕组与 C_2 组成对二次谐波串

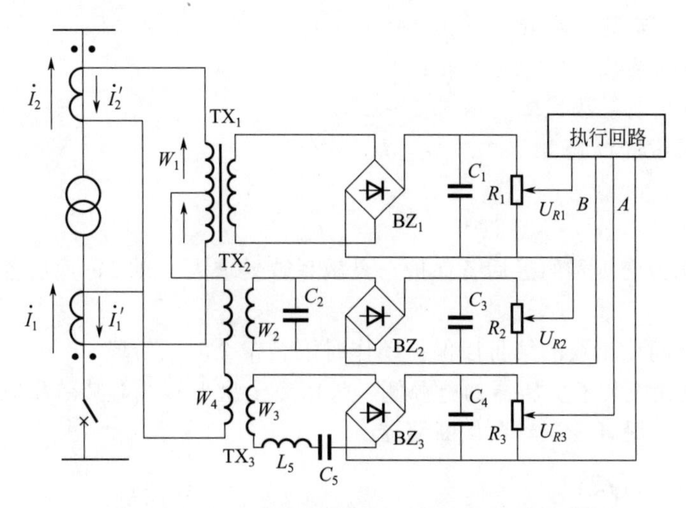

图 9-17　二次谐波制动的差动保护原理接线图

联谐振回路，用以提高输出电压，增大二次谐波的制动能力。二次谐波制动作用可借助电位器 R_2 调节。

差动回路由电抗变换器 TX_3、整流桥 BZ_3、滤波电容 C_4 及对 50Hz 串联谐振回路（L_5、C_5 及电位器 R_3）组成。谐振回路对基波分量电压有较大的输出，对不平衡电流中的非周期分量和高次谐波有较强的抑制能力。调节电位器 R_3 的位置可以调节继电器的起动电流。

执行回路是一个幅值比较的执行回路。当 $A>B$ 时，继电器动作。执行元件可以是二极管环形比较回路，也可由零指示器构成。

调节电位器 R_1、R_2 的位置，使在保护范围外部故障及变压器空载投入时可靠不动。调节电位器 R_3 的位置，使在保护范围内部故障时可靠动作。

第五节　电力变压器相间短路的后备保护及过负荷保护

反应于相间短路电流增大而动作的过电流保护作为变压器的后备保护。为满足灵敏度要求，可装设变压器相间短路的过电流保护、低电压起动的过电流保护、复合电压起动的过电流保护、负序过电流保护，过负荷保护甚至阻抗保护。

一、变压器相间短路的过电流保护

简单过电流保护装置的起动电流按躲开变压器可能出现的最大负荷电流进行整定。具体问题应做如下考虑：

① 对并列运行的变压器，应考虑切除一台变压器时所出现的过负荷。当各台变压器的容量相同时，可按下式计算

$$I_{act}=\frac{K_{rel}}{K_{re}}\times\frac{n}{n-1}I_{N.T} \tag{9-10}$$

式中　n——并列运行变压器台数。

② 对降压变压器应考虑电动机的自起动电流。过电流保护的动作电流为

$$I_{act}=\frac{K_{rel}K_{Ms}}{K_{re}}I_{N.T} \tag{9-11}$$

式中　K_{rel}——可靠系数，一般K_{rel}取1.2～1.3；

K_{re}——返回系数，K_{re}取0.85；

K_{Ms}——自起动系数，K_{Ms}取1.5～2.5。

保护装置的灵敏度校验

$$K_{sen}=\frac{I_{k.\min}}{I_{act}} \tag{9-12}$$

过电流保护作为变压器的近后备保护，灵敏系数要求大于1.5，远后备保护的灵敏系数大于1.2。

保护的动作时间比出线的第Ⅲ段保护动作时限长1个时限阶段。

过电流保护装置应装于变压器的电源侧，采用完全星形接线，其单相原理接线如图9-18所示。保护动作后，跳开变压器两侧断路器。

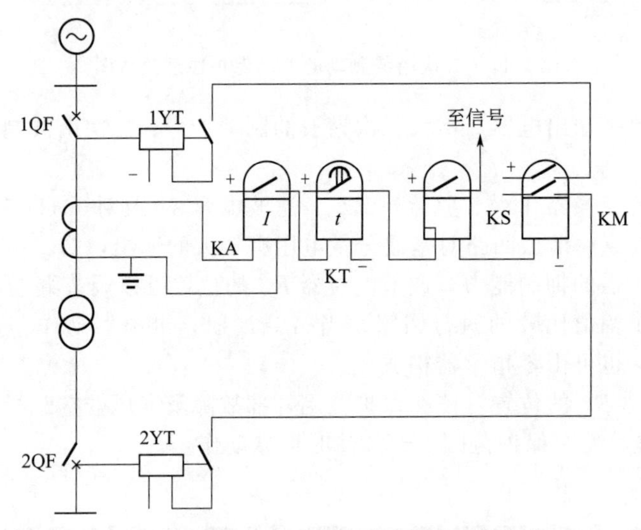

图9-18　变压器过电流保护单相原理接线图

二、低电压起动的过电流保护

当过电流保护不能满足灵敏度要求时可采用低压起动的过电流保护。只有电压测量元件和电流测量元件同时动作后才能起动时间继电器，经预定的延时发出跳闸脉冲。低压测量元件的作用是保证外部故障切除后电动机自起动时不动作，因而电流元件的起动电流按躲开变压器的额定电流整定，不再考虑自起动系数。

$$I_{act}=\frac{K_{rel}}{K_{re}}I_{N.T} \tag{9-13}$$

低电压元件的起动值应小于在正常运行情况下母线可能出现的最低工作电压。同时，在外部故障切除后电动机自起动过程中，保护必须返回。根据运行经验，低电压继电器的动作电压为

$$U_{act}=0.7U_{N.T} \tag{9-14}$$

式中　$U_{N.T}$——变压器的额定电压。

电压元件的灵敏度

$$K_{sen}=\frac{U_{act}}{U_{k.\min}}>1.2 \tag{9-15}$$

式中　$U_{k.\min}$——在最大运行方式下，相邻元件末端三相金属性短路时，保护安装处的最大线电压。

对于升压变压器，如果低电压继电器只接在一侧电压互感器，当另一侧短路时，往往灵敏度不够，此时可采用两套低电压元件分别接在变压器两侧的电压互感器上。两组电压继电器的接点并联。为防止电压互感器二次断线低电压继电器误动，应加装电压互感器断线监视继电器发出断线信号。

低电压起动过电流保护的原理接线如图 9-19 所示。

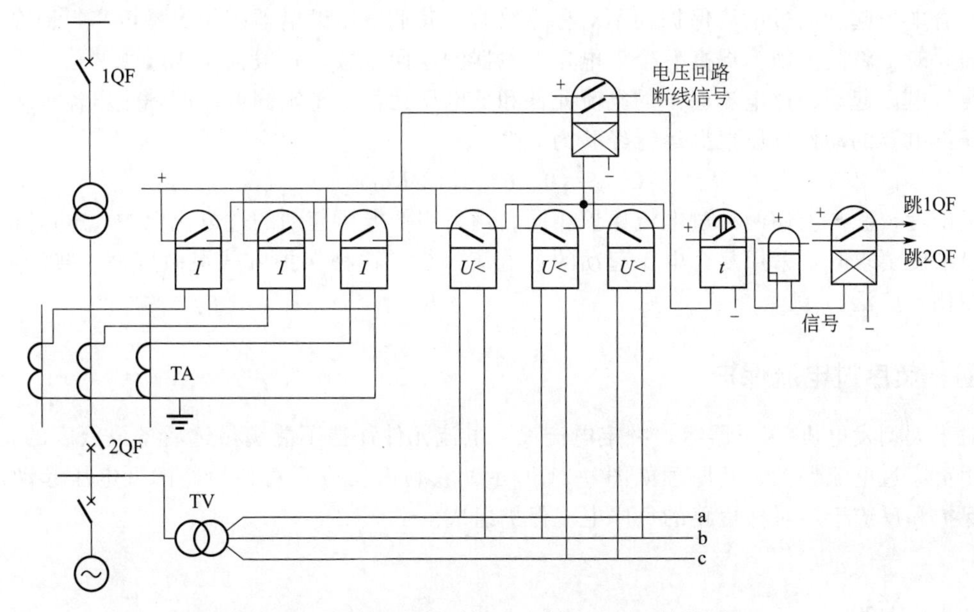

图 9-19　低电压起动过电流保护的原理接线图

三、复合电压起动的过电流保护

复合电压起动的过电流保护原理接线如图 9-20 所示，它由负序电压滤过器、过电压继电器及低电压继电器组成复合电压起动回路。当发生各种不对称短路时，出现负序电压，过电压继电器动作，其常闭触点断开低电压继电器的电压线圈回路，使加于低电压继电器线圈

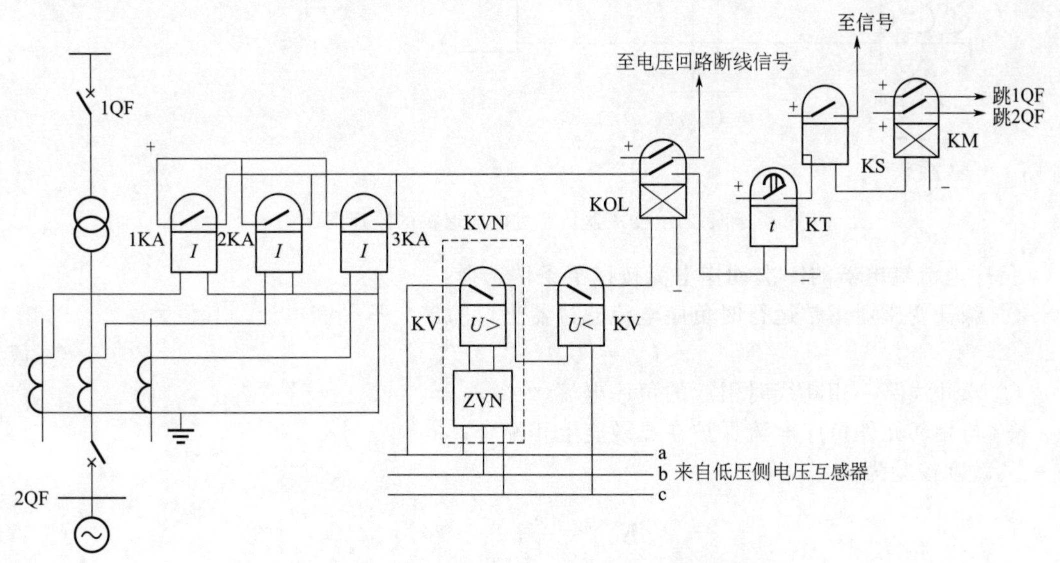

图 9-20　复合电压起动的过电流保护原理接线图

上的电压变为零，低电压继电器动作，低压闭锁开放。若电流继电器也动作，则起动时间继电器，经预定延时发出跳闸脉冲。负序过电压继电器整定值较低，不对称短路时灵敏度较高。

当发生三相短路时，也会短时出现负序电压。负序电压使继电器动作，起动低电压继电器。低电压继电器接点返回起动中间继电器，闭锁开放。由于低电压继电器返回电压较高，三相短路后，若母线电压低于低电压继电器的返回电压，则低电压继电器不会返回。由此可见，复合电压起动的过电流保护在不对称短路时，其低电压继电器闭锁灵敏度高，而在三相对称短路时，将其灵敏度提高一个低电压继电器的返回系数，一般为 1.15～1.2 倍。

复合电压起动的过电流保护的电流元件和低电压元件的整定同低压闭锁过电流保护。负序电压继电器的动作电压根据运行经验为

$$U_{act}=(0.06\sim0.12)U_{N.T} \tag{9-16}$$

灵敏度校验与上述两种过电流保护相同。当采用低电压起动的过电流保护，电压元件不满足灵敏度要求时，采用复合电压起动的过电流保护。这种保护方式灵敏度高、接线简单，故应用比较广泛。

四、负序过电流保护

对于大型发电机-变压器组，额定电流大，电流元件往往不能满足远后备灵敏度的要求，可采用负序过电流保护。其原理如图 9-21 所示。它是由反应于对称短路的低电压起动的过电流保护和反应于不对称短路的负序电流保护组成。

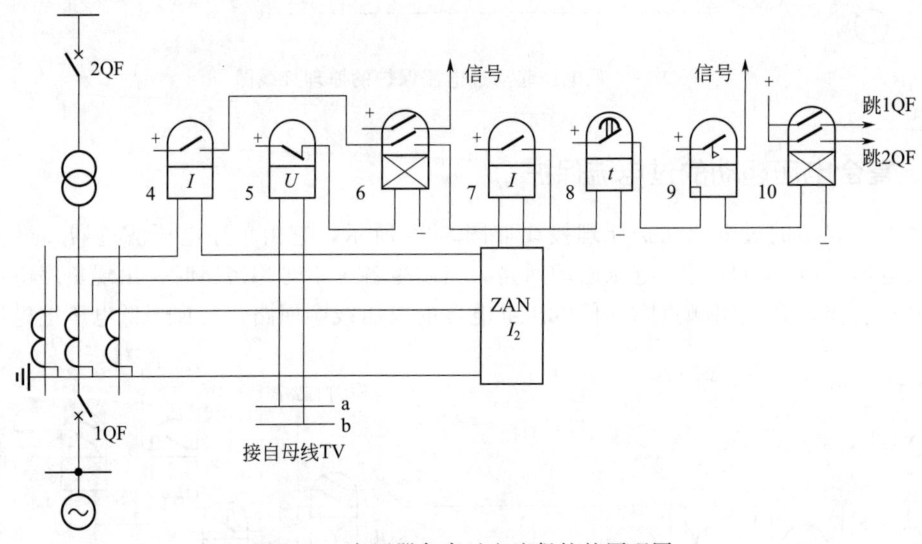

图 9-21　变压器负序过电流保护的原理图

负序电流继电器的一次动作电流按以下条件选择：

① 躲开变压器正常运行时负序电流滤过器出口的最大不平衡电流。其值为

$$I_{act}=(0.1\sim0.2)I_{N.T} \tag{9-17}$$

② 躲开线路一相断线时引起的负序电流。

③ 与相邻元件负序电流保护在灵敏度上相配合。

灵敏度校验为

$$K_{sen}=\frac{I_{k.2.min}}{I_{2.act}}\geqslant2 \tag{9-18}$$

式中　$I_{k.2.min}$——在远后备校验点发生不对称短路时，流过保护的最小负序电流。

负序电流保护的灵敏度较高，且在Y，d接线的变压器另一侧发生不对称短路时，灵敏度不受影响。接线也较简单，但整定计算比较复杂，通常用在31.5MVA及以上的升压变压器。

五、变压器的过负荷保护

变压器过负荷电流三相对称，过负荷保护装置只采用一个电流继电器接于一相电流回路中，经过较长的延时后发出信号。对于三绕组变压器，三侧都装有过负荷起动元件；对于双绕组变压器，过负荷保护应装于电源侧。原理接线如图9-22所示。

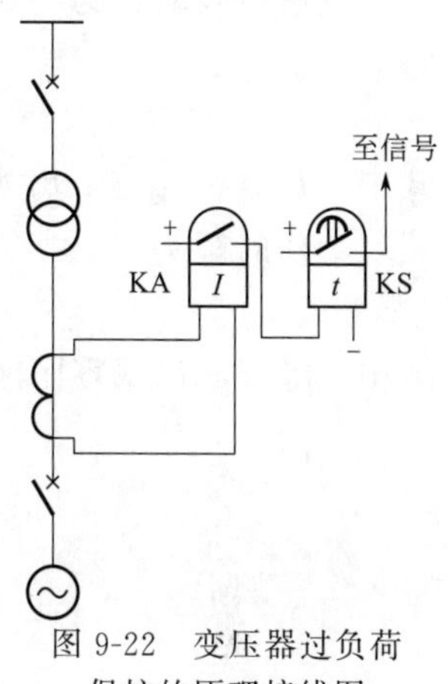

图9-22　变压器过负荷保护的原理接线图

过负荷保护的整定计算：过负荷保护的动作电流按躲过变压器的额定电流进行整定。

$$I_{act}=\frac{K_{rel}}{K_{re}}I_{N.T} \tag{9-19}$$

式中　K_{rel}——可靠系数，K_{rel}取1.05；

K_{re}——继电器的返回系数，K_{re}取0.85；

$I_{N.T}$——保护安装侧变压器的额定电流。

过负荷保护的延时应比变压器过电流保护时限长一个时限阶段，一般取10s。

第六节　电力变压器的接地保护

对110kV以上中性点直接接地系统中的电力变压器，一般应装设零序电流（接地）保护，作为变压器主保护的后备保护和相邻元件短路的后备保护。

大接地电流系统发生单相或两相接地短路时，零序电流的分布和大小与系统中变压器中性点接地的台数和位置有关。对于有两台以上变压器的，可使部分变压器中性点接地，以保证在各种运行方式下，变压器中性点接地的数目和位置尽量维持不变，从而保证零序保护有稳定的保护范围和足够的灵敏度。

110kV以上变压器中性点是否接地运行，还与变压器中性点绝缘水平有关。220kV及以上的大型电力变压器，高压绕组均为分级绝缘，即中性点绝缘有两种绝缘水平：一种绝缘水平很低，例如500kV系统中性点绝缘水平为38kV，这种变压器只能接地运行；另一种有较高的绝缘水平，例如220kV变压器中性点绝缘水平为110kV，可直接接地运行，也可在电力系统不失去接地点的情况下，不接地运行。我国220kV系统中广泛采用这种中性点有较高绝缘水平的分级绝缘变压器。

一、变电所单台变压器的零序电流保护

零序电流保护装于变压器中性点接地引出线的电流互感器上，其原理接线如图9-23所示。保护动作后切除变压器两侧的断路器。

零序电流保护的整定计算如下。

动作电流按与被保护侧母线引出线零序保护后备段在灵敏度上相配合的条件进行整定，即

$$I_{0.\text{act}}=K_{\text{met}}K_{\text{bra}}I'''_{0.\text{act}} \tag{9-20}$$

式中 K_{met}——配合系数，K_{met} 取 1.1～1.2；

K_{bra}——零序电流分支系数，其值为远后备范围内故障时，流过本保护与流过出线零序保护零序电流之比；

$I'''_{0.\text{act}}$——出线零序电流保护第三段的动作电流。

灵敏度校验：为满足远后备灵敏度的要求得

$$K_{\text{sen}}=\frac{3I_{k.0.\text{下一末}}}{I_{0.\text{act}}}>1.2 \tag{9-21}$$

式中 $I_{k.0.\text{下一末}}$——出线末端接地故障时流过变压器零序保护的最小零序电流。

动作时限为

$$t_0=t'''_0+\Delta t \tag{9-22}$$

式中 t'''_0——出线零序保护第Ⅲ段动作时限。

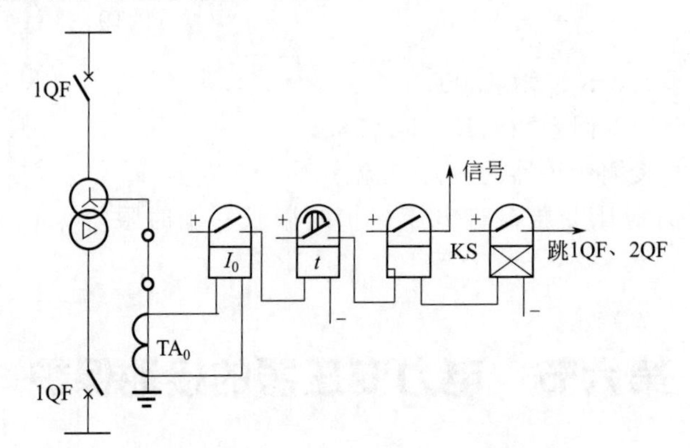

图 9-23 变压器零序电流保护原理接线图

二、变电所多台变压器的零序电流保护

当变电所有很多台变压器并列运行时，只允许一部分变压器中性点接地。中性点接地的变压器可装设零序电流保护，而不接地运行的变压器不能投入零序电流保护。当发生接地故障时，变压器接地保护不能辨认接地故障发生在哪一台变压器。若接地故障发生在不接地的变压器，接地保护动作，切除接地的变压器后，接地故障并未消除，且变成中性点不接地系统在接地点会产生较大的电弧电流，使系统过电压。同时系统零序电压加大，不接地的变压器中性点电压升高，特别是对分级绝缘的变压器，其中性点绝缘水平比较低，其零序过电压可能使变压器中性点绝缘损坏。为此，变压器的零序保护动作时，首先应切除非接地的变压器，若故障依然存在，经过一个时限阶段 Δt 后，再切除接地变压器，其原理如图 9-24 所示。

每台变压器都装有同样的零序电流保护，它是由电流元件和电压元件两部分组成。正常时零序电流及零序电压很小，零序电流继电器及零序电压继电器皆不动作，不会发出跳闸脉冲。发生接地故障时，出现零序电流及零序电压，当它们大于起动值后，零序电流继电器及零序电压继电器皆动作。电流继电器起动后，常开触点闭合，起动时间继电器 KT_1。时间继电器的瞬动触点闭合，给小母线 A 接通正电源，将正电源送至中性点不接地变压器的零序电流保护。不接地的变压器零序电流保护的零序电流继电器不会动作，常闭触点闭合。小母线 A 的正电源经零序电压继电器的常开触点、零序电流继电器的常闭触点起动有较短延

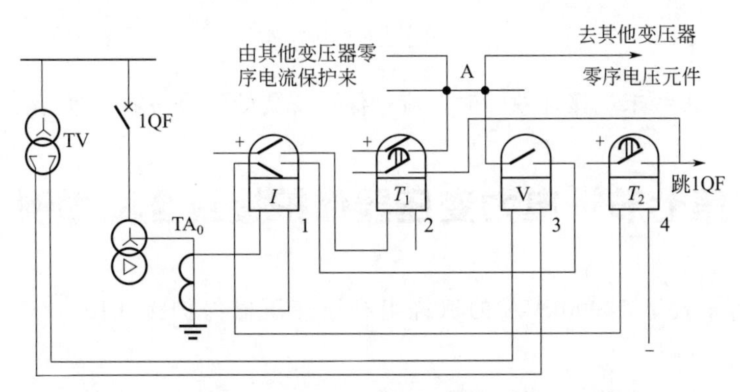

图 9-24　部分变压器中性点接地运行的零序保护原理

时的时间继电器 KT_2，经较短时限首先切除中性点不接地的变压器。若接地故障消失，零序电流消失，则接地变压器的零序电流保护的零序电流继电器返回，保护复归。若接地故障没有消失，接地点在接地变压器处，零序电流继电器不返回，时间继电器 KT_1 一直在起动状态，经过较长的延时，KT_1 跳开中性点接地的变压器。

零序电流保护的整定计算如下。

动作电流整定：

① 与被保护侧母线引出线零序电流第Ⅲ段保护在灵敏度上相配合，所以

$$I_{0.act}=K_{rel}K_{bra}I'''_{0.act} \tag{9-23}$$

② 与中性点不接地变压器零序电压元件在灵敏度上相配合，以保证零序电压元件的灵敏度高于零序电流元件的灵敏度。

设零序电压元件的动作电压为 $U_{0.act}$，则

$$U_{0.act}=3I_0X_{0.T} \tag{9-24}$$

式中　I_0——流过被保护变压器的零序电流；

$X_{0.T}$——被保护变压器的零序电抗。

零序电流元件的动作电流为

$$I_{0.act}=K_{met}\frac{U_{0.act}}{X_{0.T}} \tag{9-25}$$

式中　K_{met}——配合系数，K_{met} 取 1.1。

在以上两条件计算结果中选其较大值作为动作电流。

动作电压整定：按躲开正常运行时的最大不平衡零序电压进行整定。根据经验，零序电压继电器的动作电压一般为 5V。当电压互感器的变比为 n_{TV} 时，电压继电器的一次动作电压为

$$U_{0.act}=5n_{TV} \tag{9-26}$$

变压器零序电流保护作为后备保护，其动作时限应比线路零序电流保护第Ⅲ段动作时限长一个时限阶段，即

$$t_{0.1}=t'''_0+\Delta t \tag{9-27}$$

$$t_{0.2}=t_{0.1}+\Delta t \tag{9-28}$$

式中　t'''_0——线路零序保护第Ⅲ段的动作时限；

$t_{0.1}$——长延时 t_1 的动作时间；

$t_{0.2}$——短延时 t_2 的动作时间。

灵敏度校验：按保证远后备灵敏度满足要求进行校验。

$$K_{sen}=\frac{3I_{k.0.min}}{I_{0.act}}\geqslant 1.5 \tag{9-29}$$

式中 $I_{k.0.min}$——出线末端接地故障时，流过保护安装处的最小零序电流。

第七节 电力变压器保护接线全图举例

图 9-25 为容量大于 10000kVA 的双绕组升压变压器保护接线图。该变压器装有下列保护：

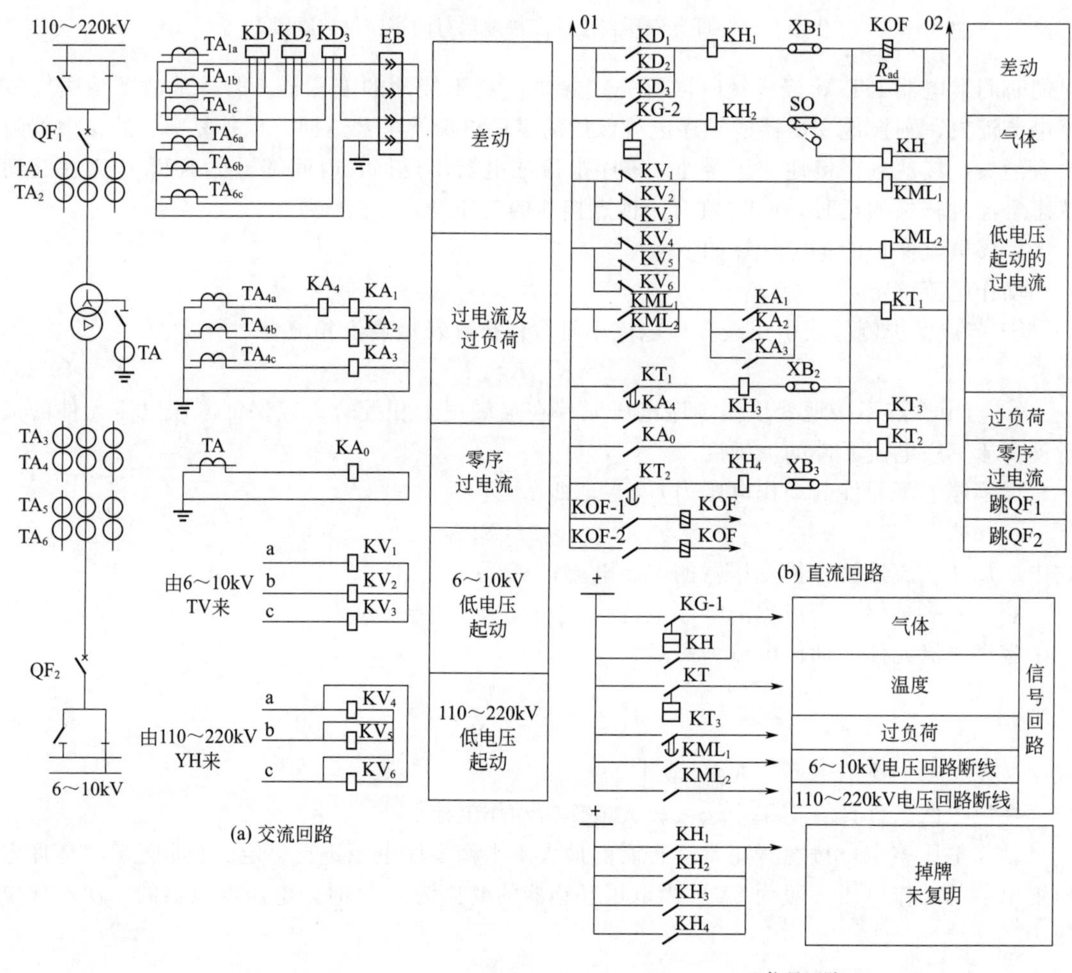

图 9-25 容量大于 10000kVA 的双绕组升压变压器保护接线图

① 纵联差动保护。由 BCH-2 型差动继电器 KD_1、KD_2、KD_3 组成，作为变压器绕组及其套管、引出线的主保护。

② 气体保护。它是反应于变压器油箱内故障的主保护，并能反应于油面降低。气体保护由气体继电器 KG 组成。“轻气体”作用于信号。“重气体”作用于跳闸，也可利用切换片 SO 改为作用于信号。

③ 低电压起动的过电流保护。由电流继电器 KA_1～KA_3，低电压继电器 KV_1～KV_6，

中间继电器 KML_1、KML_2 及时间继电器 KT_1 组成。采用两组低电压起动元件，一组接于低压侧电压互感器，一组接于高压侧电压互感器。这是考虑到高压侧发生故障时，由于变压器具有较大的集中阻抗，低压侧的残余电压较高，装设在低压侧的低电压起动元件往往不能动作，故增设一组接至高压侧电压互感器的低电压起动元件，以提高保护的灵敏性。低电压起动的过电流保护反应于外部相间故障引起的过电流，并作变压器内部相间短路的后备保护。

④ 零序过电流保护。该保护接于变压器中性点接地线的电流互感器 TA 上，由电流继电器 KA_0 和时间继电器 KT_2 组成；作为变压器接地故障及高压电网中接地故障的后备保护。

⑤ 过负荷保护。由电流继电器 KA_4 和时间继电器 KT_3 组成。反应于变压器对称过负荷，保护通常作用于信号。

第八节　微机变压器差动保护举例

一、概述

本节的目的是通过介绍一个利用二次谐波电流鉴别励磁涌流，采用比率制动特性的微机变压器差动保护典型方案，使读者对如何使用软件实现继电保护的功能有一个较具体和完整的概念。选择变压器差动保护为例，一方面是因为国内外以微机差动保护应用与研究较多，另一方面它比较复杂，是比较好的典型例子。

第七章微机保护中曾提到不论是什么原理的保护，微机保护装置的硬件无非都是由CPU，EPROM，RAM，数据采集系统以及开关量输入、输出回路等组成。因此在EPROM中的程序是可执行的机器码，当然同硬件的实际电路有密切关系，例如CPU的型号、各部分的地址分配等，但在介绍程序流程图时将不涉及硬件的详细电路图。

本节所涉及的微机变压器差动保护硬件配置如图9-26所示。本装置为Y，d11降压变压器，输入量为变压器两侧的6个电流，采用分相差动接法，取一相来进行研究。假定变压器Y侧TA已经连接成△形以补偿相位移，变压器两侧TA变比误差已由数字计算进行补偿，并取各侧电流流入变压器方向为假定正方向，I_h 为高压侧电流，I_l 为低压侧电流。变压器差动保护应满足以下要求。第一，在任何情况下，当变压器内部发生短路性质故障时应快速动

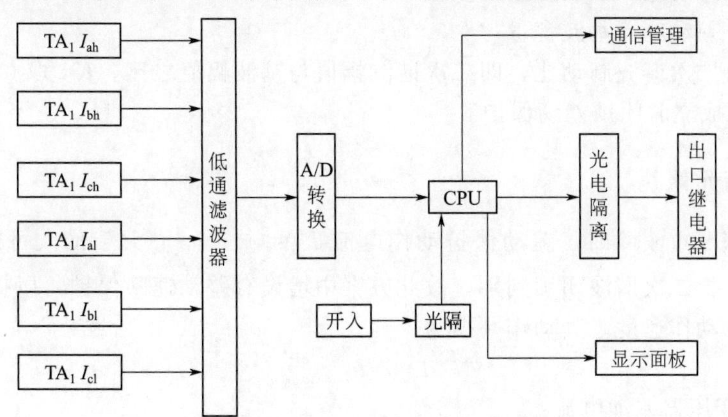

图9-26　微机变压器差动保护硬件配置

作跳闸。故障变压器空载投入时，可能伴随较大的励磁涌流，亦应尽快动作。反之当出现外部故障伴随很大的穿越电流时，亦应可靠不动作。第二，无论正常变压器发生任何形式的励磁涌流应可靠不动作。总之，如何区分内外部故障和如何鉴别励磁涌流，与传统保护类似，是微机差动保护的关键所在。

二、微机差动保护的动作判据和算法

1. 比率制动特性元件

差动保护采用的制动特性为二段式比率制动特性，如图 9-27 所示。今取差动电流（动作电流）$I_{dz}=|\dot{I}_h+\dot{I}_1|$，制动电流 $I_{zd}=\dfrac{|\dot{I}_h-\dot{I}_1|}{2}$，则比率制动式差动保护动作判据为

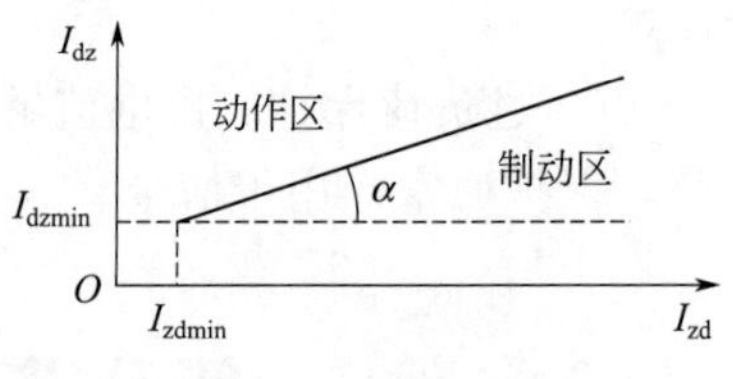

图 9-27 变压器差动保护比率制动特性曲线示意图

$$I_{dz}>I_{dzmin}，I_{zd}<I_{zdmin} \quad (9\text{-}30)$$

$$I_{dz}>I_{dzmin}+K_1(I_{zd}-I_{zdmin})，I_{zd}>I_{zdmin} \quad (9\text{-}31)$$

式中 I_{dzmin}——不带制动时差流最小动作电流，按躲过最大负荷电流条件下流入保护装置的不平衡电流整定，一般取 0.2～1.0 倍变压器额定电流；

K_1——比率制动特性折线的斜率，$K_1=\tan\alpha$，一般取 0.3～0.5；

I_{zdmin}——折线拐点对应的制动电流，一般取 0.8～1.2 倍变压器额定电流。

当任一相电流满足此条件时，差动保护瞬时动作出口。I_{dzmin} 为差动保护最小动作电流，保证在负荷状态下不误动。

由此可见，比率制动式差动保护，其动作电流随外部短路电流的增大而增大，既保证外部短路时保护不误动，又能使内部故障时保护灵敏动作。

2. 二次谐波制动元件

当变压器空载合闸或外部短路被切除变压器端电压突然恢复时，励磁涌流的大小可与短路电流相比拟，且含较大的二次谐波成分，采用二次谐波制动能可靠避免此时差动保护误动。二次谐波制动判据为

$$I_{dz.2}>K_2 I_{dz.1} \quad (9\text{-}32)$$

式中 $I_{dz.2}$——差动电流二次谐波含量；

$I_{dz.1}$——差动电流基波含量；

K_2——二次谐波制动比，即二次谐波幅值与基波幅值之比，K_2 取 0.1～0.3。

式（9-32）成立时闭锁差动保护。

3. 差动速断元件

变压器内部严重故障时，差动保护动作电流 $I_{dz}=|\dot{I}_h+\dot{I}_1|$ 大于最大可能的励磁涌流，差动保护无需进行二次谐波闭锁判别，故此方案中增设有差动速断保护，以提高变压器内部严重故障时保护动作速度。其动作判据为

$$I_{dz}>I_{dzmax} \quad (9\text{-}33)$$

式中 I_{dz}——变压器差动电流；

I_{dzmax}——差动电流速断定值。

差动速断保护整定值应躲避最大可能的励磁涌流。一般差动速断元件的动作电流可取4～8倍变压器额定电流。

4. 比率制动特性元件、二次谐波制动元件和差动速断元件的算法

比率制动特性元件、二次谐波制动元件和差动速断元件中，差动电流或制动电流基波相量的计算可采用第七章第三节介绍的傅里叶算法，差动电流中二次谐波幅值的计算也可同样采用傅里叶算法。计算过程可先用采样瞬时值计算差动电流及制动电流的瞬时值再计算基波相量；亦可先计算各侧的基波相量，再计算差动电流和制动电流（实部、虚部相加减）。

5. 起动元件及其算法

微机保护为了加强对软、硬件的自检工作，提高保护动作可靠性及快速性，往往采用检测扰动的方式决定程序是进行故障判别计算，还是进行自检。在此差动保护方案中，采用差动电流的突变量，且以分相检测的方式构成起动元件，其公式为

$$\Delta i_{dz}(k)=\left|\left|i_{dz}(k)-i_{dz}(k-N)\right|-\left|i_{dz}(k-N)-i_{dz}(k-2N)\right|\right|>\text{定值} \tag{9-34}$$

式中　N——每工频周期采样点数；

k——当前采样点；

$\Delta i_{dz}(k)$——k 时刻差动电流的突变量。

差动电流的突变量 $i_{dz}(k)-i_{dz}(k-N)$ 实质是用叠加原理分析短路电流时的事故分量电流，负荷分量在式中被减去。采用式（9-34），既保证消除电网频率偏离50Hz时产生的不平衡电流，又保证突变量的存在时间是两个工频周波。总之，采用式（9-34）作起动元件能反应于各种故障，且不受负荷电流的影响，灵敏度高，抗干扰能力强。

6. 电流互感器TA的断线判别

对于中低压变电所变压器保护中TA断线判别采用以下两个判据：

① 电流互感器TA断线时产生的负序电流仅在断线侧出现，而在故障时至少有两侧会出现负序电流。

② 以上判据在变压器空载时发生故障的情况下，因仅电源侧出现负序电流，将误判TA断线。因此要求另加条件：降压变压器低压侧三相都有一定的负荷电流。

三、微机变压器差动保护的软件流程

该微机变压器差动保护方案的全部软件可分为主程序、故障处理程序和定时器中断服务程序，下面分别进行介绍。

1. 主程序

主程序流程图如图9-28所示，每次合电源或手按复位按钮后都自动进入主程序的入口。初始化（一）是对单片微机及其扩展芯片的初始化，包括使保护输出的开关量出口初始化，赋以正常值，以保证出口继电器在合电源或手按复位按钮时不误动作等。初始化（一）后通过人机接口液晶显示器显示主菜单，由工作人员选择运行或调试（退出运行）工作方式口。如选择“退出运行”就进入监控程序，进行人机对话并执行调试命令。若选择“运行”，则开始初始化（二）。

初始化（二）包括采样定时器的初始化、控制采样间隔时间、标志位清零、计数器清零

等。全面自检包括定值检查、开关量输出通道自检、RAM 读出检查等。在开放中断后延时 60ms 的目的是确保采样数据的完整性和正确性。

在开放中断，所有准备工作就绪后，主程序就进入自检循环阶段。故障处理程序结束后返回主程序，也是在这里进入自检循环的。

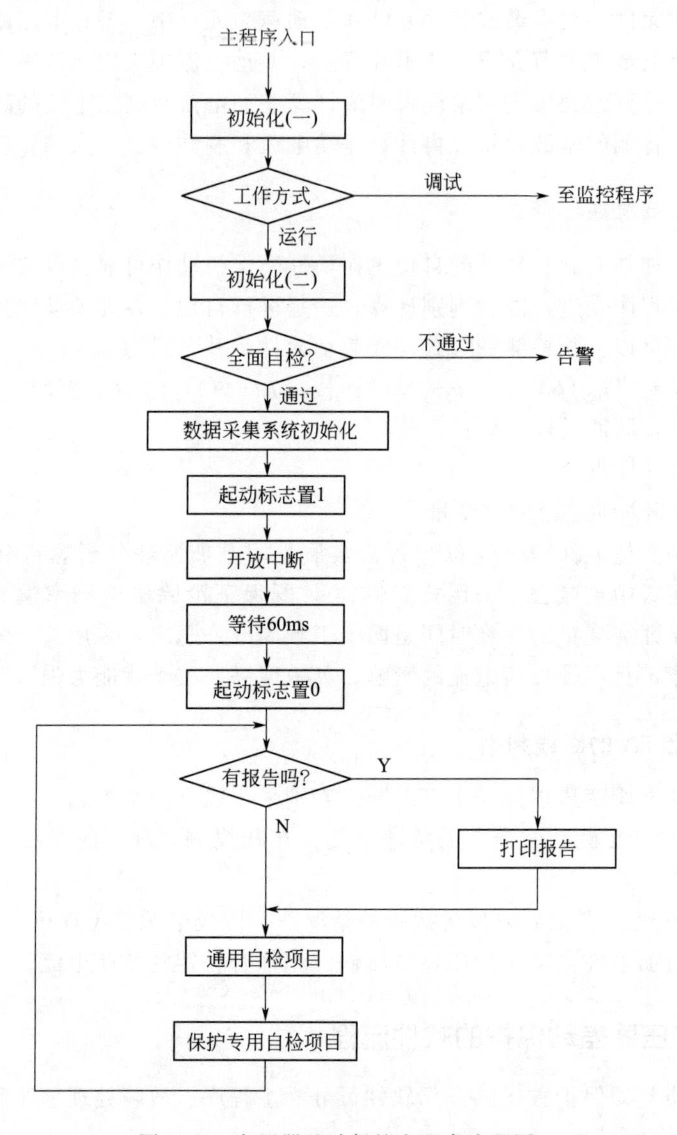

图 9-28　变压器差动保护主程序流程图

2. 定时器中断服务程序

定时器中断服务程序如图 9-29 所示，该服务程序的主要任务是：首先控制多路开关和模数转换器将各模拟输入量的采样值转成数字量，然后存入 RAM 区的循环寄存区；其次完成突变量起动元件起动与否的判别任务。Δi_{dz} 是差动电流的突变量，见式（9-34），K_A 是累计寄存器。A、B、C 三相分别进行起动与否判别，三者构成“或”的关系。起动元件在任一相电流突变量累计有三次超过门槛值时才起动，并置起动标志，同时修改中断返回地址为故障处理程序入口。

为减少故障发生后定时器中断服务程序的执行时间，当已有起动标志后，可跳过 A、B、C 三相的起动判别。若每工频周波采样 12 点，则每 5/3ms 进入一次定时器中断服务程序。

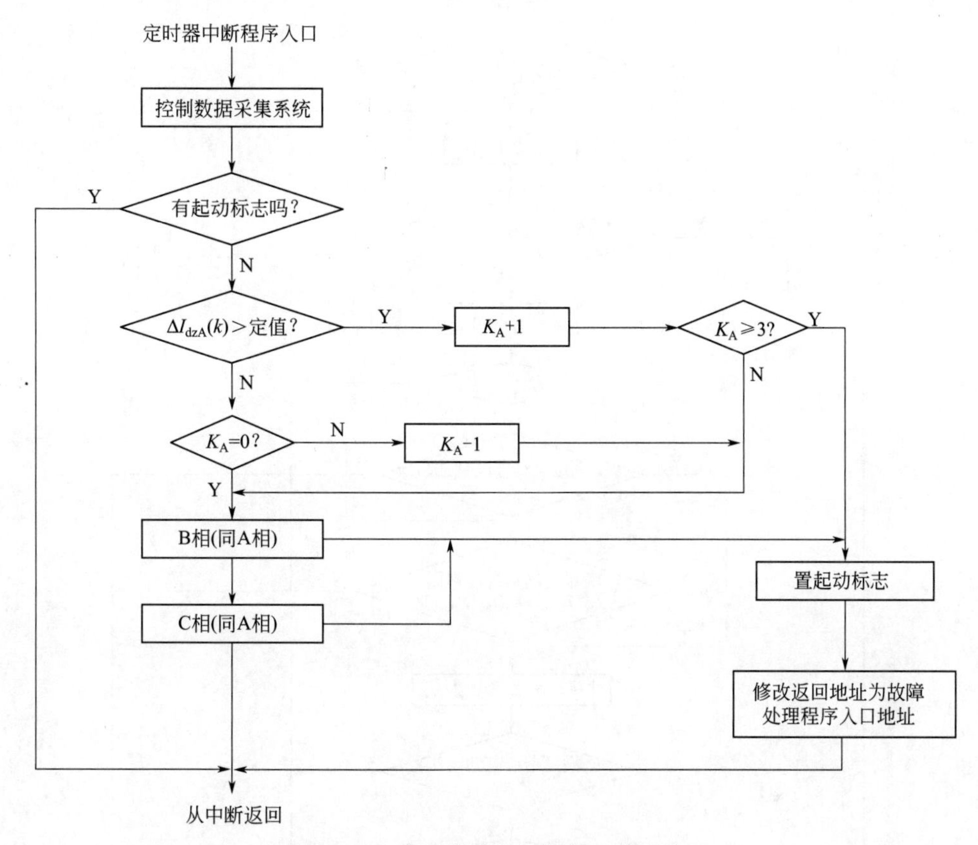

图 9-29　定时器中断服务程序流程图

3. 故障处理程序

故障处理程序流程图如图 9-30 所示。为防止干扰或内部轻微故障时偶然计算误差等原因使保护复归，设置一个外部故障复算次数，到达规定的外部故障复算次数后即断定为外部故障。为防止因干扰和偶然计算误差而造成误出口，这里预先给定内部故障复算次数，只有当连续计算内部故障判断次数达到规定次数后才发跳闸命令。故障后 5s 内保护仍没有跳闸的情况下，形成跳闸异常报告，返回主程序专门为运行错误处理设计的一段程序，即告警处理，以便提醒运行值班人员处理，以防程序进入死循环。检测故障是否已切除，可检测断路器状态开入量进行判别，或判断差动电流和制动电流是否小于规定的一个小定值。

小结

本章的重点是介绍变压器的主保护差动保护的原理、实现该原理应解决的问题。

（1）变压器差动保护的两个特殊问题：

① 变压器空载合闸时有励磁电流出现；

② 区外短路变压器差动保护的不平衡电流很大。

（2）为解决上述两个特殊问题分析了励磁涌流的特点及目前克服励磁涌流的方法。

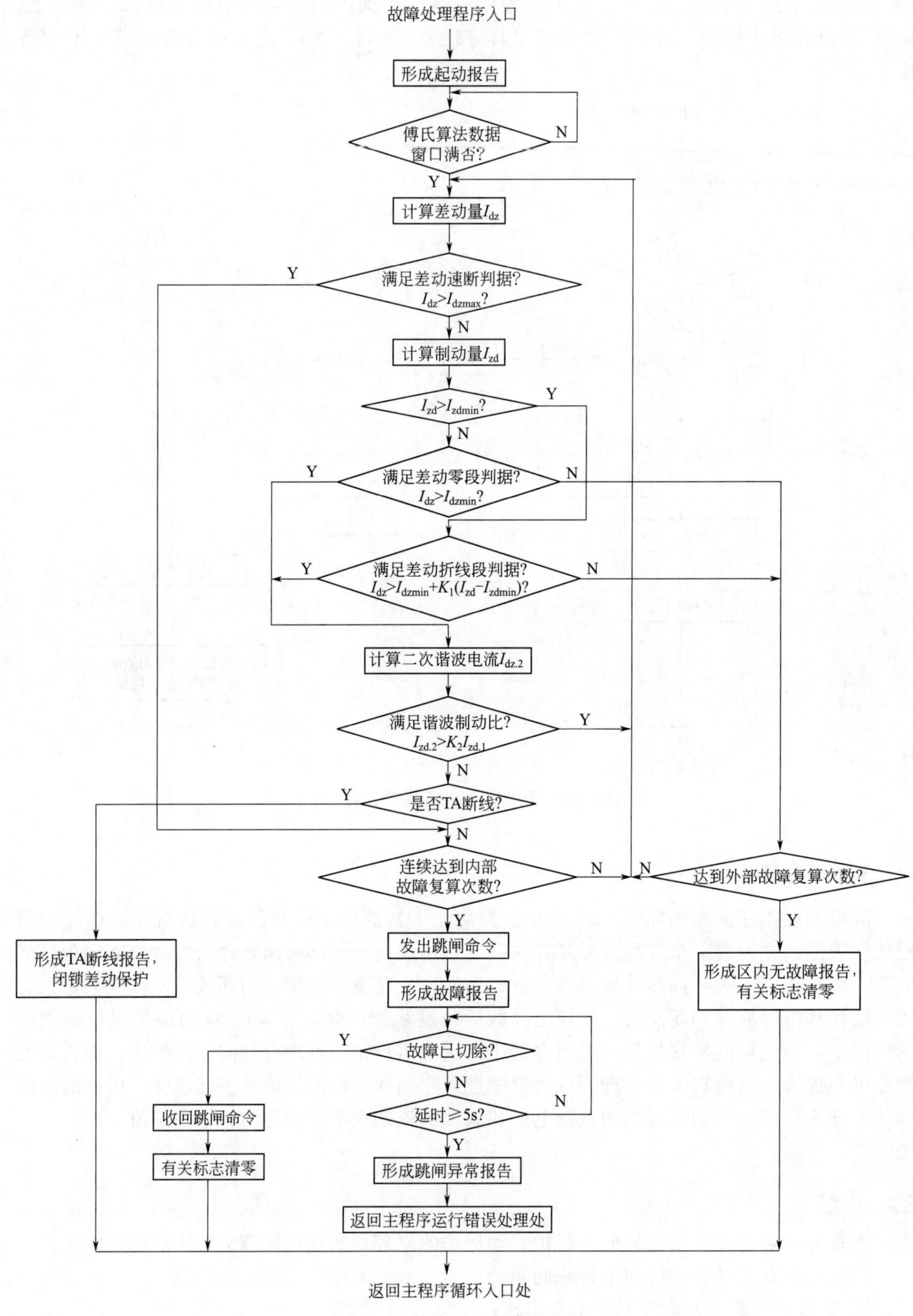

图 9-30 故障处理程序流程图

对于励磁涌流，利用其暂态过程的特点采用速饱和特性、二次谐波制动、间断角原理和波形判别原理较好解决这一难题。

分析了引起不平衡电流增大的因素，相应提出减小稳态不平衡电流的方法：相位补偿、数值补偿、采用比率制动的特性。

（3）BCH-2、BCH-1 型差动继电器的原理。这两种继电器都有速饱和特性，利用该特性可以躲过含有非周期分量的电流（励磁涌流和暂态过程中的不平衡电流）。BCH-2 有短路线圈，其作用能加强非周期分量的直流助磁特性，而 BCH-1 由于有制动特性可以很好地躲过稳态的不平衡电流。

（4）工频变化量比率差动保护可进一步提高变压器差动保护反应于内部轻微故障的灵敏度。

（5）中性点经放电间隙接地的变压器接地保护的配置及配合关系。由于有放电间隙接地，变压器低压侧有电源的变压器在失去中性点后也不会出现危及变压器中性点绝缘的情况，因而保护的配合原则是先跳中性点接地的变压器，如故障未切除，再跳变压器中性点经放电间隙接地的变压器。

学习指导

1. 要求

掌握变压器各保护的原理及作用。

2. 知识点

变压器保护的配置及各保护的作用；励磁涌流和不平衡电流的特点及在变压器差动保护中克服的方法；变压器差动保护的原理；BCH-2 和 BCH-1 型差动继电器的工作原理及其特性；中性点经放电间隙接地的分级绝缘变压器各接地保护的配合关系；变压器各相间保护的工作原理；气体保护的工作原理及保护范围。

3. 重点和难点

BCH-1、BCH-2 型差动继电器的原理及其特性；中性点经放电间隙接地的分级绝缘变压器各接地保护的工作原理。

复习思考题

（1）电力变压器可能发生的故障和不正常工作情况有哪些？应该装设哪些保护？

（2）变压器差动保护产生不平衡电流的原因有哪些？与哪些因素有关？

（3）为了提高变压器差动保护的灵敏性并保证选择性，应采用哪些措施来减少不平衡电流及其对保护的影响？

（4）何谓变压器的励磁涌流？励磁涌流如何产生？有什么特点？

（5）在变压器差动保护中，为什么对正常运行和外部故障情况下，由励磁涌流产生的不平衡电流不采取措施？

（6）变压器的纵差保护在何种情况下采用 BCH-1 型差动继电器？为什么？

（7）一台变压器如果采用 Y，d11 接线方式，那么在构成差动保护时，变压器两侧的电流互感器应采用怎样的接线方式，才能补偿变压器两侧电流的相位差？试用相量图分析。

（8）变压器差动保护中，BCH-1 型差动继电器从构造上、作用上与 BCH-2 型相比有什么不同？

（9）BCH-1 型和 BCH-2 型差动保护的主要区别在哪里？它们各有什么优缺点？

（10）什么叫变压器差动继电器的制动特性曲线？为什么它位于不平衡电流的上方？

(11) 为什么有制动特性的差动保护其灵敏度比无制动特性的差动保护高?

(12) 变压器相间短路的后备保护有几种常用方式? 试比较它们的优缺点。

(13) 发电机-变压器组保护有何特点?

(14) 变压器差动保护中采用突变量起动算法的优点是什么?

(15) 大型变压器通常采用二段折线式比率制动判据，试写出其基波相量表示的动作判据。

(16) 试说出比率制动式变压器差动保护中TA断线的判别准则是什么?

(17) 如图9-31所示，降压变压器采用BCH-2型继电器构成纵差保护，已知变压器容量为20MVA，电压为110(1±2×2.5%)/11kV，$U_k=10.5\%$，Y，d11接线，归算到平均电压10.5kV的系统最大电抗为0.44Ω，最小电抗为0.22Ω，11kV侧最大负荷电流900A。试决定保护动作电流、差动线圈的整定匝数W_d、平衡线圈的整定匝数W_b和灵敏度K_{sen}。

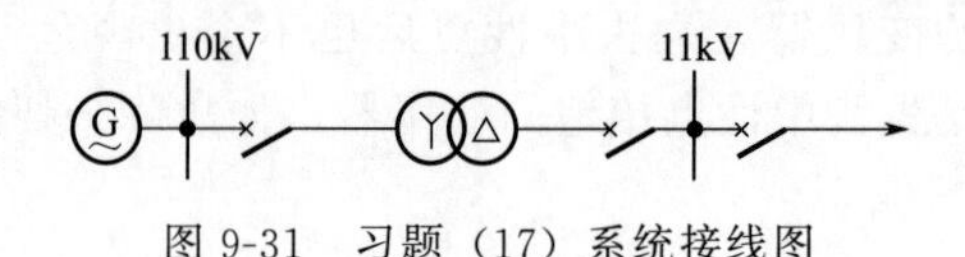

图9-31 习题(17)系统接线图

(18) 如图9-32所示，为一个单电源三绕组变压器，已知:

① 变压器的参数: 容量31.5/20/31.5MVA，Y,d11接线，电压为110(1±2×2.5%)/38.5(1±2×2.5%)/11kV。

② d_1、d_2、d_3点三相短路时，归算到110kV侧的短路点的短路电流已在图9-32中标出(括号内的数值为最小运行方式下的短路电流)。

③ 当110kV侧发生单相接地短路时，流过故障点的最小短路电流为2200A。

④ 变压器采用BCH-1型纵联差动保护。

试求BCH-1型纵联差动保护整定参数: 动作电流，制动线圈、平衡线圈、差动线圈匝数及灵敏系数。

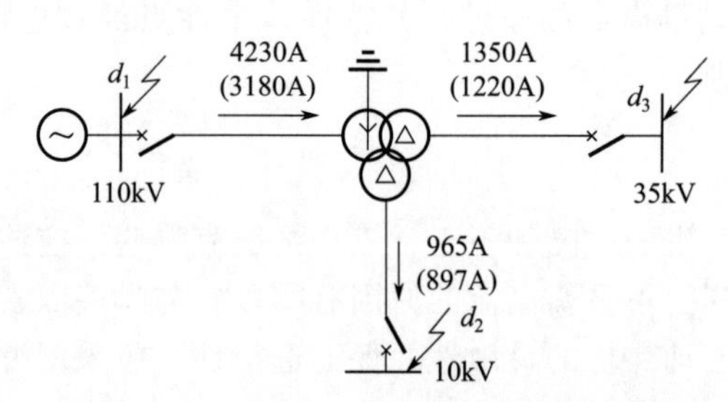

图9-32 习题(18)变压器接线及参数图

第十章

发电机的继电保护

第一节 发电机的故障、不正常运行状态及其保护方式

发电机的安全运行对保证电力系统的正常工作和电能质量起着决定性的作用，同时发电机本身也是一个十分贵重的电气元件。因此，应该针对各种不同的故障和不正常运行状态，装设性能完善的继电保护装置。

发电机的故障类型主要有：定子绕组相间短路、定子绕组一相的匝间短路、定子绕组单相接地、转子绕组一点接地或两点接地、转子励磁回路励磁电流异常下降或完全消失。

发电机的不正常运行状态主要有：由外部短路引起的定子绕组过电流、由负荷超过发电机额定容量而引起的三相对称过负荷、由外部不对称短路或不对称负荷（如单相负荷、非全相运行等）而引起的发电机负序过电流和过负荷、由突然甩负荷而引起的定子绕组过电压、由励磁回路故障或强励时间过长而引起的转子绕组过负荷、由汽轮机主汽门突然关闭而引起的发电机逆功率等。

针对上述故障类型及不正常运行状态，按规程规定，发电机应装设以下继电保护装置。

① 对1MW以上发电机的定子绕组及其引出线的相间短路，应装设纵联差动保护。

② 对直接连于母线的发电机定子绕组单相接地故障，当发电机电压网络的接地电容电流大于或等于5A时（不考虑消弧线圈的补偿作用），应装设动作于跳闸的零序电流保护；当接地电容电流小于5A时，则装设作用于信号的接地保护。

对于发电机-变压器组，一般在发电机电压侧装设作用于信号的接地保护；当发电机电压侧接地电容电流大于5A时，应装设消弧线圈。

容量在100MW及以上的发电机，应装设保护区为100%的定子接地保护。

③ 对于发电机定子绕组的匝间短路，当绕组接成星形且每相中有引出的并联支路时，应装设单继电器式的横联差动保护。

④ 对于发电机外部短路引起的过电流，可采用下列保护方式：

a. 负序过电流及单相式低电压起动过电流保护，一般用于50MW及以上的发电机。

b. 复合电压（负序电压及线电压）起动的过电流保护。

c. 过电流保护，用于1MW以下的小发电机。

⑤ 对于由不对称负荷或外部不对称短路而引起的负序过电流，一般在50MW及以上的

发电机上装设负序电流保护。

⑥ 对于由对称负荷引起的发电机定子绕组过电流，应装设接于一相电流的过负荷保护。

⑦ 对于水轮发电机定子绕组过电压，应装设带延时的过电压保护。

⑧ 对于发电机励磁回路的接线故障：

a. 水轮发电机一般装设一点接地保护，小容量机组可采用定期检测装置。

b. 对汽轮发电机励磁回路的一点接地，一般采用定期检测装置，对大容量机组则可以装设一点接地保护。对两点接地故障，应装设两点接地保护，在励磁回路发生一点接地后投入。

⑨ 对于发电机励磁消失的故障，在发电机不允许失磁运行时，应在自动灭磁开关断开时联锁断开发电机的断路器；对采用半导体励磁以及 100MW 及以上采用电机励磁的发电机，应增设直接反应于发电机失磁时电气参数变化的专用失磁保护。

⑩ 对于转子回路的过负荷，在 100MW 及以上并采用半导体励磁系统的发电机上，应装设转子过负荷保护。

⑪ 对于汽轮发电机主汽门突然关闭，为防止汽轮机遭到损坏，对大容量的发电机组可考虑装设逆功率保护。

⑫ 其他：如当电力系统振荡影响机组安全运行时，在 300MW 机组上，宜装设失步保护；当汽轮机低频运行造成机械振动，叶片损伤对汽轮机危害极大时，可装设低频保护；当水冷却发电机断水时，可装设断水保护等。

为了快速消除发电机内部的故障，在保护动作于发电机断路器跳闸的同时，还必须动作于自动灭磁开关，断开发电机励磁回路，以使转子回路电流不会在定子绕组中再感应电动势，继续供给短路电流。

第二节 发电机的纵联差动保护

发电机定子绕组相间短路是发电机内部最严重的故障。要求装设快速动作的保护装置。当发电机中性点侧有分相引出线时，可装设纵联差动保护作为发电机定子绕组及其引出线相间短路的主保护。

一、发电机纵联差动保护的构成原理

发电机纵联差动保护与线路纵联差动保护的构成原理相同，它是根据比较被保护发电机定子绕组两端电流的相位和大小的原理而构成的。为此，在发电机中性点侧与靠近发电机出口断路器处各装一组型号、变比相同的电流互感器。其二次侧按环流法连接如图 10-1 所示。如同线路的纵联差动保护一样，在正常运行及外部故障时，流入继电器的电流 $I=I_{ub}$，若继电器的动作电流 $I_{k.act}>I_{ub.max}$，则保护不动作；而在内部（两侧电流互感器之间的定子绕组及其引出线）故障时，$I=\frac{I_k}{K_i}$，若 $I>I_{k.act}$，则保护动作。可见，纵联差动保护不反应于外部故障，故不必与相邻元件保护进行时限配合，可以瞬时跳闸。

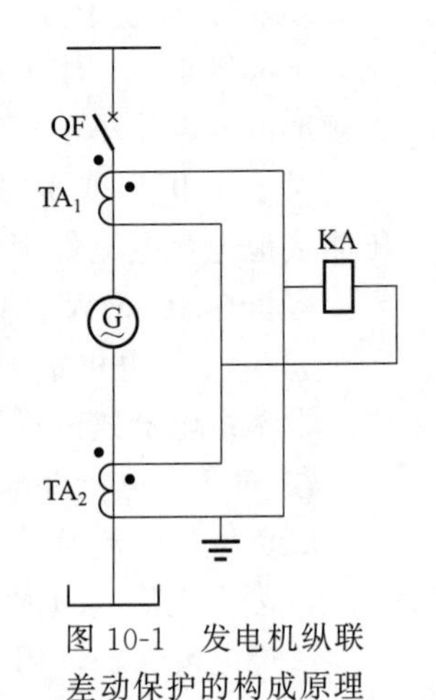

图 10-1 发电机纵联差动保护的构成原理

为了使发电机纵联差动保护在外部故障时不动作，其动作电流应大于发电机外部故障时的最大不平衡电流，这势必降低保护在内部保护故障时的灵敏性。因此，必须采取措施消除或减小不平衡电流的影响，目前除采用 D 级铁芯（差动保护专用）电流互感器构成纵联差动保护外，对于容量不大的发电机，一般是采用具有中间速饱和变流器的 BCH（DCD）型差动继电器。

二、采用 BCH-2 型差动继电器构成的差动保护

BCH-2 型差动继电器的原理结构及用于构成发电机纵联差动保护的单相原理接线图如图 10-2 所示。

BCH-2 型差动继电器由带短路线圈的速饱和变流器和 DL-11 /0.2 型电流继电器组合而成。其速饱和变流器的导磁体是三柱形铁芯。在铁芯的中间柱上绕有一个差动线圈 W_d，两个平衡线圈 $W_{b.1}$ 和 $W_{b.2}$；右侧铁芯柱上绕有与执行元件相连接的二次线圈 W_2；短路线圈的两部分 W_k' 和 W_k'' 分别绕在中间及左侧铁芯柱上，且 W_k'' 与 W_k' 的匝数比一般为 2∶1，并使它们产生的磁通对左窗口来说方向是相同的。

为了说明 BCH-2 型差动继电器的工作原理，首先介绍一下速饱和变流器的工作原理。

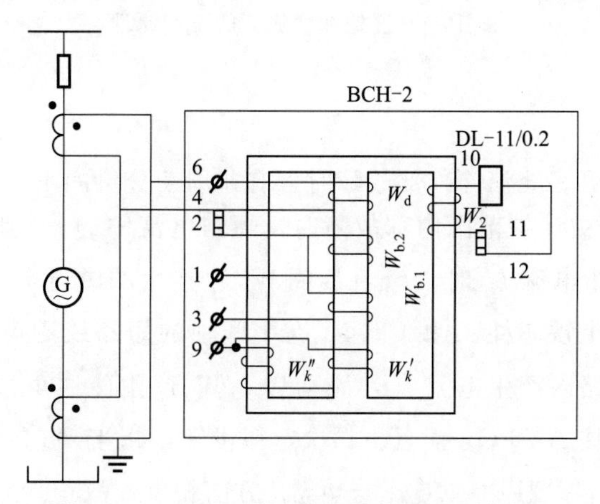

图 10-2　BCH-2 型差动继电器的原理接线图

1. 速饱和变流器的工作原理

速饱和变流器铁芯截面小，很容易饱和，并且剩磁很大。当外部故障时，速饱和变流器一次侧流过不平衡电流 I_{ub}，其中的非周期分量使铁芯饱和。由于铁芯饱和，不平衡电流的周期分量由一次侧向二次侧的转变很困难。因此，速饱和变流器能成功地躲过含有非周期分量的不平衡电流的影响，从而可降低动作电流，提高保护的灵敏性。

图 10-3(a) 为外部故障时，速饱和变流器的工作情况示意图。外部故障时，速饱和变流器一次线圈中流过的不平衡电流 i_{ub} 因含有很大的非周期分量，而完全偏于时间轴一侧，非周期分量电流使铁芯饱和。这时，在 Δt 时间内不平衡电流变化量 Δi_{ub} 虽较大，但对应于 Δi_{ub} 的磁通变化量 $\Delta\Phi$ 却因铁芯饱和而很小，因此 W_2 二次侧的感应电势（$e_2 \propto \frac{\Delta\Phi}{\Delta t}$）很小，继电器中的电流也很小而不动作。

在发电机内部故障时，流入速饱和变流器一次线圈的电流是接近正弦波形的短路电流 i_k，见图 10-3(b)，其中的非周期分量衰减很快，约经 1～2 周波衰减完毕。当短路电流的周期分量通过一次线圈时，铁芯中在 Δt 时间内磁通的变化 $\Delta\Phi'$ 很大，二次线圈的感应电势很大，继电器中电流也足够大，保证继电器可靠动作。

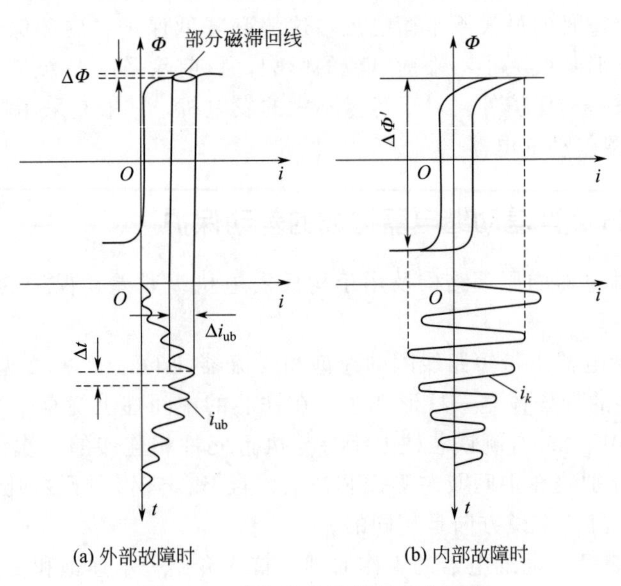

图 10-3 速饱和变流器的工作原理

2. 短路线圈的作用

短路线圈主要用来更好地消除外部故障时含有非周期分量的不平衡电流的影响。

如图 10-4 所示，当被保护范围内部故障时，短路电流中的非周期分量衰减很快，差动线圈 W_{d} 中通过周期分量电流 $\dot{I}_{\mathrm{d}}$ 时，$\dot{I}_{\mathrm{d}}$ 在线圈 W_{d} 中产生的磁通 $\dot{\Phi}_{\mathrm{d}}$ 分成 $\dot{\Phi}_{\mathrm{d.AB}}$ 和 $\dot{\Phi}_{\mathrm{d.BC}}$ 两部分，分别通过左右两个铁芯柱 A 和 C。$\dot{\Phi}_{\mathrm{d}}$ 在中间柱的短路线圈 W_k' 中感应出电动势 $\dot{E}_k$，该电动势在短路线圈回路内产生电流 $\dot{I}_k$，磁动势 $\dot{I}_k W_k'$ 产生磁通 $\dot{\Phi}_k'$，$\dot{\Phi}_k'$ 分成 $\dot{\Phi}_{k.\mathrm{AB}}'$ 和 $\dot{\Phi}_{k.\mathrm{BC}}'$ 两部分，通过两侧铁芯柱 A 和 C。而且由楞次定律可知，$\dot{\Phi}_k'$ 与 $\dot{\Phi}_{\mathrm{d}}$ 的方向相反，力图减弱铁芯 B 柱中的磁通。在铁芯 C 柱中，$\dot{\Phi}_{k.\mathrm{BC}}'$ 与 $\dot{\Phi}_{\mathrm{d.BC}}$ 方向相反，故 $\dot{\Phi}_{k.\mathrm{BC}}'$ 在铁芯 C 柱中起着去磁作用。另外，$\dot{I}_k$ 还流过短路线圈 W_k''，在铁芯 A 柱中产生磁动势 $\dot{I}_k W_k''$ 和相应的磁通 $\dot{\Phi}_k''$，同样 $\dot{\Phi}_k''$ 也分成 $\dot{\Phi}_{k.\mathrm{AC}}''$ 和 $\dot{\Phi}_{k.\mathrm{AB}}''$ 两部分，分别通过铁芯柱 B 和 C。通过铁芯 C 柱的那部分磁通

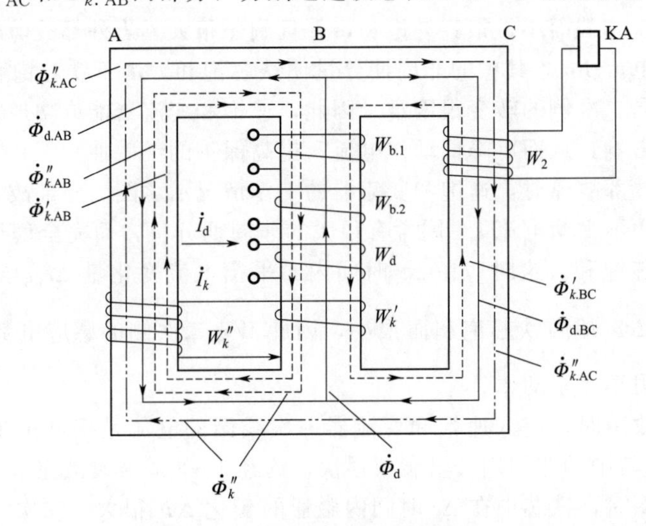

图 10-4 BCH-2 型差动继电器磁通分布图

$\dot{\Phi}''_{k.AC}$与$\dot{\Phi}_{d.BC}$方向相同，起着助磁作用。综上所述，通过铁芯C柱的磁通为

$$\dot{\Phi}_C=\dot{\Phi}_d+\dot{\Phi}''_{k.AC}-\dot{\Phi}'_{k.BC} \tag{10-1}$$

$\dot{\Phi}_C$在二次线圈W_2中产生感应电动势，形成电流，当电流达到电流继电器的动作电流时，继电器动作。

在铁芯未饱和的情况下，保持$\frac{W''_k}{W'_k}=2$，且铁芯B柱截面为A柱、C柱截面的2倍，磁阻$R_B=\frac{1}{2}R_C(R_A)$，则$\Phi''_{k.AC}=\Phi'_{k.BC}$，即短路线圈产生的助磁作用与去磁作用相等，短路线圈不起作用。这时有短路线圈的速饱和变流器与一般无短路线圈的速饱和变流器作用相同，不会改变继电器的动作安匝数，因而不影响内部故障时保护的灵敏性。

BCH-2型差动继电器的动作安匝数为60±4安匝，其动作电流的调整是通过调整差动线圈的匝数实现的。

当发电机外部故障时，在差动线圈W_d中流过含有较大非周期分量的暂态不平衡电流，其中的非周期（直流）分量，实际上是不易转变到短路线圈和二次线圈中去的，而是主要作为励磁电流产生直流磁通，使铁芯迅速饱和，铁芯饱和后使周期分量的转变工作变坏。因此，在W_d中流过一定大小的周期分量电流时，由B柱进入C柱的磁通$\dot{\Phi}_{d.BC}$减少，故在二次线圈W_2中产生的感应电势减小，这就是一般速饱和变流器的工作情况。而有了短路线圈后，进入二次线圈的磁通$\Phi''_{k.AC}$与$\Phi'_{k.BC}$都减少。这是因为它们需要通过由差动线圈到短路线圈，再由短路线圈到二次线圈的双重传变。磁路的饱和，使双重传变作用减弱。而且与$\Phi'_{k.BC}$相比较，$\Phi''_{k.AC}$所走的路径长，漏磁通大，铁芯的饱和使双重传变减弱的作用更为显著，故$\Phi''_{k.AC}$较$\Phi'_{k.BC}$减小得更厉害。这样在铁芯C柱中，去磁磁通$\Phi'_{k.BC}$减小，但减小的程度较小，而助磁磁通$\Phi''_{k.AC}$减小的程度颇大。故$\dot{\Phi}_C(\dot{\Phi}_{d.BC}+\dot{\Phi}''_{k.AC}-\dot{\Phi}'_{k.BC})$减小得更显著，使其在$W_2$中的感应电动势亦减小得更显著，执行元件更不易动作。只有在W_d中通过较大的交流分量时，才有可能在W_2中产生足够大的电动势，从而在执行元件电流继电器线圈中产生足够大的电流，使执行元件动作。

综上所述，有了短路线圈后，当W_d中流过含有非周期分量的电流时，将使继电器的动作电流自动增大，即非周期分量的制动作用得到加强，这就是BCH-2型差动继电器能较好地躲过外部故障时不平衡电流的原因。

短路线圈的内部接线如图10-5所示。只要采用同一字母标号的抽头，例如A_1-A_2、B_1-B_2等，就能保持$W''_k=2W'_k$，交流动作磁动势就不变。当W''_k与W'_k按比例增加时（如由A_1-A_2改为B_1-B_2），躲过含有非周期分量的电流的能力增强。短路线圈的这个作用，用直流助磁特性$\varepsilon=f(K)$表示（ε为相对动作电流，K为偏移系数，见图10-6），并有

$$\varepsilon=\frac{I_{k.act}}{I_{k.act.0}} \tag{10-2}$$

$$K=\frac{I_-}{I_{k.act}} \tag{10-3}$$

式中　$I_{k.act.0}$——无直流助磁电流时，继电器的交流动作电流；

$I_{k.act}$——有直流助磁电流时，继电器的交流动作电流；

I_-——直流助磁电流。

最后需指出，有了短路线圈后，当被保护范围内故障时，由于短路电流中非周期分量的作用，继电器延时动作，且W'_k与W''_k按比例增大时，延时增长，即保护的快速性将降低。

图 10-2 中平衡线圈 W_b 的作用在变压器差动保护中已介绍。在发电机纵联差动保护中 W_b 可作为 W_d 的一部分使用，以增加 W_d 匝数的调节范围。

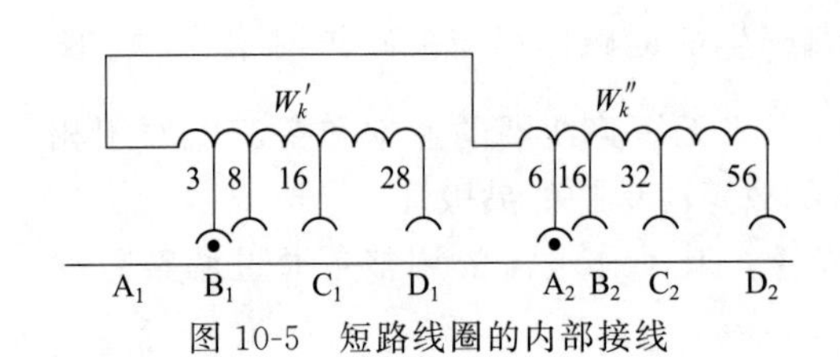

图 10-5 短路线圈的内部接线

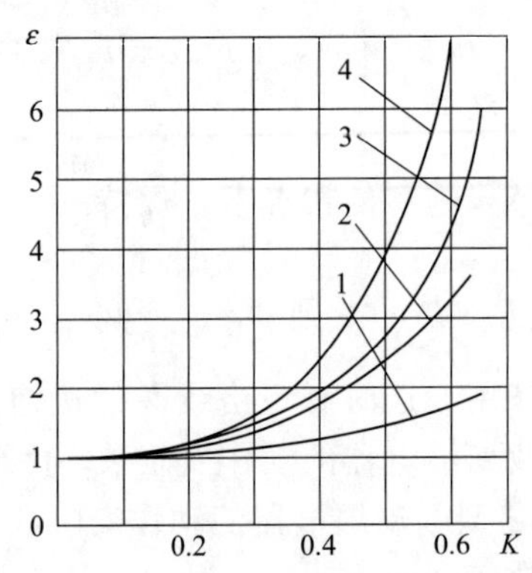

图 10-6 BCH-2 型差动继电器的直流助磁特性曲线

1—W_k''、W_k'的抽头标号为 A_2-A_1；2—W_k''、W_k'的抽头标号为 B_2-B_1；3—W_k''、W_k'的抽头标号为 C_2-C_1；4—W_k''、W_k'的抽头标号为 D_2-D_1

三、发电机纵联差动保护的整定原则

纵联差动保护是发电机内部相间短路的主保护。因此，它应能快速而灵敏地切除内部所发生的故障；同时，在正常运行及外部故障时，又应保证动作的选择性和工作的可靠性。满足这些要求是确定纵联差动保护整定值的原则。

发电机纵联差动保护的起动电流，有几个不同的选取原则，与其相对应的接线也有一些差别，现分别说明如下。

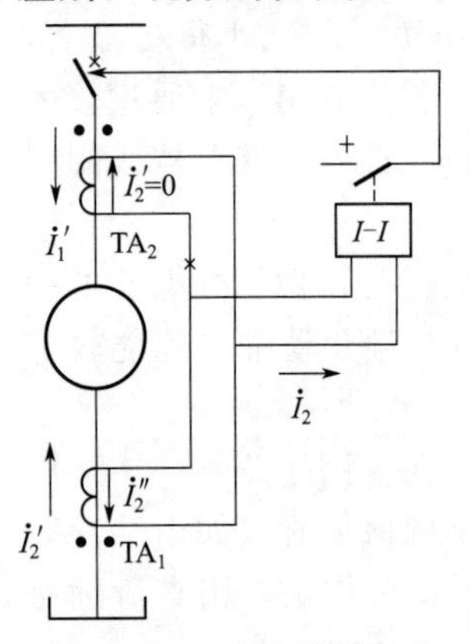

图 10-7 电流互感器二次回路断线时的电流分布

① 在正常运行情况下，电流互感器二次回路断线时保护不应误动。如图 10-7 所示，假定电流互感器 TA_2 的二次引出线发生了断线，则电流 $\dot{I}_2'$被迫变为零，此时，在差动继电器中将流过电流 $\dot{I}_2''$，当发电机在额定容量运行时，此电流即为发电机额定电流变换到二次侧的数值，可用 $I_{N.G}/n_{TA}$ 表示。在这种情况下，为防止差动保护误动作，应整定保护装置的起动电流大于发电机的额定电流，引入可靠系数 K_{rel}（一般取 $K_{rel}=1.3$），则保护装置和继电器的起动电流分别为

$$\begin{cases} I_{act}=K_{rel}I_{N.G} \\ I_{k.act}=K_{rel}I_{N.G}/n_{TA} \end{cases} \tag{10-4}$$

这样整定之后，在正常运行情况下任一相电流互感器二次侧断线时，保护将不会误动作。但如果在断线后又发生外部短路，则继电器回路中要流过短路电流，保护仍要误动。为防止这种情况的发生，在差动保护中一般装设断线监视装置，当断线后，装置动作发出信号，运行人员接此信号后即应将差动保护退出工作。

断线监视继电器的起动电流按躲开正常运行时的不平衡电流整定，原则上越灵敏越好。根据经验，其值通常选择为

$$I_{act}=0.2I_{N.G}/n_{TA} \tag{10-5}$$

为了防止断线监视装置在外部故障时由于不平衡电流的影响而误发信号，它的动作时限应大于发电机后备保护的时限。

具有断线监视装置的发电机纵联差动保护的原理接线如图 10-8 所示。保护装置采用三相式接线（1～3 为差动继电器），在差动回路的中线上接有断线监视的电流继电器 4，当任一相电流互感器回路断线时，它都能动作，经时间继电器 5 延时发出信号。

为使差动保护的范围能包括发电机引出线（或电缆）在内，因此，其所使用的电流互感器应装在靠近断路器的地方。

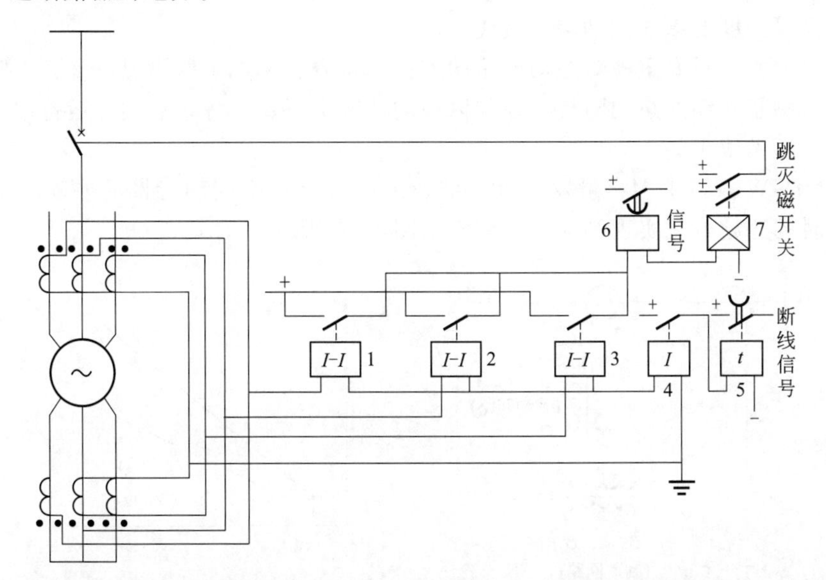

图 10-8　具有电流互感器二次回路断线监视装置的发电机纵联差动保护的原理接线图

② 保护装置的起动电流按躲开外部故障时的最大不平衡电流整定，此时，继电器的起动电流应为

$$I_{act}=K_{rel}I_{ub.max}$$

考虑发电机在外部故障时，差动保护的最大不平衡电流由下式计算

$$I_{ub.max}=\frac{K_{aper}K_{ss}K_{er}I_{k.max}^{(3)}}{n_{TA}} \tag{10-6}$$

式中，K_{aper} 为非周期分量系数，视继电器的类型不同，可取 1.0～2.0，当采用具有速饱和铁芯的差动继电器时，$K_{aper}=1.0$；K_{ss} 为电流互感器的同型系数，型号相同时 $K_{ss}=0.5$；K_{er} 为电流互感器的比误差，可取为 10%；$I_{k.max}^{(3)}$ 为外部三相短路的最大短路电流。

根据对不平衡电流的分析，将式（10-6）代入，则

$$I_{act}=0.1K_{rel}K_{aper}K_{ss}I_{k.max}^{(3)}/n_{TA}$$

可靠系数一般取为 $K_{rel}=1.3$。

对于汽轮发电机，其出口处发生三相短路的最大短路电流约为 $I_{k.max}\approx 8I_{N.G.f}$，代入上式，则差动继电器的起动电流为

$$I_{act}=(0.5\sim 0.6)I_{N.G}/n_{TA}$$

对于水轮发电机，由于电抗 X_k'' 的数值比汽轮发电机大，其出口处发生三相短路的最大短路电流约为 $I_{k.max}\approx 5I_{N.G}$，则差动继电器的起动电流为

$$I_{act}=(0.3\sim 0.4)I_{N.G}/n_{TA}$$

对于水内冷的大容量发电机组，其电抗数值也较上述汽轮发电机的大，因此，差动继电器的起动电流也较汽轮发电机的小。

综上可见，按躲开不平衡电流条件整定的差动保护，其起动值都远较按躲开电流互感器

二次回路断线的条件为小，因此，保护的灵敏性就高。但是这样整定之后，在正常运行情况下发生电流互感器二次回路断线时，在负荷电流的作用下，差动保护就可能误动作，就这一点来看可靠性是较差的。

当差动保护的整定值小于额定电流时，可不装设电流互感器回路断线的监视装置。当保护装置采用带有速饱和变流器的差动继电器时，亦可利用差动线圈和平衡线圈的适当组合和连接，构成高灵敏度的纵联差动保护接线。

运行经验表明，只要重视对差动回路的维护和检查，例如采取防振措施，以防接线端子松脱，检修时测量差动回路的阻抗，并与以前的情况进行比较等，在实际运行中发生电流回路断线的情况还是很少的。

③ 对 100MW 及以上大容量发电机，推荐采用具有比率制动特性的差动继电器，即利用外部故障时的穿越电流实现制动，其原理如图 10-9 所示。

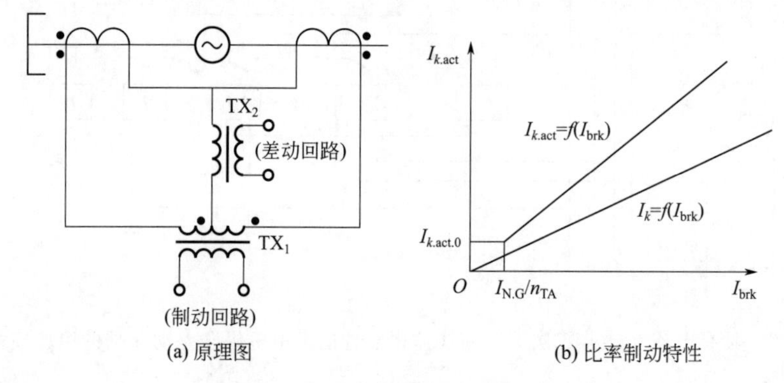

图 10-9　比率制动式差动继电器

该继电器的制动系数通常取为 0.2～0.4，其最小起动电流 $I_{\mathrm{act.\,min}}$ 一般取(0.1～0.3) $I_{\mathrm{N.\,G}}/n_{\mathrm{TA}}$，因此它既能保证区外故障时可靠躲开最大不平衡电流的影响，又能提高区内故障时的灵敏性。

发电机纵联差动保护的灵敏性仍以灵敏系数来衡量，其值为

$$K_{\mathrm{sen}}=\frac{I_{k.\,\mathrm{min}}}{I_{\mathrm{act}}} \tag{10-7}$$

式中，$I_{k.\,\mathrm{min}}$ 为发电机内部故障时流过保护装置的最小短路电流，实际上应考虑下面两种情况。

a. 发电机与系统并列运行以前，在其出线端发生两相短路，此时，差动回路中只有由发电机供给的短路电流 I_1''，而 $I_1'=0$；

b. 发电机采用自同期并列时（此时发电机先不加励磁，因此，发电机的电动势 $E\approx0$），在系统最小运行方式下，发电机出线端发生两相短路，此时，差动回路中只有由系统供给的短路电流 I_1'，而 $I_1''=0$。

对灵敏系数的要求一般不应低于 2。

应该指出，上述灵敏系数的校验，都是以发电机出口处发生两相短路为依据的，此时短路电流较大，一般都能够满足灵敏系数的要求。但当内部发生轻微的故障，例如经绝缘材料的过渡电阻短路时，短路电流的数值往往较小，差动保护不能起动，此时只有等故障进一步发展以后，保护方能动作，而这时可能已对发电机造成更大的危害。因此，尽量减小保护装置的起动电流，以提高差动保护对内部故障的反应能力，还是很有意义的。

发电机的纵联差动保护可以无延时地切除保护范围内的各种故障，同时又不反应于发电

机的过负荷和系统振荡，且灵敏系数一般较高。因此，纵联差动保护毫无例外地用作容量在1MW以上发电机的主保护。

第三节 发电机的单相接地保护

根据安全的要求，发电机的外壳都是接地的，因此，定子绕组因绝缘破坏而引起的单相接地故障比较普遍。当接地电流比较大，能在故障点引起电弧时，将使绕组的绝缘和定子铁芯烧坏，并且也容易发展成相间短路，造成更大的危害。我国规定，当接地电容电流等于或大于5A时，应装设动作于跳闸的接地保护；当接地电流小于5A时，一般装设作用于信号的接地保护。

一、发电机定子绕组单相接地的特点

现代的发电机，其中性点都是不接地或经消弧线圈接地的，因此，当发电机内部单相接地时，如同在第三章第四节中所分析的那样，流经接地点的电流仍为发电机所在电压网络（与发电机有直接电联系的各元件）对地电容电流之总和，而不同之处在于故障点的零序电压将随发电机内部接地点的位置而改变。

如图10-10(a)所示，假设A相接地发生在定子绕组距中心点a处，a表示由中性点到故障点的绕组占全部绕组匝数的百分数，则故障点各相电动势为$a\dot{E}_A$、$a\dot{E}_B$和$a\dot{E}_C$，而各相对地电压分别为

$$\begin{cases}\dot{U}_{Ak}=0\\ \dot{U}_{Bk}=a\dot{E}_B-a\dot{E}_A\\ \dot{U}_{Ck}=a\dot{E}_C-a\dot{E}_A\end{cases} \tag{10-8}$$

因此，故障点的零序电压为

$$\dot{U}_{k0(a)}=\frac{1}{3}(\dot{U}_{Ak}+\dot{U}_{Bk}+\dot{U}_{Ck})=-a\dot{E}_A \tag{10-9}$$

上式表明，故障点的零序电压将随着故障点位置的不同而改变。由此可作出发电机内部单相接地的零序等效网络，如图10-10(b)所示。图中C_{0G}为发电机每相的对地电容，C_{0S}为发电机以外电压网络每相对地的等效电容。由此即可求出发电机的零序电容电流和网络的零序电容电流分别为

$$\begin{cases}3\dot{I}'_{0G}=\mathrm{j}3\omega C_{0G}\dot{U}'_{k0(a)}=-\mathrm{j}3\omega C_{0G}a\dot{E}_A\\ 3\dot{I}'_{01}=\mathrm{j}3\omega C_{01}\dot{U}'_{k0(a)}=-\mathrm{j}3\omega C_{0S}a\dot{E}_A\end{cases} \tag{10-10}$$

则故障点总的接地电流即为

$$\dot{I}'_{k(a)}=-\mathrm{j}3\omega(C_{0G}+C_{0S})a\dot{E}_A \tag{10-11}$$

其有效值为$3\omega(C_{0G}+C_{0S})a\dot{E}_{\varphi}$。式中，$\dot{E}_{\varphi}$为发电机的相电动势，一般在计算时，常用发电机网络的平均额定相电压U_{φ}来代替，即表示为$3\omega(C_{0G}+C_{0S})aU_{\varphi}$。

流经故障点的接地电流也与a成正比，因此当故障点位于发电机出线端子附近时，$a\approx1$，接地电流为最大，其值为$3\omega(C_{0G}+C_{0S})U_{\varphi}$。

发电机定子绕组单相接地故障电流的允许值，应采用制造厂的规定值，如无规定值时，可参照表10-1所列的数据。

当发电机内部单相接地时，流经发电机零序电流互感器 TA_0 一次侧的零序电流，如图10-10(b) 所示，为发电机以外电压网络的对地电容电流 $3\omega C_{0S}aU_{\varphi}$。当发电机外部单相接地时，如图 10-11 所示，流过 TA_0 的零序电流为发电机本身的对地电容电流。这和第三章第四节分析中所得的结论相似。

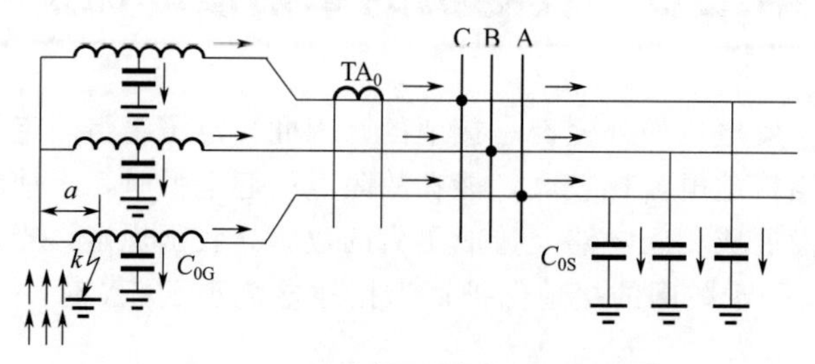

(a) 三相网络接线

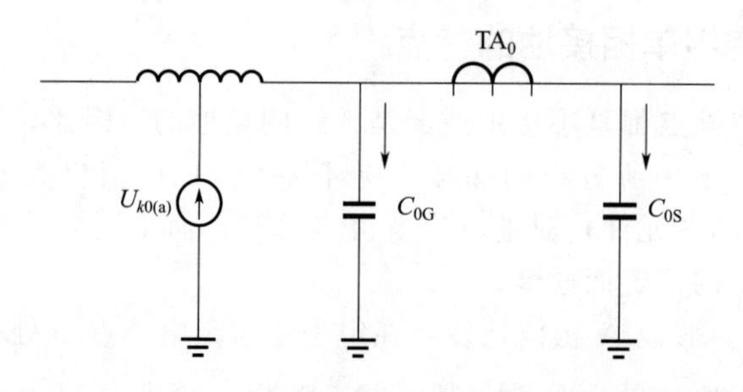

(b) 零序等效网络

图 10-10　发电机内部单相接地时的电流分布

表 10-1　发电机单相接地电流允许值

发电机额定电压/kV	发电机额定容量/MW	接地电流允许值/A
6.3	≤50	4
10.5	50～100	3
13.8～15.75	125～200	2①
18～20	300	1

① 对于氢冷发电机允许值为 2.5A。

当发电机内部单相接地时，实际上无法直接获得故障点的零序电压 $U_{k0(a)}$，而只能借助于机端的电压互感器来进行测量。由图 10-10 可见，当忽略各相电流在发电机内阻抗上的压降时，机端各相的对地电压应分别为

$$\begin{cases}\dot{U}_{Ak}=(1-a)\dot{E}_{A}\\ \dot{U}_{Bk}=\dot{E}_{B}-a\dot{E}_{A}\\ \dot{U}_{Ck}=\dot{E}_{C}-a\dot{E}_{A}\end{cases} \tag{10-12}$$

其矢量关系如图 10-12 所示。由此可求得机端的零序电压为

$$\dot{U}_{k0}=\frac{1}{3}(\dot{U}_{Ak}+\dot{U}_{Bk}+\dot{U}_{Ck})=-a\dot{E}_{A}=\dot{U}_{k0(a)} \tag{10-13}$$

其值和故障点的零序电压相等。

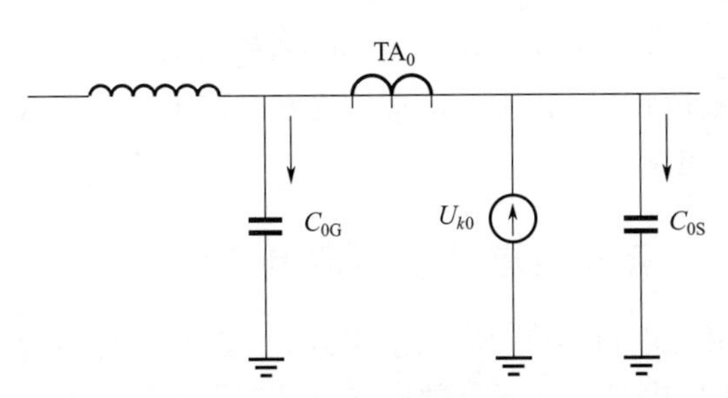

图 10-11 发电机外部单相接地的零序等效网络

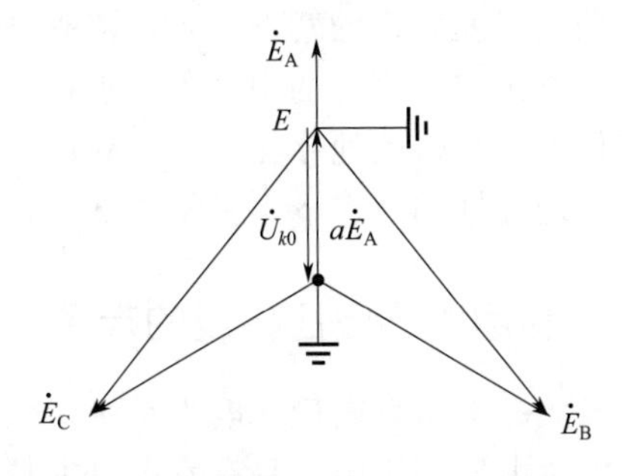

图 10-12 发电机内部单相接地时机端的电压矢量图

二、利用零序电流构成的定子接地保护

对直接连接在母线上的发电机，当发电机电压网络的接地电容电流大于表 10-1 的允许值时，不论该网络是否装有消弧线圈，均应装设动作于跳闸的接地保护。当接地电容电流小于允许值时，则装设作用于信号的接地保护。

在实现接地保护时，应做到当一次侧的接地电流（零序电流）大于允许值时即动作于跳闸，因此，对保护所用的零序电流互感器提出了很高的要求。一方面是正常运行时，在三相对称负荷电流（常达数千安培）的作用下，在二次侧的不平衡输出应该很小。另一方面是接地故障时，在很小的零序电流作用下，在二次侧应有足够大的功率输出，以使保护装置能够动作。

零序电流互感器的等效回路如图 10-13 所示（各参数均折合到二次侧），其中 Z_1'为一次绕组的漏抗，Z_E'为励磁阻抗，Z_2 代表二次绕组的漏抗和所接继电器阻抗之和。当一次电流 I_1'一定时，电流互感器的输出功率为

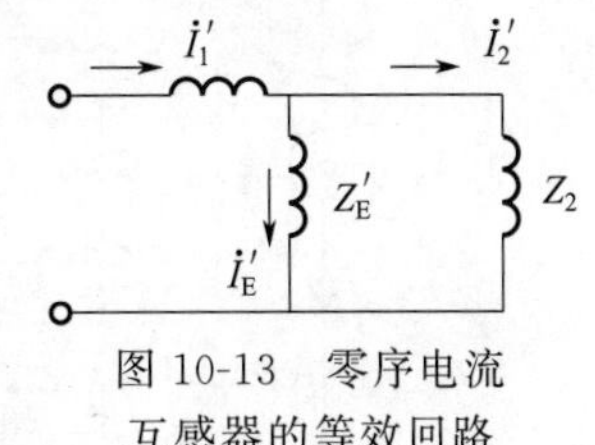

图 10-13 零序电流互感器的等效回路

$$S=I_2'^2Z_2=\left(\frac{Z_E'}{Z_E'+Z_2}I_1'\right)^2Z_2 \tag{10-14}$$

输出最大功率的条件应为$\frac{\partial S}{\partial Z_2}=0$，解此方程式得 $Z_2=Z_E'$，因此，最大功率为

$$S_{\max}=\frac{1}{4}I_1'^2Z_E' \tag{10-15}$$

由此可见，尽量提高零序电流互感器的励磁阻抗，设计选取继电器的阻抗，使 $Z_2=Z_E'$，就可以提高保护的灵敏度。

目前我国采用的是用优质高磁导率硅钢片做成的零序电流互感器，其磁化曲线起始部分的磁导率很高，因而在很小的一次电流作用下，就具有较高的励磁阻抗和二次输出功率，能满足保护灵敏性的要求，而结构并不复杂。随着静态继电器和微机保护的广泛应用，这一问题将能得到更好的解决。

接于零序电流互感器上的发电机零序电流保护，其整定值的选择原则如下。

① 躲过外部单相接地时，发电机本身的电容电流，以及由零序电流互感器一次侧三相导线排列不对称，而在二次侧引起的不平衡电流。

② 保护装置的一次动作电流应小于表 10-1 规定的允许值。

③ 为防止外部相间短路产生的不平衡电流引起接地保护误动作，应在相间保护动作时将接地保护闭锁。

④ 保护装置一般带有 1～2s 的时限，以躲开外部单相接地瞬间，发电机暂态电容电流（其数值远较稳态时的 $3\omega C_{01}aU_\varphi$ 大）的影响。因为如果不带时限，保护装置的起动电流就

必须按照大于发电机的暂态电容电流来整定。

当发电机定子绕组的中性点附近接地时，由于接地电流很小，保护将不能起动，因此零序电流保护不可避免地存在一定的死区。为了减小死区的范围，就应该在满足发电机外部接地时动作选择性的前提下，尽量降低保护的起动电流。

三、利用零序电压构成的定子接地保护（用于发电机-变压器组）

一般大、中型发电机在电力系统中大都采用发电机-变压器组的接线方式，在这种情况下，发电机电压网络中，只有发电机本身、连接发电机与变压器的电缆以及变压器的对地电容（分别以 C_{0G}、C_{0X}、C_{0T} 表示），其分布可用图 10-14 来说明。当发电机单相接地后，接地电容电流一般小于允许值。对于大容量的发电机-变压器组，若接地后的电容电流大于允许值，则可在发电机电压网络中装设消弧线圈予以补偿。由于上述三项电容电流的数值基本上不受系统运行方式变化的影响，因此，装设消弧线圈后，可以把接地电流补偿到很小的数值。在上述两种情况下，均可以装设作用于信号的接地保护。

发电机内部单相接地的信号装置，一般是反应于零序电压而动作，其原理接线如图 10-15 所示，过电压继电器连接于发电机电压互感器二次侧接成开口三角的输出电压上。

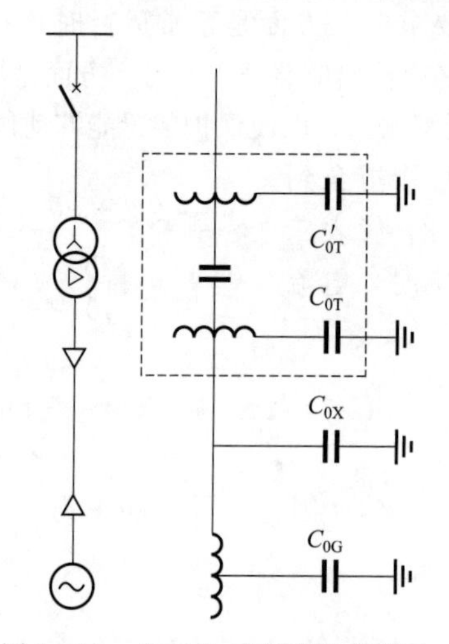

图 10-14　发电机-变压器组接线中，发电机电压系统的对地电容分布

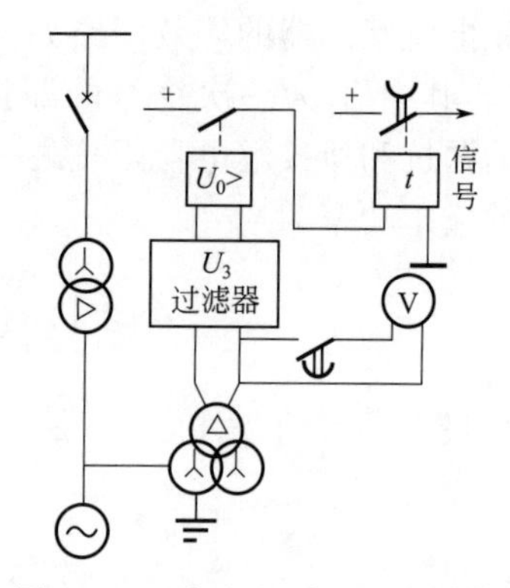

图 10-15　发电机-变压器组内部单相接地的信号装置原理接线图

由于在正常运行时，发电机相电压中含有三次谐波，因此，在机端电压互感器接成开口三角的一侧也有三次谐波电压输出。此外，当变压器高压侧发生接地故障时，由于变压器高、低压绕组之间有电容存在，因此，在发电机端也会产生零序电压。为了保证动作的选择性，保护装置的整定值应躲开正常运行时的不平衡电压（包括三次谐波电压），以及变压器高压侧接地时在发电机端所产生的零序电压。根据运行经验，继电器的起动电压一般整定约为 15～30V。

按以上条件的整定保护，由于整定值较高，因此，当中性点附近发生接地时，保护装置不能动作而出现死区。为了减小死区，可采取如下措施来降低起动电压。

① 如图 10-15 所示，加装三次谐波带阻过滤器；

② 对于高压侧中性点直接接地的电网，利用保护装置的延时来躲开高压侧的接地故障；

③ 在高压侧中性点非直接接地电网中，利用高压侧的零序电压将发电机接地保护闭锁或利用它对保护实现制动。

采取以上措施以后，零序电压保护范围虽然有所提高，但在中性点附近接地时仍然有一定的死区。

由此可见，利用零序电流和零序电压构成的接地保护，对定子绕组都不能达到100%的保护范围。对于大容量的机组而言，由振动较大而产生的机械损伤或发生漏水（指水内冷的发电机）等原因，都可能使靠近中性点附近的绕组发生接地故障。如果这种故障不能及时发现，则一种可能是进一步发展成匝间或相间短路，另一种可能是如果又在其他地点发生接地，则形成两点接地短路。这两种结果都会造成发电机的严重损坏，因此，对大型发电机组，特别是定子绕组用水内冷的机组，应装设能反映100%定子绕组的接地保护。

目前，100%定子接地保护装置一般由两部分组成，第一部分是零序电压保护，如上所述，它能保护定子绕组的85 %以上，第二部分保护则用来消除零序电压保护不能保护的死区。为提高可靠性，两部分的保护区应相互重叠。构成第二部分保护的方案主要有：

① 发电机中性点加固定的工频偏移电压，其值为额定相电压的10%～15%。当发电机定子绕组接地时，利用此偏移电压来加大故障点的电流（其值限制在约10～25A），接地保护即反应于这个电流而动作，使发电机跳闸。

② 附加直流或低频（20Hz或25Hz）电源，通过发电机端的电压互感器将其电流注入发电机定子绕组，当定子绕组发生接地时，保护装置将反应于此注入电流的增大而动作。

③ 利用发电机固有的三次谐波电势，以发电机中性点侧和机端侧三次谐波电压比值的变化，或比值和方向的变化，来作为保护动作的判据。

在以上方案中，有些本身就具有保护区达100%的性能，此时可用零序电压保护作为后备保护，以进一步提高可靠性。以下介绍方案③的工作原理。

四、利用三次谐波电压构成的100%定子接地保护

1. 发电机三次谐波电动势的分布特点

由于发电机气隙磁通密度的非正弦分布和铁磁饱和的影响，在定子绕组中感应的电动势除基波分量外，还含有高次谐波分量。其中三次谐波电动势虽然在线电动势中可以消除，但在相电动势中依然存在。因此，每台发电机总有约百分之几的三次谐波电动势，设以 E_3 表示。

如果把发电机的对地电容等效地看作集中在发电机的中性点N和机端S，每端为 $\frac{1}{2}C_{0G}$，并将发电机端引出线、升压变压器、厂用变压器以及电压互感器等设备的每相对地电容 C_{0S} 也等效地放在机端，则正常运行情况下的等效网络如图10-16所示，由此即可求出中性点及机端的三次谐波电压分别为

$$U_{N3}=\frac{C_{0G}+2C_{0S}}{2(C_{0G}+C_{0S})}E_3$$

$$U_{S3}=\frac{C_{0G}}{2(C_{0G}+C_{0S})}E_3$$

此时，机端三次谐波电压与中性点三次谐波电压之比为

$$\frac{U_{S3}}{U_{N3}}=\frac{C_{0G}}{C_{0G}+2C_{0S}}<1 \tag{10-16}$$

由上式可见，在正常运行时，发电机中性点侧的三次谐波电压 U_{N3} 总是大于发电机端的三次谐波电压 U_{S3}。极限情况是，当发电机出线端开路（$C_{0S}=0$）时，$U_{S3}=U_{N3}$。

当发电机中性点经消弧线圈接地时，其等值电路如图 10-17 所示，假设基波电容电流得到完全补偿，则

$$\omega L=\frac{1}{3\omega(C_{0G}+C_{0S})} \tag{10-17}$$

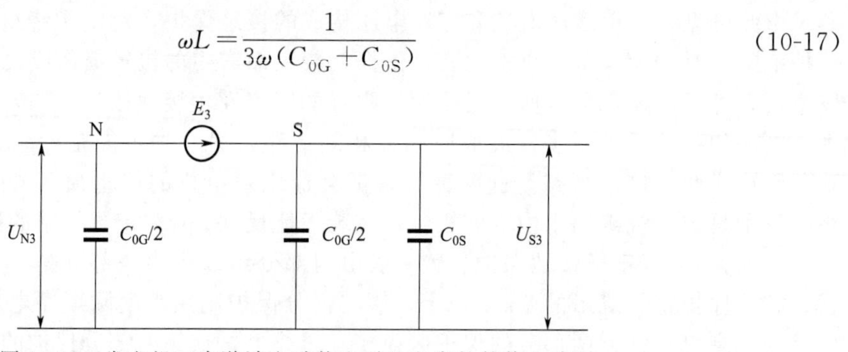

图 10-16　发电机三次谐波电动势和对地电容的等值电路图

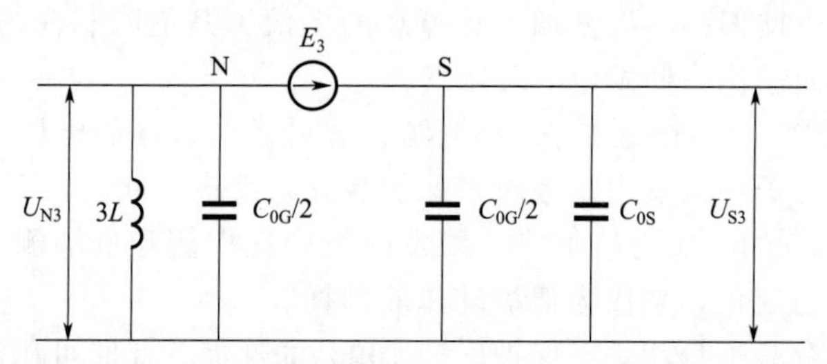

图 10-17　发电机中性点接有消弧线圈时，三次谐波电动势及对地电容的等值电路图

此时发电机中性点侧对三次谐波的等值电抗为

$$X_{N3}=\mathrm{j}\frac{3\omega(3L)\left(\frac{-2}{3\omega C_{0G}}\right)}{3\omega(3L)-\frac{2}{3\omega C_{0G}}}$$

将式（10-17）代入整理后可得

$$X_{N3}=\mathrm{j}\frac{6}{\omega(7C_{0G}-2C_{0S})}$$

发电机端对三次谐波的等值电抗为

$$X_{S3}=-\mathrm{j}\frac{2}{3\omega(C_{0G}+2C_{0S})}$$

因此，发电机端三次谐波电压和中性点三次谐波电压之比为

$$\frac{U_{S3}}{U_{N3}}=\frac{X_{S3}}{X_{N3}}=\frac{7C_{0G}-2C_{0S}}{9(C_{0G}+2C_{0S})} \tag{10-18}$$

上式表明，接入消弧线圈以后，中性点的三次谐波电压 U_{N3} 在正常运行时比机端三次谐波电压 U_{S3} 更大。在发电机出线端开路时，$C_{0S}=0$，则

$$\frac{U_{S3}}{U_{N3}}=\frac{7}{9} \tag{10-19}$$

在正常运行情况下，尽管发电机的三次谐波电动势 E_3 随着发电机的结构及运行状况而改变，但是其机端三次谐波电压与中性点三次谐波电压的比值总是符合以上关系的。

当发电机定子绕组发生金属性单相接地时，设接地发生在距中性点 a 处，其等值电路如图 10-18 所示。此时不管发电机中性点是否接有消弧线圈，恒有

$$U_{N3}=aE_3$$

$$U_{S3}=(1-a)E_3$$

则

$$\frac{U_{S3}}{U_{N3}}=\frac{1-a}{a} \tag{10-20}$$

U_{S3}、U_{N3} 随 a 而变化的关系如图 10-19 所示。当 $a<50\%$，恒有 $U_{S3}>U_{N3}$。

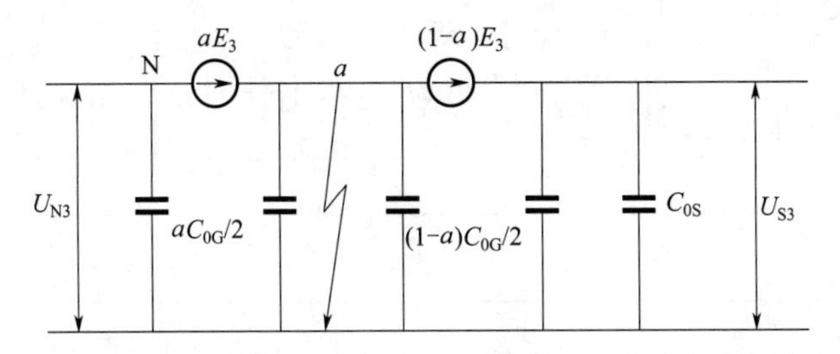

图 10-18　发电机内部单相接地时，三次谐波电动势分布的等值电路图

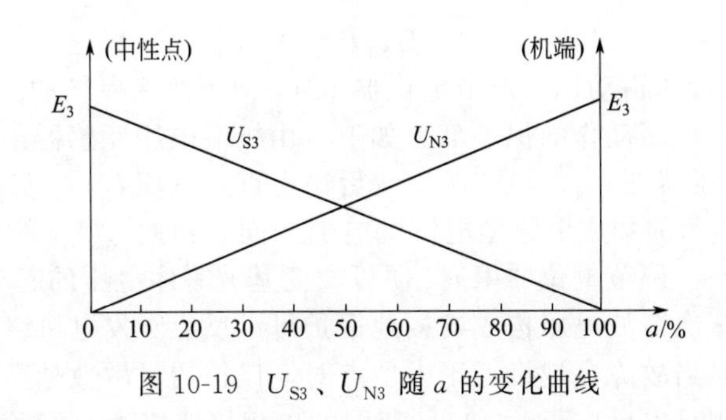

图 10-19　U_{S3}、U_{N3} 随 a 的变化曲线

因此，如果利用机端三次谐波电压 U_{S3} 作为动作量，而用中性点侧三次谐波电压 U_{N3} 作为制动量来构成接地保护，且当 $U_{S3}\geqslant U_{N3}$ 时为保护的动作条件，则在正常运行时保护不可能动作，而当中性点附近发生接地时，则具有很高的灵敏性。利用这种原理构成的接地保护，可以反应于定子绕组中性点侧约 50%范围以内的接地故障。

2. 反应于三次谐波电压的比值 $\frac{U_{N3}}{U_{S3}}$ 和基波零序电压组合而构成的 100%定子接地保护

反应于三次谐波电压比值和基波零序电压组合构成的 100%定子接地保护的原理接线如图 10-20 所示，用 U_S 和 U_N 分别表示从发电机端和中性点侧电压互感器二次侧所取出的交流电压，以输入保护装置。

反应于三次谐波电压比值而动作的保护部分如下。由电抗互感器 TX_1、TX_2 的线圈分别与电容 C_1、C_2 组成三次谐波串联谐振回路，由电感 L_1、L_2 分别与电容 C_3、C_4 组成 50Hz 串联谐振回路。当有三次谐波电压输入时，在每个电抗互感器的一次侧回路中，由于三次谐波的感抗和容抗互相抵消只剩下回路电阻，因此，虽然 U_{S3} 和 U_{N3} 的输入电压很小，但也能产生较大的电流，在二次侧就有较大的电压输出。当有基波零序电压输入时，由于电抗互感器一次侧回路对它呈现很大的阻抗，而且在二次侧还接有对 50Hz 串联谐振的滤波回路，因此，虽有较大的基波零序电压输入时，在二次侧也只有很小的电压输出。这样，由 TX_1 的二次输出电压正比于发电机端三次谐波电压 $\dot{U}_{S3}$，TX_2 的二次输出电压则正比于发电机中性点三次谐波电压 $\dot{U}_{N3}$，将这两个电压信号经过整流滤波后，用环流法接线进行幅值比较，则 a、b 两点之间的电压即为

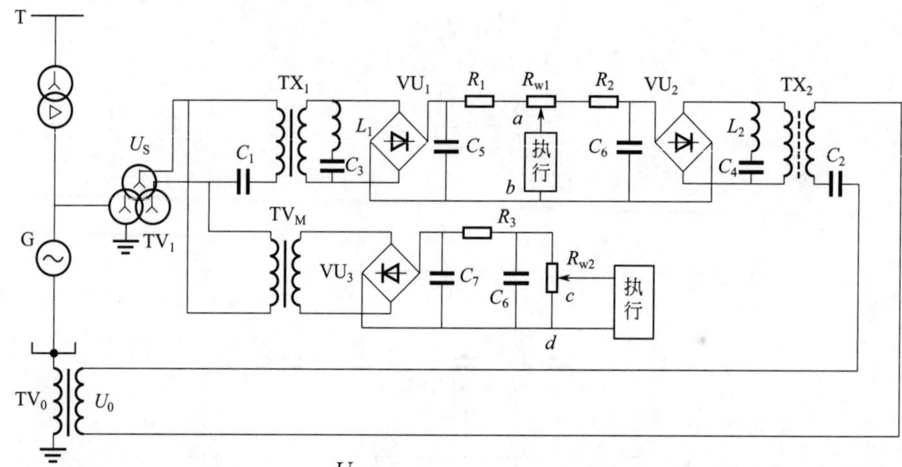

图 10-20 反应于三次谐波电压比值$\frac{U_{N3}}{U_{S3}}$和基波零序电压 $3U_0$ 的 100%定子接地保护原理接线图

$$U_{ab}=|\dot{U}_{S3}|-|\dot{U}_{N3}|$$

当 $U_{ab}\geqslant 0$ 时，执行回路动作。调节电位器 RW_1 便可改变保护的整定值。

反应于基波零序电压而动作的保护部分如下。由机端电压互感器接成开口三角侧取得的电压 U_S，通过中间变压器 TV_M，经整流滤波后输出直流电压 U_{cd}，然后接入执行回路，其工作原理与图 10-20 所示的集成电路型电流继电器相同。在此，U_{cd} 的大小与发电机接地时的基波零序电压成正比，调节电位器 RW_2 便可改变基波零序电压的起动值。

如上所述，利用三次谐波电压构成的接地保护可以反应于发电机绕组中 $a<50\%$ 范围以内的单相接地故障，且当故障点越接近于中性点时，保护的灵敏性越高；而利用基波零序电压构成的接地保护，则可以反应于 $a>15\%$ 范围的单相接地故障，且当故障点越接近于发电机出线端时，保护的灵敏性越高。因此，利用三次谐波电压比值和基波零序电压的组合，构成 100%的定子绕组接地保护。

第四节 发电机的负序过电流保护

当电力系统中发生不对称短路或在正常运行情况下三相负荷不平衡时，在发电机定子绕组中将出现负序电流，此电流在发电机空气隙中建立的负序旋转磁场相对于转子为 2 倍的同步转速。因此将在转子绕组、阻尼绕组以及转子铁芯等部件上感应于 100Hz 的 2 倍频电流，该电流使得转子上电流密度很大的某些部位（如转子端部、护环内表面等），可能出现局部灼伤，甚至可能使护环受热松脱，从而导致发电机的重大事故。此外，负序气隙旋转磁场与转子电流之间以及正序气隙旋转磁场与定子负序电流之间所产生的 100Hz 交变电磁转矩，将同时作用在转子大轴和定子机座上，从而引起 100Hz 的振动。

负序电流在转子中所引起的发热量，正比于负序电流的平方及所持续的时间的乘积。在最严重的情况下，假设发电机转子为绝热体（不向周围散热），则不使转子过热所允许的负序电流和时间的关系，可用下式表示

$$\int_0^t i_2^2\,dt=I_{2*}^2t=A \tag{10-21}$$

$$I_{2*}=\sqrt{\frac{\int_0^t i_2^2\,dt}{t}} \tag{10-22}$$

式中　i_2——流经发电机的负序电流值；

t——i_2 所持续的时间；

I_{2*}^2——在时间 t 内 i_2^2 的平均值，应采用以发电机额定电流为基准的标幺值；

A——与发电机型号和冷却方式有关的常数。

关于 A 的数值，应采用制造厂所提供的数据。其参考值为：对凸极式发电机或调相机可取 $A=40$；对于空气或氢气表面冷却的隐极式发电机可取 $A=30$；对于导线直接冷却的 100～300MW 汽轮发电机可取 $A=6\sim15$ 等。

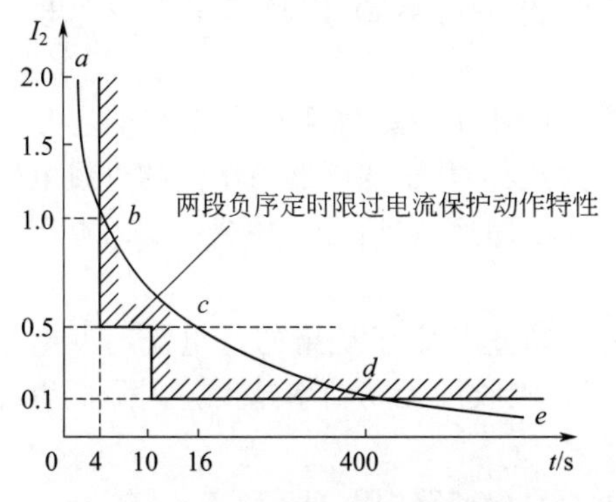

图 10-21　两段负序定时限过电流保护动作特性与发电机允许负序电流曲线的配合情况

随着发电机组容量的不断增大，它所允许的承受负序过负荷的能力也随之下降（A 值减小）。例如取 600MW 汽轮发电机 A 的设计值为 4，其允许负序电流与持续时间的关系如图 10-21 中的曲线（$abcde$）所示。这就对负序电流保护的性能提出了更高的要求。

针对上述情况而装设的发电机负序过电流保护实际上是对由定子绕组电流不平衡而引起转子过热的一种保护，因此应作为发电机的主保护方式之一。

此外，由于大容量机组的额定电流很大，而在相邻元件末端发生两相短路时的短路电流可能较小，此时采用复合电压起动的过电流保护往往不能满足作为相邻元件后备保护时对灵敏系数的要求。在这种情况下，采用负序电流作为后备保护，就可以提高不对称短路时的灵敏性。由于负序过电流保护不能反应于三相短路，因此，当用它作为后备保护时，还需要附加装设一个单相式的低电压起动过电流保护，以专门反应于三相短路。

第五节　发电机的失磁保护

发电机失磁故障是指发电机的励磁突然全部消失或部分消失。引起失磁的原因有：转子绕组故障、励磁机故障、自动灭磁开关误跳闸、半导体励磁系统中某些元件损坏或回路发生故障以及误操作等。

当发电机完全失去励磁时，励磁电流将逐渐衰减至零。由于发电机的感应电动势 E_d 随着励磁电流的减小而减小，因此，其电磁转矩也将小于原动机的转矩，引起转子加速，使发电机的功角 δ 增大。当 δ 超过静态稳定极限角时，发电机与系统失去同步。发电机失磁后将从并列运行的电力系统中吸取电感性无功功率供给转子励磁电流，在定子绕组中感应电动势。在发电机超过同步转速后，转子回路中将感应出频率为 f_G-f_S（此处 f_G 为对应发电机转速的频率，f_S 为系统的频率）的电流，此电流产生异步制动转矩，当异步转矩与原动机转矩达到新的平衡时，即进入稳定的异步运行。

根据电机学分析，异步发电机的等效电路与异步电动机的相似，可以用图 10-22 来表示，图中：X_1 为定子绕组漏抗，X_2 为转子绕组漏抗，R_2 为转子绕组电阻，s 为转差率$\left(s=\dfrac{f_S-f_G}{f_S}\right)$，$\dfrac{R_2(1-s)}{s}$为反映发电机功率大小的等效电阻，$X_{ad}$ 为定子与转子绕组之

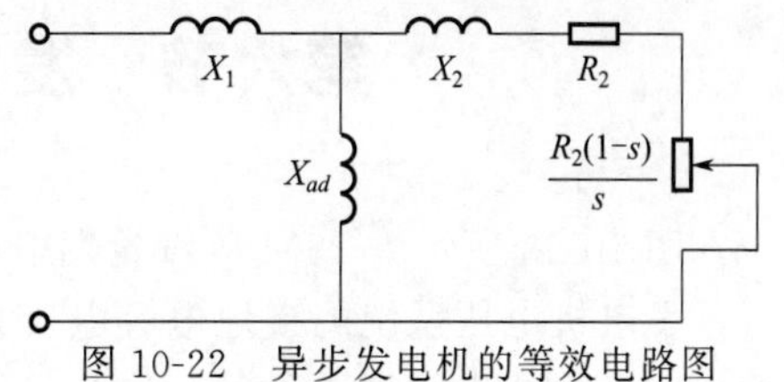

图 10-22　异步发电机的等效电路图

间的互感电抗。

当发电机失磁后而异步运行时，将对电力系统和发电机产生以下影响：

① 需要从电网中吸收很大的无功功率以建立发电机的磁场。所需无功功率的大小，主要取决于发电机的参数（X_1、X_2、X_{ad}）以及实际运行时的转差率。例如，汽轮发电机与水轮发电机相比，前者的同步电抗 $X_d(X_d=X_1+X_{ad})$较大，则所需无功功率较小。又当 s 增大时，$\frac{R_2(1-s)}{s}$减小，I_1 和 I_2 随之增大，则相应所需的无功功率也要增加。假设失磁前发电机向系统送出无功功率 Q_1，而在失磁后从系统吸收无功功率 Q_2，则系统中将出现 Q_1+Q_2 的无功功率差额。

② 由于从电力系统中吸收无功功率将引起电力系统的电压下降，如果电力系统的容量较小或无功功率的储备不足，则可能使失磁发电机的机端电压、升压变压器高压侧的母线电压或其他邻近点的电压低于允许值，从而破坏负荷与各电源间的稳定运行，甚至可能因电压崩溃而使系统瓦解。

③ 由于失磁发电机吸收了大量的无功功率，因此为了防止其定子绕组的过电流，发电机所能发出的有功功率将较同步运行时有不同程度的降低，吸收的无功功率越大，则降低得越多。

④ 失磁后发电机的转速超过同步转速，因此，在转子及励磁回路中将产生频率为 f_G-f_S 的交流电流，因而形成附加的损耗，使发电机转子和励磁回路过热。显然，当转差率越大时，所引起的过热也越严重。

根据以上分析，结合汽轮发电机来看，由于其异步功率比较大，调速器也比较灵敏，因此当超速运行后，调速器立即关小汽门，使汽轮机的输出功率与发电机的异步功率很快达到平衡，在转差率小于0.5%的情况下即可稳定运行。故汽轮发电机在很小的转差下异步运行一段时间，原则上是完全允许的。此时，是否需要并允许其异步运行，则主要取决于电力系统的具体情况。例如，当电力系统的有功功率供应比较紧张，同时一台发电机失磁后，系统能够供给它所需要的无功功率，并能保证电网的电压水平时，则失磁后就应该继续运行；反之，如系统中有功功率有足够的储备，或者系统没有能力供给它所需要的无功功率，则失磁以后就不应该继续运行。

对水轮发电机而言：①其异步功率较小，必须在较大的转差下（一般达到1%～2%）运行，才能发出较大的功率；②由于水轮机的调速器不够灵敏，时滞较大，甚至可能在功率尚未达到平衡以前就大大超速，从而使发电机与系统解列；③其同步电抗较小，如果异步运行，则需要从电网吸收大量的无功功率；④其纵轴和横轴很不对称，异步运行时，机组振动较大。考虑到上述因素的影响，因此水轮发电机一般不允许在失磁以后继续运行。

为此，在发电机上，尤其是在大型发电机上应装设失磁保护，以便及时发现失磁故障，并采取必要的措施，例如发出信号由运行人员及时处理、自动减负荷或动作于跳闸等，以保证电力系统和发电机的安全。

第六节　发电机保护接线全图举例

图 10-23 所示为 25MW 汽轮发电机保护的接线图。该发电机与发电机电压母线并联运行，发电机电压系统的接地电容电流大于 5A。发电机定子绕组每相有两个并联分支，在中性点侧有六个出线端子。基于这些条件，该发电机装设了如下保护。

① 纵联差动保护。反应于发电机定子绕组及其引出线的相间短路。由电流互感器 TA_1、TA_6 构成差动回路，与 BCH-2 型差动继电器 KD_1～KD_3 及信号继电器 KH_1 一起组成纵联差动保护。断线监视继电器 KSB 接于差动回路的中性线上，用以监视差动回路的完好。

② 单继电器式横联差动保护。反应于发电机定子绕组的匝间短路。由电流互感器 TA、横差保护用电流继电器 KA_4、切换片 SO、时间继电器 KT_4 及信号继电器 KH_4 组成。当励磁回路发生一点接地后，利用切换片 SO 将保护切换到带延时作用于跳闸。

③ 单相接地保护。反应于发电机定子绕组的单相接地。它由零序电流互感器 TA_0、接地保护用电流继电器 KE、时间继电器 KT_3 及信号继电器 KH_3 组成。为了防止外部故障时该保护误动作，由中间继电器 KM_1 实现闭锁。发电机未投入系统前的接地故障由接在发电机出口电压互感器 TV_1 开口三角形侧的电压表来实现。

④ 复合电压起动的过电流保护。反应于由外部故障引起的过电流及作发电机内部相间短路的后备保护。由电流继电器 KA_1～KA_3、负序电压继电器 KNV、低电压继电器 KV、闭锁中间继电器 KML、时间继电器 KT_1 及信号继电器 KH_2 组成。保护带有两段时限，以较短的时限（由时间继电器 KT_1 的滑动触点实现）动作于主变压器断路器及分段断路器或母联断路器跳闸，而以较长的时限动作于发电机跳闸，以提高供电的可靠性。

当电压回路断线时，可由闭锁中间继电器 KML 的触点发出断线信号。

⑤ 过负荷保护。反应于发电机的对称过负荷，由接在 $TA_{1.a}$ 的电流继电器 KA_5 和时间继电器 KT_2 组成。

⑥ 励磁回路两点接地保护。全厂共用一套，故在接线图中用方框表示。

⑦ 失磁保护。由自动灭磁开关 SD 的辅助触点联锁跳开发电机断路器。

各套保护动作时，相应的信号继电器动作，一方面掉牌指明相应保护的动作，另一方面信号继电器的触点闭合，使“掉牌未复归”光字牌亮。运行人员可从信号继电器的掉牌知道是哪套保护动作使断路器跳闸的，便于事故分析。

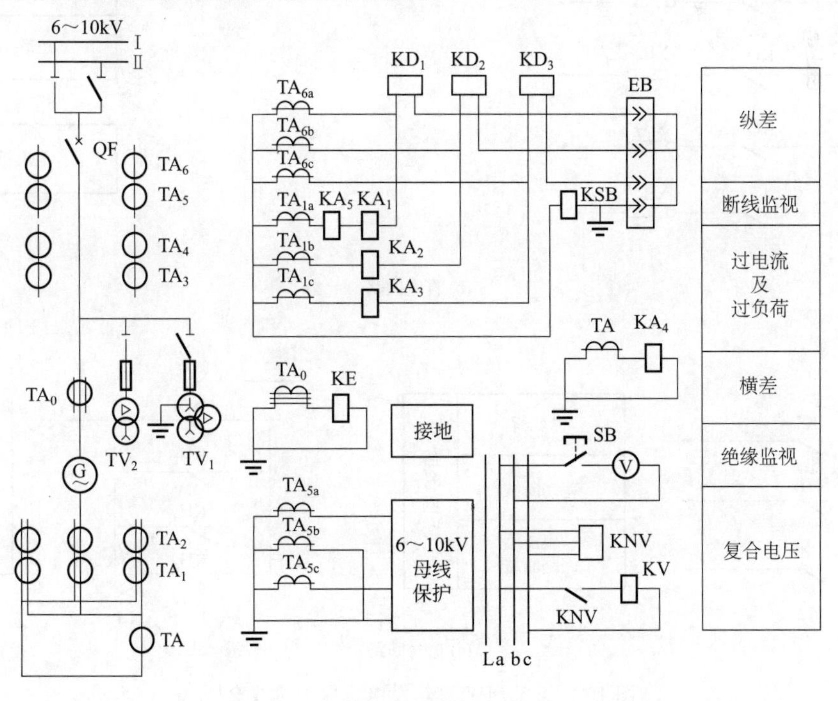

(a) 交流回路

图 10-23

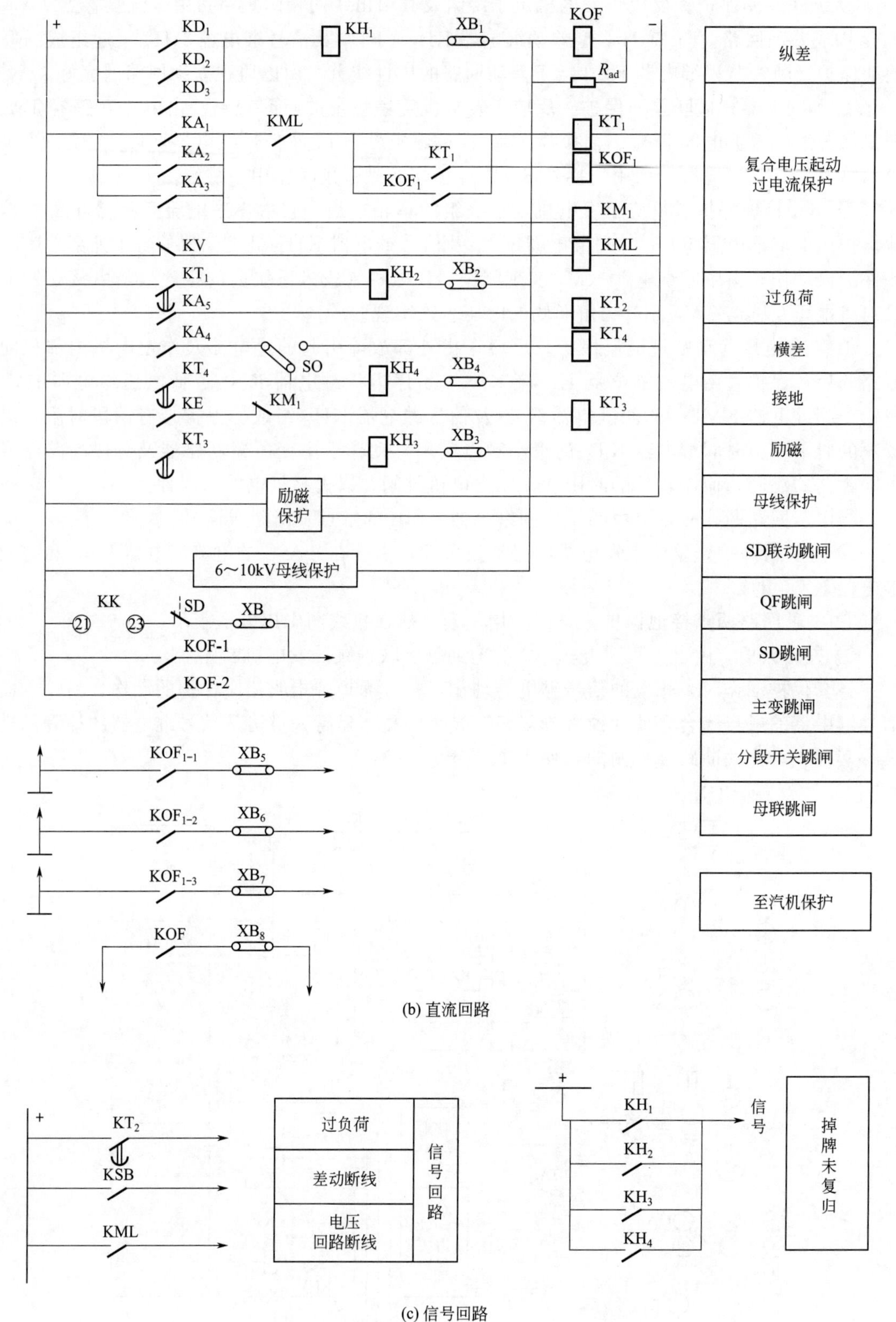

图 10-23　25MW 汽轮发电机保护接线全图

各套保护的出口回路均设连接片 XB，用以投入或退出该保护。在跳闸出口中间继电器 KOF 线圈上并联附加电阻 R_{ad}，用以增大信号继电器线圈回路的电流，以保证在数种保护同时动作时信号继电器能灵敏地动作。

第七节　发电机-变压器组继电保护

随着大容量机组和大型发电厂的出现，发电机-变压器组的接线方式在电力系统中获得了广泛的应用。在发电机和变压器每个元件上可能出现的故障和不正常运行状态，在发电机-变压器组上也都可能发生，因此，其继电保护装置应能反应于发电机和变压器单独运行时所应该反应的那些故障和不正常运行状态。例如，在一般情况下，应装设纵联差动保护、横联差动保护（当发电机有并联的支路时）、气体保护、定子绕组单相接地保护、后备保护、过负荷保护以及励磁回路故障的保护等。

但由于发电机和变压器的成组连接，相当于一个工作元件，因此，就能够把发电机和变压器中某些性能相同的保护合并成一个对全组公用的保护。例如，装设公共的纵联差动保护、后备（过电流）保护、过负荷保护等。这样的结合，可使发电机-变压器组的继电保护变得较为简单和经济。

现将发电机-变压器组纵联差动保护及发电机-变压器组的单相接地保护的特点说明如下。

一、发电机-变压器组纵联差动保护的特点

① 当发电机和变压器之间无断路器时，容量在 100MW 及以下一般装设整组共用的纵联差动保护，如图 10-24(a) 所示。但对容量在 100MW 以上的发电机组，发电机应补充装设单独的纵联差动保护，如图 10-24(b) 所示。

对 200MW 及以上大型机组要求发电机、变压器的纵联差动保护按双重化原则配置，除公共差动保护外，发电机和变压器还应装设单独的纵联差动保护，与公共的纵联差动保护一起实现快速保护的双重化。

② 当发电机与变压器之间有断路器时，发电机和变压器应分别装设纵联差动保护，如图 10-24(c) 所示。

③ 当发电机与变压器之间有分支线时（如厂用电出线），应把分支线也包括在差动保护范围以内，其接线如图 10-24(c) 所示。这时分支线上电流互感器的变比应与发电机回路的相同。

二、发电机-变压器组的单相接地保护

对于发电机-变压器组，由于发电机与系统之间没有电的联系，因此，发电机定子接地保护就可以简化。

对发电机-变压器组，其发电机的中性点一般不接地或经消弧线圈接地。发生单相接地的接地电容电流（或补偿后的接地电流）通常小于表 10-1 的允许值，故接地保护可以采用零序电压保护，并作用于信号。对大容量的发电机也应装设保护范围为 100%的定子接地保护。

发电机侧单相接地保护由接于极端电压互感器开口三角形侧的过电压继电器（或元件）、时间继电器（或元件）组成，动作后发出信号。

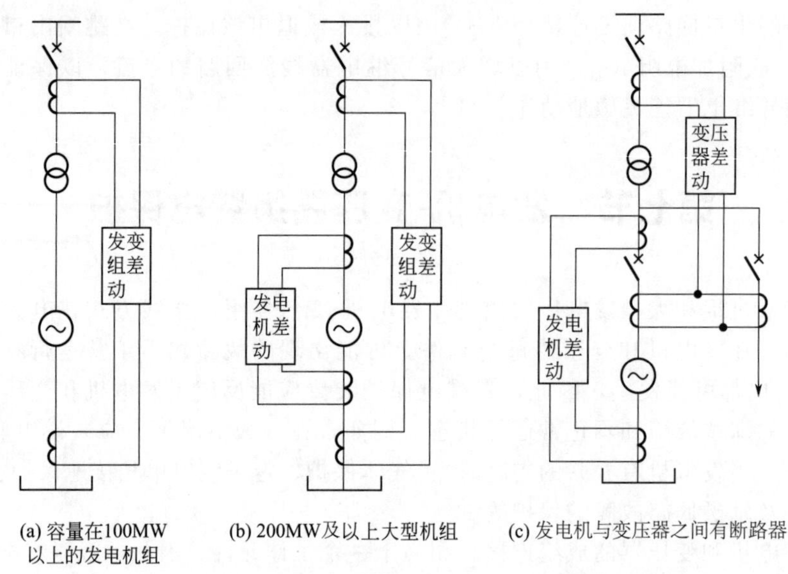

图 10-24 发电机-变压器组纵联差动保护单相原理图

三、变压器高压侧接地短路的零序保护

① 变压器高压侧零序过电流保护由装于变压器中性点侧的电流互感器、电流继电器和时间继电器组成。当变压器的中性点接地运行时，发生接地故障后，中性点将流过 3 倍零序电流，因此保护装置动作，经预定延时后直接跳开高压侧断路器。

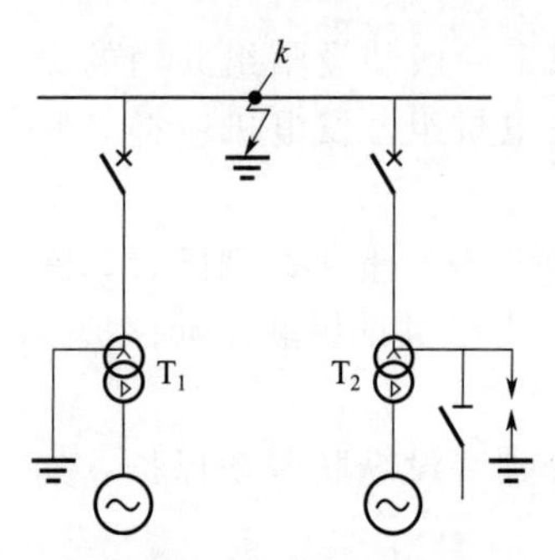

图 10-25 变压器中性点不接地运行时的过电压保护和零序电流保护

② 当变压器的中性点不接地运行时，为防止系统发生接地故障（如图 10-25 的 k 点），中性点接地的变压器 T_1 跳开后，变压器 T_2 变为带有一点接地故障的不接地系统运行，从而使中性点产生过电压，因此在变压器中性点还应装设带放电间隙的过电压保护和零序电流保护，如图 10-25 所示，以便在中性点直接接地的变压器跳开时保护中性点未直接接地的变压器。

③ 反应于相间故障的后备保护。在设置发电机-变压器组后备保护时，将发电机-变压器组作为一个整体考虑，其后备保护既作为发变组的后备，又作为高压母线相间故障的后备。其电流元件接在发电机中性点侧的电流互感器上，电压元件接在机端的电压互感器上。其原理和整定方法与发电机、变压器单独的后备保护相似。

④ 复合电压起动的过电流保护。复合电压起动的过电流保护由负序电压继电器、一个相间低电压继电器、电流继电器和时间继电器组成。电压继电器接于发电机出线侧电压互感器的二次侧，电流继电器接于发电机中性点侧的电流互感器上。

当发生相间短路时，低电压继电器反应于三相短路时的电压降低，因此只需要一个继电器接在一个线电压上，动作后开放电流保护，使其动作时能够跳闸。如果只有低电压继电器动作而过电流继电器并未动作，则可能是故障较远，也可能是电压互感器二次回路故障，应检查电压回路。

负序电压继电器用于反应不对称故障。因为正常运行时无负序电压，其整定值只需躲过三相短路或系统振荡时的不平衡负序电流，所以灵敏度很高。

⑤ 对称过负荷保护。对称过负荷保护由接于一相上的电流继电器和时间继电器组成，动作后发出信号；也可以设置两个时限。短时限用于发信号，长时限用于跳闸。

小结

发电机是电力系统中最重要的设备，本章分析了发电机可能发生的故障及应装设的保护。

发电机相间短路故障的主保护采用纵差保护。纵差保护应用十分广泛，其原理与输电线路基本相同，但实现起来要比输电线路容易得多。但是应注意的是，保护存在动作死区。

发电机匝间短路故障，可根据发电机的结构，采用横差保护、零序电压保护、转子二次谐波电流保护等。

发电机定子绕组单相接地故障，可采用基波零序电压保护、基波和三次谐波电压构成的100％接地保护等，保护分别作用于跳闸或发信号。

转子一点接地保护只作用于信号，转子两点接地保护作用于跳闸。

对于小型发电机，失磁保护通常采用失磁联动跳闸，中、大型发电机要装设专用的失磁保护。失磁保护是利用失磁后机端测量阻抗的变化轨迹来反映发电机是否失磁这一原理。

对于中、大型发电机，为了提高相间不对称短路故障的灵敏度，应采用负序电流保护。为了充分利用发电机热容量，负序电流保护可根据发电机形式采用定时限或反时限特性。

发电机-变压器组单元接线，在电力系统中获得广泛应用，由于发电机、变压器相当于一个元件，因此，可根据其接线的特点配置保护方式。

发电机相间短路后备保护的其他形式可参见变压器保护。

为了提高接地保护的灵敏度、分析了三次谐波电压接地保护和三次谐波电压比突变量式接地保护，克服了$\frac{\dot{U}_{3N}}{\dot{U}_{3T}}$随励磁电流和输出功率发生变化而变化的影响。显然，其性能要比传统式保护优越。

学习指导

1. 要求

熟悉针对发电机故障和异常工况所设置各种保护的原理。

2. 知识点

发电机基本故障和异常工况；发电机保护的典型配置；发电机定子故障保护基本原理；发电机转子故障保护基本原理；发电机异常工况的其他保护；发电机-变压器组保护配置方案与特点。

3. 重点和难点

汽轮发电机不完全差动与横差保护；100％定子接地保护构成与原理；励磁回路一点、两点接地保护原理；失磁与失步的判断与保护的构成；大型发电机保护配置与评价。

复习思考题

（1）发电机可能发生哪些故障和不正常工作方式？应配置哪些保护？

（2）发电机的纵差保护的方式有哪些？各有何特点？

（3）发电机纵差保护有无死区？为什么？

（4）试简述发电机的匝间短路保护方案的基本原理、保护的特点及适用范围。

（5）如何构成100％发电机定子绕组接地保护？

（6）转子一点接地、两点接地有何危害？

（7）试述直流电桥式励磁回路一点接地保护基本原理及励磁回路两点接地保护基本原理。

（8）发电机失磁后的机端测量阻抗的变化规律如何？

（9）如何构成失磁保护？

（10）为何装设发电机的负序电流保护？为何要采用反时限特性？

第十一章

母线保护

第一节　母线故障及母线保护的装设原则

在发电厂和变电所中，户外和户内配电装置的母线是电能集中与分配的重要环节，它的安全运行对不间断供电具有极为重要的意义。虽然对母线进行着严格的监视和维护，但它仍有可能发生故障。母线故障的原因一般是：母线绝缘子及套管闪络，电压互感器或装于母线与断路器之间的电流互感器故障，母线隔离开关在操作时绝缘子损坏，运行人员的误操作等。

母线故障是发电厂和变电所中电气设备的严重故障之一，它将使连接在故障母线上的所有元件，在故障母线修复期间或切换到另一组母线所必需的时间内停电；枢纽变电所高压母线故障时，由于母线电压极度地降低，若不快速切除故障，将破坏电力系统的稳定运行。

母线保护方式有两种：利用供电元件的保护切除母线故障，装设专用母线保护。

当发电厂和变电所的母线上短路时，若连接在母线上的供电元件的保护装置能够保证系统所要求的迅速性、选择性和灵敏性的条件，并且在主要发电厂厂用电母线上残余电压不低于允许值（一般要求不低于 50%～60%U_N）时，一般不需要装设母线专用保护，而利用供电元件的保护切除母线故障。如图 11-1 所示独立运行的发电厂的母线上 k 点短路时，由发电机过电流保护动作，断开发电机断路器 QF_1、QF_2 即可将母线故障切除。又如图 11-2 所

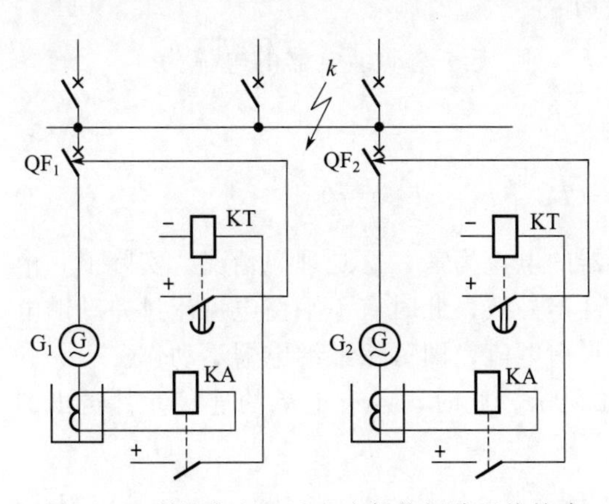

图 11-1　利用发电机过电流保护切除母线故障

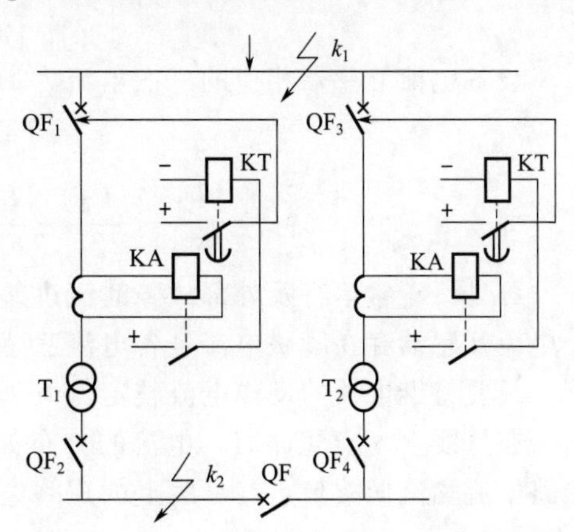

图 11-2　利用线路及变压器保护切除母线故障

示，在单侧电源的降压变电所高压母线上的 k_1 短路，可由供电线路电源侧保护（电流Ⅱ段或距离Ⅱ段）切除；而在低压母线 k_2 点短路时，变压器 T_1 的过电流保护动作，断开变压器 T_1 两侧的断路器 QF_1 和 QF_2（正常运行时，分段断路器 QF 断开），因而故障母线被切除。

上述母线保护方式简单、经济，但切除故障的时间较长。因此，这种方式通常只应用于不太重要的较低电压网络中。

在下列情况下，母线应装设专用保护装置：

① 110kV 及以上电压等级电网的发电厂、变电所双母线和分段单母线；

② 110kV 及以上的单母线、重要发电厂或 110kV 及以上重要变电所的 35～66kV 母线，按保证电力系统稳定和保证母线电压等要求，需要快速切除母线故障时；

③ 35～66kV 电网中主要变电所的 35～66kV 双母线或分段单母线，当在母联或分段断路器上装设解列装置和其他自动装置后，仍不满足电力系统安全运行要求时；

④ 对于发电厂和主要变电所的 1～10kV 分段单母线或并列运行的双母线，须快速而有选择性地切除一段或一组母线上的故障；或因线路断路器系按电抗器后短路选择不允许切除线路电抗器前的短路时。

母线专用保护应能保证快速性和选择性，并应有足够的灵敏性和工作可靠性。按差动原理构成的母线保护得到了广泛的应用。在直接接地系统中，母线保护采用三相式接线，以便反应于相间及单相短路。在非直接接地系统中可采用两相式接线。

第二节 完全电流差动母线保护

一、完全电流差动母线保护的构成和工作原理

为了实现完全电流差动母线保护，在母线所有连接元件上均装设型号、变比相同的电流互感器，其变比按连接元件中最大负荷电流来选择。将电流互感器二次绕组的同极性端互相连接，接入差动继电器，如图 11-3 所示。

设母线上的线路Ⅰ、Ⅱ与系统电源相连，线路Ⅲ接到负荷上。正常运行及外部故障（例如线路Ⅲ上 k 点短路）时，线路Ⅰ和Ⅱ的电流流向母线，而线路Ⅲ的电流由母线流出，故一次电流的关系是

$$\dot{I}_{\mathrm{I}}+\dot{I}_{\mathrm{II}}=\dot{I}_{\mathrm{III}} \tag{11-1}$$

设各电流互感器相应的二次电流为 $\dot{I}_1$、$\dot{I}_2$、$\dot{I}_3$，则流经差动继电器的电流为

$$\dot{I}=\dot{I}_1+\dot{I}_2-\dot{I}_3$$

即

$$\dot{I}=\frac{\dot{I}_{\mathrm{I}}}{K_{\mathrm{I}}}+\frac{\dot{I}_{\mathrm{II}}}{K_{\mathrm{I}}}-\frac{\dot{I}_{\mathrm{III}}}{K_{\mathrm{I}}}=\frac{1}{K_{\mathrm{I}}}(\dot{I}_{\mathrm{I}}+\dot{I}_{\mathrm{II}}-\dot{I}_{\mathrm{III}})=0 \tag{11-2}$$

可见，正常运行及外部故障时流过差动继电器的电流为零，这是理想情况。实际上，由于电流互感器存在励磁电流且各电流互感器的特性不一致，此时有不平衡电流流过差动继电器，只要将继电器的动作电流整定得大于最大不平衡电流，即可保证继电器不动作。

在母线上 k 点短路时，电流的分布如图 11-4 所示。此时，各有电源的连接元件送出的短路电流均流向故障点，母线上的短路电流为

$$\dot{I}_k=\dot{I}_{k.\mathrm{I}}+\dot{I}_{k.\mathrm{II}} \tag{11-3}$$

此时流入差动继电器中的电流为

$$\dot{I}=\dot{I}_1+\dot{I}_2=\frac{\dot{I}_{k.\mathrm{I}}}{K_{\mathrm{I}}}+\frac{\dot{I}_{k.\mathrm{II}}}{K_{\mathrm{I}}}=\frac{1}{K_{\mathrm{I}}}(\dot{I}_{k.\mathrm{I}}+\dot{I}_{k.\mathrm{II}})=\frac{\dot{I}_k}{K_{\mathrm{I}}} \tag{11-4}$$

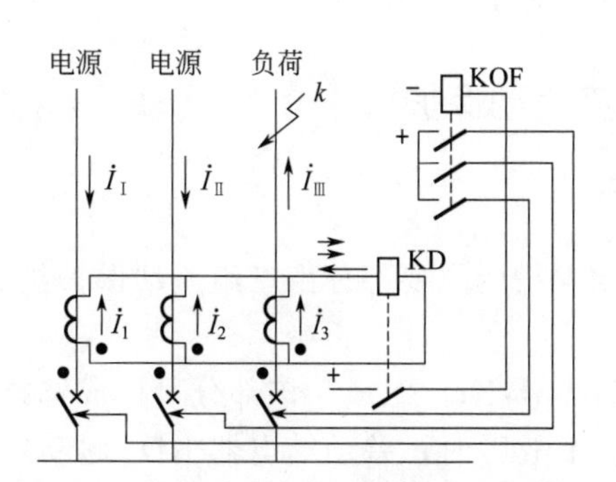

图 11-3　完全电流差动母线保护的原理接线图及正常运行、外部故障时的电流分布

KD—差动继电器；KOF—出口中间继电器

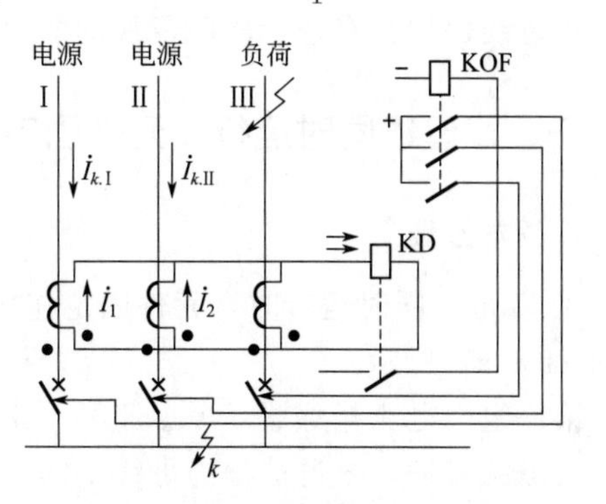

图 11-4　完全电流差动母线保护在内部故障时的电流分布

KD—差动继电器；KOF—出口中间继电器

可见，母线上故障时，继电器 KD 反应于故障点的短路电流，能灵敏地起动，经跳闸出口中间继电器 KOF，断开所有连接元件的断路器。

二、差动继电器动作电流的整定计算

差动继电器的动作电流按下述两个原则整定，并取其中的较大者为整定值。

① 躲过外部故障时的最大不平衡电流。虽然各电流互感器的变比与型号相同，但由于它们的变比是按负荷电流最大的连接元件选的，外部故障时的饱和程度很不相同，将使不平衡电流增大，因此同型系数不取 0.5，而取 1。其动作电流按下式计算

$$\dot{I}_{k.\mathrm{act}}=K_{\mathrm{rel}}\dot{I}_{\mathrm{ub.max}}=K_{\mathrm{rel}}\times 0.1\times\dot{I}_{k.\max}/K_I \tag{11-5}$$

式中　K_{rel}——可靠系数，取 1.3；

0.1——电流互感器允许的最大相对误差；

$\dot{I}_{k.\max}$——外部故障时的最大短路电流。

② 躲过电流互感器二次回路一相断线时流过差动继电器的最大电流。

$$\dot{I}_{k.\mathrm{act}}=K_{\mathrm{rel}}\dot{I}_{\mathrm{L.max}}/K_I \tag{11-6}$$

式中　$\dot{I}_{\mathrm{L.max}}$——所有连接元件中最大的负荷电流。

母线内部故障时的灵敏系数按下式校验

$$K_{\mathrm{sen}}=\frac{\dot{I}_{k.\min}}{I_{k.\mathrm{act}}\times K_I}\geqslant 2$$

式中　$\dot{I}_{k.\min}$——母线故障时的最小短路电流。

第三节　双母线保护

对于双母线经常以一组母线运行的方式，在母线上发生故障后，将造成全部停电，需把所连接的元件倒换至另一组母线上才能恢复供电。为此，在发电厂以及重要变电站的高压母线上，一般都采用双母线同时运行（母线联络断路器经常投入），而每组母线上连接一部分

(大约 1/2) 供电和受电元件，这样当任一组母线上故障后，只影响到约一半的负荷供电，而另一组母线上的连接元件则仍可以继续运行，这就大大地提高了供电的可靠性。此时就必须要求母线保护具有选择故障母线的能力，现就几种实现方法说明如下。

一、双母线同时运行，元件固定连接的电流差动保护

1. 基本原理

① 双母线同时运行时，元件固定连接的电流差动保护的主要部分由三组差动保护组成，如图 11-5(a) 所示。

第一组由电流互感器 TA_1、TA_2、TA_6 和差动继电器 KD_1 组成，该部分可构成选择母线Ⅰ故障的保护，故也被称为母线Ⅰ的小差动。母线Ⅰ故障时，差动继电器 KD_1 起动后使中间继电器 KM_1 动作，利用 KM_1 接点将母线Ⅰ上连接支路的断路器 QF_1、QF_2 跳开。

第二组由电流互感器 TA_3、TA_4、TA_5 和差动继电器 KD_2 组成，该部分构成选择母线Ⅱ故障的保护，故也被称为母线Ⅱ的小差动。母线Ⅱ故障时，KD_2 起动 KM_2，跳开母线Ⅱ上连接支路的断路器 QF_3、QF_4。

第三组由电流互感器 TA_1～TA_4 和差动继电器 KD_3 组成，该部分可构成包括母线Ⅰ、Ⅱ故障均在内的保护，故也被称为母线Ⅰ、Ⅱ的大差动，实际上是整套母线保护的起动元件。任一母线故障时差动继电器 KD_3 动作，首先断开母联断路器使非故障母线正常运行，同时给两个小差动（选择元件）继电器接通直流电源。在 KD_1 或 KD_2 动作而 KD_3 不动作的情况下，母线保护不能跳闸，从而有效保证双母线固定连接方式破坏情况下母线保护不会误动，详见后文分析。

② 正常运行或区外故障时母线差动保护动作情况。对于如图 11-5 所示的支路固定连接方式，当母线正常运行或保护区外（k_1 点）故障时，可知差动保护二次电流分布如图 11-6(a) 所示。由图可见，流经差动继电器 KD_1、KD_2 和 KD_3 的电流均为不平衡电流，而差动保护的动作电流是按躲过外部故障时最大不平衡电流来整定的，因此差动保护不会动作。

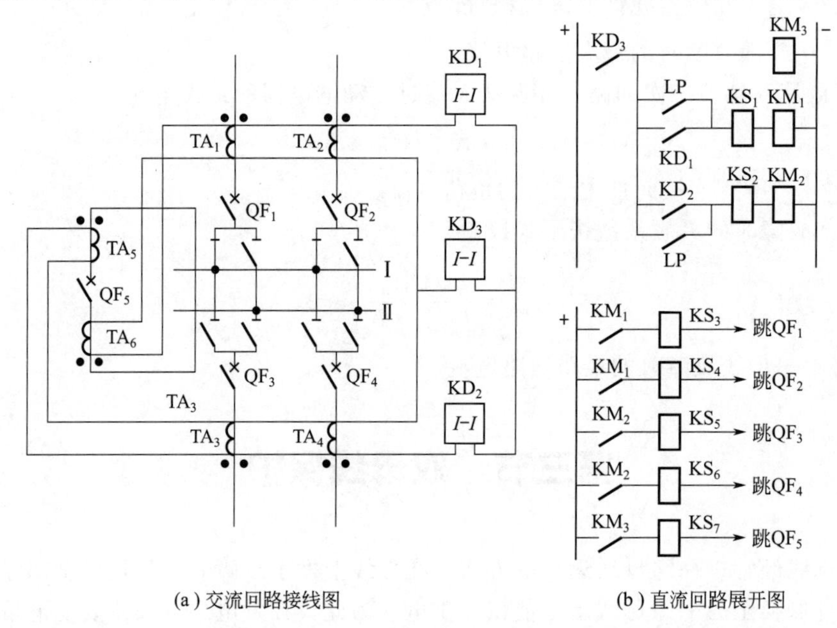

(a) 交流回路接线图　　(b) 直流回路展开图

图 11-5　双母线同时运行时，元件固定连接的电流差动保护单相原理接线图

③ 区内故障时母线差动保护动作情况。保护区内故障时，如母线Ⅰ的 k_2 点发生故障，差动保护二次电流分布如图 11-6(b) 所示。

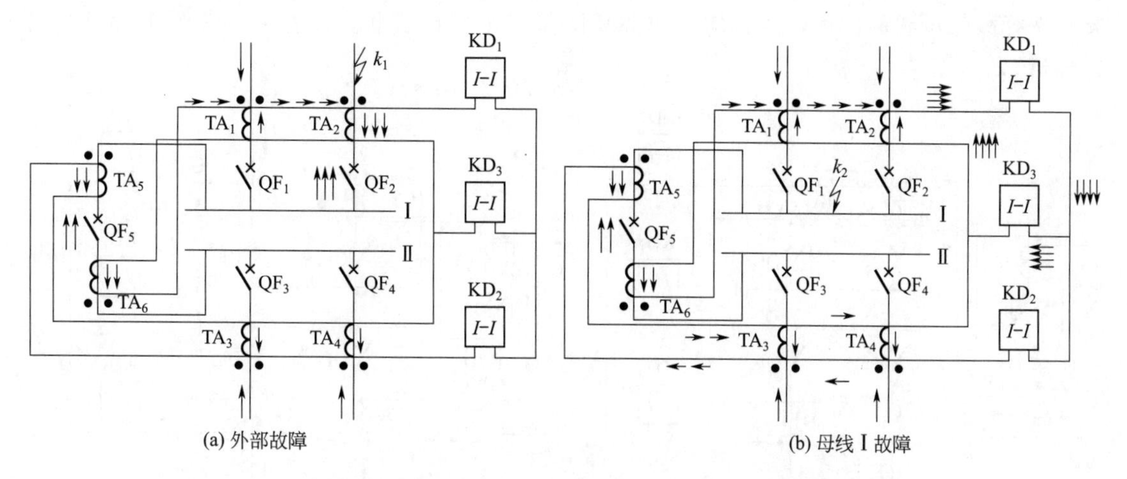

图 11-6 按正常连接方式运行时，母线保护在区外、区内故障时的电流分布图

母线Ⅰ故障时，由二次电流分布来看，流经差动继电器 KD_1 和 KD_3 的电流为全部故障二次电流，而差动继电器 KD_2 中仅有不平衡电流流过。因此，KD_1、KD_3 动作，KD_2 不动作。

实际应用中，母线差动保护的动作逻辑是差动继电器 KD_3 首先动作并跳开母线联络断路器 QF_5，之后差动继电器 KD_1 仍有二次故障电流流过，即对母线Ⅰ的故障具有选择性，动作于跳开母线Ⅰ上连接支路的断路器 QF_1、QF_2；而差动继电器 KD_2 无二次故障电流流过，因此，无故障的母线Ⅱ继续保持运行，提高电力系统供电的可靠性。读者可自行分析。

同理，当母线Ⅱ故障时，只有差动继电器 KD_2、KD_3 动作，使断路器 QF_3、QF_4、QF_5 跳闸，切除故障母线Ⅱ，而无故障母线Ⅰ可以继续运行。

2. 双母线固定连接方式破坏后母线差动保护的工作情况

双母线固定连接方式的优点是完全电流差动保护可有选择性地、迅速地切除故障母线，没有故障的母线继续照常运行，从而提高电力系统运行的可靠性。但在实际运行过程中，由于设备检修、支路故障等，母线固定连接很可能被破坏。

如图 11-7 所示，若Ⅰ母线上其中一条线路切换到Ⅱ母线时，由于电流差动保护的二次回路不能跟着切换，从而失去构成差动保护的基本原则。即按固定连接方式工作的两母线各自的差电流回路都不能客观准确地反映该两组母线上实际的流入流出值。

① 正常运行或区外故障时母线差动保护动作情况。当保护区外 k_1 点发生故障时，差动保护二次电流分布如图 11-7(a) 所示。由图可见，差动继电器 KD_1、KD_2 都将流过一定的差流而误动作；而差动继电器 KD_3 仅流过不平衡电流，不会动作。由图 11-5 可知，KD_1、KD_2 接点的正电源受 KD_3 接点所控制，而此时差动继电器 KD_3 不动作，就保证电流差动保护不会误跳闸。因此，在双母线固定连接被破坏的时候，作为起动元件的差动继电器 KD_3 能够防止外部故障时差动保护的误动作。

② 区内故障时母线差动保护动作情况。保护区内故障时，如母线Ⅰ的 k_2 点发生故障，如图 11-7(b) 所示。由图可见，差动继电器 KD_1、KD_2、KD_3 都有故障电流流过，因此，它们都将动作并切除两组母线。

在此情况下，母线差动保护的动作逻辑是差动继电器 KD_3 首先动作于跳开母联断路器，之后差动继电器 KD_1、KD_2 上仍有二次故障电流流过，因此，差动继电器 KD_1 和 KD_2 不能起到选择故障母线的作用，两者均动作并切除母线Ⅰ与母线Ⅱ。读者可参考图 11-7(b) 自行分析。

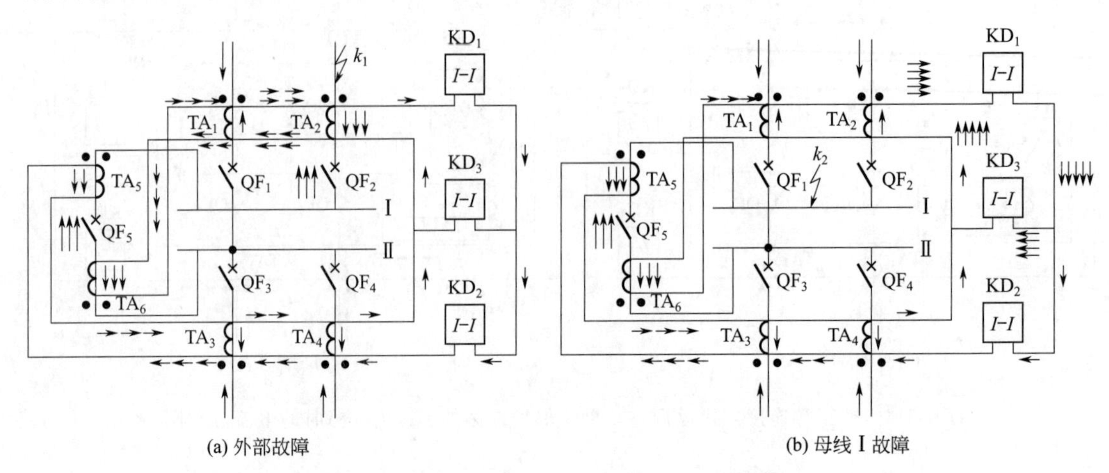

(a) 外部故障　　　　(b) 母线Ⅰ故障

图 11-7　双母线固定连接方式破坏后母线保护在区外、区内故障时的电流分布图

综上所述，双母线固定连接方式的完全电流差动保护接线简单、调试方便。当母线按照固定连接方式运行时，保护装置可以保证有选择性地只切除发生故障的一组母线，而另一组母线可继续运行；当固定连接方式破坏时，任一组母线上的故障都将导致切除两组母线。因此，对保护而言，希望尽量保证固定连接的运行方式不被破坏，就必然限制电力系统运行调度的灵活性，这是该保护的主要缺点。

二、双母线同时运行的母联相位差动保护

这种保护是在具有固定连接元件的母线电流差动保护的基础上改进的，它基本上克服了上述保护缺乏灵活性的缺点，使之更适合作母线连接元件运行方式常常改变的母线保护。保护装置的原理接线如图 11-8 所示。

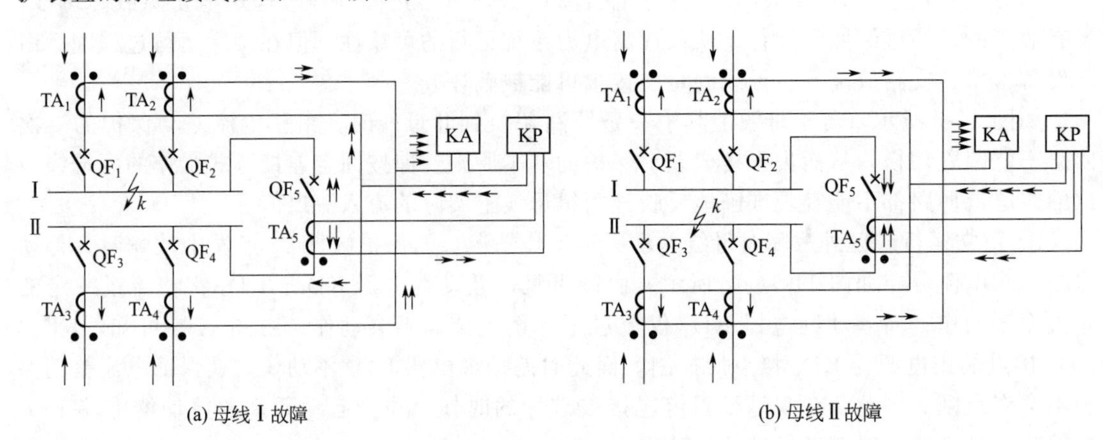

(a) 母线Ⅰ故障　　　　(b) 母线Ⅱ故障

图 11-8　母联电流相位差动保护的原理接线图及母线故障时的电流分布

母联电流相位差动保护主要由以下两部分组成。

第一部分由电流互感器 TA_1～TA_4 以及总电流差动继电器 KA 组成。该部分中，总电

流差动继电器 KA 的输入回路由母线上所有连接支路的电流互感器的二次回路同极性并联组成。总电流差动继电器 KA 仅在母线范围内故障时才动作，它是母联电流相位差动保护的起动元件。总电流差动继电器 KA 在正常运行或外部故障时不动作，起闭锁保护的作用。

第二部分由电流互感器 TA_1～TA_4 的总差流、母联断路器的电流互感器 TA_5 和相位比较继电器 KP 组成。其中，相位比较继电器 KP 比较总差流与母联互感器 TA_5 二次电流的相位，实现对故障母线的选择。

在正常运行或区外故障时，母联相位差动保护中的总电流差动继电器 KA 不起动，因此母联保护不会误动作。图 11-8(a)(b) 分别表示母线Ⅰ、Ⅱ故障时电流的方向。由图可见，任一母线故障时，流入 KA 的总差动电流的相位是不变的。而流过母联的电流方向取决于故障的母线，即在母线Ⅰ和母线Ⅱ上故障时母联电流相位相差 180°。因此，利用总差流和母联电流进行相位比较，就可以选择出故障母线。

母联相位差动保护要求正常运行时母联断路器必须投入运行，但不要求支路固定连接于母线，可大大提高母线运行方式的灵活性。其缺点是当单母线运行时，母线失去保护。为此，必须配置另一套单母线运行的保护。

小结

（1）母线故障采用两种保护方式：利用供电元件的保护来保护母线或装设母线保护专用装置。前一种方式简单、经济，但是切除故障时间过长，不能满足高压电网的需求；后一种方式投资大，但是能快速切除母线故障。

（2）单母线系统一般采用完全电流差动保护，简单经济。

（3）双母线系统运行灵活，但要求母线保护不仅能够判断出故障是否发生在双母线上，而且还要求能判断是双母线上哪一段母线的故障，即要求母线保护有选择性。其采取的措施是利用大差动起动元件来判断故障是否发生在双母线上，而用两段母线各装设一套小差动选择元件来选择是哪一段母线故障。因此，这种方式既能满足双母线的要求，同时又不会限制双母线系统运行灵活的特点。

学习指导

1. 要求

掌握母线故障的保护方式以及母线差动保护的基本原理。

2. 知识点

母线故障原因以及危害；母线故障的保护方式；母线完全差动保护的构成及基本原理；双母线连接方式对母线保护的要求。

3. 重点和难点

双母线连接方式故障时选择故障母线的方法。

复习思考题

（1）母线故障的原因有哪些？对系统有哪些危害？母线故障的保护方式有哪些？

（2）简述完全电流差动保护的基本原理。

（3）双母线连接方式的母线保护如何实现母线故障判断和故障母线的选择？

（4）大差动起动元件的差动电流和制动电流计算时，为什么 K_{sen} 取 0？

（5）双母线系统母联兼旁路接线方式中制动电流和差动电流如何处理？

第十二章

电动机保护

第一节　概述

在运行中的电动机，其主要的故障是定子绕组的相间短路、单相接地、一相的匝间短路以及转子绕组断条等。

相间短路会引起电动机的严重损坏，造成供电网络内的电压降低并破坏其他用户的正常工作，因此就要求必须尽快地切除这种故障。

高压电动机供电网络的中性点，一般都是绝缘的，因此单相接地后只有全网络的对地电容电流流过故障点，其危害一般较小，只有当接地电流大于5A时，考虑到对定子铁芯的危害作用，才需要装设专门的接地保护并动作于跳闸。

一相绕组的匝间短路将破坏电动机的对称运行并使相电流增大，电流增大的程度与短路的匝数有关，最严重的情况是电动机一相的线圈全部短接，这时非故障相的两组线圈均直接接于线电压上。过去由于没有简单而完善的方法来保护匝间短路，因此一般都没有装设专门的保护。近年来随着静态保护和微机保护的广泛应用，可用负序电流 I_2 反应于此种故障。

电动机最常见的也是最严重的不正常工作状态是由过负荷所引起的过电流，产生过负荷的原因有：

① 所带机械部分的过负荷；

② 供电网络电压和频率的降低而使转速下降；

③ 电动机有拖延时间很长的起动和自起动；

④ 由一相熔断器断线所造成的两相运行。

长时间的过负荷将使电动机温升超过容许的数值，使绝缘迅速老化甚至引起故障，因此应该根据电动机的重要程度及不正常运行发生的条件而装设过负荷保护，使之动作于信号、自动减负荷或跳闸。所谓重要的电动机，系指断开它们之后就会引起工艺过程长期的破坏或对国民经济带来严重后果的电动机。例如发电厂中，主要厂用机械的电动机（如各种水泵、风机等）就占有特别重要的地位。

电动机的电源电压因某种原因降低时，电动机的转速将下降。当电压恢复时，电动机自起动，将从系统吸取很大的无功功率，造成电源电压不能恢复，因此，为保证重要电动机的自起动，应装设低电压保护。

由于运行中的电动机，大部分都是中小型的，因此不论是根据经济条件或是根据运行的要求，它们的保护装置都应该力求简单和可靠。

第二节　反应于电动机相间故障、接地及过负荷的保护

一、反应于相间故障的保护

1. 电流速断保护

在一切电动机上都必须装设相间短路的保护作为电动机的主保护。

电压在 500V 及以下的电动机，照例是用熔断器作为保护装置；如果熔断器能够断开短路电流，它也可以应用在高压电动机上。

当不能利用熔断器时，则可采用瞬时动作的电流速断保护。保护装置应装设在靠近断路器的地方，以使其保护范围能包括断路器与电动机间的电缆引线。由于电动机的供电网络属于小电流接地系统（500V 以上电压的网络），因此应该采用两相式保护的接线。

如果被保护的电动机在机械方面不具有过负荷的可能性，则速断保护可以利用瞬时动作的电流继电器来构成，其接线如图 12-1(a) 所示；而如果电动机可能过负荷，一般则应装设反时限电流继电器，此时利用其速断部分反应于相间短路，而利用其反限时部分反应于过负荷，其接线如图 12-1(b) 所示。

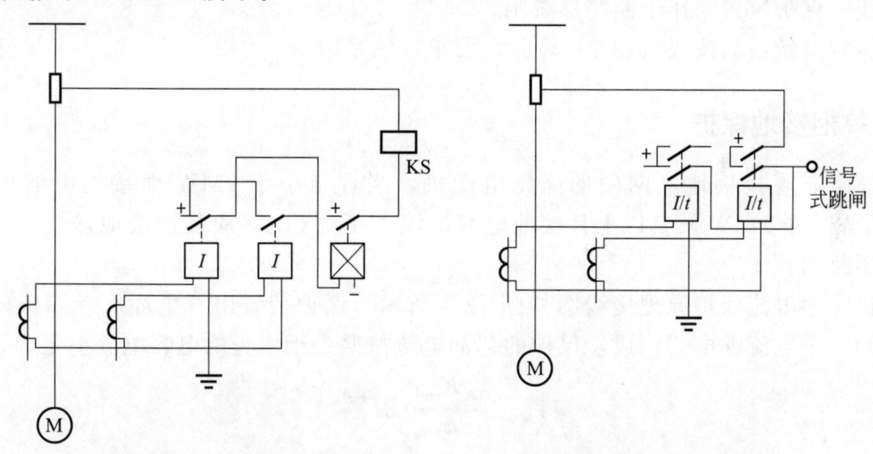

(a) 用瞬时动作的电流继电器构成　　(b) 用反时限过电流继电器构成

图 12-1　电动机电流速断保护原理接线图

电动机电流速断保护的起动电流，应按照下列原则整定：

① 躲开供电网络为全电压和转子回路中起动电阻 $R_s=0$（对绕线式电动机而言）时，电动机的起动电流。

② 躲开在供电网络中发生故障的瞬间，由电动机供给电网的冲击电流。

照例，第一个条件是决定性的。

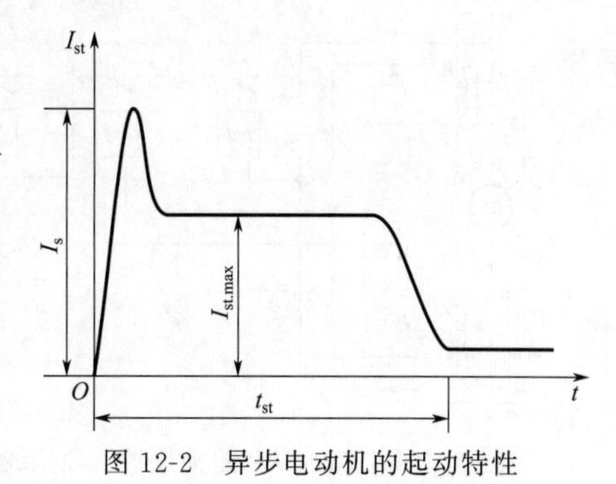

图 12-2　异步电动机的起动特性

图 12-2 为异步电动机的起动特性，图中 I_{st} 为起动瞬间的冲击峰值电流，$I_{st.max}$ 为最大起动电流，

t_{st} 为异步电动机的起动时间。

电动机电流速断保护的动作电流可按下式计算。

$$I_{k.act}=\frac{K_{rel}}{n_{TA}}I_{st.max} \tag{12-1}$$

式中 K_{rel}——可靠系数，对电磁型继电器，取1.4～1.6，对感应型继电器，取1.8～2；

$I_{st.max}$——应由制造厂提供，或由实验方法实测决定，通常是4～$8I_N$；

n_{TA}——电流互感器的变比。

保护装置灵敏系数按下式检验。

$$K_{sen}=\frac{I_{M.min}^{(2)}}{n_{TA}\cdot I_{k.act}} \tag{12-2}$$

式中 $I_{M.min}^{(2)}$——最小运行方式下，电动机出口两相短路电流。

要求灵敏系数 $K_{sen}\geqslant 2$。

2. 纵联差动保护

在具有六个引出端的大容量电动机上（2MW以上），应采用纵联差动保护作为电动机的主保护，此时它可以给出更高的灵敏度。当电流互感器的容量按10%误差曲线选择时，保护装置的起动电流约为

$$I_{act}=(1.5\sim 2)I_N \tag{12-3}$$

电动机纵联差动保护原理接线如图12-3所示。在中性点非直接接地的电网中，可采用两相式接线，保护装置动作于断路器跳闸。

保护装置灵敏系数按式（12-2）检验，要求灵敏系数 $K_{sen}\geqslant 2$。

二、单相接地保护

在中性点非直接接地电网中的高压电动机，当容量小于2MW而接地电容电流大于10A，或容量等于2MW及其以上且接地电容电流大于5A时，应装设接地保护，并瞬时动作于断路器跳闸。

电动机零序电流保护原理接线图如图12-4所示。保护装置由一个环形导磁体的零序电流互感器和一个电流继电器构成，保护的起动电流按照大于本身的电容电流整定，即

$$I_{k.act}=\frac{K_{rel}}{n_{TA}}(3I_0') \tag{12-4}$$

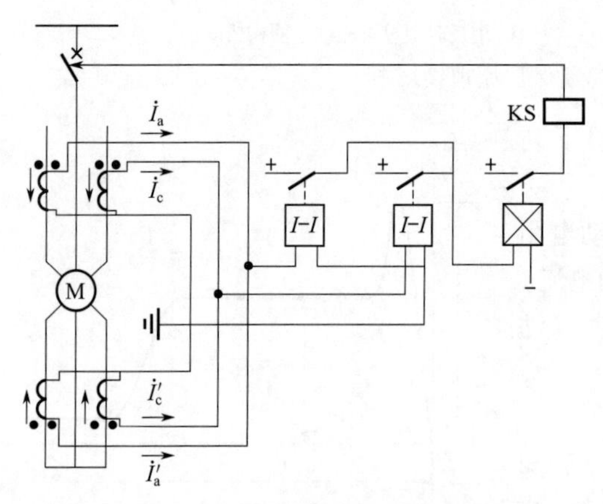

图12-3 电动机纵联差动保护原理接线图

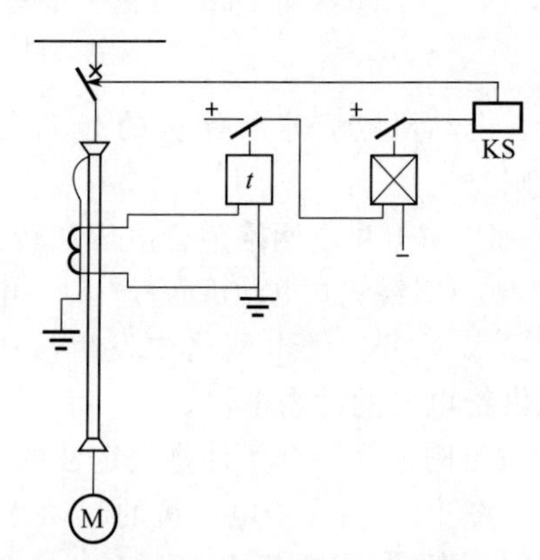

图12-4 电动机零序电流保护原理接线图

式中　K_{rel}——可靠系数，取4～5；

　　$3I_0'$——外部发生接地故障时，被保护电动机的接地电容电流。

保护装置的灵敏系数可按下式校验。

$$K_{sen}=\frac{3I_{0C.\min}}{n_{TA}I_{k.act}} \tag{12-5}$$

式中　$3I_{0C.\min}$——被保护电动机发生单相接地故障时，流过保护装置电流互感器一次侧的最小接地电容电流。

当K_{sen}不能满足要求时，应考虑增加保护的动作时间，以躲开故障瞬间因过渡过程的影响而将K_{rel}降低至1.5～2。

三、过负荷保护

电动机的过负荷可以分为短时的和具有稳定性的两种，只有具有稳定性的过负荷才对电动机有危害。

例如由正常起动或自起动所引起的过电流就是短时的，当达到额定转速后它便自行消失。只当电动机转动起来的时间被拖延得很长，或当自起动时由于机械制动力矩较大而起动不起来时，这一个电流才是危险的。

其他情况下的过负荷大都是稳定性的。

电动机的过负荷能力通常用过电流倍数与其允许通过时间的关系来表示，根据经验和国内通用的情况，两者呈现反时限的关系。如图12-5曲线4所示。

图12-5中虚线表示的曲线5为电动机允许的过负荷电流与时间的关系，以实线表示的曲线4表示保护的动作特性。在直线1与2之间，按曲线4的时限动作于发信号；在直线2与3之间，按曲线4的时限动作于跳闸；在直线3右侧保护瞬时跳闸切除故障。各参数的选择原则为：反时限过电流元件的起动电流整定为1.15～1.4I_N，跳闸元件整定为2～3I_N，速断元件整定为8～10I_N。

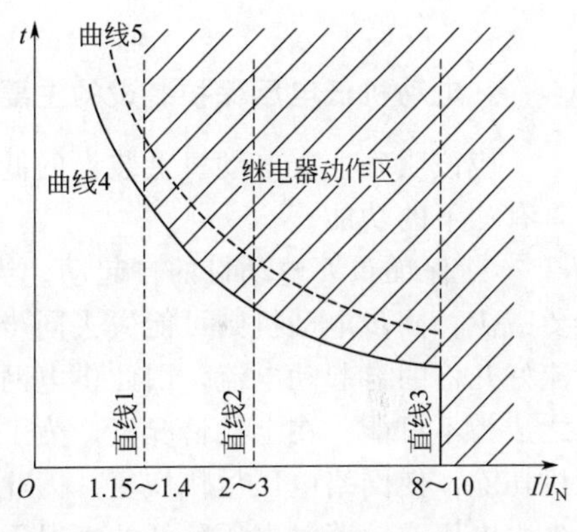

图12-5　电动机允许的电流与时间的关系

根据电动机的工作条件，考虑装设过负荷保护的原则如下：

① 在不遭受工艺过负荷（例如循环水泵、给水泵等）及无严重起动和自起动条件的电动机上，不装设过负荷保护；

② 在可能遭受工艺过负荷（例如磨煤机、碎煤机等）以及不允许自起动的电动机上应装设过负荷保护；

③ 在不能保证电动机自起动时，或不停止电动机就不能从机械上消除工艺过负荷时，过负荷保护应动作于跳闸。

在构成电动机的过负荷保护时，一方面应考虑能使它保护不允许的过负荷，而另一方面考虑在原有负荷和周围介质温度的条件下，有可能充分利用电动机的过负荷特性；因此过负荷保护的时限特性最好是和电动机的过负荷特性一致，并比它稍低一些。按照这一要求，过负荷保护通常可以由反时限过电流继电器来构成。

利用反时限过电流继电器构成过负荷保护的优点是运行简单，选择较容易和特性易于调整，因此它得到了广泛的应用。

实际上我们是采用一个反时限过电流继电器同时作为相间短路和过负荷保护，其原理接线如图 12-1(b) 所示。

过负荷保护的起动电流按躲开电动机的额定电流整定。

$$I_{k.\mathrm{act}}=\frac{K_{\mathrm{rel}}}{K_{\mathrm{re}}n_{\mathrm{TA}}}I_{\mathrm{N}} \tag{12-6}$$

式中 K_{rel}——可靠系数，当保护动作于信号时，取 $K_{\mathrm{rel}}=1.05$，当动作于跳闸时，取 $K_{\mathrm{rel}}=1.1\sim1.2$；

K_{re}——继电器返回系数，取为 0.8～0.12；

I_{N}——电动机额定电流（一次侧）。

保护动作时限应大于电动机带负荷起动的时间，一般可选取为 10～15s。

四、负序过电流保护

容量为 2MW 及以上的电动机，为反应于电动机相电流不平衡，并作为相间短路主保护的后备保护，可装设负序过电流保护，保护动作于信号或跳闸。

第三节　电动机的低电压保护

1. 电动机低电压保护装设的主要原则

应该明确，在电动机上装设的低电压保护，并不是为了反应于其内部发生的故障，而是具有如下的功能。

① 保证重要电动机的自起动。当电压消失或降低时，网络中所有异步电动机的转速都要减少，同步电动机则可能失去同步；而当电压恢复时，在电动机中就会流过超过其额定电流好几倍的自起动电流，因此供电网络中的电压降加大，增加了电动机自起动的时间，或使之成为不可能。在上述情况下，为了保证重要电动机的自起动，可以将一部分不重要的电动机切除，使网络电压尽快恢复。因此可以在不重要或次重要的电动机上装设低电压保护，在失去电压或短路时电压降低的情况下，通常以 0.5s 的时间将电动机断开。在某些工艺过程中，对于不允许电动机转速有变化的用户电动机来说，也应装设低电压保护。

例如在发电厂厂用电的每段母线上，给水泵、复水泵、循环水泵的电动机以及引风机、送风机和给粉机的电动机，都属于重要的电动机；而磨煤电动机（当电厂具有中间煤仓时）、排灰泵的电动机等则属于不重要电动机，低电压保护就可以装设在后面这些电动机上。

② 防止在电动机起动时，由制动力矩大于起动力矩引起的电动机过热。属于这种机组的通常是带有恒定制动力矩的机械负荷的电动机。利用低电压保护切除这类电动机时，其起动电压和时限的选择方法，应使电动机在此电压和时限内，即使电压恢复也已不可能再转动起来。

③ 按照安全技术条件或工艺过程的特点，切除那些在电压恢复时不允许自起动的电动机。此任务通常由具有 10s 延时的低电压保护来实现，因为一般网络电压下降所持续的时间是小于 10s 的。

2. 对高压电动机低电压保护接线的基本要求及其原理接线图

① 能够反应于对称或不对称的电压下降。提出这个要求，是因为在不对称短路时，电

动机也可能被制动，当电压恢复时，也会出现自起动的问题。

② 当电压互感器回路断线时，不应该误动作。

实际上广泛采用的是利用两个（或甚至是一个）单元件式继电器来构成低电压保护，其原理接线如图 12-6 所示。

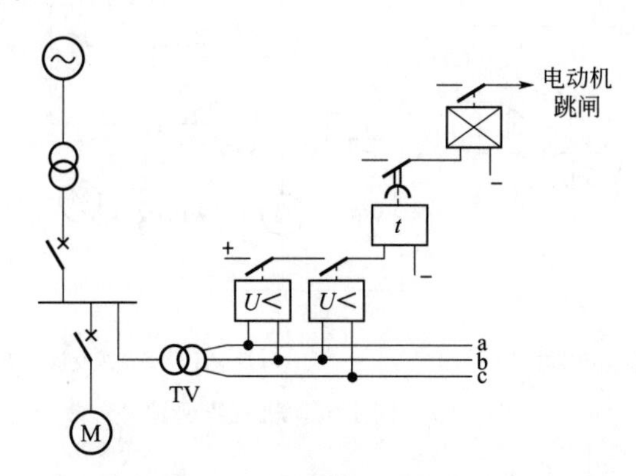

图 12-6 具有两个低电压继电器的低电压保护接线

图 12-6 中采用两个低电压继电器是为了防止电压互感器回路断线时的误动作，这两个继电器接于不同的相上，它们的接点是互相串联的。对于不重要的电动机，为了简化接线，则可只应用一个继电器，此时容许在发生断线时可能误动作。为了节省设备，低电压保护常按组合保护的形式来构成，即保护动作后同时作用于一组电动机上。

在必要时，一套低电压保护可具有不同的时限，来分别断开某些电动机，此时在接线图内应有相应数量的时间继电器。

例如，以第一个时限 0.5～0.7s 断开一组电动机，以保证该段上重要电动机的自起动，以第二个时限约 6～10s 切除按生产的工艺条件、保安技术或为了起动备用电源自动投入装置而必须断开的电动机。

低电压保护的起动电压按照保证重要电动机的自起动来选择，这个电压用计算方法或根据专门的实验来决定。通常当母线上电压约为 55%U_N 时可保证电动机的自起动。因此，保护的起动电压应约为（60%～70%）U_N。

第四节 同步电动机的失步保护

与异步电动机一样，同步电动机通常也装有反应于相间短路、接地故障、过负荷和低电压等的保护。上述保护的构成及整定与异步电动机保护类似，其差异仅在于：第一，保护动作时，除跳开断路器把同步电动机从电网中切除外，还应断开灭磁开关进行灭磁；第二，当电网电压低于 0.5U_N 时，同步电动机稳定运行可能被破坏，故低电压保护动作电压按 0.5U_N 整定。

同步电动机除应装设上述保护外，根据规程规定，还应装设失步保护。同步电动机失去同步后，定子绕组中会出现幅值以一定周期变化的振荡电流。另外，同步电动机失步后进入异步运行时，定子的旋转磁场与转子不再同步而有相对运动，故在转子绕组中出现交流分量电流。因此，同步电动机的失步保护可以利用定子绕组在失步后出现的振荡电流来实现，见图 12-7(a)；也可以利用转子绕组在失步后出现的交流电流来实现，见图 12-7(b)。考虑到电动机短时失步后有可能恢复同步运行及在电动机起动过程中保护不应误动，因此失步保护应带有一定时限。图中采用延时返回的中间继电器 KM，是为了避免振荡电流变化到谷点而使 KA 暂时返回时 KT 失磁。

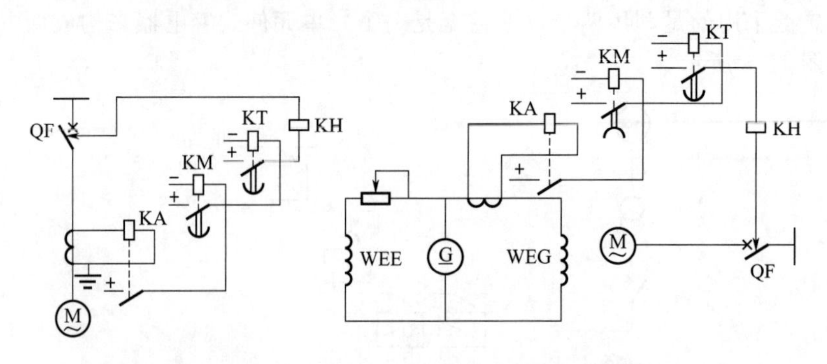

(a) 反应于定子绕组振荡电流　　(b) 反应于转子绕组交流电流

图 12-7　同步电动机失步保护

小结

本章主要分析了电动机和并联电容器组的常见故障及不正常运行状态，对电动机装设的常规保护作了详细的讨论。电动机主要装设过电流保护、纵差保护、接地保护、过负荷保护、低电压保护、堵转保护、过热保护等。

学习指导

1. 要求

熟悉电动机和并联电容器组的故障和不正常运行状态及相应所需设置的各种保护的原理。

2. 知识点

电动机的故障及不正常运行状态、电流继电器的结构原理、大容量电动机的纵差保护；电动机单相接地保护；电动机低电压保护。

3. 重点和难点

常规电流速断保护原理（定时限和反时限）。

复习思考题

（1）电动机故障有什么危害？应配置哪些保护？

（2）电动机装设低压保护的目的是什么？

附 录

本书使用符号说明

一、设备、元件、名词符号

符号	名称	符号	名称
T	变压器	K	继电器
PD	保护装置	TAM	小型中间变流器，中间电流互感器
VTR	晶体三极管	TA	电流互感器
VU	半导体整流桥	M	电动机
C	电容器	SD	发电机灭磁开关
k、k_1…	故障点	Y	断路器跳闸线圈
V	二极管	VS	稳压管
TX	电抗互感器（又称电抗变压器）	TVM	小型中间变压器
QF	断路器	TV	电压互感器
G	发电机	AR	自动重合闸装置

二、电压类符号

符号	名称	符号	名称
E_A、E_B、E_C	系统等效电源或发电机的三相电势	U_{A1}、U_{B1}、U_{C1} U_{A2}、U_{B2}、U_{C2} U_{A0}、U_{B0}、U_{C0}	保护安装处各相的正、负、零序电压
U_A、U_B、U_C	系统中任一母线或保护安装处的三相电压		
U_{kA}、U_{kB}、U_{kC}	故障点的三相电压	U_N	额定电压
U_{k1}、U_{k2}、U_{k0}	故障点的正、负、零序电压	U_{ub}	不平衡电压

三、电流类符号

符号	含义	符号	含义
I_A、I_B、I_C	三相电流	$I_{k.min}$	最小短路电流
I_k	短路电流	I_L	负荷电流
I_1、I_2、I_0	正、负、零序电流	$I_{L.max}$	最大负荷电流
I_{kA}、I_{kB}、I_{kC}	故障点的三相短路电流	I_N	额定电流
$\begin{cases} I_{A1}、I_{B1}、I_{C1} \\ I_{A2}、I_{B2}、I_{C2} \\ I_{A0}、I_{B0}、I_{C0} \end{cases}$	三相中的正、负、零序电流	$I_{N.T}$	变压器的额定电流
		$I_{G.T}$	发电机的额定电流
I_{k1}、I_{k2}、I_{k0}	故障点的正、负、零序电流	I_{ub}	不平衡电流
$I_{k.max}$	最大短路电流	I_F	励磁电流

四、阻抗类符号

符号	含义	符号	含义
R	电阻	Z_T	变压器阻抗
X	电抗	Z_G	发电机阻抗
$Z=R+jX$	阻抗	$Z_{G.min}$	最小负荷阻抗
Z_l	线路阻抗	Z_S	系统阻抗
Z_L	导线一地阻抗	Z_Σ	总阻抗
Z_M	互感阻抗	$Z_{1\Sigma}$、$Z_{2\Sigma}$、$Z_{3\Sigma}$	正、负、零序综合阻抗
R_L	过渡电阻	R_g	接地电阻

五、保护装置及继电器的有关参数

符号	含义	符号	含义
I_{act}	保护装置的起动电流	$U_{K.act}$	继电器的起动电压
I_{re}	保护装置的返回电流	$U_{K.re}$	继电器的返回电压
U_{act}	保护装置的起动电压	$Z_{K.act}$	继电器的起动阻抗
U_{re}	保护装置的返回电压	$Z_{K.re}$	继电器的返回阻抗
Z_{act}	保护装置的起动阻抗	Z_{set}	继电器的整定阻抗
Z_{re}	保护装置的返回阻抗	I_K	加入继电器中的电流
$I_{K.act}$	继电器的起动电流	U_K	加入继电器中的电压
$I_{K.re}$	继电器的返回电流	$Z_K=\dfrac{U_K}{I_K}$	继电器的测量阻抗
I_{Kbe}	继电器的闭锁电流		

六、常用的系数

K_{rel}	可靠系数	K_{aper}	非周期分量影响系数
K_{sen}	灵敏系数	K_{ss}	同型系数
K_{re}	返回系数	K_{met}	配合系数
K_{c}	接线系数	K_{MS}	电动机自起动系数
K_{bra}	分支系数	K_1、K_2、K_3	比例常数
K_k	故障类型系数		

本书所用名词符号基本上符合国家标准的规定，但由于继电保护的特殊性，有几个名词符号不同于国标。例如关于相量（phasor）一词，对于继电保护不尽合适。因为在继电保护中很多用到对称分量和各种模分量。这些分量统称为模量，而用相量代表相电流、相电压、相功率等，以区别于模量。没有更好的方法区别这两种量。因此本书中仍沿用继电保护领域传统的区别方法。用相量（phase value）表示相全量以区别于模量或对称分量。而用矢量代表其他书籍中的相量（phasor）。关于这种特殊名词的采用，曾在继电保护教材编审小组会上讨论过，得到与会编审委员们的同意，敬请读者注意。其他不同于国标的名词符号，都在第一次出现时做了说明。

参考文献

[1] 张荣华等．抗CT饱和的静态电流继电器[C]// 中国电机工程学会继电保护专业委员会．第六届全国继电保护学术会议论文集．北京：中国电机工程学会，1996.

[2] 葛耀中．新型继电保护与故障测距原理与技术[M]．西安：西安交通大学出版社，1996.

[3] 陈皓．自适应技术在电力系统继电保护中应用[J]．电力自动化设备，2001(10)：56-61.

[4] 葛耀中．微机式自适应电压速断保护的研究 [J]．继电器，2001(1)：5-7.

[5] 杜丁香，徐玉琴．配电网谐振接地方式的控制[J]．电力自动化设备，2001 (12)：54-56.

[6] 王轶成．智能接地补偿装置跟踪系统电容电流的方法[J]．电力自动化设备，2002(1)：82-83.

[7] 陈晓宇，郑建勇，聂成新．电力系统单相接地电流自动补偿装置[J]．继电器，2002(2)：54-57.

[8] 范春菊，郁惟镛．配电网补偿方式的商榷[J]．电力自动化设备，2001(1)：11-13.

[9] 宋从矩，王钢，唐宇，等．用 I_1、I_2、I_0 构成具有绝对选择性的电动机保护 [J]．电力自动化设备，1999(2)：42-43.

[10] 肖白，束洪春，高峰．小电流接地系统单相接地故障选线方法综述[J]．继电器，2001(4)：16-20.

[11] 孟润泉，梁翼龙，宋建成，等．基于谐波检测的井下高压电网选择性漏电保护系统[J]．继电器，2001(5)：37-40.

[12] 杨顺义，杨宏．小电流接地系统接地检测(选线)的新判据[J]．电力自动化设备，2001(8)：62-64.

[13] 薛金娃．中性点经消弧线圈接地系统微机接地保护新方案[J]．继电器，2001(10)：59-61.

[14] 葛耀中，窦乘国．非直接接地系统中检出单相接地线路的新方法[J]．继电器，2001(9)：1-5.

[15] 王慧，范正林，桑在中．"S注入法"与选线定位[J]．电力自动化设备，1999(3)：20-22.

[16] 范迎青，高文逸．6～10kV电网中性点经中电阻接地的单相接地保护[J]．电力自动化设备，2000(1)：14-16，19.

[17] 李朝晖，段绍辉，郑志铿．中性点小电阻接地配电网单相接地故障人身安全性试验研究[J]．电力自动化设备，2001(9)：40-42.

[18] 贺家李，宋从矩．高等学校教材 电力系统继电保护原理[M]．北京：水利电力出版社，1980.

[19] 贺家李，宋从矩．电力系统继电保护原理[M]．2版．北京：水利电力出版社，1985.

[20] 朱声石．高压电网继电保护原理与技术[M]．北京：电力工业出版社，1981.

[21] 宋从矩，张艳霞，王笑然，等．用于电铁线路和不对称负荷的集成电路型距离保护[J]．电力技术，1991(1)：10-16.

[22] 孙莹，王广延．容错式变电站微机保护及监控系统的研究[J]．电力系统及其自动化学报，1996(2)：30-34.

[23] 王海吉，贺家李，陈超英，等．基于工控机的微机保护智能同步数据采集卡[J]．电力系统自动化，2002(6)：65-68.

[24] 丁书文，黄训诚，胡起宙．变电站综合自动化原理及应用[M]．北京：中国电力出版社，2003.

[25] 黄益庄．变电站综合自动化技术[M]．北京：中国电力出版社，2000.

[26] 白焰等．分散控制系统与现场总线控制系统：基础、评选、设计和应用[M]．北京：中国电力出版社，2001.

[27] 葛耀中．利用各种通道的继电保护的一般原理[J]．西安交通大学学报，1962(2)：53-68.

[28] ANDERSON P M. Power system protection[M]. New York: IEEE Press McGraw-Hill , 1998.

[29] 贺家李．短距离输电线纵差动保护构成的新原理[J]，天津大学学报，1963(01)：47-60.

[30] 贺家李．650～750kV输电线幅-相差动保护的研究(俄文)[D]．莫斯科：莫斯科动力学院，1961.

[31] 贺家李，李广钤．利用高频发信机远方启动原理提高相差动高频保护性能的研究[J]，天津大学学报，1964(02)：31-48.

[32] ERMOLENKO V M , KARSTEV V L , LEVIUSH A I, et al. Relat protection and disaster control automation for 750kV transmission lines[J]. CIGRE Paper, 1974, 25(2): 34.06.1-34.06.7.

[33] MOLKOV A N , KOCH G , LIEBACH T. A refurbishment scheme for transmission line protection relays [J]. CIGRE Paper, 1994, 35(2): 1-6, 34, 105.

[34] 葛耀中．电流差动保护动作判据的分析和研究[J]．西安交通大学学报，1980(2)：93-108.

[35] 朱声石．电网继电保护原理与技术[M]．北京：电力工业出版社，1981.

[36] 高厚磊．新型数字式分相电流差动保护的研究[D]．天津：天津大学，1997.

[37] PHADKE A G, et al. Synchronized sampling and phasor measurements for relaying and control[J]. IEEE Transactions on Power Delivery, 1994, 9(1): 442-452.

[38] 吴维韩，张芳榴，等．电力系统过电压数值计算[M]．北京：科学出版社，1989.

[39] 郭征，贺家李．输电线纵联差动保护的新原理[J]．电力系统自动化，2004(11)：1-5.

[40] 贺家李．电压相位比较式方向元件的原理与特性[R]．西安：天津大学电力及自动化系，水利电力部西北电力设计院，1975.

[41] HE J L, ZHANG Y H, YANG N C. New type power line carrier relaying system with directional comparison for EHV

transmission lines[J]. IEEE transactions on power apparatus and systems，1984 (2)：429-436.
[42] HE J L，WANG G L，YONG L. Directional relay for power line carrier protection with directional comparison for extra high voltage transmission lines[J]. Transactions Of Tianjin University，1996，2 (1).
[43] 张艳霞，贺家李，王笑然，等. 反应全相及非全相状态下各种故障的方向元件[J]. 中国电机工程学报，1995(6)：429-434.
[44] 沈国荣. 工频变化量方向继电器原理的研究[J]. 电力系统自动化，1983(1)：28-38.
[45] 华中工学院. 电力系统继电保护原理与运行[M]. 北京：电力工业出版社，1981.
[46] 马长贵，王广延，江世芳，等. 高压电网继电保护原理[M]. 北京：水利电力出版社，1988.
[47] APOSTOLOV A. Implementation of a transient energy method for directional detection in numerical distance relays [C]//1999 IEEE Transmission and Distribution Conference (Cat. No. 99CH36333). Piscataway ：IEEE，1999.
[48] 何奔腾，金华烽，李菊. 能量方向保护原理和特性研究[J]. 中国电机工程学报，1997(3)：23-27.
[49] 贺家李，李永丽，李斌，等. 特高压输电线继电保护配置方案(二)保护配置方案[J]. 电力系统自动化，2002(24)：1-6.
[50] IEEE Std C37. 113™—2015.
[51] WALTER A. ELMORE A B B. Pilot protection relaying[M]. New York ：Marcel Dekker，Inc，2000.
[52] 王梅义. 四统一高压线路继电保护装置原理设计[M]. 北京：水利电力出版社，1990.
[53] 王梅义，蒙定中，郑奎璋，等. 高压电网继电保护运行技术[M]. 北京：电力工业出版社，1981.
[54] 陈德树. 计算机继电保护原理与技术[M]. 北京：水利电力出版社，1992.
[55] 郭征，贺家李. 三端线路光纤保护的研究[J]. 电力系统自动化，2003(10)：57-59.
[56] BO Z Q. A new non-communication protection technique for transmission lines[J]. IEEE Transactions on Power Delivery，1998，13(4)：1073-1078.
[57] BO Z Q，REDFERN M A，WELLER G C. Positional protection of transmission line using fault generated high frequency transient signals[J]. IEEE Transactions on Power Delivery，2000，15(3)：888-894.
[58] 董杏丽. 基于小波变换的高压电网行波保护原理与技术的研究[D]. 西安：西安交通大学，2003.
[59] 赵建国，姚晴林. 整定值随有功功率自动变化的新型转子低电压失磁继电器的研究[J]. 电力系统自动化，1984(4)：47-55.
[60] ANDERSON P M . Power System Protection[M]. New York：IEEE Press McGraw-Hill，1998.
[61] IEEE C37. 97—1979.
[62] 袁季修，盛和乐，吴聚业，等. 保护用电流互感器应用指南[M]. 北京：中国电力出版社，2004.
[63] 焦彦军. 微机保护与控制的综合研究[D]. 天津：天津大学. 1996.
[64] HE J L，LUO S S，WANG G，et al. Implementation of a distributed digital bus protection system[J]. IEEE transactions on power delivery，1997，12(4)：1445-1451.
[65] 陈德树，马天皓，刘沛，等. 采样值电流差动微机保护的一些问题[J]. 电力自动化设备，1996(4)：3-8.
[66] 王新梅. 纠错与差错控制[M]. 北京：人民邮电出版社，1989.
[67] 能源部西北电力设计院. 电力工程电气设计手册：电气二次部分[M]. 北京：中国电力出版社. 1991.
[68] 王广延. 电力系统元件保护原理[M]. 北京：水利电力出版社，1986.